Das Buch

Wenn man denkt, dann denkt man nur, daß man denkt – seit jeher gehört es zum Faszinierendsten, dem menschlichen Geist auf die Spur zu kommen. Doch erst seit einigen Jahrzehnten gelingt es der Wissenschaft, die geheimnisvollen Vorgänge im menschlichen Gehirn mehr und mehr zu enträtseln. Was passiert im Gehirn, damit das Auge uns melden kann, was es sieht? Welche Denkprozesse sind nötig, um einen Ball auf ein Ziel zu werfen? Oder: Was geschieht, wenn wir träumen? Antworten auf solche Fragen finden sich in dieser brillanten Darstellung des Neurophysiologen William H. Calvin. Der eigentliche Gegenstand seiner Forschung sind die Neuronen, jene Nervenzellen, die dafür verantwortlich sind, daß die Erregung einer Sinneszelle weitergemeldet und eine entsprechende Reaktion abgerufen werden kann. Anschaulich zeigt er das Spezifische des menschlichen Bewußtseins: daß es ihm möglich ist, »Gedächtnisschemata miteinander zu verknüpfen, um die Vergangenheit zu erklären und die Zukunft vorherzusehen«. »Mit Calvin zu denken ist die schiere Freude. Dieses Buch ist die lebendigste und klarste Darstellung unseres Denkens, die ich je gelesen habe, und seine Diskussion der evolutionären Entwicklung stellt ihn in eine Reihe mit Stephen J. Gould und Richard Dawkins.« (Daniel C. Dennett)

Der Autor

William H. Calvin, geboren 1939 in Kansas City, ist theoretischer Neurophysiologe. Nach dem Studium der Physik und später der Biophysik promovierte er 1966 an der Universität von Washington, wo er heute als Ordentlicher Professor für Psychiatrie und Verhaltensforschung lehrt und forscht. Er hatte mehrere Gastprofessuren für Neurobiologie inne und veröffentlichte zahlreiche wissenschaftliche Arbeiten. Auf deutsch ist sein Erfolgsbuch ›Der Strom, der bergauf fließt‹ (1994) erschienen.

William H. Calvin:
Die Symphonie des Denkens

Wie Bewußtsein entsteht

Mit zahlreichen Schwarzweißabbildungen
Aus dem Amerikanischen von
Friedrich Griese

Deutscher
Taschenbuch
Verlag

Ungekürzte Ausgabe
Mai 1995
Deutscher Taschenbuch Verlag GmbH & Co. KG, München
© 1989 William H. Calvin
Titel der amerikanischen Originalausgabe:
The Cebral Symphony
Seashore Reflections on the Structure of Consciousness
© der deutschsprachigen Ausgabe:
1993 Carl Hanser Verlag, München
Unter dem Titel: Die Symphonie des Denkens
Wie aus Neuronen Bewußtsein entsteht
ISBN 3-446-17279-3
Umschlaggestaltung: Klaus Meyer
Umschlagbild: Focus
Umschlagfoto Rückseite: Miriam Berkley
Satz: Reinhard Amann, Aichstetten
Druck und Bindung: Friedrich Pustet, Regensburg
Printed in Germany · ISBN 3-423-30467-7

Für
Blanche Kazon Graubard
und
Seymour Graubard

Inhalt

Prolog:
Auf der Suche nach Geist in den Nervenzellen
9

1. Eine Entscheidung reift:
Morgens am Eel Pond
15

2. Der Zufallsweg zur Vernunft:
Off-line-Versuch und Irrtum
35

3. Der Bewußtseinsstrom wird geordnet:
Leistungen des präfrontalen Kortex
53

4. Formen des Bewußtseins:
Vom Koma zur Tagträumerei
79

5. Das elektrisch erregende Leben
der gehemmten Nervenzelle
99

6. Aus bloßem Gehirn wird Geist:
Die visuelle Welt wird zerlegt
117

7. Wer spricht aus der Großhirnrinde?
Das Problem der unterbewußten Komitees
141

8. Dynamische Reorganisation:
Eine Unschärfe wird durch einen Mexikanerhut klarer
163

9. Von Rüstungswettläufen in Pfarrgärten:
Der Seitensprung und andere Nebenwege der Evolution
187

10. Darwin über das Gehirn:
Selbstorganisierende Komitees
211

11. Ein ganz neues Ballspiel:
Wie das Denken durch Werfen gestartet wird
239

12. Entwicklung von Bewußtsein durch einen Darwinschen Tanz:
Emergenz aus dem Unterbewußtsein
259

13. Die Trilogie des *Homo seriatim*:
Sprache, Bewußtsein und Musik
281

14. Nachdenken über das Denken:
Dämmerung am Leuchtturm von Nobska
305

15. Simulationen der Realität:
Verbesserte Säuger und Roboter mit Bewußtsein
321

Nachwort   346
Anmerkungen   347
Verzeichnis der Abbildungen   373
Register   374
Ausführliches Inhaltsverzeichnis   396

Prolog:
Auf der Suche nach Geist in den Nervenzellen

Wir werden früher oder später zu einem mechanischen Äquivalent des Bewußtseins kommen.
Thomas Henry Huxley (1825–1895)

Was Huxley prophezeite, scheint für die meisten noch in unglaublicher Ferne zu liegen. Ich hoffe aber, in diesem Buch zeigen zu können, daß wir bereits über eine mechanistische Analogie von Bewußtsein verfügen. Wenn sie auch noch nicht als Computerhardware gebaut werden kann und sich möglicherweise als unzulänglich erweisen wird, so zeigt sie doch, daß das menschliche Bewußtsein in der Lage ist, darüber nachzudenken, was seine eigenen Grundlagen im Gehirn sind, wie es sich von den Empfindungen anderer Tiere unterscheidet und wie das alles vielleicht entstanden ist.

Dabei geht es mir nicht um Bewußtsein in einem oberflächlichen Sinne; ich rede nicht bloß von der – durchaus wichtigen – Hirnstamm-Region, die das Schlafen und Wachen kontrolliert, und auch nicht bloß von der Kognition, dem Prozeß, durch den wir Kenntnis von den Dingen erhalten. Ich meine wirklich das *Bewußtsein*, das sinnbildliche »kleine Männchen im Kopf«, das als Dirigent die Symphonie unserer Hirnprozesse leitet, das über die Vergangenheit nachdenkt und Zukunftsprognosen entwirft, das über den relativen Wert von Dingen entscheidet, das Pläne für morgen macht, das angesichts einer Tragödie Entsetzen empfindet und das unsere Lebensgeschichte erzählt.

Zugleich geht es mir um eine *Maschine*. Nicht um bestimmte Maschinen, wie sie derzeit auf dem Reißbrett entworfen werden, sondern um eine Klasse von Rechnern, die ich als Darwin-Maschinen bezeichne, weil ein Exemplar dieses neuen Typs nicht wie ein Computer mit üblichen Programmen funktioniert, sondern wie eine stark beschleunigte Version der biologischen Evolution (oder unseres eigenen Immunsystems). Die Darwin-Maschine kann nach dem Prinzip »Variation plus Selektion« eine Idee entwickeln, ganz wie die Biologie, die eine neue Art entwickelt, indem sie Darwins natürliche Selektion auf zufällige genetische Variationen einwirken und dadurch neue Phänotypen entstehen läßt. Unsere bewußten und unbewußten Denkprozesse stellen eine Darwin-Maschine dar. Statt neuer Arten, die in Jahrtausenden entstehen, schafft sie neue Gedanken in Millisekunden, gestützt auf eine unschädliche Gedanken-Umwelt und nicht auf die schädliche Umwelt unserer Realität. Bewußtsein entsteht also nach dem gleichen darwinistischen

Prinzip, nach dem das Leben auf der Erde sich entwickelte, nur eben in viel kürzerer Zeit.

Man kann sich von der Klangfülle einer Symphonie keine Vorstellung machen, wenn man bloß die technischen Details der einzelnen Instrumente des Orchesters kennt, so wie man sich auch kein Bild von einem Ballett machen kann, wenn man weiß, wie Muskeln und Nerven funktionieren. Oft wird, wenn es um die Anatomie und Physiologie der Großhirnrinde des Menschen geht, zu einem solchen Vergleich gegriffen, um zu unterstreichen, daß die Zwecke, denen diese Maschinerie dient, mit dem konkreten Funktionieren der Neurone herzlich wenig zu tun haben. Das mag schon sein, doch brauchen wir deshalb nicht – wie bei Psychologen und Humanisten üblich – angesichts der Maschinerie ratlos mit den Achseln zu zucken. Wir haben, glaube ich, inzwischen begriffen, wie unser Gehirn den Erzähler dessen, was wir bewußt erleben, den Dirigenten der erwähnten zerebralen Symphonie, hervorbringt – nicht in seiner ganzen Komplexität, aber doch im Prinzip; dieses Wissen von der Erzähler-Maschinerie wird unseren Begriff des Bewußtseins revolutionieren, und um so mehr werden wir die Klangfülle unserer zerebralen Symphonien zu würdigen wissen.

Bewußtsein ist grundsätzlich ein *Prozeß*, nicht ein Ort oder ein Produkt, und die fundamentale Frage lautet deshalb *wie*, während die klassische Suche nach dem »Sitz der Seele« nach dem *Wo* oder *Was* fragte. Ich gehe auf die Mechanismen tierischen Bewußtseins ein, erörtere die Entwicklung des Bewußtseins beim Menschen und beschreibe, wie wir Menschen Maschinen bauen könnten, die vieles von dem haben würden, was wir Bewußtsein nennen. Dieses Buch handelt sowohl von dem neutralen Mechanismus als auch von seiner maschinellen Nachahmung: Wir sind (unter anderem) Maschinen mit Bewußtsein, und wahrscheinlich sind wir auch in der Lage, mechanisches Bewußtsein zu schaffen. »Geist« in einer Maschine zu schaffen, das bedeutet mehr als jedes Herumbasteln an den Genen, daß wir »Gott spielen«, und um entsprechende Vorsicht walten zu lassen, müssen wir verstehen, wie die mentalen Prozesse bei uns selbst funktionieren – und uns gelegentlich im Stich lassen.

Ich habe, wie schon in früheren Büchern, einen erzählenden Stil gewählt, damit Leser und Leserinnen ohne wissenschaftliche Vorbildung schwierige Passagen einstweilen überspringen und dem weiteren Vortrag folgen können. Und ich habe mir bezüglich Zeit und Ort wieder einige (wie ich hoffe, unwesentliche) Freiheiten genommen, um diese Erzählung ein wenig überschaubarer zu machen, als es das reale Leben und ein reales Tagebuch mit seinem Durcheinander sein kann. Das Meeresbiologische Laboratorium (MBL) feierte 1988 sein hundertjähriges Bestehen; ich hoffe, daß es mir gelungen ist, en passant ein wenig von dem speziellen Flair von Woods Hole zu vermitteln, einer intellektuellen Atmosphäre, an deren Entstehung im Laufe der hundert Jahre Tausende von nachdenklichen Menschen mitgewirkt haben.

W.H.C.

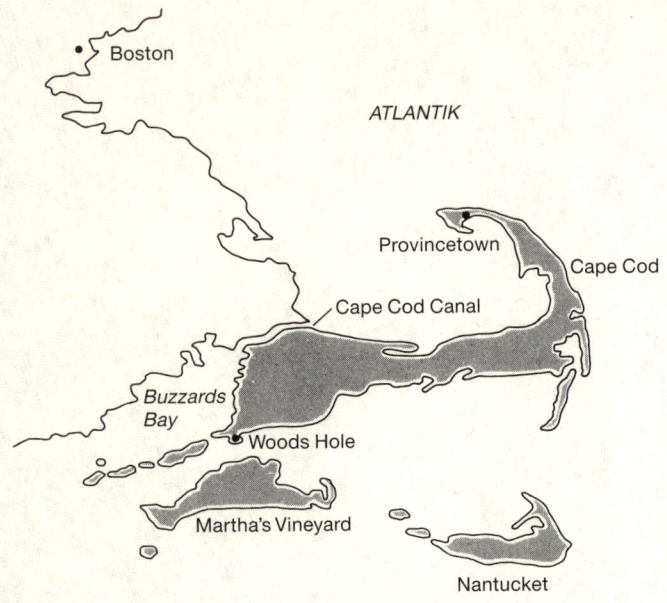

Die Küste von Massachussetts

1.
Eine Entscheidung reift:
Morgens am Eel Pond

Tiere werden von Naturkräften geformt, die sie nicht begreifen. Für sie gibt es weder Vergangenheit noch Zukunft. Es gibt nur die immerwährende Gegenwart einer einzigen Generation – ihre Fährten im Wald, ihre verborgenen Bahnen in der Luft und in der See.
Die Anthropologin Loren Eiseley (1907–1977)

Jeden Morgen sehe ich, wenn ich auf den Eel Pond hinausschaue, denselben Kormoran. Zur Frühstückszeit sitzt er auf der weißen Kugelboje zwischen den Segelbooten, die in dem kleinen Hafen liegen. Seine Flügel hält er so, daß sie ein M bilden – es sieht aus, als hätte er sie zum Trocknen auf die Leine gehängt.

Dann beginnt er heftig mit den Flügeln zu schlagen, so als wolle er vor dem Start seinen Motor auf Touren bringen. Doch er startet nicht. Die Flügel klatschen, klatschen, klatschen. Nachdem er dieses Auf-der-Stelle-Stehen eine Zeitlang geübt hat, sammelt er sich, faltet seine Flügel zusammen, bringt sein Äußeres irgendwie in Ordnung. Bald wirkt er wie eine dunkle Bronzestatue eines gepflegten Tauchvogels, die auf einem weißen Sockel steht.

Er ist nicht nur jeden Morgen da – meine Frau behauptet, er sei schon vor mehreren Jahren dagewesen. Er scheint hier seinen festen Wohnsitz zu haben, anders als die Wissenschaftler, die zu Dutzenden in der Cafeteria des Meeresbiologischen Laboratoriums sitzen und die erste Tasse Kaffee oder Tee trinken, während sie ihn beobachten. Sie unterhalten sich über ihn, einige auf Deutsch, andere auf Japanisch, Hebräisch oder Chinesisch. Es ist Morgen in Woods Hole.

Wieder schlägt der Kormoran mit seinen Flügeln, und eines der Kinder ruft, daß er gleich losfliegen wird. Aber nein, es ist nur eine weitere morgendliche Übung im Flügelschlagen. Es ist noch nicht an der Zeit, fischen zu gehen, tief einzutauchen und sich eine Mahlzeit zu schnappen. Bald sitzt der Kormoran wieder sehr gepflegt da, die Ruhe selbst.

Wie entscheidet er, wann es an der Zeit ist, zu fischen oder mit den Flügeln zu schlagen? Oder zu fliehen? Über Freßfeinde machen Kormorane sich vermutlich keine großen Gedanken. Eine Katze, die so hungrig wäre, daß sie in Erwägung zieht, zur Boje hinauszuschwimmen, habe ich hier nicht gesehen. Die hiesigen Katzen kommen sehr gut mit dem aus, was die Fischer ihnen übriglassen.

Die Stinktiere übrigens auch. Als ich neulich um den Eel Pond herumspazierte und versuchte, Ordnung in meine Gedanken zu bringen, trat mir ein neugieriges Stinktier in den Weg und beäugte mich gründlich. Nicht in der

Abgeschiedenheit der Wälder, sondern auf der Hauptstraße von Woods Hole, Cape Cod, Massachusetts, USA. Ich sah dieses Stinktier von der anderen Straßenseite auf mich zukommen. Ich blieb stehen und fragte mich, was ein Stinktier im Buchladen zu suchen hatte. Es watschelte an den Autos vorbei, hüpfte auf den Bürgersteig und kam dann direkt auf mich zu. Es beschnüffelte gründlich meine Füße, zuerst von vorne und dann von hinten, wie ich mit einem Blick über die Schulter feststellte.

Offenbar fand es nichts an meinen Schuhen, denn es trollte sich auf dem Bürgersteig davon. Doch sogleich blieb es wieder stehen, bei einem Stiel von einer Eisportion. Mit einem geschickten Schlag einer Vorderpfote drehte es den Stiel um und leckte den daran haftenden Eisrest ab. Es faßte mich noch einmal ins Auge, so als überlegte es sich etwas – unsere Blicke trafen sich, während ich halb umgewandt dastand, und wir schauten einander an. Nach beendeter Inspektion setzte das Stinktier seinen Weg fort und trottete den Bürgersteig hinunter. Während es um die Ecke bog, stand ich, ihm verwundert nachblickend, noch immer an der Stelle, wo ich es aus dem Buchladen hatte kommen sehen.

Zuerst dachte ich, daß das Stinktier vermutlich jemandem gehörte – vielleicht dem Buchhändler? Aber es war nur ein durch und durch verstädtertes Stinktier, das sich vor nichts fürchtete. Ich wünschte, sie würden sich mehr vor den Autos fürchten. Die Evolution hat sie gut darauf vorbereitet, mit Katzen und anderen Fleischfressern fertigzuwerden, nicht aber mit Fahrzeugen, die auf kurvenreichen Straßen dahinrasen. Stinktiere sind oft zu zweit oder zu dritt unterwegs, und so zieht ein Unglück das andere nach sich, wenn ein zutrauliches Stinktier zurückkommt, um seinen Gefährten, der sich plötzlich nicht mehr rührt, anzustupsen, und dann noch ein Auto um die unübersichtliche Kurve kommt und nicht mehr rechtzeitig anhalten kann. Die Evolution hat die Menschen gut darauf vorbereitet, in der eiszeitlichen Wildnis ihr Auskommen zu finden. Doch auch wir scheinen blind zu sein für die Gefahren unserer neuen Umwelt, obwohl wir im Unterschied zu den übrigen Tieren gelegentlich die Fähigkeit zur Vorausschau besitzen. Es ist unglaublich: Die Menschen haben eine erstaunliche Fähigkeit zur Vorausschau, aber sie nutzen sie nur gelegentlich.

*

Dieses Buch handelt vom Bewußtsein, auch von dem der Kormorane und Stinktiere. Zumindest von den Aspekten des Bewußtseins, die eng zusammenhängen mit der Frage: »Was soll ich als nächstes tun?« So zu fragen, ist sicherlich kein Monopol des Menschen. Alle Tiere treffen Entscheidungen zwischen einigermaßen geläufigen Verhaltensweisen. Menschen dagegen denken sich ständig neue Handlungsabläufe aus und vergleichen sie mit dem Gewohnten. Wir wägen sie ab, überlegen uns ihre mutmaßlichen Folgen und führen dann vielleicht eine Handlung aus, bei der Worte oder Bewegungen in einer bislang unbekannten Weise verknüpft werden. Auch unsere Vettern, die Affen, denken sich Neues aus, das aber in ihrem Alltag kaum eine Rolle spielt – und die Vorausschau reicht selten bis zum morgigen Tag.

Dieses Buch handelt also von Verhaltensentscheidungen bei Tieren, von der starken Entfaltung entsprechender Fähigkeiten beim Menschen (speziell in den Frontallappen unserer vergrößerten Gehirne) und von einigen daran beteiligten Prinzipien, von denen eines mit der Darwinschen Evolution eine solche Ähnlichkeit hat, daß wir den Denkprozeß beinahe als eine Darwin-Maschine bezeichnen können. Daran anschließend wird überlegt, wie man denkende Roboter bauen könnte, die einen Großteil unseres Bewußtseins, unserer Kreativität und – eventuell – unserer ethischen Verhaltensweisen besitzen würden.

Dagegen handelt dieses Buch nicht, es sei denn beiläufig, von den vielen Dingen, die man sonst noch mit dem Begriff »Bewußtsein« belegt hat. Pflanzen mögen empfindlich auf ihre Umwelt reagieren, doch nach allem, was wir wissen, denken sie sich keine alternativen Zukunftsszenarien aus, um anhand dessen, was sich in der Vergangenheit bewährt hat, eine Menge von beliebigen Möglichkeiten auszusieben und sich schließlich für eine zu entscheiden. Ich bin von meiner Ausbildung her ein biophysikalisch orientierter Neurophysiologe, der sich ein wenig in der Anthropologie und der Evolutionsbiologie umgetan hat, weil er wissen wollte, warum die Gehirne der Hominiden so bis zum Vierfachen zugenommen haben, der aber im übrigen dazu neigt, vieles mit den Nervenzellen zu erklären, die dank ihrer nichtlinearen Funktionen sehr schöpferisch sein können, und mit den mächtigen Schaltungen, zu denen sie sich zusammenfügen. Schon bei dem Versuch, unsere Fähigkeit zur Vorausplanung und zur Bildung von Sätzen während des Sprechens zu erklären, fällt es mir schwer genug, nicht ins Schwärmen über das wunderbare Bewußtsein zu geraten, und wenn meine Bemühungen, über das Denken nachzudenken, zufällig dazu beitragen, so unterschiedliche Dinge wie unsere musikalischen Fähigkeiten und unsere Leistungen im Werfen zu erhellen, so ist das längst noch nicht alles, was Gehirne zu leisten vermögen.

Dabei ist »alles, was Gehirne zu leisten vermögen« ungefähr die einzige Definition von Bewußtsein, die all die vielen Stichwörter im Lexikon umfaßt. Auch die übrigen Bedeutungen von »Bewußtsein« sind interessant, aber die zu erklären ist Sache anderer Neurobiologen, Psychologen und Philosophen. Es sei denn, sie sorgten dafür, daß diese Bedeutungen verschwinden. Wir wissen ja, daß viele scheinbar bedeutsame Fragen sich einfach als falsch formuliert erwiesen haben – man denke nur an die wenige Jahrhunderte zurückliegende Debatte der Naturphilosophen über »Schein« und »Wesen«, eine Unterscheidung, die sich mit dem Fortschritt der empirischen Forschung in Nichts aufgelöst hat. Unsere dualistische Trennung zwischen Geist und Gehirn wird vielleicht in dem Maße, wie unsere Wissenschaft reift, ebenso ungebräuchlich werden.

Nicht nur die Arbeit im Labor, die Untersuchung von Patienten oder die Beobachtung von Tieren in freier Wildbahn bringt die Wissenschaft voran, sondern auch das unablässige Nachdenken darüber, wie die Dinge sich zusammenfügen, insbesondere die ineinandergreifenden Resultate so unterschiedlicher Fachdisziplinen wie Tierverhaltensforschung, Hirnforschung, Entwicklungsbiologie, Evolutionstheorie und linguistische Anthropologie. Am besten kann man darüber bei langen Spaziergängen nachdenken, besonders wenn es am Meer entlanggeht, und so könnte dieses Buch auch den Titel tragen: »Spekulationen über darwinistische Entwürfe am Meeresstrand«.

*

Der Kormoran scheint auf dem Eel Pond nach einem festen Plan umherzukreuzen, denn bei jedem Tauchgang legt er in etwa die gleiche Strecke zurück. Jeweils etwa vier Sekunden lang schwimmt er auf dem Wasser, dann ist er wieder weg und sucht den Boden des Eel Pond mit der Genauigkeit eines Rettungsflugzeugs ab, das einen Sektor nach dem anderen durchstöbert. Die Stinktiere durchstreifen nachts die Hafenanlagen, aber in einem ganz anderen Stil.

Es scheint, als schauten Stinktiere, wenn sie auf ihrer Runde haltmachen, sehr viel neugieriger nach, als ich es je von einem Nachtwächter gesehen habe. Ich kann mir vorstellen, daß man einen Roboter als Nachtwächter programmiert, der nach unerwünschten Besuchern Ausschau hält und nach Rauch schnuppert, doch wird es noch eine Weile dauern, bis Roboter so ausgefuchst sein werden wie die Stinktiere, die unter Autos und in Mülltonnen herumstöbern, wobei sie als Gruppe zusammenwirken und sich darüber auszutauschen scheinen, was die Menschen alles wegwerfen und wer am verschwenderischsten ist. Da sie sich bei der Annäherung von Nicht-Stinktieren nicht entfernen, kann es einem bei einem nächtlichen Spaziergang durch

Woods Hole passieren, daß man über ein Stinktier stolpert – was sie einem übelnehmen.

Man könnte die Streifzüge, auf denen die Stinktiere nach Nahrung suchen, als Variationen über ein Thema auffassen, wie in der Musik, wo die vertraute Melodie in eine andere Tonart transponiert wird, in eine andere Melodie übergeht, eine vertraute Weise gegen die andere ausgespielt wird – wie in den *Goldberg-Variationen* –, um schließlich zur ursprünglichen Melodie zurückzukehren, die bei den Stinktieren »Große Rundfahrt durch das Hafenviertel« zu heißen scheint. Ihre Schritte sind komplizierter als die starr an Regeln gebundene Nahrungssuche der Bienen. Ich könnte einen Roboter darauf programmieren, die Suchflüge einer Biene (und vielleicht sogar die des Kormorans) nachzuahmen, doch wenn man eine Katze oder ein Stinktier imitieren will, muß man offenbar den »Willen«, ja sogar eine Augenblickslaune berücksichtigen – einen Entscheidungsprozeß, der Unvorhersehbares enthält.

*

Ich hoffe, daß niemand annimmt, nur Menschen hätten einen »Willen« – und ich benutze diesen Ausdruck, obwohl er ein wenig unpopulär geworden ist; die *Encyclopedia Britannica* hat es für richtig befunden, dieses Stichwort zu streichen. Doch Wille und Laune wurden erfunden, längst ehe es Menschen gab.

Unsere Katze versucht nun seit Monaten, ihren Willen gegen die Siamkatze der Nachbarin durchzusetzen. Mit uns versucht sie es seit Jahren. Sie schläft gern auf unserem Bett, und meistens an einer Stelle, wo sie uns lästig ist. Wir versuchen also, unter der Bettdecke den Fuß unter sie zu zwängen und sie in einen Winkel des Bettes zu schieben. Obwohl offenkundig hellwach, tut sie so, als bemerke sie nichts. Man kann sie praktisch hochkant wuchten, und doch tut sie so, als sei der Fuß nicht da. Es geht hier auch ums Territorium – man muß seine Rechte wahren.

Meine Frau macht sich das inzwischen zunutze. Die Katze ist ein hervorragender Fußwärmer. Sie darauf abzurichten, als Fußwärmer zu dienen, wäre völlig unmöglich gewesen und auch mit einem Belohnungssystem aus gehackter Leber nicht gelungen; Katzen sind gegenüber Dressurabsichten furchtbar mißtrauisch. Und ohne den Territorialstreit würde die Katze es sich nicht sehr lange gefallen lassen, daß man seinen Fuß unter sie schiebt. Wenn der Fuß ihr aber alle paar Minuten einen Schubs gibt, der die Entschlossenheit der Katze anstachelt, kann das »Heizkissen«-Spiel noch sehr lange weitergehen. Manchmal schafft meine Frau es sogar, beide Füße gewärmt zu kriegen, dank der Willenskraft der Katze.

*

Für die Entscheidung, was als nächstes zu tun ist, bedarf es nicht einer so offenen Bekundung der Willenskraft. Nehmen wir beispielsweise den Kormoran, der dort seine Flügel trocknet. Seine Streifzüge enthalten vermutlich ebenso eine Routine (die Unterwasser-Umrundung des Eel Pond) wie das Flügeltrocknen auf der Boje. Man kann beides als ein Bewegungsprogramm auffassen (auch das Einnehmen einer statuenhaften Pose ist ein solches Programm), und die Tagesroutine kann als Repertoire wechselnder Programme aufgefaßt werden.

Doch wie entscheidet der Kormoran, wann es an der Zeit ist, mit dem Fischen aufzuhören und sich statt dessen mit ausgebreiteten Flügeln zu sonnen? Wie entscheidet er, wann es an der Zeit ist, mit dem Flügelschlagen aufzuhören und einfach dazusitzen und sich umzuschauen? Oder zu einem anderen Gewässer umzuziehen? Einzelne Kormorane zeigen unterschiedliche Verhaltensweisen; sie werden offensichtlich nicht so stark wie die Bienen vom Lauf der Sonne bestimmt. Wie kommt das Gehirn eines Tieres zu diesen großen Entscheidungen, das eine und nicht das andere Bewegungsprogramm zu starten? Ist es so, wie wenn wir entscheiden, vom Stuhl aufzustehen und uns die Beine zu vertreten? Oder vielleicht den Kühlschrank zu überfallen? Sicher sind die Entscheidungsprozesse bei uns Menschen etwas phantasievoller, aber dennoch ist es die Frage, ob sie nur Variationen über ein uraltes Thema oder etwas ganz Neuartiges sind.

Eines der Kinder in der Cafeteria quält seine Eltern mit der ständig wiederkehrenden Frage: »Was machen wir dann?« Was einen der Computerprogrammierer zu der Bemerkung veranlaßt, die Drei Urfragen lauteten, seiner Schwester zufolge:

1. Wohin fahren wir?
2. Wann sind wir da?
3. Warum muß ich in der Mitte sitzen?

Es spricht vieles dafür, daß die Philosophen sich einmal mit ihnen befassen sollten. Zu entscheiden, was als nächstes geschehen soll, ist schließlich die Hauptaufgabe des »kleinen Männchens im Kopf«, dieses symbolischen Zwergs, der offenbar im Mittelpunkt von allem steht. Unterscheidet sich das Bewußtsein des Kormorans wirklich so sehr von dem unseren?

Bewußtsein kann, je nachdem, mit wem man es zu tun hat, ganz Verschiedenes bedeuten. Für einige idealistische Philosophen und Zen-Anhänger haben sogar Pflanzen Bewußtsein, während gewisse Wissenschaftsphilosophen das Bewußtsein so eng definieren, daß nur das unbeschreibliche nichtmechanische Wesen darunter fällt. Wenn sich erklären läßt, wie das Gehirn etwas bewerkstelligt, dann gehört dieses Etwas nach ihrer Meinung nicht zum Bewußtsein.

Das alles erinnert mich an die Auseinandersetzung, deren Zeuge ich gestern abend erneut wurde, ob nämlich Computer Kunst hervorbringen können. Ein ortsansässiger Künstler behauptete, wenn ein Computer es könne, sei es keine Kunst! Man hat – gleich, ob es um das Bewußtsein oder um die Kunst geht – bei gewissen Leuten den Verdacht, daß ihnen an einem Fortschritt, an einem besseren Verständnis der Sache gar nicht gelegen ist, daß sie die Vorstellung, etwas so Persönliches sei irgendwie erklärbar, als kränkend empfinden.

Wann wurde ich geboren?
Woher komme ich?
Wohin gehe ich?
Was bin ich?
   Die Fragen der Hopi

*

Drei Stunden nach dem Frühstück ist der Kormoran noch immer da. Er ist nur einmal aufgeflogen, als ein Ruderboot vorbeikam, doch gleich war er wieder zurück. Er inspiziert sein Gefieder, sträubt es ein- oder zweimal. Doch meistens sitzt er einfach nur da und schaut sich um.

Hoppla! Das ist ja gar nicht der einzige Kormoran. Eben ist in Ufernähe ein anderer Kormoran aufgetaucht, einen Fisch im Schnabel. Heftig schüttelt er den Fisch, wohl um ihm das Rückgrat zu brechen. Ein geübter Ruck mit dem Kopf, und schon verschwindet der erledigte Fisch im offenen Schlund des Kormorans. Der schlanke Hals weitet sich mühelos. Gleich darauf taucht der Kormoran noch einmal ein und schaut nach, ob nicht vielleicht noch ein paar dumme Fische da sind. Ich glaube, dieser Kormoran weiß genau Bescheid, daß Fische meist in Schwärmen auftreten.

Wenn er nicht taucht, schwimmt der Kormoran zumeist ruhig umher, wobei nur der S-förmige Hals und der Kopf aus dem Wasser ragen – fast wie der Kommandoturm eines U-Boots auf Kreuzfahrt. Nur halten patrouillierende

Kormorane den Kopf so, daß der Schnabel in die Luft ragt – ein geschniegelter Snob zwischen den fetten Enten, die wie gefiederte Ruderboote auf der Oberfläche des Teiches schwimmen.

Der emsige Kormoran hat sich in nur wenigen Minuten durch den Hafen gearbeitet, zumeist unter Wasser, etwa dreimal ist er aufgetaucht. Ich habe soviel mitbekommen, daß ich vorhersagen kann, wo dieser Kormoran als nächstes auftauchen wird, denn von seinen regelmäßigen Runden durch den Eel Pond läßt er sich offenbar nicht so leicht abbringen. Schnurgerade Bahnen sind zweifellos etwas anderes als Zufallswege, als die sprichwörtlichen verworrenen Wege Betrunkener, die ziellos um eine Straßenlampe torkeln und immer wieder eine andere Richtung einschlagen, wobei eine Bahn entsteht, die sich sehr deutlich von der zielstrebigen kulinarischen Kreuzfahrt des Kormorans unterscheidet.

Zufall und Absicht haben anscheinend kaum etwas miteinander zu tun – was aber nicht heißt, daß absichtsvoll eingeschlagene Wege nicht durch Zufall erzeugt wurden. Das ist die großartige geistige Botschaft von Charles Darwin, die wir erst nach und nach richtig zu würdigen wissen. Erst Variationen, dann Selektionen, die sich aber nicht immer im Verhalten äußern, da sie auch im Kopf, *off-line,* ablaufen können. Oft machen wir etwas schon beim ersten Mal richtig – was aber daran liegt, daß wir in unseren Köpfen das Zufallsverfahren von Versuch und Irrtum anwenden.

*

Der Kormoran sitzt wieder auf seiner Vertäuboje. Er hat sich nicht aus dem Flug niedergelassen, sondern ist mit einem kurzen Flügelschlag hinaufgehüpft – es wirkte so mühelos, verglichen mit der Anstrengung, die es uns kostet, uns aus dem Wasser in ein Boot zu ziehen. Jetzt steht der Kormoran dort mit seinen zum Trocknen aufgehängten Flügeln. Ich habe noch keinen von diesen Kormoranen richtig fliegen gesehen. Sie kreuzen nur auf dem Eel Pond umher, strecken den Kopf etwa drei Sekunden lang in die Höhe, bevor sie ihn mit einer kurzen Neigung des S-förmigen Halses eintauchen, worauf der übrige Körper automatisch nachzufolgen scheint, so als würde er von einem Assistenten unter Wasser hinabgezogen. Um die kleinen Wellen nach dem Untertauchen auszumachen, muß man schon sehr genau hinschauen; ein kleiner Stein, in den Eel Pond geworfen, würde bleibendere Spuren hinterlassen. Enten sind verglichen mit dem Kormoran ungraziös.

Sowohl das Tauchen als auch die Streifzüge erinnern an die Walzen eines

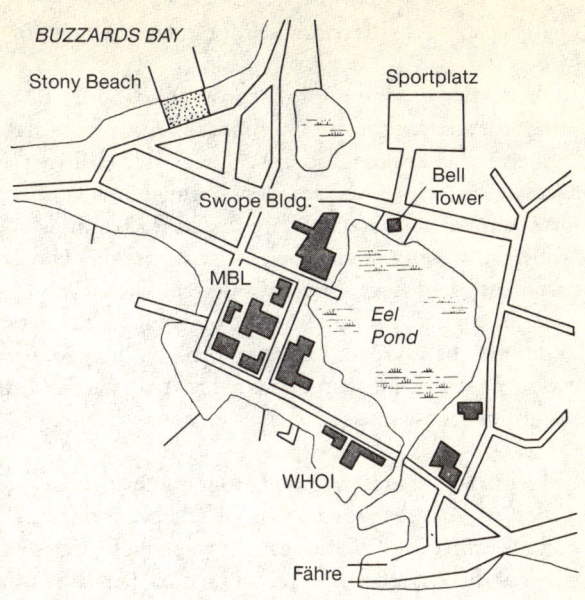

mechanischen Klaviers, erscheinen wie »konservierte« Bewegungsprogramme (ein »motorisches Band«, wie die Neurobiologen zu sagen pflegen). Es gleicht der Waschroutine meiner Katze. Es kommt vor, daß sie, wenn sie zu Hause durchs Zimmer läuft, plötzlich innehält, um sich zu lecken, so als habe ein unwiderstehlicher Trieb sie erfaßt und das Waschprogramm gestartet. Anschließend läuft alles der Reihe nach ab.

Auf Bewegung X folgt gewöhnlich Bewegung Y, gelegentlich aber auch Bewegung Z. Vermutlich »erinnert« Bewegung X an die beiden Möglichkeiten Y und Z – mit Sicherheit ist das bei der Katze der Fall. Meine Katze – sie heißt »Noise« – spielt morgens, wenn ich mich anziehe, gern mit meinen Schnürbändern. Ich vermute, das Schnürband erinnert sie an den Schwanz einer Maus, jedenfalls behandelt sie es so: Sie umfaßt es mit der gekrümmten Pfote und führt es sich zum offenen Maul. Und dann passiert oft etwas Komisches: Sie beginnt die Pfote zu waschen, geht dann dazu über, sich das Gesicht zu waschen, wobei sie das Schnürband so lange unbeachtet läßt, daß ich (wenn ich mich beeile) meinen Schuh zuschnüren kann. Kurz, sie schaltet mitten in einem Nahrungserwerb-Bewegungsprogramm um auf ein Fellpflege-Bewegungsprogramm.

Das Pfotenkrümmen-Bewegungsunterprogramm bildet den *ersten* Teil dieser beiden Haupt-Bewegungsprogramme. Im einen Fall folgt darauf das Beißen, im anderen das Lecken und anschließend das Mit-der-Pfote-über-den-Kopf-fahren usw., eines der am besten eingeübten und anmutigsten Bewegungsprogramme von Katzen. Wenn das Pfotenkrümmen nichts Handfestes mit sich bringt, worauf man beißen kann, ist das Umschalten vom Nahrungserwerb auf die Pflege durchaus logisch, wie ich finde: Beide Einstellungen sind mit einer gekrümmten Pfote und einem geöffneten Maul verbunden. Von der gleichen Art sind manche Fehlhandlungen, die uns unterlaufen, so etwa, wenn ich mit dem Schälmesser ein paar Karotten geputzt habe, die Geschirrspülmaschine aufmache – und eine Karotte in den Besteckkorb stecke.

Wir würden natürlich gern Bewegungsprogramme in einfachste Elemente zerlegen, in die »Atome«, aus denen sie vielleicht zusammengesetzt sind. Doch schon die Fellpflege der Tiere ist nicht so einfach zu beschreiben, wie Sie zunächst annehmen mögen. Die Verhaltensforscher haben sich, um das Pflegeverhalten in seine Bestandteile zu zerlegen, hilfesuchend an Choreographen gewandt, denn diese haben ein Notationssystem für Bewegungen entwickelt, mit dessen Hilfe in der musikalischen Partitur Anweisungen festgehalten werden können. Die Automatenbauer warten gespannt auf die Ergebnisse, denn bis heute verzweifeln sie an der Aufgabe, die ruckartigen Einzelbewegungen von Robotern zu den geschickten, fließenden Bewegungen eines Arbeiters am Montageband zusammenzufügen.

Von gut eingeübten Bewegungsprogrammen wird erwartet, daß eine Bewegung nahtlos in die andere übergeht, ohne daß man das Ende der einen und den Anfang der anderen erkennen könnte. Jeder Tennistrainer, jeder Profi-Golfspieler möchte das natürlich erreichen: die eckigen Einzelbewegungen des Anfängers zu einem integrierten Gesamtablauf verschmelzen, in dem von den Komponenten nichts mehr zu merken ist.

Ich sitze draußen im Schatten des einzigen Baumes, der im Innenhof des Swope Center steht, und höre, wie oben im Meigs-Saal, wo die Sonntagabend-Konzerte stattfinden, jemand Klavier übt. Die Pianistin versucht, ein Arpeggio hinzukriegen, aber es fließt noch nicht so anmutig wie die Tauchbewegung des Kormorans. Für diesen Fall gibt es ein »motorisches Band«, denn das Arpeggio ist so schnell, daß Rückmeldung der Pianistin nichts nützt. Sie kann nicht auf Zwischenberichte warten, bevor sie weitermacht, sondern muß genau die richtigen Befehle zu genau den richtigen Zeitpunkten hinausgehen lassen. Sie muß alles vollständig vorausplanen.

Das »bewußte Denken« bezieht sich auf Auseinandersetzungen mit der Außenwelt, die eine sorgfältige Analyse im Lichte der Vergangenheit und die Vorbereitung künftiger Verhaltensweisen erfordern. Wir überlegen uns etwas und machen Pläne; doch wenn wir eine Treppe hinaufsteigen, beschleunigen wir den Herzschlag, und wir erweitern die Blutgefäße der Beinmuskeln, damit sie diese Arbeit leisten können, und es wäre Unsinn, dies jedesmal bewußt zu tun. Es ist dafür gesorgt, daß diese Dinge automatisch ablaufen, sobald man den Prozeß des Treppensteigens in Gang gebracht hat. Eine bewußte Kontrolle der Einzelheiten dieser Vorgänge würde den zerebralen Computer überfordern.

Der Neurobiologe J. Z. Young, 1987

*

Über das Denken nachzudenken ist nicht so zirkulär, wie es klingt, doch setzt es ein ziemlich kunstvolles mentales Konstrukt voraus, das dem Kormoran vermutlich nicht zugänglich ist. Mit Sicherheit fehlt den Pflanzen die entsprechende Fähigkeit, mögen die Zen-Anhänger sagen, was sie wollen. Gedankenketten haben vieles mit Ketten von Muskelbefehlen gemein, so als wären sie Bewegungsprogramme, die zuerst durchgeplant werden, bevor man sie startet. Doch nicht alle Bewegungsprogramme müssen bewußt sein; die gut eingeübten, darunter bei mir die fürs Radfahren und bei der Katze die für die Pflege, scheinen sogar kaum einer bewußten Anstrengung zu bedürfen. Von *Bewußtsein* reden wir offenbar dann, wenn wir im Hinblick auf das, was wir als nächstes tun könnten, zwischen alternativen Szenarien wählen.

Entscheidet der Kormoran also »bewußt« darüber, ob er noch einen Tauchgang unternehmen soll? Es könnte sein. Dann wäre allerdings auch das reflexhafte Kratzen am Halsband bei meiner Katze »bewußt«. Und somit bei mir das reflexhafte Reiben der Nase, von dem ich immer gemeint habe, es komme praktisch ohne bewußte Entscheidung zustande.

Doch jede Situation ist einzigartig, und oft werden Reaktionen durch die Bedingungen modifiziert. Wie ist es mit der Wahl zwischen nichtautomatischen, neuartigen Abläufen? Das hieße allerdings, den Kormoran fast gänzlich zu übergehen, denn Neues spielt in seinem Leben fast keine Rolle. Wenn Bewußtsein nicht so eng definiert wird, daß es schlagartig von Null bei den Menschenaffen auf hundert Prozent bei den Menschen ansteigt, erwarten wir doch eine Abstufung. Die Art und Weise, wie wir mit neuen Bewegungsabläufen (zum Beispiel das Aussprechen eines bislang unausgesprochenen Satzes oder das Tanzen zu einem neuen Rhythmus) umgehen, macht einiges von den mutmaßlichen Unterschieden zwischen Kormoran-Bewußtsein und menschlichem Bewußtsein deutlich. Ähnliches zeigt sich daran, daß Menschenaffen in höherem Maße Einsicht zeigen als Tieraffen.

Bewußtsein ist noch in einem anderen Sinn eher das Ungewöhnliche. Wenn man in einer Fertigkeit große Übung entwickelt, so daß sie einem ganz vertraut wird, kann es geschehen, daß sie der bewußten Kontrolle entgleitet und nicht mehr bewußt gesteuert wird, wie in der Zen-Kunst des Bogenschießens, wo es darum geht, eine solche Übung zu erlangen, daß es nicht mehr einer bewußten Entscheidung bedarf, um den Pfeil im rechten Augenblick abschnellen zu lassen. Man kann einfach zuschauen, wie der Pfeil davonschwirrt, so als täte es jemand anders. Eugen Herrigel sagt über das Zen-Bogenschießen: »Der Schuß wird ja nur dann glatt, wenn er den Schützen selbst überrascht. Es muß sein, wie wenn die Bogensehne den Daumen, der sie festhält, jählings durchschnitte.«

*

Das zerfallende Boot namens *Ovalipes* liegt heute noch tiefer im Wasser, nachdem das Unwetter in der Nacht alles durchnäßt hat. Man könnte meinen, es habe sich nach stundenlangem Warten klammheimlich in den Eel Pond schleichen wollen, und die Zugbrücke habe es seiner Decksaufbauten beraubt. Außerdem liegt mitten im Hafen ein seltsames entmastetes Segelboot, auf dem jemand wohnt. In beiden Fällen muß jemand nicht sehr weit vorausgedacht haben.

Wenn man – außer man hat ein kleines Ruderboot oder ein Motorboot ohne Windschutzscheibe – in den Eel Pond hinein oder aus ihm heraus will, muß man den Zeitplan des Mannes im Kopf haben, der die Zugbrücke bedient. Wer nicht bis zum frühen Abend zurück ist, muß bis zum anderen Morgen warten (man wird an die Zeiten erinnert, als der College-Schlafsaal um Mitternacht abgeschlossen wurde). Die Leute prägen sich den Zugbrükken-Zeitplan (einschließlich der Kaffeepausenzeiten des Bedieners) ein, so wie andere sich den Fahrplan der Fähren einprägen, die Woods Hole mit Martha's Vineyard und Nantucket, den großen, der Küste vorgelagerten Inseln, verbinden.

Beide Zeitpläne verursachen allerhand Getute. Die quäkenden Hörner der Boote, die dem Zugbrücken-Bediener gelten, klingen ganz anders als die kräftigen Tenortöne, mit denen die ablegenden Fährschiffe kleine Boote aus dem Weg zu scheuchen versuchen. Diese Töne überlagert bisweilen das roboterhafte Nebelhorn auf dem Leuchtturm von Nobska, das als dröhnender Baß zu vernehmen ist.

Mitten in der Nacht klingt das Nebelhorn wie eine metallische Kuh, die nicht aufhört zu muhen. Manchmal reißt der Schall jedoch ab, wird er durch einen Umschlag des Windes irgendwo zwischen Nobska und Woods Hole abgelenkt. Es klingt dann eher nach einer unterbrochenen Rede als nach einem Muhen. Ich glaube herauszuhören: »Hun-ger ... Hun-ger ...« – als riefe dort ein Minotaurus von Cape Cod.

*

Wieder bietet der Eel Pond ein neues Bild. Einige Fischer sind heimgekehrt, und mehrere Segelboote sind für einen Spätnachmittag aufs Meer hinausgefahren. Der Eel Pond ist ein Tidebecken, das von der Meerenge zwischen dem Vineyard Sound und der Buzzards Bay abzweigt. Bei Wood's und Buzzard's ist das besitzanzeigende Apostroph in den letzten hundert Jahren abhanden gekommen, bei Martha's hat es sich dagegen erhalten – doch hier sagen alle ohnehin nur »*der* Vineyard«.

Die Stadt Woods Hole hat sich um den Eel Pond herum entwickelt. Ein Gang durch die Stadt ist immer ein Erlebnis, auch wenn man nicht zu den Stammgästen gehört. Susan Allport schrieb in ihrem Buch *Explorers of the Black Box*:

> Woods Hole ist unmöglich zu verwechseln mit einem der anderen Sommerurlaubsorte, mit denen Cape Cod übersät ist ... Seine unverwechselbare Wirkung verdankt Woods Hole den Wissenschaftlern. Sie sind ständig in Gespräche verwickelt, ob sie nun darauf warten, daß die Zugbrücke, die die Stadt in zwei Teile zerschneidet, herabgelassen wird, oder ob sie in einem der örtlichen Restaurants einer Schüssel Meeresfrüchte entgegensehen. Die Luft ist ständig erfüllt von ihrem wissenschaftlichen Jargon – »ATP«, »Kalziumspikes«, »symbiotische Bakterien« –, der sich am Strand mit dem Wellenschlag, in einem Restaurant mit dem Duft von Kaffee und gebratenen Muscheln vermengt. Nicht nur ihre Gespräche heben sie von Nichtwissenschaftlern ab, sondern auch ihr Verhalten. In dieser Stadt, die von Naturbeobachtern wimmelt, nimmt jeder mit jedem Blickkontakt auf. Ob man sich zu Fuß begegnet – in der Halle, am Strand oder in dem Gewirr enger Gassen, die sich zwischen den Ferienhäusern

und den Strandhäusern von Woods Hole hinziehen – oder gar im Auto, spielt dabei keine Rolle. Zuerst ist es ein wenig verwirrend, aber bald hat man das Gefühl, Teil einer umfassenderen Intelligenz zu sein, beginnt man zu ahnen, daß dies ein Ort ist, an dem Wissen angehäuft und vermittelt wird.

Den Eel Pond im Uhrzeigersinn umwandernd, komme ich am Bell Tower vorüber, wechsle ein paar freundliche Worte mit einer Gruppe befreundeter Physiologen, die zum Fischen hinausgefahren waren, und setze dann meinen Weg fort, am Schulhaus vorbei. In der Nähe der Stelle, wo mir das Stinktier über den Weg lief, stoße ich auf die Hauptstraße und sehe statt der Segelboote auf dem Pond nun zum ersten Mal Schiffe. Direkt vor der Zugbrücke, die den schmalen Einlaß des Eel Pond überspannt, ankern die großen Pötte: merkwürdig wirkende Fährschiffe, ozeanographische Forschungsschiffe, die so groß sind wie Zerstörer, ein altmodisches Segelschiff aus der Zeit vor der Dampfschiffahrt, hin und wieder die elegante weiße Jacht, deren uniformierte Besatzung sich dezent über die Teakholz-Treppen von einem Deck aufs andere begibt.

Hier befinden sich einige der Gebäude und Piers der Woods Hole Oceanographic Institution, abgekürzt WHOI und hierzulande »Hu-i« ausgesprochen, sowie des National Marine Fisheries Service. In den Großen Hafen hinein ragt die Pier mit dem Pumpenhaus, welches das Marine Biological Lab mit dem Meerwasser versorgt, das die Tiere in den Aquarien des MBL am Leben erhält.

Diese Pier mit dem Pumpenhaus wäre 1975 beinahe zerstört worden durch eine Vineyard-Fähre, das Motorschiff *Islander*, die einem kleinen Boot auswich und dadurch mit der Pier kollidierte. Als der Kapitän der Fähre bemerkte, daß er rückwärts die Pier rammen würde, befahl er volle Kraft voraus – doch große Schiffe sind sehr träge und reagieren deshalb mit Verzögerung. So kam es, daß die Fähre, nachdem sie die MBL-Pier erheblich beschädigt hatte, mit voller Kraft voraus mitten in die WHOI-Pier dampfte und beinahe noch eines der dort vertäuten nagelneuen Hochseeschiffe mitgenommen hätte.

Diese unparteiische Behandlung der beiden führenden Institutionen von Woods Hole blieb monatelang Stadtgespräch. Der Kapitän eines großen Schiffes muß weit vorausplanen, weil das Schiff so langsam reagiert; Rückmeldung richtet nichts aus, wenn zwischen der Einleitung einer Aktion und der Erzielung einer Reaktion soviel Zeit verstreicht. Es ist das Problem der

Pianistin mit der Rückmeldung, nur in einem größeren zeitlichen Maßstab. Bei der Pianistin dauert es von der Aktion bis zur Korrektur mindestens eine Zehntelsekunde, beim Kapitän dagegen viele Sekunden. Wie machen sie es nur (wenn sie es schaffen)?

Da fällt mir etwas ein: Noch immer halte ich Ausschau nach einem Segelboot namens *Fantasy*, das hier angeblich zu Hause sein soll. *Fantasy* ist bemerkenswert wegen des kleinen Beiboots, das an einer Leine hinterherfährt. Auch das Beiboot hat einen aufs Heck gemalten Namen, und der lautet – man muß allerdings die Augen zusammenkneifen, um ihn zu entziffern – der lautet *Reality*. Voraus eine aufgeblasene Phantasie, gefolgt von einer verkleinerten Realität. Erinnern Sie sich noch an das die Kreativität anregende Verfahren namens »Brainstorming«, bei dem keiner der Vorschläge kritisiert werden darf, bevor nicht einige Dutzend auf dem Tisch sind, je wilder desto besser? Ich vermute, daß jeder von uns unterbewußt ganz ähnlich funktioniert, daß unsere Gehirne eine Menge von zufälligen Möglichkeiten produzieren und dann die beste auswählen, daß wir uns aber nur der besten bewußt sind und nicht all der minderwertigen, die abgelegt werden. Und daß dieses Verfahren nicht nur für den Erfolg von Pianistinnen und Fährschiffskapitänen verantwortlich ist, sondern auch dafür, daß wir großartige Gedanken denken.

*

Unter den Optionen, die uns Menschen offenstehen, sind auch Spielarten des Fischens, des Ausweichens und des Sonnenbadens, das wir beim Kormoran beobachten – sie sind hier in Woods Hole alle sehr beliebt. Doch das Spektrum unserer Möglichkeiten ist sehr viel breiter, besonders wenn wir für morgen planen.

Lassen wir die großartigen Gedanken einstweilen beiseite und betrachten wir einen Studenten, der zwischen Wahlfächern eine Entscheidung zu treffen versucht. Ich erinnere mich, daß ich neben den Pflichtfächern Mathe-Physik-Chemie pro Semester einen freien Kurs hatte, für den vieles in Frage kam. Sollte ich mich für Rhetorik entscheiden, was ja für jemanden, der an einer Lehrtätigkeit interessiert war, durchaus zweckmäßig erschien? Oder sollte ich einen Philosophie-Kurs in Logik belegen, der mir vielleicht helfen würde, die Mathematik besser zu verstehen? Oder das Wahlfach Aufsatz, wichtig für eine schriftstellerische Laufbahn? Oder Richard Ellmans Kurs über den Roman als literarische Form, ebenfalls bedeutsam für die Schriftsteller-Option? Oder vielleicht einen Geschichtskurs über die frühgriechischen

Wissenschaftler und Philosophen, der zu keiner bestimmten beruflichen Option zu passen schien, dafür aber faszinierend war? Oder den Kurs über Kulturtheorien bei Melville Herskovits, der wichtig war, wenn ich mein vages Interesse an der Anthropologie weiterverfolgen wollte? Oder Steve Glickmans Seminar über physiologische Psychologie, das für mein aufkeimendes Interesse am Gehirn bedeutsam war?

Jede Option mußte im Lichte eines ganzen Szenarios geprüft werden, das Vergangenheit, Gegenwart und Zukunft umfaßte. Einige Optionen setzten Vorkenntnisse voraus, eine ganz normale Szenario-Bedingung. Es gehört aber zum Entwerfen von Szenarien, daß man Abkürzungen entdeckt: Nachdem ich ein Jahr lang Erfahrungen gesammelt hatte, wußte ich, daß es substantielle (ohne ein Jahr Analysis kann man nicht die Infinitesimalrechnung nehmen) und unwesentliche Voraussetzungen gibt. Nach den Vorschriften mußte ich vor dem Seminar über Kulturtheorien eine Einführung in die Anthropologie machen, vor dem Seminar über physiologische Psychologie eine Einführung in die Psychologie und vor dem speziellen Kurs über den Roman einen allgemeinen Literatur-Kurs – doch ich war bereit, etwas zu riskieren, auch wenn das mit zusätzlicher Hintergrundlektüre verbunden war, und entdeckte dadurch, daß die obengenannten Professoren ebenfalls bereit waren, etwas zu riskieren und sich gegebenenfalls über die Vorschriften hinwegzusetzen. Solche Risiken waren mit fast allen Kursen verbunden, die ich belegte und die mir noch heute in Erinnerung sind.

Doch abgesehen von den Vorbedingungen gab es ein ganzes Berufs-Szenario: Was *tat* man eigentlich als Physiker, als Anthropologe, als Schriftsteller? Brachten diese Berufe einen mit interessanten Leuten und wichtigen Problemen in Berührung, waren sie verbunden mit Reisen in exotische Länder, boten sie einen sicheren Arbeitsplatz – oder waren es unsichere Wege zu Reichtum, Ruhm und Ehre? Wie würden mein Studienberater für Physik, meine Freundin, meine Eltern auf eine bestimmte Entscheidung reagieren?

Was das Bewußtsein des Menschen von den Verhaltensoptionen des Kormorans, des Stinktiers und auch des Schimpansen unterscheidet, ist dieses Ausspinnen von Szenarien, die Vergangenheit und Zukunft mit umfassen. Was den Tieren abgeht, sind nicht ausgefallene Konzepte wie Mathematik und Physiologie und Romane – was ihren Rückstand ausmacht, ist die Tatsache, daß sie die Konzepte, die sie sehr wohl besitzen, so selten miteinander in Beziehung setzen und dadurch eine neuartige Handlungsweise generieren.

*

Der Planung neuartigen Verhaltens nach Art der Menschen kommen Schimpansen dadurch am nächsten, daß sie kleine Täuschungsmanöver erfinden (die man bei Tieraffen kaum beobachtet). Entdeckt ein Schimpanse eine reichhaltige Nahrungsquelle, etwa einen Baum voller reifer Früchte, so pflegt er einen freudigen »Nahrungsschrei« auszustoßen, der rasch die übrigen Hordenmitglieder herbeilockt, die beim Anblick der Fülle ebenfalls in Freudengeschrei ausbrechen. Stellt der erste Schimpanse jedoch fest, daß nur wenige Früchte zu holen sind, dann kann er seine Entdeckung für sich behalten und versuchen, ohne Aufsehen alle Früchte zu verzehren, bevor ein anderer Schimpanse vorbeikommt.

Ein durch Voraussicht bewirktes Täuschungsmanöver liegt beispielsweise dann vor, wenn der einsame Entdecker hört, daß andere Schimpansen sich nähern, und aus Sorge, daß ihm der Rest seines Festmahls genommen werden könnte, die geschrumpfte Fülle im Stich läßt und – ohne sich etwas anmerken zu lassen – zu einem anderen Baum wandert, wo er aus dem dichten Laubwerk einen Nahrungsschrei ertönen läßt, obwohl dort nichts zu holen ist. So lockt er die anderen Schimpansen von dem begrenzten Fruchtvorrat fort. Während die anderen sich an dem falschen Standort aufgeregt umschauen, kehrt der erste Schimpanse auf Umwegen zu dem wirklichen Fundort zurück und beendet sein Festmahl.

Es hat daher den Anschein, als könne der Schimpanse das Szenario vorhersehen, in dem er den Rest seines Festmahls an Konkurrenten verliert, und als könne er ein Täuschungs-Szenario entwickeln, in dem er »lügen« wird. Man könnte einwenden, daß diese Täuschungsmanöver nicht wirklich Neues enthalten, denn es kommt täglich vor, daß einem Tier von einem höherrangigen Artgenossen Nahrung weggenommen wird, so daß die meisten Täuschungsmanöver wahrscheinlich nur eine Wiederholung von etwas sind, was zuvor Erfolg gebracht hat. Aber dennoch enthält die »erste Lüge« des Tieres etwas Neues, das ansatzweise den aus Szenarien entsprungenen Täuschungsmanövern ähnelt, die bei uns Menschen gang und gäbe sind. Ist es tatsächlich so, daß Schimpansen alternative Szenarien entwickeln, zwischen denen sie auswählen, und sich weitere Szenarien ausdenken, wenn sie mit dem Ergebnis des ersten nicht zufrieden sind? Falls ja, so wäre das der Beginn der beim Menschen beobachteten Fähigkeit, Szenarien zu entwickeln, einer Fähigkeit, die wir dem denkenden Bewußtsein zuschreiben.

Jetzt lege ich Ihnen eine philosophische Urfrage vor: Was geschieht, wenn wir »bewußt« zwischen Alternativen eine Wahl treffen? Wie stellen wir uns überhaupt die Alternativen vor, zwischen denen wir wählen? Die Neurophysiologie sollte uns einige Antworten geben können, was die neuralen Mechanismen angeht, etwa auf die Frage, ob die Sequenziermaschinerie, die für das Werfen benutzt wird, auch für Arpeggien, für Sprache und für das Entwickeln von Szenarien genutzt werden kann. Was die Evolution von sozialer Geschicklichkeit und sozialem Verständnis betrifft, werden wir allerdings von der Soziobiologie Antworten erwarten müssen. Und was unser Ichgefühl und den Eindruck der Willensfreiheit angeht, sollten die Neurophysiologen zusammen mit den Philosophen in der Lage sein, uns Erkenntnisse zu vermitteln – vielleicht sogar darüber, warum wir immer wieder an eine »Seele« denken, die tagsüber unseren Leib befehligt und nachts umherschweift.

*

Es war die Überzeugung einer überwältigenden Mehrheit der Menschen, daß Fühlen und Denken [im Gegensatz zur Materie] ihrer Natur nach weniger anfällig sind für Teilung und Zerfall und daß, während der Körper sich in seine Elemente auflöst, das Prinzip, das ihn beseelte, ewig und unwandelbar bestehen wird. Doch ist zu vermuten, daß das, was wir Denken nennen, kein wirkliches Wesen ist, sondern nichts als die Beziehung zwischen bestimmten Teilen jener unendlich vielfältigen Masse, aus der sich das restliche Universum zusammensetzt, eine Beziehung, die zu existieren aufhört, sobald diese Teile ihre Stellung zueinander wechseln.
Percy Bysshe Shelley (1792–1822)

Ich bin ehrlich der Meinung, daß man in den von Herrn Darwin vorgetragenen... Ansichten künftig einen Meilenstein in der Geistesgeschichte der Menschheit sehen wird. Sie werden das ganze System unseres Denkens und Urteilens, unsere innersten Überzeugungen verändern.
Thomas Henry Huxley (1825–1895)

2.
Der Zufallsweg zur Vernunft: Off-line-Versuch und Irrtum

Das Lösen von Problemen beruht – vom stümperhaftesten bis zum genialsten Versuch – auf nichts anderem als Versuch und Irrtum einerseits und Selektivität andererseits, in einem nicht genau festgelegten Verhältnis.
　　　　　　　　　　　　　Der Computerwissenschaftler Herbert Simon, 1969

Um etwas zu erfinden, sind zwei nötig. Der eine stellt Kombinationen her; der andere wählt aus, erkennt, was er wünscht und was für ihn wichtig ist in der Masse der Dinge, die der erste ihm überlassen hat. Was wir Genie nennen, ist nicht so sehr das Werk des ersteren als vielmehr die Bereitschaft des letzteren, den Wert dessen, was ihm vorgelegt wurde, zu erfassen und daraus auszuwählen.
　　　　　　　　　　　　　Der Dichter und Philosoph Paul Valéry (1871–1945)

Vor dreihundert Jahren formulierte Leibniz die, wie man heute sagen könnte, *Prämisse des Physiologen:* »Alles, was im Körper des Menschen geschieht, ist so mechanisch wie das, was in einer Uhr geschieht.«

Gilt das auch für den Geist? Die meisten Menschen hielten das zunächst für unmöglich. Doch Spinoza mag vielleicht ähnlich gedacht haben, als er sagte: »Die Ordnung und Verbindung der Ideen ist die gleiche wie die Ordnung und Verbindung der Dinge.« Ebenfalls im 17. Jahrhundert, aber einige Jahrzehnte früher, besaß Descartes die Kühnheit, sich einen vollkommen unabhängigen Nerven-Mechanismus vorzustellen, der komplizierte und offenkundig intelligente Handlungen auszuführen in der Lage ist. Leider machte ihm aber noch das Problem zu schaffen, wo die Befehlszentrale sitzt, und so verwickelte er uns noch tiefer in die Schwierigkeiten des überkommenen dualistischen Leib-Seele-Bildes.

Thomas Henry Huxley prophezeite indes gegen Ende des 19. Jahrhunderts klipp und klar, daß man ein mechanisches Äquivalent des Bewußtseins finden werde, und das ist offenkundig auch die Überzeugung der Mehrheit meiner neurophysiologischen Kollegen. Was Huxley zum Ausdruck brachte, war nicht nur die Ansicht der Biologen im Gefolge der Darwinschen Revolution; auch Psychologen und Philosophen hatten ähnliche Vorstellungen darüber entwickelt, wie mentale Mechanismen die leistungsfähige Kombination von Variation und Selektion nutzen könnten, und Ernst Mach faßte diese Gedanken 1895 folgendermaßen zusammen:

> Unter den Gebilden, welche die frei sich selbst überlassene halluzinatorische Phantasie in reichem Strome hervorzuzaubert, [kann] plötzlich einmal dasjenige hell aufleuchten, welches der herrschenden Idee, Stimmung oder Absicht vollkommen entspricht. Es gewinnt dann den Anschein, als ob dasjenige Ergebnis eines Schöpfungsaktes wäre, was sich in Wirklichkeit langsam durch eine allmähliche Auslese ergeben hat. So ist es wohl zu verstehen, wenn Newton, Mozart, R. Wagner sagen, Gedanken, Melodien, Harmonien seien ihnen zugeströmt, und sie hätten einfach das Richtige behalten.

Zweckmäßigkeit und Zufall scheinen nichts miteinander zu tun zu haben, und doch lassen sich, wenn man der Lehre Darwins folgt, beide miteinander vereinbaren: Zufall plus Selektion können, vielfach wiederholt, allerhand auf die Beine stellen. Ist aber zweckgerichtetes Verhalten, speziell unser die Zukunft vorausplanendes Verhalten, das als machtvoller Antrieb hinter der Zivilisation und der Ethik steckt, mit diesem darwinistischen Mechanismus zu erklären? Ist er tatsächlich die Grundlage des Bewußtseins?

Leider ist die Frage von den Philosophen in der Regel nicht so formuliert worden. Bei Friedrich Nietzsche heißt es, das Wirken des schöpferischen Menschen beruhe auf dem Instinkt und werde durch die Vernunft in Schranken gehalten, während Sokrates genau die umgekehrte Rangordnung aufgestellt und damit das westliche Denken auf lange Zeit geprägt hatte. Wahrscheinlich hatten beide unrecht. Zufälligkeit in jeglicher Form bereitet den Philosophen (aber auch vielen Wissenschaftlern) Schwierigkeiten. Das liegt wahrscheinlich daran, daß viele einem allzusehr vereinfachenden Kausalmechanismus vertrauen und deshalb im Anschluß an Laplace aus der Existenz physikalischer Gesetze den Schluß ziehen, daß die Dinge »determiniert« sein müßten. Unberechenbare Wirkungen (wie grauenhaft!) hätten demnach zufällige Ursachen. Viele Menschen sehnen sich aber nach Gewißheit; so schrieb T. E. Lawrence: »Vielleicht liegt im totalen Determinismus der vollkommene Friede, nach dem ich mich so gesehnt habe. Die Willensfreiheit habe ich geprüft und verworfen.«

Wir gehen nach wie vor davon aus, daß die Denkprozesse beim Menschen geordnet verlaufen, mindestens so geordnet wie die Streifzüge des Kormorans am Eel Pond. Wer behauptet, daß die höchste Leistung, derer die Menschen fähig sind, in der Regel eine gehörige Portion Zufall enthält, begeht eine Ketzerei, obwohl man bereitwillig einräumt, daß Tiere durch den Zufall vorm »Steckenbleiben« bewahrt werden. Wir kennen ja die Geschichte vom Esel, der sich zwischen zwei Heubündeln nicht entscheiden konnte und deshalb verhungerte, und wir kennen die Geschichte von Hamlets Unschlüssigkeit. Die Rolle des Zufalls beschränkt sich aber nicht darauf, gewissermaßen durch einen Münzwurf eine Entscheidung herbeizuführen. Anders als der Esel, den man Buridan zuschreibt, würde ein gewöhnliches Bakterium niemals steckenbleiben; Bakterien kommen ganz einfach zu ihrer Nahrung, indem sie den Zufall selektiv modifizieren.

Es ist den Philosophen vielleicht nachzusehen, daß sie sich allzusehr beeindrucken ließen vom Denken als der höchsten der höheren Hirnfunktionen, die übrig blieb, nachdem man die Suche nach dem Sitz der Seele aufgegeben hatte. Wir sollten aber besser davon ausgehen, wie Tiere – etwa der sonnenbadende Kormoran oder das bücherliebende Stinktier – zwischen verschiedenen Verhaltensvarianten wählen, und uns von dort aus zur Logik vorarbeiten. Es ist leichter einzusehen, wie der Zufall für Nahrung sorgen kann, wenn wir ein umherschwimmendes *Escherichia coli*-Bakterium betrachten:

> Organismen sind Problemlöser auf der Suche nach besseren Bedingungen; schon der einfachste Organismus führt Versuch-und-Irrtum-Messungen mit einem bestimmten Ziel aus. Das hat Howard Berg uns mit seinem hervorragenden Film über chemotaktische Bakterien klargemacht. Er zeigte, wie ein Bakterium durch seine Geißelbewegungen bald vorwärts, bald willkürlich seitwärts getrieben wird, bis es einen Nahrungsgradienten wahrnimmt. Daraufhin nimmt die Häufigkeit der Zufallsbewegungen ab, und das Bakterium steuert auf die größere Nahrungskonzentration zu.
>
> Der Molekularbiologe Max Perutz, 1986

Das Zufallselement sind die Seitwärtsbewegungen, die dafür sorgen, daß die neue Richtung, in die das Bakterium schwimmt, mit dem bisherigen Weg kaum etwas zu tun hat. Dadurch gleicht der Weg des Einzellers einer Fahrt ins Blaue, bis etwas anderes passiert. Dieses andere sorgt dann dafür, daß die Seitwärtsbewegungen unterdrückt werden; das Bakterium bleibt auf seinem geraden Weg, wenn es mehr und mehr Nahrung findet. Dadurch kann es auf die Nahrungsquelle »zusteuern«, einen zerfallenden Brocken etwa, dessen organische Moleküle am Boden des Teiches in das Wasser diffundieren (denken Sie daran, wie ein Zuckerwürfel sich am Boden der Tasse auflöst und der Zucker sich allmählich ausbreitet).

Ganz ähnlich, wie ein Kind sich mit dem Metallbaukasten ein Modell eines Krans baut, kann ich mir am Computer ein kleines Funktionsmodell des Bakteriums schaffen. Zunächst sorge ich für »Nahrung« in Gestalt von Teilchen, die wie ein Zuckerwürfel, der sich am Boden eines Glases auflöst, willkürlich verteilt sind. Irgendwo am Boden des Glases setze ich das Bakterium ein und lasse es in eine beliebige Richtung schwimmen. Im Sekundenabstand lasse ich daraufhin den simulierten Einzeller eine Seitwärtsbewegung machen (ich gebe ihm eine neue, zufällig gewählte Richtung), unterdrücke aber die Seitwärtsbewegung, sobald die Nahrungskonzentration höher ist als einige Sekunden zuvor. Der Weg, der bei dieser Unterdrückung des Zufalls eingeschlagen wird, sieht dann folgendermaßen aus:

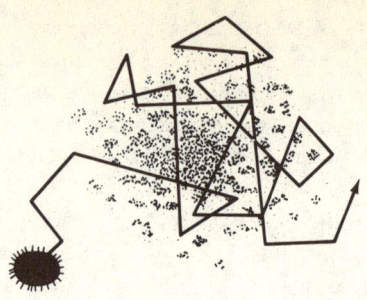

So steuert der simulierte Einzeller auf die höchste Nahrungskonzentration zu und kehrt, sollte er sich zufällig von ihr entfernen, in der Regel zu ihr zurück. Er bleibt noch näher am Zentrum, wenn ich die Seitwärtsbewegung jede halbe Sekunde eintreten lasse (oder die Schwimmgeschwindigkeit halbiere oder die Nahrungsquelle reicher mache). Ist die Nahrung aufgezehrt, setzen die Seitwärtsbewegungen wieder ein und lassen den Einzeller nach einer neuen Quelle suchen.

Die meisten Philosophen, ließe man sie diesen Weg der Nahrungssuche durch ein Vergrößerungsglas betrachten, würden dem zweckmäßigen Verhalten des kleinen Bakteriums wohl Intelligenz zuschreiben. Es scheint bei einer so geringen Vergrößerung tatsächlich auf die Nahrung »zuzusteuern«. Doch das Bakterium hat kein Gehirn – es ist bloß ein Einzeller, dem einige einfache Fähigkeiten wie schwimmen, seitwärts schwenken und das Wahrnehmen wachsender Konzentrationen angeboren sind. Auch hängt alles von den Eigenschaften der Umgebung ab: Die erwähnte Diffusion der Moleküle, die sich von dem zerfallenden Nahrungsbrocken lösen, läßt eine absinkende Nährstoffkonzentration entstehen, ähnlich wie der Duft des Brotes, das im Ofen gebacken wird, mit wachsender Entfernung schwächer wird.

Einige Leute denken daran, Gold (und nützlichere Metalle) vom Meeresboden heraufzuholen, und sie wollen die reichen Vorkommen mit Hilfe von Robotern orten, die sie unter Wasser aussetzen und genau nach der Art eines solchen regulierten Zufallsweges nach den höchsten Konzentrationen suchen lassen wollen. Anders als metallhungrige Bakterien sollen diese dann »Heureka!« rufen, in einem Geheimcode, den ihre Besitzer entziffern werden, um einen Claim auf dem Meeresboden abzustecken.

Eines der Probleme von Suchrobotern besteht darin, daß sie sich von schwachen Goldadern täuschen lassen und darüber das reichere Vorkommen gleich nebenan übersehen. Das Festhalten an falschen Maximen kann jedoch verhindert werden, wenn wir auf die Zufallsbewegungen des Bakteriums zurückgreifen, das ja gelegentlich so weit von der schwachen Quelle fortgetragen wird, daß es die stärkere Quelle wahrnimmt. Schauen wir uns an, was das simulierte Bakterium tut, das sich gerade an der schwächeren von zwei Nahrungsquellen stärkt:

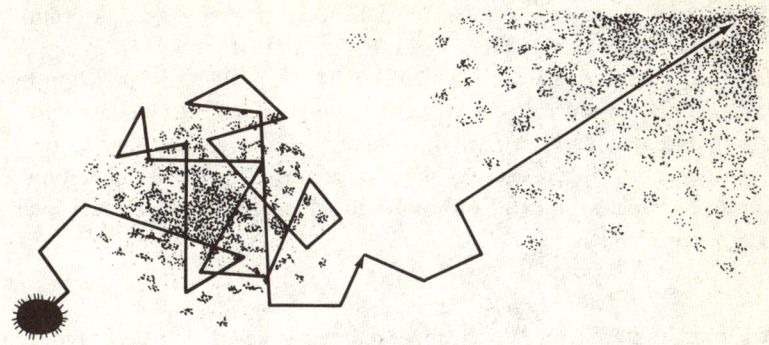

Falls die Strecken, die das Bakterium zurücklegt, bevor es erneut schnuppert, kurz sind, kann es passieren, daß es sich täuschen läßt und in der Nähe der dürftigeren Quelle hängen bleibt. Wenn wir nun dafür sorgen, daß es nicht jede Sekunde, sondern nur alle zwei Sekunden schnuppert, wird es durch ununterbrochenes Schwimmen gelegentlich so weit kommen, daß es in den Bannkreis der reichlicheren Quelle gerät. Auch wenn es vielleicht einige Zeit dauert, bis es von der ersten Quelle los kommt, so hat der Zufall doch seine Vorzüge: Den besagten Philosophen, die durchs Vergrößerungsglas schauen, wird es nun so vorkommen, als sei das simulierte Bakterium zielstrebig auf die beiden Brocken zugesteuert und als habe es entschieden, welcher davon der größere ist. Und es wird nicht leicht sein, die Philosophen davon zu überzeugen, daß das ganze auf Zufall beruht, weil sie es gewohnt sind, im Zufall das genaue Gegenteil von Zielstrebigkeit zu sehen.

Wenn wir uns nun wieder dem Besitzer der Suchroboter zuwenden, so hat er ganz andere Ziele als das zufällig umherschweifende Bakterium. Bei *E. coli* gilt die Maxime »besser ein Spatz in der Hand als eine Taube auf dem Dach«, und es wird lieber zweimal tanken, als von vornherein auf die reichste Nahrungsquelle auszugehen. Der Herr der Roboter möchte vielleicht sichergehen, daß ein bestimmtes Gebiet zuverlässig nach Quellen abgesucht wurde, deren Gehalt über eine bestimmte Mindestkonzentration hinausgeht, so daß er alle Roboter zurückrufen und die ganze Sache nach Hawaii verlegen kann. Nach dem Prinzip des Zufallsweges ist es nicht zu vermeiden, daß erhebliche Flächen, die von kleinen ablenkenden Brocken umgeben sind, übersehen werden. Ließe sich aber ein Mikrocomputer in den Roboter einbauen, wäre es verlockend, Suchstrategien zu entwerfen, die ausgefeilter sind als das »billige« und gerade ausreichende Programm des Bakteriums.

Vielleicht wäre es einfacher, Kormorane darauf abzurichten, nach Gold statt nach Futter zu fischen; schließlich hat man Delphine ja schon dazu gebracht, im Austausch gegen Gefrierfisch nach verlorenen Torpedos zu suchen, und man hat Menschen dazu gebracht, Gräben auszuheben im Austausch gegen Geld, für das man dann woanders Gefrierfisch bekommt. Es könnte allerdings sein, daß Kormorane zu schlau sind, um auf einen solchen Trick hereinzufallen.

*

Hier braucht man keine Wetterfahne, um zu wissen, woher der Wind weht: Die Kormorane, die sich am Eel Pond sonnen, drehen sich allesamt in den Wind. Neulich herrschte völlige Flaute, die Wasserfläche war wie ein Spiegel, der die Takelage der Segelboote in allen Einzelheiten widerspiegelte. Ohne Wind, an dem sie sich orientieren konnten, gerieten die Kormorane und die Boote ein wenig durcheinander. Es braucht nur ein leichter Wind aufzukommen, und schon nehmen sie Formation an; der Wind braucht nur umzuspringen, und wie eine Gänseschar folgen sie ihm *en masse*.

Heute ist der Wind sichtbar: Böen versetzen die mit Efeu bewachsene, im Kolonialstil gehaltene Fassade des ozeanographischen Instituts an der Water Street in Wellenbewegung. Die Wellen laufen vom einen Ende des Gebäudes zum anderen. Manchmal sieht man zwei oder drei Wellen gleichzeitig über die Efeuhöhle wandern. Ich hatte immer gedacht, Windwellen seien weißbemützte horizontale Wellen, doch diese Wellen wandern seitwärts über eine senkrechte Wand.

*

Angesichts der scheinbaren Zweckgerichtetheit der Nahrungssuche, die auf kontrollierter Zufälligkeit beruht, könnten die Philosophen mit Recht erwidern, daß Menschen phantasievoller seien als Bakterien. Der gesunde Menschenverstand sagt einem, daß menschliche Verhaltensweisen nicht auf etwas so »Irrationalem« beruhen können, außer vielleicht das ziellose Umhertorkeln eines Betrunkenen.

Wann immer ich höre, daß man den Zufall wieder einmal unterschätzt, überläuft mich eine Welle des *déjà vu*. Als Darwin vor hundert Jahren mit der Evolutionstheorie auftrat, wurden dagegen die gleichen Argumente vorgebracht; kaum jemand konnte sich vorstellen, daß etwas so Kompliziertes wie die Optik des Auges oder die Schaltungen des Gehirns auf dem Zufall beruhte. Hundert Jahre später machen Anfänger noch immer den gleichen Fehler, und erst wenn sie lange genug die Anatomie studiert haben, erkennen sie all die Spuren der Variation und der Selektion. Ich habe den Verdacht, daß wir diesen Fehler wiederholen, indem wir den Anteil des Zufalls an den bemerkenswerten Leistungen des Gehirns unterschätzen.

Natürlich kann der Zufall allein derart komplizierte Dinge nicht zustande bringen – dagegen spricht auch das bekannte Gedankenexperiment, in dem man eine Horde Affen an Schreibmaschinen setzt in der Hoffnung, irgendwann würden sie schon ein Sonett von Shakespeare zusammentippen, denn um zu dieser speziellen Kombination von Wörtern zu gelangen, würden sie länger brauchen, als die Welt existiert (fünfzehn Milliarden Jahre). Wir sprechen hier immer nur von Zufall einerseits und irgendeiner selektiven Maßnahme andererseits, und erst durch das ständig wiederholte Hin und Her dieses aus zwei Schritten bestehenden Tanzes entwickelt sich nach und nach das Unwahrscheinliche. Richard Dawkins gibt dafür in *Der blinde Uhrmacher* ein hübsches Beispiel: Ein kleines Computerprogramm, das aus einer zusammengewürfelten Menge von Wörtern eine annähernde Nachahmung einer Zeile von Shakespeare entwickelt.

Nicht die Selektion allein und nicht der Zufall allein, sondern die Kombination von beiden ist so leistungsfähig. Sie sind die untrennbaren Seiten ein und derselben Medaille (man *kann* sie zwar trennen, wenn beispielsweise die Selektion auf einen Genpool einwirkt, der durch Inzucht kaum noch kombinatorische Variabilität besitzt, aber das führt zu nichts). Das Bakterium auf Nahrungssuche hält an den Wegen, die Erfolg versprechen, selektiv in der Weise fest, daß es den nächsten Zufallsschwenk einfach verschiebt. Bei der Evolution geht es dagegen immer um eine Vielzahl von Individuen und etliche Generationen, und deshalb ist es für den Beobachter schwieriger, die kumulative Bearbeitung des Zufälligen durch die natürliche Selektion innerhalb seiner Lebensspanne aufzuzeigen. Praktisch geht es aber um das gleiche.

In der Regel geht es bei der biologischen Evolution um Variationen über ein Thema (groß oder klein, dick oder dünn, nackt oder behaart, langsam oder schnell reifend). Die Umwelt »selektiert« die Erfolgreichsten, und vorausgesetzt, es besteht eine gewisse, erbliche Tendenz zu diesem Thema, wird sich durch deren vermehrte Fortpflanzung die durchschnittliche Körperform in Richtung auf die am besten angepaßte Form verschieben, einfach deshalb, weil von den weniger günstigen Körperformen nicht so viele heranwachsen und ihrerseits Nachkommen zeugen werden.

Es gibt natürlich etliche kulturelle Neuerungen, die scheinbar nicht derartige Variationen über ein Thema sind, beispielsweise das logische Denken und die von dem Ausruf *Heureka!* begleiteten Entdeckungen. Wie aber das gemeinsame »Brainstorming« zeigt, kann man auf eine Vielzahl von Varianten kommen (vorausgesetzt, man bricht nicht vorzeitig ab und selektiert nicht zu früh), und es könnte sein, daß das Gehirn jedes einzelnen mit dem gleichen Verfahren arbeitet, nur unbewußt, so daß wir nicht bemerken, daß wir eine Vielzahl von unsinnigen Möglichkeiten erzeugen, bevor wir dann eine vernünftige auswählen.

Wenn der Mensch über das, was die Sinne ihm direkt vermittelten, hinausdenken sollte, mußte er zunächst eine bloße Vermutung entwerfen, die er dann, indem er sie Stück für Stück mit der Natur verglich, verbesserte und zu einer Wahrheit umformte.
Der Geologe William Smith, 1817

Ein Prozeß der blinden Variation und selektiven Beibehaltung ist grundlegend für alle induktiven Erfolge, alle wirklichen Erweiterungen des Wissens, alle Steigerungen der Anpassung von Systemen an die Umwelt.
Der Psychologe Donald T. Campbell, 1974

*

Man kann die Erfahrung als ein Eliminieren von falschen Vermutungen auffassen, doch eine Vermutung kann sehr viel komplizierter sein als der bloße Schwenk des Bakteriums, die zufällige Wahl einer neuen Richtung. Um eine zufällige Richtung zu wählen, bedarf es nicht eines Gehirns – tatsächlich ist das Bakterium *E. coli* noch nicht einmal eine spezialisierte Zelle wie die Nervenzelle, ganz zu schweigen von einem Gehirn. Mit ein wenig mehr Maschinerie kann eine Zelle jedoch spezialisiertere Formen der Fortbewegung entwickeln, wie beispielsweise das Pantoffeltierchen, das sich zurückzieht, wenn es auf ein ungenießbares Hindernis stößt, sich dann umdreht und in einer neuen, zufälligen Richtung davonsaust. Noch variantenreicher wird das Verhalten, wenn eine Ansammlung von Nervenzellen, ein sogenanntes Nervennetz oder Ganglion, vorliegt. Bei der Ansammlung von Kopfganglien, die wir als Gehirn bezeichnen, können die Zufallselemente oft innerhalb der neuralen Maschinerie durchgespielt werden, und zwar *im voraus*, so daß das äußerliche Verhalten nicht länger zufällig wirkt, sondern zielgerichtet, ja sogar einsichtig oder logisch.

Dank des Gedächtnisses kann das Gehirn eine angenäherte Repräsentation der Umwelt schaffen: ob heiß bzw. kalt gut bzw. schlecht ist, ob helle Lichter etwas Gutes sind, dem man sich nähern kann, oder gemieden werden müssen, ob eine bestimmte Kost einen beim letztenmal, als man sie verspeist hat, krank gemacht hat usw. Unter den vielen möglichen Plänen für die nächste Bewegung werden einige sein, die schlechte Erinnerungen an das heraufbeschwören, was beim letztenmal geschah, als man etwas Ähnliches versuchte. Andere werden angenehme Erinnerungen an einen Leckerbissen oder einen sicheren Nistplatz heraufbeschwören. Abhängig von zusätzlichen Faktoren wie Hunger oder Fortpflanzungstrieb werden gewisse Pläne besser bewertet werden als andere. Phantasievollere Organismen können ausgefallenere Probleme lösen und dadurch neue Ressourcen für sich nutzen, und das ist wahrscheinlich der Grund, warum sie sich überhaupt zu phantasievolleren Organismen entwickelt haben.

Insbesondere sind einige Tiere so phantasievoll geworden, daß sie offenbar einen Handlungsablauf ausgiebig simulieren, bevor sie auch nur einen ersten zögernden Schritt tun. Der Schachmeister, der ein halbes Dutzend Züge vorausdenkt, und der General, der Täuschungsmanöver und weitere, gegen diese gerichtete Täuschungsmanöver durchspielt, mögen extreme Beispiele dafür sein, daß alternative Pläne aufgestellt und miteinander verglichen werden, doch scheint auch unsere Hauskatze Alternativen gegeneinander abzuwägen. Gelegentlich scheint es vorzukommen, daß ein Tier mehrere Schritte vorausplant und sogar zu Täuschungsmanövern greift:

> Eines abends saß ich zu Hause in einem Sessel, dem *einzigen*, auf dem mein Hund schlafen darf. Der Hund lag vor mir und winselte. Doch all seine Bemühungen, mich zu »überzeugen«, ihm den Sessel zu überlassen, blieben fruchtlos... Er stand auf und ging zur Haustür, die vom Sessel aus in meinem Blickfeld lag. Er kratzte an der Tür, so daß ich glauben mußte, er habe seinen Versuch, auf den Sessel zu kommen, aufgegeben und wolle nun hinaus. Doch kaum war ich an der Tür, um ihn hinauszulassen, lief er durchs Zimmer zurück zum Sessel und sprang hinauf, auf eben den Sessel, den zu verlassen er mich »gezwungen« hatte.
>
> Peter Ashley, 1981

Es gibt eine Fülle solcher Tiergeschichten nach dem Motto »sind sie nicht schlau?«, doch die meisten sind wahrscheinlich einfacher zu erklären (der Hund hatte zum Beispiel keine Täuschung geplant, sondern sah lediglich, als er an der Tür stand, daß der Sessel leer war, und in diesem Augenblick war sein Wunsch, dort zu schlafen, stärker als sein Wunsch, draußen herumzustöbern). Dennoch vermute ich, daß Voraussicht nicht allein den Menschen auszeichnet, sondern daß die Fähigkeit, Zukunftsalternativen zu durchdenken, beim Menschen nur beträchtlich größer ist (»um Größenordnungen größer«, wie Wissenschaftler gern sagen, was in diesem Fall bedeutet, etwa zehnmal so groß).

Tatsächlich ist die Vorausschau ein so wirkungsvolles Verfahren, daß man sich eigentlich wundern muß, warum wir im Tierreich nicht mehr Beispiele dafür beobachten. Jacob Bronowski hat das 1967 in seiner Silliman Lecture an der Yale University sehr schön ausgedrückt:

> [Von den Schimpansen, die nach Termiten angeln, geht keiner] abends herum und macht schnell noch ein Dutzend Sondierungen, um sich einen hübschen Vorrat für den nächsten Tag anzulegen. Weitblick ist so offenkundig von großem evolutionärem Vorteil, daß man sich fragen muß: »Warum sind nicht alle Tiere darauf gekommen?« Offensichtlich handelt es sich aber um einen ganz seltenen Fall. Und als Menschen müssen wir wohl alle darum beten, daß keine andere Spezies darauf kommt.

Die Kombination von biologischer und kultureller Evolution hat uns den Weitblick beschert, die Fähigkeit, vorauszudenken und die wahrscheinlichen Folgen unseres Handelns abzuschätzen und dementsprechend die bessere Handlungsweise zu wählen, ohne die anderen Möglichkeiten tatsächlich auszuführen und nachträglich zu vergleichen. Ein wichtiges Element dessen, was wir Bewußtsein nennen, ist, wie Bronowski bemerkte, die Vorausplanung, die Berücksichtigung des Unüblichen:

> [Die allein den Menschen auszeichnenden Fähigkeiten] sich etwas auszudenken, Pläne zu machen ... werden gemeinhin unter dem Sammelbegriff »freier Wille« zusammengefaßt. Was wir im Grunde unter dem freien Willen verstehen, ist natürlich die Veranschaulichung von Alternativen und die Auswahl zwischen ihnen. Nach meiner Ansicht, die nicht von allen geteilt wird, besteht das zentrale Problem des menschlichen Bewußtseins in dieser Fähigkeit, sich etwas vorzustellen ...

Das wirft wiederum – angesichts der weitreichenden Fähigkeiten, die wir besitzen, und der Tatsache, daß sie sich sehr gut auszahlen – die Frage auf, warum wir Menschen nicht stärker vorausplanen, als es in der Realität der Fall ist.

*

Ich habe mir immer ein Segelboot gewünscht wie jenes, das gerade durch die geöffnete Zugbrücke aus dem Eel Pond hinaussegelt, aber ich bin beim Eignertest durchgerasselt. Das ist ein spezieller Test für angehende Bootsbesitzer, durch den diejenigen ausgesondert werden sollen, die von ihrer Veranlagung her den Anforderungen der Bootsbesitzerschaft nicht gewachsen sind.

Stellen Sie zunächst ein Jahresbudget auf. Teilen Sie dazu die Kosten Ihres gewünschten Bootes durch sechs, und Sie erhalten die Kapitalkosten pro Jahr. Rechnen Sie die Kosten für den Liegeplatz sowie einen angemessenen Betrag für Versicherung und Reparaturen hinzu. Rechnen Sie ferner die Kosten hinzu, die jährlich für Renovierungen im Inneren anfallen. Rechnen Sie auch neue Segel hinzu, jeweils eines pro Jahr, ausgehend von der Annahme, daß sie aus gesponnenem Gold gemacht sind. Rechnen Sie alles zusammen und schlagen Sie vorsichtshalber zwanzig Prozent auf – damit haben Sie Ihr Jahresbudget.

Ermitteln Sie sodann, wie oft und wie lange Sie im Laufe eines Jahres mit dem Boot draußen sein werden, und Sie haben die maximale Anzahl der Stunden, die das Vergnügen währen wird; ziehen Sie davon die Stunden ab, die Sie mit der Durchführung von Reparaturen und dem Ausfüllen von Schecks verbringen werden. Ist die Summe größer als null, machen Sie einen Abschlag für übertriebenen Optimismus, insbesondere dann, wenn Ihr Zeitplan beziehungsweise das Wetter am Ort unberechenbarer ist als im Durchschnitt.

Zum Abschluß dieser ersten Stufe des Eignungstests für Bootsbesitzer brauchen Sie sich nicht zu erheben. Setzen Sie sich in einen bequemen Sessel und verrechnen Sie die jährlichen Kosten mit diesen Stunden. Sie erhalten so die tatsächlichen Kosten pro Segelstunde.

Wenn Sie diese Stufe des Tests bestanden haben, dürfen Sie hingehen und sich die bequemste Schwimmweste kaufen, die Sie finden können, dazu Regenzeug und einen kleinen Klapphocker. Außerdem müssen Sie bei der Bank vorbeigehen und sich einen hübschen Stapel von 20-Dollar-Noten besorgen, entsprechend dem Betrag, den die Betriebsstunden des Bootes über ein Wochenende kosten würden. Achten Sie bitte darauf, daß man Ihnen *keine* neuen, unzerknitterten Scheine gibt.

Stehen Sie am nächsten Morgen vor Tagesanbruch auf und richten Sie sich einen Tagesvorrat von Butterbroten und eine Thermoskanne Kaffee. Bringen Sie das zusammen mit Ihrem Klapphocker in die Duschkabine, legen Sie Schwimmweste und Regenzeug an, stecken Sie sich einen Pack 20-Dollar-Noten ein, der den Betriebskosten dieses Tages entspricht, setzen Sie sich auf den Hocker und drehen Sie die Dusche auf. Stellen Sie sie auf die Temperatur des örtlichen Regens ein, aber ziehen Sie 10° ab, um den Windkühlfaktor zu berücksichtigen (es sei denn, Ihre Duschkabine befindet sich in einem Windkanal).

Bleiben Sie den ganzen Tag dort sitzen, zerreißen Sie nach und nach die 20-Dollar-Noten und stopfen Sie die durchweichten Fetzen in den Abfluß.
Wer diese zweite Stufe des Tests bestanden hat, darf einen weiteren Tag in der Duschkabine verbringen, wobei aber das Wasser abgestellt bleibt und statt dessen eine Höhensonne brennt. Da es etwas schwieriger ist, die 20-Dollar-Noten in den Abfluß zu stopfen, wenn sie nicht durchweicht sind, dürfen Sie in der Dusche ein wenig Bilgenwasser stehenlassen, um sie darin einzuweichen. Ihr Essen wird ohnehin aufgeweicht, ob es nun regnet oder nicht, und so wird das Wasser unter Ihren Füßen dazu beitragen, die Bedingungen auf See realistisch zu simulieren. Nach erfolgreichem Abschluß von Stufe drei dürfen Sie sich, sofern Sie noch interessiert sind, endlich ein Boot kaufen.

Dieser Test ist vollkommen ungefährlich und nicht mit den üblichen Gefahren verbunden, als da wären: über Bord zu gehen, vom Baum getroffen zu werden, wenn der Wind unerwartet umspringt, an einer Sandbank zu stranden oder sich einen Angelhaken einzufangen. Die seelischen Risiken dieses Tests sind beträchtlich, und ich lehne hiermit jegliche Verantwortung für das ab, was Ihnen passieren könnte, doch sind die Gefahren sicherlich nicht größer als die der tatsächlichen Bootsbesitzerschaft.

Angehende Bootsbesitzer sind nur dann, wenn sie diesen Test bestehen, dem harten Leben des Seglers wirklich gewachsen. Die Anzahl der Boote, die am Vineyard Sound liegen, zeugt vermutlich von der Anzahl der Menschen, die den Duschkabinentest als ermutigend empfinden – oder man müßte annehmen, daß Bootsbesitzer nicht vorausdenken. Zumindest denken sie nicht mehr voraus, als künftige Eltern sich freiwillig bei ihren Nachbarn melden, um übers Wochenende deren schreiendes Kind zu betreuen, so daß die Eltern einmal Luft holen und sie selbst, bevor sie sich ein Kind anschaffen, eine »Testfahrt« machen können.

*

Man nimmt an, daß die Vorausplanung etwas mit unseren überdimensionalen Frontallappen zu tun haben, denn wenn diese verletzt werden, leidet darunter bisweilen die Fähigkeit, die Strategie zu wechseln. Ein Frontallappenschaden kann zwar auch von Tumoren und Schlaganfällen herrühren, doch die wohl häufigste (und sicherlich am einfachsten zu vermeidende) Ursache ist eine Kopfverletzung durch einen Autounfall. Selbst wenn der Aufprall nicht zu einem Schädelbruch führt, wird das weiche Gehirn doch in seinem knöchernen Gehäuse durcheinandergerüttelt und gequetscht.

An der Benutzung des Sicherheitsgurts wird ein interessanter Aspekt der Voraussicht deutlich, den man umschreiben könnte mit dem Satz: »Ein bißchen Erfahrung ist gefährlich.« Was Sie tun werden, hängt davon ab, wie weit Sie vorausschauen. Wenn Sie nur bis zum Lebensmittelladen vorausschauen, ist die Wahrscheinlichkeit, daß etwas passiert, natürlich sehr gering. Abgesehen von den Anfängern haben alle schon so oft diese Strecke ohne Unfall zurückgelegt und wissen daher sehr genau, wie wenig wahrscheinlich eine unmittelbare Verletzung ist – und manche verweisen darauf, wenn sie den an die Eltern erinnernden Ratschlag »tu's doch, es ist nur zu deinem Besten« hinsichtlich des Anschnallens ignorieren.

Doch die meisten Menschen sind nicht fähig, um Jahre vorauszuschauen und aus den Unfallzahlen die richtigen Schlüsse zu ziehen. Manche besitzen entsprechende Fähigkeiten und stellen fest, daß man mit einer Wahrscheinlichkeit von 1:3 irgendwann in seinem Leben in einen Autounfall mit schweren Verletzungen verwickelt werden wird. Daraus wird dann am Ende »einer in deiner Familie wird wahrscheinlich einen schlimmen Unfall haben«.

Der Haken ist: Man weiß nicht, wann es passiert. Es kann auf einer Kurzfahrt genauso passieren wie auf einer Überlandfahrt. Ich weiß darauf nur eine Antwort, solange wir die Autofahrer nicht umerziehen und die Autos nicht umgestalten: routinemäßig Vorsicht walten zu lassen. Sie sollten es zum Beispiel ablehnen, in Taxis mit vorragenden Taxametern, Stiften und sonstigen Dingen, mit denen Sie Ihren Kopf nicht gern zusammenprallen lassen würden, auf dem Vordersitz Platz zu nehmen. Vor allem sollten Sie es sich aber zur Gewohnheit machen, immer den Gurt anzulegen und ihn stramm zu ziehen, so wie Sie es sich zur Gewohnheit gemacht haben, jeden Abend die Zähne zu putzen. Auf diese Weise werden Sie auch dann angeschnallt sein, wenn Ihnen eines fernen Jahres unerwartet doch etwas passiert. *Der Sicherheitsgurt vermindert das Todes- und Verletzungsrisiko ungefähr um die Hälfte,* und demnach ist das Anschnallen eine überaus vernünftige Entscheidung. Und genau das Gegenteil von dem, was man tut, wenn man nur ein wenig vorausschaut. Es veranschaulicht in besonders eindringlicher Weise das Prinzip »benutzen oder verlieren«: Wer seine Frontallappen nicht benutzt, ist in Gefahr, sie zu verlieren, denn wenn man bei einem Zusammenstoß nach vorn geschleudert wird, sind sie zuerst dran.

*

Sich eine mentale Maschinerie, die die Zukunft simuliert, vorzustellen, ist eine Sache, ihre Eigenschaften nachzuweisen eine andere. Wir möchten insbesondere wissen, wann wir sie benutzen und wann nicht. Wir möchten wissen, wie sie sich entwickelt – sowohl bei den einzelnen Kindern (sie fangen mit drei Jahren an, sich an Phantasievorstellungen zu ergötzen und Pläne zu schmieden) als auch im Rahmen der Evolution (die Menschenaffen besitzen sie sicherlich schon, aber wie ist es mit den Tieraffen?). Und wir möchten wissen, wie sich das *Vorausplanen* über den Mechanismus der guten alten darwinistischen Überlebensvorteile entwickelt hat.

Die Entwicklung von Voraussicht ist möglicherweise kein ganz einfaches Problem, wie sich an den Rationalisierungen derer zeigt, die sich beim Autofahren nicht anschnallen: Begrenzte Voraussicht kann sogar nachteilig sein. Daß es sonst kaum noch vorausblickende Tiere gibt, deutet im übrigen darauf hin, daß der Weg, den wir zu entdecken suchen, kein gewöhnlicher, sondern ein seltener ist. Es hat daher den Anschein, daß der übliche Mehr-ist-besser-Weg für die Evolution von Voraussicht zu langwierig und unsicher war.

Doch in irgendeiner Weise müssen wir ja die Evolution unseres Bewußtseins erklären, und wenn kaum etwas dafür spricht, daß die Voraussicht über Zwischenstufen ihren derzeitigen Stand erreicht hat, dann hat es möglicherweise ein Stützgerüst gegeben. Gewölbe stehen ja erst, wenn sie fertig sind, und während ihrer Bauzeit müssen sie gestützt werden. Gab es vielleicht, was die Voraussicht angeht, ein solches Stützgerüst? Möglicherweise hat die Planungsfähigkeit sich über die guten alten darwinistischen *Nebenwege* entwickelt, denn gelegentlich gehen ja, wie Charles Darwin bemerkte, neue Funktionen aus der alten Maschinerie durch einen Funktionswandel hervor.

Kann einer dieser Erklärungsansätze – Stützgerüst oder neue Verwendung für alte Anatomie – verständlich machen, warum wir im Vorausplanen so gut sind, warum wir uns selbst als den Erzähler unserer Lebensgeschichte sehen?

In meinem Besitz befinden sich Fotokopien mehrerer Seiten von Beethovens Entwürfen für den letzten Satz seiner »Hammerklavier-Sonate«. Die Entwürfe zeigen, daß er das Thema der Fuge sorgfältig modelliert, um es anschließend systematisch und offenbar kaltblütig auszuprobieren. Man könnte fragen, wo hier die Inspiration steckt. Doch wenn das Wort überhaupt einen Sinn hat, dann paßt es gewiß auf diesen Satz mit seiner unwiderstehlichen, titanischen Ausdruckskraft, die bereits im Thema enthalten ist. Die Inspiration äußert sich jedoch nicht als ein plötzliches musikalisches Auflodern, sondern als ein klar ins Auge gefaßter Impuls, der auf ein bestimmtes Ziel gerichtet ist, das der Komponist anstreben mußte. Als diese Vollkommenheit jedoch erreicht war, konnte es kein Zaudern geben – es war die blitzartige Erkenntnis, daß dies genau das war, was er wollte.

Der Komponist und Dirigent Roger Sessions, 1941

3.
Der Bewußtseinsstrom wird geordnet: Leistungen des präfrontalen Kortex

Das Bewußtsein ... als Wirkung einer organischen Maschinerie einzustufen, heißt jedoch keineswegs, seine Potenz zu unterschätzen. Mit einer glänzenden Metapher sprach Charles Sherrington vom Gehirn als einem »verzauberten Webstuhl, auf dem Millionen von hin- und herflitzenden Schiffchen ein vergängliches Muster weben«. Da der Geist die Realität aus den Abstraktionen von Sinneseindrücken nachbildet, kann er ebensogut Realität durch Erinnerung und Phantasie simulieren. Das Gehirn erfindet Geschichten und verlagert eingebildete und erinnerte Ereignisse beliebig in die Vergangenheit oder die Zukunft.
Der Soziobiologe Edward O. Wilson, 1978

Wir haben heute einen längeren Autoausflug durch Cape Cod gemacht, und wir waren dabei ziemlich vorsichtig, besonders nachdem wir in einer unübersichtlichen Kurve auf einen Unfall gestoßen waren; an einem Baum hing ein zertrümmertes Auto, das die Gegenspur blockierte, und unmittelbar dahinter hielt ein Laster. Offenbar war der Unfall soeben passiert, und ich schaute mich rasch um nach Verletzten, die vielleicht Hilfe benötigten. In dem beschädigten Wagen saß aber niemand, und der Lastwagenfahrer ging auf dem Bankett entlang und wirkte so, als sei alles in Ordnung.

Erst nach einem zweiten, ungläubigen Blick auf den Laster begriff ich, was geschehen war: Auf dem Tieflader standen drei teilweise plattgedrückte Schrottautos, im vorderen Teil zwei (eins über dem anderen), im hinteren Teil aber nur eins. Das Auto, das jetzt auf der Straße lag, war in der Kurve offenbar von dem anderen Schrottauto, auf dem es wackelig auflagerte, heruntergerutscht. Und auf die Spur des Gegenverkehrs gefallen, auf der sich zum Glück gerade niemand befand, hatte sich überschlagen und war schließlich an dem Baum zum Stillstand gekommen. Falls der Fahrer sich Sorgen machte, daß er wegen rücksichtsloser Gefährdung anderer Fahrer durch seine ungenügend gesicherte Ladung eventuell eingesperrt werden könnte, so ließ er sich das jedenfalls nicht anmerken. »Kein Problem, kein Problem!« schien sein Gesichtsausdruck sagen zu wollen. In dieser Gegend nahm man dergleichen Dinge offenbar nicht sonderlich ernst.

Tieren kreiden wir es wohl nicht an, wenn sie es an Weitblick fehlen lassen; uns ist klar, daß ihr Gehirn, anders als unseres, nicht zur Voraussicht fähig ist. Von Leuten, die mit gefährlichen Dingen umgehen, erwarten wir allerdings, daß sie in dieser Hinsicht hohen Maßstäben genügen. Ich habe keine Ahnung, welche Maßstäbe unter den Lastwagenfahrern von Massachusetts gelten, aber man braucht nur einmal einen Tag lang auf Cape Cod herumzufahren, und man erkennt die Maßstäbe derjenigen, die für die öffentlichen Straßen verantwortlich sind. Die Straßen sind gut geteert, aber jämmerlich geplant – und das nicht nur deshalb, weil unübersichtliche Kurven seit den Zeiten des Einspänners nicht begradigt worden sind.

Es gibt Stellen, die wie ein Spukschloß für die Unvorsichtigen so viele Fallen bereit halten, daß es einem ganz unheimlich wird. Der Mid-Cape Highway, die einzige moderne Schnellstraße von Cape Cod, ist an sich eine gute Idee, aber mit fatalen Mängeln behaftet, die nie behoben wurden. Wenn man von Westen her in Richtung Hyannis fährt, kommt kurz vor der Ausfahrt eine Anhöhe, die so steil aufragt, daß der Fahrer gerade ein paar Wagenlängen überblicken kann, so daß man eigentlich auf die Hälfte der zulässigen Höchstgeschwindigkeit heruntergehen müßte, um anhalten zu können, falls irgend etwas auf der Straße ist (was aber kaum ein Fahrer tut).

Das ist an sich schon schlimm genug. Zugleich liegt diese Stelle aber hinter einer unübersichtlichen Kurve. Obendrein haben die Straßenbauer hier einen Parkplatz von der Sorte angelegt, die sich auf einem verbreiterten Bankett über die Länge eines Häuserblocks hinzieht, so daß Autos von den verschiedensten Positionen aus auf die Schnellfahrspuren einbiegen (dies war keineswegs die einzig mögliche Stelle, denn ein paar Meilen weiter gibt es zwei weitere Parkplätze). Nachdem mit den Schnellstraßen die unübersichtlichen Kreuzungen beseitigt wurden, scheinen die Straßenbauer aus Sehnsucht nach der alten Zeit ein paar andere Unübersichtlichkeiten eingebaut zu haben.

Sie haben, was noch unglaublicher ist, solche Parkplätze auf *beiden* Seiten der in östliche Richtung führenden Fahrbahn angelegt, an diesem unübersichtlichen, zweispurig über die Kuppe hinweg führenden Abschnitt der Schnellstraße, wodurch Leute, die sich auf dem rechten Seitenstreifen die Beine vertreten, verleitet werden, auf der Suche nach einer Toilette die Fahrbahn zu überqueren (eine Treppe und ein Überweg, der zum Mittelstreifen führt, scheinen nämlich irgendwo in der Nähe der nach Westen führenden Fahrbahn Örtlichkeiten zu verheißen). Wenn die Fußgänger sich mitten auf der Straße befinden, taucht dann aus der unübersichtlichen Kurve heraus wie aus dem Nichts ein schnell fahrendes Auto auf.

Diese massive Herausforderung des Unglücks ist nicht den Pilgervätern anzulasten, die damals nicht den motorisierten Verkehr vorausgesehen haben – an ihr ist die Dummheit jüngerer Generationen schuld. Aber nicht allein der Straßenbauer, sondern auch der Politiker, die nichts tun, um dem Mißstand abzuhelfen, und der Wähler, die »guten Teer« einer »guten Planung« vorziehen. Das sind zumindest die düsteren Gedanken, die einen beschleichen, während man vorsichtig über ihre Landstraßen steuert und darüber nachsinnt, daß die Voraussicht ein Definitionsmerkmal der postäffischen Gehirnevolution ist.

Aber die Evolution macht das sicher besser, werden Sie vielleicht sagen, einfach durch Versuch und Irrtum. Man braucht ja nur an die geschmeidigen Kormorane zu denken, die mit einer geschickten Kopfbewegung einen Fisch hinunterschlucken. Doch leider stecken auch die Entwürfe der Evolution voller Dummheiten – Beispiele sind unsere Kurzsichtigkeit und der ständig schmerzende Rücken. Nun ist die biologische Evolution zumindest dadurch entlastet, daß sie keinerlei Voraussicht besitzt; von der kulturellen Evolution des Menschen erwartet man jedoch Besseres.

*

So wenig es mir behagt, bei Dummheiten zu verweilen, ist es doch insofern eine nützliche Übung, als wir beim Nachdenken über die Evolution zum Menschen dazu neigen, den Gesamtvorgang als eine Vervollkommnung aufzufassen, bei welcher der Mensch dann den Gipfel des Fortschritts darstellt. Diejenigen, die nicht länger daran glauben, daß die Menschen nach irgendeinem großen Plan geschaffen wurden, neigen gleichwohl dazu, statt dessen im Evolutionsprozeß eine Art Garantie dafür zu sehen, daß die Menschen nichtsdestoweniger gut konstruiert sind. Oder zumindest vorgetestet.

Dabei spricht überhaupt nichts für die Annahme, der Mensch sei auf unsere heutige Welt besser vorbereitet als das Stinktier, dessen Gefährdung durch schnell fahrende Autos mit den Händen zu greifen ist. Es gibt in der Natur eine Fülle von Beispielen für eine »gerade ausreichende Lösung« – beispielsweise das Flügelschlagen, mit dem der Kormoran das Wasser aus seinen Federn schüttelt –, durch die ein Problem einem weiter anhaltenden Selektionsdruck entzogen wird, mit der Folge, daß eine denkbare bessere Lösung – wie etwa die Fettdrüsen, mit denen die Ente ihr Gefieder schützt – sich nicht mehr entwickelt. Vom evolutionären Fortschritt dürfen wir uns kaum etwas erhoffen, dafür ist er viel zu langwierig und ungewiß: Obwohl gutes Sehen für das Überleben ohne Zweifel von Vorteil ist, hat die Evolution des Menschen an der Kurzsichtigkeit eines beträchtlichen Teils der Bevölkerung doch nichts geändert. Diese optische Kurzsichtigkeit ist über die Generationen hinweg noch dümmer gewesen als die metaphorische Kurzsichtigkeit der Straßenbauer von Massachusetts. Und Brillen haben wir dank der kulturellen Evolution erst seit einem Dutzend von Generationen, während davor hunderttausend Generationen verstrichen sind, seit das Gehirn begann, sich zu erweitern und eine Vielzahl von Werkzeugen herzustellen.

Für das Problem, zu entscheiden, was als nächstes zu tun ist, war die Art, wie das Stinktier und der Kormoran ihr Verhalten bestimmten, vermutlich eine »gerade ausreichende« Lösung. Und mit kleinen Verbesserungen der

Voraussicht wäre derjenige, der über sie verfügte, vermutlich in ebensoviele Schwierigkeiten geraten, wie er dank der Voraussicht vermieden hätte. Es ist daher zweifelhaft, daß die Voraussicht sich über den normalen darwinistischen Mechanismus der graduellen Verbesserung entwickelt haben könnte, und es ist durchaus nicht so, wie es anfangs schien, daß sie das Ziel eines geradlinigen Evolutionsverlaufs war. Hat es also ein Stützgerüst oder einen Funktionswandel gegeben, der der Voraussicht weiterhalf? Oder haben wir vielleicht eine neue Nische entdeckt, die uns der natürlichen Selektion so weit entzog, daß die Regeln, die normalerweise eine Nische beschränken, lange genug außer Kraft gesetzt waren, so daß einige von der Regel abweichende Ausnahmen sich entwickeln konnten?

Einen Schlüssel zur Beantwortung dieser Fragen findet man, wenn man das menschliche Gehirn daraufhin untersucht, welche Funktionen in ihm in unmittelbarer Nachbarschaft angesiedelt sind. Ein gängiger Weg, den Aufbau des Gehirns zu erforschen, ist die Beobachtung von Funktionsstörungen, wie sie vor einiger Zeit bei einer Freundin von uns aufgetreten sind.

*

Unsere Freundin Elaine wohnt draußen in der Nähe der Literatensiedlung von Wellfleet an einer vom Meer abgeschirmten Wasserstraße. Wir stiegen aus dem Auto, holten Elaine ab und gingen gemeinsam am Wasser entlang. Hin und wieder fliegt »Big Blue« vorbei, so nennt Elaine den Kanadareiher, der hier neben zahlreichen Kormoranen ansässig ist. Wenn man Big Blue zum erstenmal dahingleiten sieht, glaubt man, einen Drachenflieger zu sehen – bis er unnachahmlich graziös mit seinen Flügeln schlägt.

Am »Fluß« sieht man Königskrabben auf dem sandigen Boden umherhuschen. Man bezeichnet sie als »prähistorische Panzer«. Man muß sich einen Umzugswagen vorstellen, dessen weite Außenhülle den Lastwagen, der darunter steckt, vollkommen verbirgt. Einst wurden Kampfpanzer so gebaut, um ihr verletzliches Fahrwerk zu schützen, doch wurden sie durch all das zusätzliche Eisen zu langsam und schwerfällig. Dennoch ist dies die Strategie, mit der die Evolution die Unterseite von *Limulus polyphemus* schützt, und offenbar hat sie recht lange funktioniert: *Limulus* ist ein »lebendes Fossil«, denn aus Fossilienfunden weiß man, daß ganz ähnliche Arten schon vor 350 Millionen Jahren existierten, noch vor der Zeit, in der die Säugetiere sich selbst erfanden. Fest in den sandigen Boden gestemmt, verschwinden die krabbenartigen Beine der Königskrabbe vollständig unter der breiten Hülle des Panzers; es sieht fast aus wie die knochige Version eines Rochens, der sich

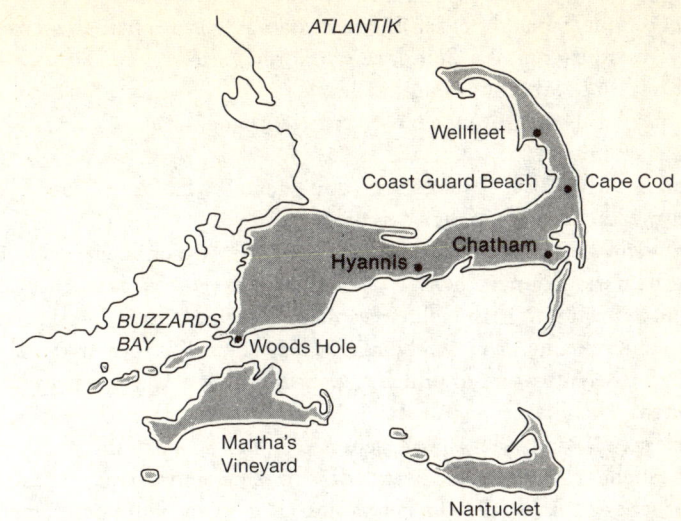

dort im Sand verbirgt. Wenn die Königskrabbe weiterwandert, hinterläßt sie im Sand einen hufeisenförmigen Abdruck. Sie ist keine Krabbe, sondern eher eine enge Verwandte der modernen Spinnen; sie lebt an der amerikanischen Atlantikküste von Maine bis hinunter nach Yucatán, und drei weitere Arten kommen in Asien vor.

Wir haben Elaine nicht gesehen, seit sie vor mehreren Jahren bei einem Autounfall schwer verletzt wurde. Ein entgegenkommendes Auto war über die Mittellinie geraten und stieß frontal mit ihrem Wagen zusammen; der andere Fahrer wurde getötet. Zum Glück war Elaine aus langer Gewohnheit angeschnallt, sonst hätte es vielleicht zwei Todesfälle gegeben. Trotzdem erlitt sie durch den plötzlichen Aufprall eine schwere Kopfverletzung und blieb eine Woche lang bewußtlos, abgesehen von einer zerschmetterten Hüfte und einem Milzriß. Und es dauerte nochmals einen Monat, bis sie wußte, wo sie war (bis sie sich »hinsichtlich Zeit und Ort orientierte«, wie die Neurologen sagen). Außer daß sie sich noch an die Rekonstruktion des Hüftknochens gewöhnen muß, ist Elaine inzwischen wieder normal, aber dafür hat sie zwei endlose Jahre in Krankenhäusern und Rehabilitationskliniken verbracht. (»Stell dir vor, du bist zwei Jahre lang in einem Kriegsgefangenenlager«, sagt sie, »und kannst nichts machen, was du wirklich möchtest.«)

Ihre Freunde haben ihr erzählt, wie sie damals geredet hat, als sie noch im Streckverband lag und ihr Gedächtnis verloren hatte.

»Hattest du heute Besuch?«

»Oh ja, eine Menge Besucher«, erwiderte Elaine.

»Wie hießen sie?«

»Hm, Adam und Eva. Und auch die Heiligen Drei Könige«, sagte Elaine.

»Das meinst du doch nicht im Ernst!«

»Oh doch. Die Heiligen Drei Könige waren wirklich hier«, sagte Elaine und zählte deren Namen auf.

Irgendwann fragte Elaine eine Krankenhausmitarbeiterin, ob sie persönlich jemanden kenne, der 1848 beim Goldrausch in Kalifornien dabei gewesen war. Sie behauptete steif und fest, selbst einige der Veteranen von damals zu kennen.

Als sie schon wieder besser Menschen erkennen konnte, pflegte sie eintreffende Besucher mit denen, die bereits da waren, bekannt zu machen, so als sei sie Gastgeberin einer Party. Dabei nannte sie oft den richtigen Namen, nur mit dem Beruf traf sie gelegentlich daneben; aus einem Antiquitätenhändler wurde der Chef der Wasserwerke, und ihren Chirurgen bezeichnete sie einmal als einen Kaufmann aus Boston.

Die Geschichten, die sie während ihrer Amnesie im Krankenhaus erzählte, ähneln sehr meinen nächtlichen Träumen, denn mittendrin wird die Richtung gewechselt und ein neuer Weg erkundet. Eine Erinnerung Elaines zeigt besonders deutlich die traumartige Verknüpfung der Begriffe:

Ein Freund brachte mir ein Geschenk, ein kleines Gemälde, das Sanddünen darstellte und das ich am Fußende meines Bettes aufhängen wollte. Ich lag seit mehreren Monaten im Streckverband und starrte, da ich mich nicht bewegen konnte, ständig auf diese Stelle. Wenn Leute zu Besuch kämen, würde ich ihnen das Gemälde – es zeigt eine hohe Sanddüne, die über einem Sandstrand emporragt – wie ein Kunsthändler erklären und sagen, wer es wann gemalt hat.

Doch dann erzählte ich ihnen, daß es eine Insel vor Hyannis zeige und daß der Name der Insel Calypso sei. Ich sagte ihnen, eine Insel erhalte ihren Namen von einem Schiff, das dort gestrandet ist, und an dieser Insel sei ein Schiff namens *Calypso* aufgelaufen. Ich machte sie darauf aufmerksam, daß oben in der Düne ein Loch war, und sagte, wenn sie ihr Ohr an das Loch legen würden, würden sie die Meeresbrandung hören.

Ich dichtete also dem Gemälde, das es dort gar nicht gab, eine ganze

Menge an. Die *Calypso* stammt aus einem anderen Gemälde des 19. Jahrhunderts, das bei mir zu Hause hängt, einem Porträt eines Schiffes namens *Calypso*. Ich hatte mir irgendwie vorgestellt, dieses Schiff aus dem Gemälde zu Hause sei auf dem neuen Gemälde, das am Fußende meines Krankenhausbettes hing, gestrandet. Das Rauschen des Meeres, das aus dem Loch oben auf dem Hügel kommt, hatte ich natürlich von der Geschichte mit der Öffnung der Muschelschale, die jedes Kind irgendwann einmal erzählt bekommt, wo man das eigene Blut fließen hört und meint, es sei das Rauschen der Brandung.

Wenn wir herausfinden möchten, wie das Gehirn es anstellt, Sequenzen aus mentalen Konstrukten zu bilden, etwa einen Plan dafür aufzustellen, was wir als nächstes tun werden, besteht die Schwierigkeit darin, daß wir es meistens mit logischen Plänen zu tun haben, in deren Aufstellung wir recht tüchtig sind. Wenn das Gehirn aber nicht richtig funktioniert, sehen wir bisweilen, wie fehlerhafte Sequenzen umgeändert und verbessert werden. Dabei treten weitgehend die gleichen Phänomene auf, wie wir sie aus den Träumen erinnern, wenn wir morgens aufwachen: Es gibt da, auch wenn der Traum noch so sehr einem Szenario oder einer Erzählung ähnelt, dieses sonderbare, unvermittelte Nebeneinander. Vergleichen wir Elaines Geschichte mit der uns allen vertrauten Charakterisierung des typischen nächtlichen Traums:

> Personen, Orte und Zeiten wechseln plötzlich, unvermittelt. Es kommt zu abrupten Sprüngen, Schnitten und Einfügungen. Es kommt zu Verschmelzungen: Immer wieder gibt es unmögliche Kombinationen von Menschen, Orten, Zeiten und Handlungen. Andere Naturgesetze werden mißachtet, und bisweilen mit Vergnügen: In dem Traum, in dem man das Gefühl hat zu fliegen, kann die Schwerkraft überwunden werden.
> J. Allan Hobson, *The Dreaming Brain*, 1988

Was normalerweise in einem Traum vorkommt, würde uns, wenn wir dabei wach und ohne Hirnverletzung wären, in der Tat als Verrückte (mit den Symptomen eines Deliriums, des Wahnsinns und der Psychose) ausweisen. Die Tatsache, daß unser Gehirn sich allnächtlich mehrere Stunden lang mit solchen Phantasien befaßt, läßt den Schluß zu, daß das Phantasieren möglicherweise sein normaler Operationsmodus ist, daß wir (im Wachzustand und bei gesundem Verstand) die verworrenen Szenarien nur dadurch vermeiden, daß wir den Unsinn fortgesetzt aussondern und aus den imaginierten Szenarien auf einem ähnlichen Wege etwas Brauchbares machen, wie ihn das Bakterium durchläuft, um sich der Nahrungsquelle zu nähern.

Daß sich etwas Verkehrtes in eine Sequenz hineinschiebt, erkennt man unschwer bei einer Amnesie im Gefolge einer Kopfverletzung (Gedächtnisprobleme sind ja ein Wesensmerkmal einer »Gehirnerschütterung«). Manche Patienten sagen nur, sie könnten sich nicht erinnern, aber oft täuscht sie einfach das Gedächtnis. Das Paradebeispiel sind Patienten, die konfabulieren, womit die Neurologen das »Erfinden« von Geschichten bezeichnen, wenn man sich an die wirklichen Vorgänge nicht erinnern kann. Fragt man einen Patienten mit einer Kopfverletzung, was er am Morgen zum Frühstück gegessen hat, so erzählt er einem vielleicht eine plausible Geschichte und sagt, er habe sich ein Rührei gemacht, wie er es zu Hause zu tun pflegt, obwohl er an diesem Morgen in Wirklichkeit in einem Hotel gefrühstückt hat. Auch das Hotel hat er vergessen. Vielfach gewinnen Patienten ihr Erinnerungsvermögen teilweise zurück, so daß zwischen zwei Ereignissen, an die sie sich genau erinnern, Lücken bleiben. Eine solche Lücke füllt der Patient dann mit einer plausiblen Geschichte aus, die nicht der Wahrheit entspricht. Ich vermute, daß wir ständig Geschichten erfinden und nur die beste davon erzählen – und das ist, wenn alles gutgeht, die wahre Geschichte.

Ein Patient, der konfabuliert, lügt nicht im gebräuchlichen Sinne des Wortes. Wahrscheinlich erzählt er die beste Geschichte, die er aus den ihm zugänglichen Daten konstruieren konnte, und hält sie für wahr; das beste in Frage kommende Szenario hat sich, so lange er lebt, als ziemlich zuverlässig erwiesen. Er ist nicht so schlecht dran wie ein normaler Mensch, der nachts im Traum höchst unpassende Kombinationen zwischen Menschen und Orten herstellt; in milden Fällen steht die Konfabulation sogar fast am entgegengesetzten Ende des Spektrums und ist nahezu makellos, nur daß sie eben, wie erwähnt, eine kleine unwissentliche Substitution darstellt.

Unser Gedächtnis gleicht also nicht einem Tonbandgerät, das die Ereignisse in einer unabänderlichen Reihenfolge festhält; wir erinnern uns an die einzelnen Elemente durch Wiedererkennen und an die Reihenfolge durch Verknüpfungen zwischen diesen Elementen. Da wir aber die einzelnen wiedererkannten Elemente in der Regel schon vorher gesehen haben und Verknüpfungen zwischen ihnen nicht immer in der gleichen Reihenfolge vorgekommen sind, ist unsere Erinnerung an einzelne Episoden oft verworren und unzuverlässig, es sei denn, wir hätten uns eigens bemüht, uns die Dinge in der richtigen Reihenfolge zu merken, wie es vielleicht bei einem geübten Beobachter der Fall ist, beispielsweise bei einem Fußballschiedsrichter. Aber auch bei geübten Beobachtern kommt es vor, daß sie die Dinge nicht richtig mitkriegen, wie sich im Fernsehen in der sofortigen Rückblende zeigt. Unser Gehirn ist einfach nicht dafür gemacht, wie ein Tonband zu funktionieren, auch wenn es offenkundig dazu neigt, Dinge miteinander zu verknüpfen.

*

Das herausragendste Zeichen einer Frontallappenläsion ist sicherlich die Ablenkbarkeit: Jemand setzt dazu an, etwas zu sagen oder zu tun, und läßt sich ohne weiteres dazu verleiten, etwas anderes zu sagen oder zu tun. Er ist nicht mehr fähig, eine innere Tagesordnung festzuhalten. Dies entspricht unzweifelhaft dem Zustand Elaines im ersten Monat nach dem Erwachen aus dem Koma, beispielsweise in der traumartigen Sequenz, in der sie von dem kleinen Gemälde sprach und von einem Thema zum anderen wechselte. Und ihre Konfabulation, in der sie statt der früheren Besucher, an die sie sich nicht erinnern konnte, Adam und Eva nannte, ist charakteristisch für Verletzungen der Frontallappen an der Innenseite, dort, wo rechte und linke Hirnhälfte hinter der Stirn zusammenstoßen.

Die Neurologen sind die großen Naturgeschichtler unserer Zeit, denn sie helfen nicht nur dem Patienten, sondern sie sammeln auch aufschlußreiche Fallbeispiele, so wie Charles Darwin in seiner Jugend Käfer sammelte. Und dann machen sie sich Gedanken über mögliche Zusammenhänge zwischen den Symptomen und der jeweils verletzten Stelle. Den ganz großen Coup hat bislang noch keiner gelandet, wie Darwin es tat, als er herausfand, wie neue Arten sich aus alten entwickeln, doch hat sich in den hundert Jahren seit den Anfängen der Neurologie allmählich ein Bild des Frontallappens herausgeschält. Für eine so anspruchsvolle Aufgabe fehlt den meisten Wissenschaftlern der lange Atem, und so konzentrieren sie sich auf Untersuchungen, die sich rasch auszahlen, Untersuchungen, bei denen die Dinge in ihre Bestandteile und dann diese Bestandteile noch einmal zerlegt werden. Beim Frontallappen geht es aber gerade darum, Dinge nicht zu zerlegen, sondern zusammenzufügen, und die Summe ist oft etwas ganz anderes als die Ansammlung der Teile.

Dennoch sollte man nicht die Hände in den Schoß legen und über das hinweggehen, was man bereits über die Teile des Frontallappens erkannt hat. Die Erkenntnis, daß es zu Konfabulationen nur kommt, wenn die Innenseite des Frontallappens, nicht aber die Außenseite oder die Oberseite verletzt ist, hilft uns sehr viel weiter. Natürlich erhebt sich damit die Frage, was der Rest des Frontallappens macht. Dies läßt sich an Patienten untersuchen, die an einem

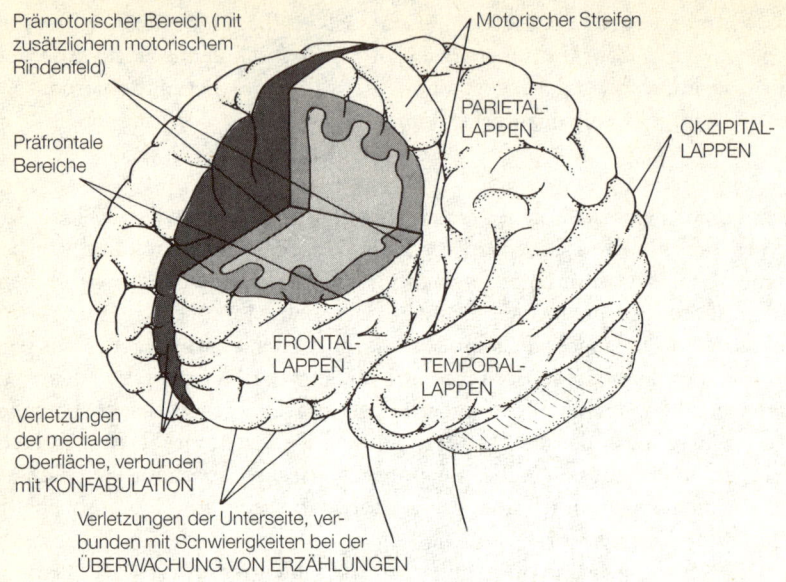

kleinen Tumor leiden oder bei denen ein kleines Blutgefäß verstopft ist; Menschen mit Kopfverletzungen, wie Elaine sie erlitten hat, sind stets an mehreren Stellen verletzt, und das macht es in der Regel schwer, ein Symptom auf eine bestimmte Verletzung zurückzuführen. A. R. Luria, der große sowjetische Neuropsychologe (1902–1977), hat die Symptome und Läsionen einer Vielzahl von Patienten zusammengetragen. Danach gibt es eindeutig drei große funktionale Teilbereiche des Frontallappens: den motorischen Streifen, die prämotorischen Bereiche und die davor liegende *terra incognita*, die den präfrontalen Kortex einschließt.

*

Der motorische Streifen liegt am hinteren Rand des Frontallappens, kurz vor dem Ohr. Verletzungen dort führen zu Muskelschwäche oder, wenn der Schaden entsprechend groß ist, zur Lähmung. Der Körper ist auf dieser Rinde wie auf einer Karte abgebildet, wenn auch gewissermaßen seitenverkehrt: Neben dem Ohr befindet sich die Steuerung für Kehle, Zunge und Gesicht, es folgen die Finger, die Hand und der Arm, der Rumpf erstreckt sich über die Kante, an der die eine Gehirnhälfte sich einfaltet, und es folgen die

Beine und die Füße. Das heißt jedoch nicht, daß jemand, dessen gesamte rechte Körperhälfte gelähmt ist, eine große Verletzung im motorischen Streifen aufweist; jemand, dessen rechter Arm und rechtes Bein geschwächt sind, wurde wahrscheinlich dort verletzt, wo ein Bündel von »Drähten« (wir nennen sie Axone) aus dem motorischen Streifen durch einen Engpaß in die tieferen Bereiche des Gehirns übergeht – daher kann schon die Verstopfung eines kleinen Blutgefäßes dort sowohl einen Arm als auch ein Bein in Mitleidenschaft ziehen. Wenn jemand keine Beinprobleme hat, aber die rechte Gesichtshälfte sich nicht regt und die rechte Hand schwach ist, liegt wahrscheinlich eine Verletzung des motorischen Streifens der linken Hemisphäre vor, in der Regel durch die Verstopfung eines Teils der mittleren Hirnarterie, die den motorischen Streifen mit Sauerstoff versorgt.

Es wird jedoch keine Lähmung hervorgerufen, wenn der Frontallappen an irgendeiner anderen Stelle verletzt wird: Eine Schädigung der prämotorischen und präfrontalen Bereiche wirkt sich sehr viel subtiler aus, beispielsweise in der Konfabulation und Ablenkbarkeit, die wir bei Elaine beobachteten. Je weiter wir nach vorn kommen, desto näher kommen wir offenbar der Maschinerie, mit deren Hilfe wir von einer Verhaltensweise zur anderen wechseln: Dort geschieht das, was beim Stinktier geschieht, wenn es entscheidet, ob es noch einmal an meinem Fuß schnuppern oder die Straße hinunterwatscheln soll, oder was beim Kormoran geschieht, wenn er entscheidet, ob er noch einmal unter Wasser auf Nahrungssuche gehen oder ein wenig länger seine Flügel trocknen soll.

*

Der prämotorische Kortex liegt unmittelbar vor dem motorischen Streifen; oft wird dieser Teil im mittleren Bereich der Hemisphäre (vor der Steuerung der Beinmuskulatur) auch als zusätzliches motorisches Feld bezeichnet. Auch hier ist der Körper durch eine »Karte« repräsentiert, sogar dreimal, wobei jeweils der Arm vor dem Bein kommt. Anders als beim motorischen Streifen, wo die linke Hemisphäre die rechte Körperseite und die rechte Hemisphäre die linke Körperseite kontrolliert, wird dem linken prämotorischen Kortex nachgesagt, beide Körperseiten sehr viel stärker zu kontrollieren, als dies für den rechten prämotorischen Kortex gilt. Den seitlichen Teil unmittelbar vor dem Bereich des motorischen Streifens, der für Mund und Gesicht verantwortlich ist, bezeichnet man als »Brocasches Sprachzentrum«.

Der prämotorische Bereich ist nicht in dem Sinne »prä«, daß sein Output in den motorischen Streifen einfließt und von dort an die Motoneuronen des

Rückenmarks weitergeleitet wird; vom prämotorischen Bereich gehen ebenso viele Direktverbindungen zum Rückenmark wie vom motorischen Streifen, und zum motorischen Streifen hält er ebenfalls Verbindung. Er hat, anders als der motorische Streifen, umfangreiche Verbindungen zum Parietallappen (und damit Informationen über das Körperbild und andere räumliche Angelegenheiten) sowie zum ventralen Thalamus (und damit zu den Basalganglien, einer anderen wichtigen Komponente des Systems der Bewegungskontrolle). Wenn Sie sich vorstellen, Fingerbewegungen zu machen (in Wirklichkeit aber die Finger nicht bewegen), arbeitet der prämotorische Bereich sehr viel stärker als der Rest des Gehirns; wenn Sie dann tatsächlich die Finger bewegen, wird auch der motorische Streifen aktiv. Patienten, deren zusätzliches motorisches Feld durch Schlaganfälle verletzt ist, haben in der Regel Schwierigkeiten mit solchen willentlichen Bewegungen wie dem Sprechen und dem Gestikulieren. Doch ist es bisher nicht gelungen, den prämotorischen Kortex in eine Hierarchie einzuzwängen; Bewegungsentscheidungen gehen nicht von hier aus an den motorischen Streifen. Ihn »prä« zu nennen, hat seinen Grund wirklich nur darin, daß er vor dem motorischen Streifen liegt.

Das Spezialgebiet dieses Bereichs ist der Entwurf von Handlungssequenzen wie etwa der, wenn Sie einen Schlüssel ins Schloß stecken, ihn umdrehen, die Klinke niederdrücken und schließlich die Tür aufstoßen. Patienten, bei denen nur der linke prämotorische Kortex geschädigt ist, sind imstande, jede Handlung getrennt auszuführen – sie sind nicht, wie bei Läsionen des motorischen Streifens, bewegungsunfähig –, aber sie haben Schwierigkeiten, die Handlungen zu einer fließenden Bewegung zu verknüpfen, einer »kinetischen Melodie«, wie Luria es nannte. Wenn wir Klavierspielen üben, wenn wir den Aufschlag beim Tennis oder den Treibschlag beim Golf üben, dann stimmen wir (so, wie man die Instrumente eines Orchesters stimmt) den prämotorischen Kortex, besonders den linken (bei Rechtshändern und bei den meisten Linkshändern).

Wenn ein Neurologe die Leistung des prämotorischen Kortex überprüfen möchte, wird er Sie in der Regel auffordern, rasch mit den Fingern zu trommeln. Manche Patienten mit prämotorischen Problemen können nicht ohne weiteres von einem Rhythmus in den anderen wechseln; ein Patient, den man bittet, zunächst eine Zickzacklinie zu zeichnen, und dann mittendrin aufgefordert, zu Rechtecken oder zu schwungvollen Bögen überzugehen, wird vielleicht in der Lage sein, jedes Muster für sich zu zeichnen, aber nicht zwischen den Mustern hin und her wechseln können. Der prämotorische

Kortex kümmert sich ausschließlich darum, Sequenzen zu entwerfen und Bewegungen miteinander zu verknüpfen. Ohne ihn wären Musiker aufgeschmissen.

*

Weiße Smokingjacken sind auf der Bühne des Lillie-Auditoriums nichts Ungewöhnliches; bei den wissenschaftlichen Vorträgen, die dort am Freitagabend stattfinden, tritt derjenige, der den Vortragenden des Abends vorstellt, gelegentlich in diesem Gewand auf. Gewöhnlich deutet das darauf hin, daß irgendein Ulk geplant ist (zum Beispiel werden während der Einführung Bilder gezeigt, auf denen der Vortragende als Baby zu sehen ist, oder es wird die Prognose verlesen, die ihm von seinen Schullehrern gestellt wurde); oft ist die Einführung ebenso denkwürdig wie die anschließende Rede.

Heute abend ist jedoch eine Reihe von Smokingjacken auf der Bühne zu sehen. Und statt eines einsamen Rednerpults eine Reihe von Notenständern. Die übergroße Tafel ist ebenfalls entfernt worden, um Platz zu schaffen für acht Musiker, die am Schluß J. S. Bachs Brandenburgisches Konzert Nr. 4 aufführen werden. Und für die sechs Künstler, die die Weltpremiere von Ezra Ladermans MBL-Suite darbieten werden, ein Auftragswerk zum hundertjährigen Jubiläum des MBL. Alle vier Werke, die heute Abend auf dem Programm stehen, enthalten mindestens einen Flötenpart, wenn nicht zwei.

Der Starflötist (und wahrscheinlich der Grund, warum die Benefiz-Eintrittskarten für 50 Dollar vor fünf Wochen innerhalb von neunzig Minuten ausverkauft waren) ist Jean-Pierre Rampal. Der zweite Flötist ist Jelle Atema, vormals Schüler Rampals in Nizza, aber seit zwei Jahrzehnten als Biologe am MBL damit befaßt, die Welt der Düfte zu studieren, die Hummer, Fische, Falter, Hunde, Bienen und andere Tiere, die in einer vielfältigen Welt charakteristischer Gerüche leben, sich zunutze machen. Wenn er nicht im Labor ist, trifft man Atema vielleicht als Dirigenten beim Falmouth Chamber Orchestra.

Heute gibt es aber keinen Dirigenten, und ich vermisse diese mit der Musik synchronisierten Körperbewegungen, denn ich liebe es, das Halleluja aus Händels *Messias* zu dirigieren – während es auf dem Plattenspieler läuft. Deshalb dachte ich, daß dieser Abend Julie Rosenfeld gehören würde, der ersten Geigerin des Colorado Quartet (das den Kern der heute auftretenden Künstler bildete), besonders ihrer Darbietung des Brandenburgischen Konzerts. Es ist immer wieder interessant, eine Geigerin bei der Aufführung eines so kraftvollen Stückes zu beobachten, wenn das Instrument fast zu einem Teil ihres Körpers wird und ihr Kopf fast am Resonanzkörper der Geige angeklebt scheint.

Wenn Sie die Neurologie sequentieller Bewegungen kennen, wissen Sie, daß die Musik aus dem linken Frontallappen, oberhalb des Kinns, das auf dem Resonanzkörper der Violine ruht, zum rechten Arm fließt, der den Bogen führt, und von dort wieder zur linken Seite der Darbietenden, wo die linke Hand, die Geige, das Kinn und die linke Gehirnhälfte synchron in Resonanz geraten. Diese dramatische Beugebewegung des rechten Arms und die schnellen Fingerbewegungen der linken Hand – das alles ist ausgerichtet auf diese Resonanz der linken Seite, ebenso wie die Augen der Künstlerin, die unverwandt auf den Saiten und den Fingerbewegungen ruhen. Vielfach hört man, daß der Bogen der Geigerin »sich wie eine Verlängerung ihres rechten Arms verhält«, doch passender wäre es zu sagen, daß Arme und Violine sich wie eine Verlängerung ihres Gehirns verhalten, jenes Teils ihrer linken Gehirnhälfte, der sich gerade oberhalb der Kinnstütze befindet.

Doch wie sind wir im Laufe der Evolution an solche Fähigkeiten gekommen? Der Zweckmäßigkeit dürften sich unsere musikalischen Fertigkeiten wohl kaum verdanken. Wahrscheinlich wurden die Sequenzierungsfähigkeiten der linken Gehirnhälfte durch etwas anderes geprägt, das mehr mit dem Erwerb des Lebensunterhalts zu tun hatte, und diese Sequenzierer können in ihrer Freizeit für Musik genutzt werden.

*

Die Bibliothek des Meeresbiologischen Laboratoriums befindet sich oberhalb des Vortragssaals; inzwischen ist sie mit der Bibliothek des Ozeanographischen Instituts (WHOI) zusammengelegt worden, und sie gehört, was die Grundlagen der Biowissenschaft angeht, zu den am besten ausgestatteten Bibliotheken der Welt. In ihren Lesenischen und kleinen Arbeitszimmern sind schon viele Bücher geschrieben worden (der Geruch von Büchern versetzt einen für derartige Anstrengungen in die richtige Stimmung). Mit Sicherheit ist sie eine der feinsten Bibliotheken, und sie ist Tag und Nacht geöffnet; ich kenne sonst nur noch eine Bibliothek, bei der ich mir nachts um drei zuverlässig ein Buch holen kann, und sie befindet sich ebenfalls in einem meeresbiologischen Laboratorium, dem von Friday Harbor, Washington.

Allerdings kann man sich in der MBL-Bibliothek nicht in Läsionen des Frontallappens und andere medizinische Fragen einarbeiten, sofern man mehr zu erfahren wünscht als die übliche Lehrbuch-Physiologie. Da ich aber in der Bibliothek der Harvard Medical School erstmals mit solchen neurologischen Fragen Bekanntschaft machte, wagte ich mich nach Boston, um einigen der Symptome Elaines nachzugehen. Und landete schließlich bei dem kleinen Buch *The Frontal Lobes* von Donald Stuss und Frank Benson.

Der präfrontale Kortex ist der vorderste Teil des Frontallappens und liegt vor den besser bekannten Teilen, dem prämotorischen Bereich und dem motorischen Streifen. Bei einigen Tieren, etwa den Delphinen, ist der prämotorische Kortex relativ wenig ausgeprägt. Die wohl bekannteste Funktion des präfrontalen Kortex ist die Strategie: Er entscheidet, welche Bewegungssequenzen aktiviert werden sollen, und er bewertet die Ergebnisse. Wenn man mit einer nicht mehr funktionierenden Strategie »feststeckt«, kann das ein Anzeichen für präfrontale Probleme sein. Die Neurophysiologen prüfen das üblicherweise mit einem speziellen Satz Karten, obwohl auch ein normales Kartenspiel genügt. Der Patient erhält einen gemischten Satz Karten und wird gebeten, diese auf zwei Haufen zu sortieren. Doch auf welcher Grundlage soll er sortieren, welche Karten gehören auf den linken, welche auf den rechten Haufen? Nun, das soll der Patient herausfinden, indem er ein Schema ausprobiert, und der Arzt sagt nach Ablegen einer Karte jeweils »ja« oder »nein«. Der Patient kommt sehr schnell darauf, daß der Arzt alle roten Karten auf dem linken und alle schwarzen auf dem rechten Haufen sehen möchte, und so sortiert er sie schwungvoll und bekommt ein »ja« nach dem anderen.

Doch auf einmal bekommt der Patient »nein« und wieder »nein« zu hören – der Arzt hat ohne Vorwarnung mittendrin die Spielregeln geändert. Die meisten Patienten begreifen, daß sie jetzt eine neue Strategie herausfinden müssen, und die meisten werden nach einem halben Dutzend Karten heraushaben, daß der Arzt nunmehr wünscht, daß alle Bildkarten auf den linken und alle Nummernkarten auf den rechten Haufen gelegt werden. Bei Patienten mit präfrontalen Läsionen kommt es jedoch öfter vor, daß sie nicht die Strategie wechseln: Nachdem sie die erste Strategie herausgefunden haben, gehen sie, wenn diese nicht länger funktioniert, nicht zu einer anderen über. Sie stecken fest und machen stur weiter, obwohl sie immer wieder »nein« zu hören bekommen. Es gehört offenbar zu den Leistungen des präfrontalen Kortex, den Erfolg einer Strategie zu überwachen.

Eine andere präfrontale Funktion besteht darin, Sequenzen in die richtige Reihenfolge zu bringen, damit der prämotorische Kortex sie ausführen kann. Betrachten wir zum Beispiel einen Patienten, der im Bett liegt und die Arme unter der Bettdecke hat. Er wird aufgefordert, einen Arm zu heben. Er scheint dazu nicht in der Lage zu sein. Fordert man ihn aber auf, den Arm unter der Bettdecke hervorzuholen, so kann er das. Fordert man ihn dann auf, den Arm zu heben und zu senken, so führt er das korrekt und flüssig aus. Hier liegt keine Lähmung durch eine Schädigung des motorischen Streifens vor, und auch keine Schwierigkeit, durch Schädigung des prämotorischen Bereichs eine fließende Sequenz auszuführen; die Schwierigkeit besteht nur darin, daß er die Sequenz nicht planen kann, daß er sich an der Bedingung festhakt, das Hindernis der beengenden Bettdecke zu umgehen. Solche Schwierigkeiten, eine angemessene Handlungssequenz zu entfalten, beruhen auf präfrontalen Problemen. Es ist kein verstandesmäßiges Problem, denn ließe man den Patienten einen anderen Patienten mit ähnlichen Symptomen beobachten, so könnte er dessen Schwierigkeit wahrscheinlich analysieren, und doch ist er nicht in der Lage, selbst die angemessene Sequenz auszuführen.

Ein anderer Hinweis auf eine präfrontale Störung, insbesondere bei Schädigung der Unterseite des Frontallappens, besteht darin, daß beim Erzählen von Geschichten (stärker als üblich) der innere Zusammenhang fehlt. Elaines ziellose Erzählung, die in ihrer Zusammenhanglosigkeit an einen Traum erinnert, wirft die Frage auf, ob der orbitale frontale Kortex im Schlaf ausgeschaltet ist. Der präfrontale Kortex scheint aber nicht nur das Geschichtenerzählen, sondern auch die Erzählung selbst zu überwachen und dazu beizutragen, daß auch bei Ablenkungen der rote Faden nicht verloren geht.

Es steht außer Frage, daß wir uns selbst Geschichten erzählen: Der Erzähler dessen, was wir bewußt erleben, ist nach seiner Entwicklung im dritten Lebensjahr das von uns so hoch geschätzte »Selbst«. »Unser Bedürfnis nach einem chronologischen und kausalen Zusammenhang charakterisiert und begrenzt uns, trägt dazu bei, uns zu dem zu machen, was wir sind« – so beschreibt es eine literarische Schule. Geschichten über die Vergangenheit helfen uns, ursächliche Zusammenhänge zu begreifen; wir »analysieren« das, was geschehen ist, und deshalb können wir Bedauern darüber empfinden, etwas »Falsches« getan zu haben. Geschichten über die Zukunft helfen uns, die Dinge, die wir morgen erledigen wollen, aber auch eine Berufskarriere zu planen; wir können weit genauer als andere Tiere die Zukunft antizipieren, vor allem, weil wir mögliche Ereignisse in unserem Kopf zu Ketten zusammenfügen.

Bei diesem Geschichtenerzählen kann etwas schiefgehen – nicht nur, daß falsche Geschichten erzählt werden, sondern daß der Erzählung übertriebene Aufmerksamkeit geschenkt wird. Das häufigste Problem ist, daß man sich Sorgen macht, daß man ein eingebildetes Szenario in unproduktiver

Weise ständig wiederholt. Wenn wir so richtig »feststecken« und »uns im Kreis drehen«, tritt in den Frontallappen und den Basalganglien eine überhöhte Stoffwechselaktivität auf.

Patienten mit einer obsessiv-zwanghaften Störung neigen dazu, allzu abstrakt und intellektuell zu sein, sich übermäßig um die Zukunft zu sorgen und für sie zu planen sowie seriell-sequentielle Verhaltensweisen (also Zwangshandlungen) zu wiederholen, als steckten sie in einer »Handlungsschleife«, aus der sie nicht herauskommen.
Die Psychiaterin Nancy C. Andreasen, 1988

Ihre psychoanalytisch orientierten Kollegen fordert Nancy Andreasen immer wieder scherzhaft auf, sie sollten weniger von Patienten mit einem überentwickelten Ego und mehr von Patienten mit überentwickelten (oder zumindest hyperaktiven) Frontallappen reden. Patienten mit Zwangsvorstellungen (etwa einer lähmenden Furcht, die sie daran hindert, ihr Zimmer zu verlassen) oder Zwangshandlungen (wenn sie sich beispielsweise alle paar Minuten die Hände waschen müssen) lassen uns in der Tat am Extremfall erkennen, was die Frontallappen für uns tun sollen: vorausdenken und serielle Bewegungen organisieren. Vielfach scheinen solche Leute »in einer Schleife zu stecken« und unfähig zu sein, zu anderen Verhaltensweisen überzugehen.

Dank der Abbildungsverfahren, die uns zeigen, wie schwer die verschiedenen Regionen des Gehirns gerade arbeiten, können wir bei solchen obsessiv-zwanghaften Patienten feststellen, daß die mittlere Frontallappen-Region in der Tat Überstunden macht, verglichen mit den übrigen Teilen ihres Gehirns und mit normalen Gehirnen. Bei normalen Menschen steigt die Frontallappenaktivität, wenn man sie vor solche seriellen Aufgaben stellt wie das Tower-of-London-Spiel, bei dem man sich überlegen muß, wie man Ringe, die auf mehreren Pfosten stecken, mit möglichst wenigen Manipulationen auf einen Pfosten kriegt. Bei Schizophrenen steigt dagegen die Frontallappenaktivität nicht an; bei einigen, etwa denen im katatonen Zustand, kann allerdings schon der Ruhestoffwechsel ziemlich hoch sein.

Einige Schizophrene zeigen die sogenannten positiven Symptome: Sie halluzinieren, sehen Dinge, die nicht da sind. Oder sie haben Wahnvorstellungen und denken, Gott sei darauf aus, sie zu bestrafen. Manche haben bizarre Verhaltens- oder Denkstörungen. Solchen Patienten kann oft mit spezifischen Psychopharmaka geholfen werden, es kommt aber auch vor, daß sie spontan gesunden. Hier handelt es sich wohl nicht in erster Linie um Frontallappenstörungen; man denkt eher an Störungen subkortikaler Strukturen (etwa der Basalganglien und des Mandelkerns) oder solche des Temporallappens.

Wer vermutlich an einer Frontallappenstörung leidet, sind die Schizophrenen mit negativen Symptomen. Ihr Denken und Sprechen ist stark verlangsamt, gefühlsmäßig sind sie abgestumpft (sie erwidern noch nicht einmal das Lächeln, wenn man sie grüßt), und sie scheinen unfähig zu sein, sich über irgend etwas zu freuen. Sie scheinen unfähig zu sein, Mitgefühl mit anderen zu äußern, und ihre Aufmerksamkeitsspanne ist verkürzt. Solche Symptome können auch auf einer ganzen Reihe anderer Ursachen beruhen (zum Beispiel Depressionen); die Kombination von Symptomen, welche die Psychiater durch Elimination mit der Schizophrenie in Verbindung bringen, haben jedoch eine schlechtere Prognose – und oft sind sie verbunden mit strukturellen Hirnanomalien, beispielsweise mit vergrößerten Kammern (den sogenannten Seitenventrikeln), in denen sich die zerebrospinale Flüssigkeit befindet.

Variationen der Hirnstruktur müssen nicht unbedingt etwas bedeuten. So sind die Ventrikel bei normalen zweieiigen Zwillingen etwa fünfzig Prozent größer als bei der Bevölkerung allgemein (durch die Enge *in utero* sind Zwillinge für viele Dinge anfälliger). Bei einem eineiigen Zwilling, der unter Schizophrenie leidet, sind die Ventrikel in der Regel doppelt so groß wie bei der gesunden Durchschnittsbevölkerung, bei seinem gesunden Zwillingsgeschwister aber nicht. Natürlich haben diese Flüssigkeitsräume keine direkte Auswirkung auf das Verhalten, aber sie zeigen an, daß es während der Entwicklung des Gehirns Anomalien gab.

Zu den präfrontalen Funktionen gehören demnach das abstrakte und kreative Denken, die Flüssigkeit von Denken und Sprechen, die affektiven Reaktionen und die Fähigkeit zur emotionalen Bindung, das soziale Verständnis, Willen und Antrieb sowie die selektive Aufmerksamkeit. Wenn obsessiv-zwanghafte Verhaltensweisen auf einer übersteigerten Funktion des präfrontalen Kortex beruhen, so können die negativen Symptome der Schizophrenie als Ergebnis einer entsprechenden Unterfunktion betrachtet werden.

*

Doch keine dieser »Lokalisierungen der Funktion« läßt sich auch nur entfernt vergleichen mit der relativ genau angebbaren Lage der Hand in der Mitte des motorischen Streifens. Besonders wenn es um höhere Funktionen wie etwa die Strategie geht, die ein integriertes Zusammenwirken zahlreicher Teile des Gehirns erfordern, muß man sich davor hüten, die Dinge so darzustellen, als sei die Strategie im präfrontalen Kortex »lokalisiert« oder als kämen Erzählungen von seiner Unterseite.

Wenn eine Funktion (sagen wir, die Planung einer Mahlzeit mit vier Gängen) von einem bestimmten Teil des Kortex aus besonders leicht unterbrochen werden kann, heißt das nicht, daß die Funktion dort ihren Sitz hat. Es bedeutet vielleicht nur, daß die Funktion den Ausfall dieses speziellen Teils der umfassenderen Schaltung nicht überstehen kann. Es ist denkbar, daß andere Teile des Gehirns in gleichem Maße an der Strategie beteiligt sind, doch zieht deren Verletzung keinen Ausfall der Funktion nach sich, weil sie ohne weiteres durch eine andere Hirnregion ersetzt werden können. Verletzungen (sei es durch Prellungen, Schlaganfälle und Tumore oder durch Schuß- und Stichwunden) oder zeitweilige Probleme (wie etwa epileptische und Migräneanfälle) sind nur grobe Anhaltspunkte für die Funktion eines Bereichs. Daß sie sich über die Lokalisierung von Funktionen nicht eindeutiger äußern können, ist für die Neurophysiologen und Neurologen ein ständiges Ärgernis.

Ein weiterer Grund, sich bei der Lokalisierung von Funktionen an bestimmten Stellen zurückzuhalten, ist die Verschiedenartigkeit der Menschen. Die Anatomie ist sehr viel variabler, als die Lehrbücher es in der Regel angeben; so schwankt die Ausdehnung der primären Sehrinde (der ersten großen Karte der visuellen Welt auf kortikaler Ebene, im hinteren Teil des Gehirns) bei anscheinend normalen erwachsenen Menschen bis zum Dreifachen. Nicht bei allen Menschen liegt der motorische Streifen an der gleichen Stelle, und es kommt vor, daß Teile des sensorischen Kortex vor dem motorischen Streifen liegen, während es in den Lehrbüchern genau umgekehrt steht: Vorn ist der motorische, dahinter der sensorische Kortex. Wenn Teilbereiche, die scheinbar so unveränderlich sind wie die »primären Karten«, so große Abweichungen zeigen können, sollten wir mit allgemeinen Aussagen über die *terra incognita* im vordersten Teil des Gehirns besonders vorsichtig sein.

Diese Variabilität gibt aber zugleich Anlaß zu der Vermutung, daß der Frontallappen bei einem bestimmten Menschen stellenweise sehr viel stärker spezialisiert sein könnte, als es sich aus diesem Gesamtbild ergibt; dieses Gesamtbild, das von den als Naturgeschichtler wirkenden Neurologen zusammengetragen wurde, basiert auf Hunderten von Patienten, von denen jeder eine andere Läsion aufwies – vielleicht aber auch eine andere Organisation. Durch solche individuellen Abweichungen wird das durchschnittliche Gesamtbild des Hirnaufbaus unscharf; wenn es möglich wäre, das Gehirn eines einzelnen Menschen insgesamt zu kartieren und sämtliche Bereiche seiner Frontallappen einigermaßen detailliert zu erforschen, ergäbe sich möglicherweise ein Bild von weitgehender Spezialisierung, bei der jeder kleinere Rindenbereich eine etwas andere Aufgabe erfüllt. Bei der Kartierung der für Sprache zuständigen Rindenbereiche haben Neurochirurgen bei einzelnen Patienten eine weitgehende lokale Spezialisierung gefunden, obwohl sich zwischen den Patienten hinsichtlich der gesamten Hirnkarte sehr große Abweichungen ergaben. Vermutlich wird sich eine genauere Lokalisierung von Funktionen auf den Frontallappen ergeben, wenn die Neurochirurgen darangehen, Patienten mit Frontallappentumoren unter örtlicher Betäubung zu operieren, so wie es heute bei Temporallappenoperationen von Epileptikern schon Routine ist; und von einer Verbesserung der Abbildungsverfahren, mit deren Hilfe die Hirnfunktionen erforscht werden, sind ebenfalls Fortschritte zu erwarten.

*

Die Harvard Medical School und ihre Bibliothek sind schon eine großartige Sache, doch kenne ich dort außerdem einen Experten, der sich mit den Frontallappen von Affen und deren anatomischen Verbindungen zu den übrigen Teilen des Gehirns befaßt. Mein Freund Terry Deacon arbeitet am anthropologischen Department von Harvard. Terry erforscht die Verbindungen des Frontallappens bei Primaten, er möchte wissen, wohin der Frontallappen sendet und von wo er Sendungen empfängt. Und es ist merkwürdig, sagt Terry, aber die Projektionen, die vom Frontallappen zu anderen Regionen verlaufen und von dort eingehen, zeigen eine auffällige Ähnlichkeit mit der Tiefenorganisation des Tektums (das von Tieren, bei denen man die Großhirnrinde entfernt hat, für höhere Funktionen benutzt wird): Es ist dieses Mittelhirngebilde oberhalb der retikularen Formation, das von den meisten Tieren (auch solchen mit einer ausgedehnten Großhirnrinde) benutzt wird, um neue Dinge in der Umgebung zu orten. Wenn meine Katze den Büchsenöffner hört, stellen sich ihre Ohren in diese Richtung, die Augen folgen nach, und schließlich wendet sie auch ihren Kopf. Genau so ist das Mittelhirn organisiert: Es dient der Ausrichtung der Sinnesorgane mit Hilfe einfacher motorischer Programme. Was dort »kartiert« ist, ist nicht die Körperoberfläche oder das Gesichtsfeld, und es sind auch nicht die Muskeln als solche, sondern es sind Orientierungsbewegungen. Der Frontallappen könnte dieselbe Aufgabe im großen erfüllen – und dann natürlich immer ausgefeiltere Versionen der Frage entwickeln: »Was tue ich als nächstes?«

Wenn man nach der Stelle sucht, wo alles zusammenläuft, wo die Befehlsgewalt in einem Gehirn ihren Sitz hat, dann ist es diese Art von Verdrahtung, die für selektive Aufmerksamkeit erforderlich ist, die sowohl Sinneseindrücke als auch Bewegungen bündelt. Für diejenigen, die an eine Art Dualismus glauben, dürfte dies in etwa der Sitz der Seele sein, die Schnittstelle zwischen dem Immateriellen und dem Materiellen. Ich persönlich halte am »Grundsatz der Physiologen« fest (das gehört wohl zu den Berufsrisiken der Physiologie), aber verstehen kann man es schon, wenn sogar radikale Atheisten sich fragen, ob nicht gelegentlich eine äußere Macht eingegriffen hat. Ein führender Schlafforscher stellt zum Problem der Willensfreiheit die folgenden Überlegungen an:

Träume sind so absonderlich – und so unbeabsichtigt –, daß sie die beiden Begriffe der Rationalität und der Verantwortlichkeit in Frage stellen und verneinen. Um verantwortlich zu sein, muß ich rational sein; beim Träumen erscheine ich aber irrational. Und ich büße meine Willensfreiheit ein. Wie könnte ich also für meine Träume verantwortlich sein? Sie kommen einfach, ob ich sie will oder nicht. Wenn ich sie nicht will, wie kann ich sie dann verursachen? Und wenn nicht ich, wer will oder verursacht sie dann? So unzweifelhaft ich an ihnen teilhabe, scheinen Träume doch unabhängig von meinem Willen einzutreten; und mit wenigen Ausnahmen gehen sie ihren Gang, gleichgültig, was ich sage, denke oder fühle.

Vor zwei Aspekten dieser Erfahrung gerät der menschliche Verstand ins Stocken. Erstens sagt einem der Alltagsverstand, daß es keine Wirkung ohne Ursache geben kann. Zweitens ist es nicht mit dem individuellen Gefühl persönlicher Verantwortung – und der Freiheit, die die Basis der persönlichen Willensfreiheit und Moral ist – zu vereinbaren, daß man für ungewollte Phänomene verantwortlich gemacht wird. Die naheliegende Schlußfolgerung: Träume werden von einer *äußeren* Macht verursacht, über die wir keine Kontrolle haben; es ist vielmehr diese äußere Macht, die den Träumenden kontrolliert. Derartige Vermutungen führten zwanglos zu religiösen Theorien und Praktiken, mit denen die Kräfte (oder Götter), die unser Schicksal zu bestimmen scheinen, beschwichtigt und versöhnlich gestimmt werden sollten.

Mit der Vorstellung, daß die Götter verrückt sind, können und konnten die Menschen sich nicht abfinden, und sie müssen glauben, daß ihre nächtlichen Heimsuchungen einen Sinn haben, mag er auch noch so verworren sein ... Zu der Vorstellung einer äußerlichen Macht tritt die in nächtlichen

Träumen oder in den Übergangszuständen zwischen Wachen und Schlafen auftretende Erfahrung der Außerkörperlichkeit hinzu. In diesen Zuständen scheint es uns, als verließe ein Teil des Selbst (die Seele oder das Ich) den Körper und würde zu einer äußeren Macht. Es kann uns sogar scheinen, als wandere die Seele umher und als übe sie an weit vom Körper entfernten Orten ihre Wirkung aus. Auf diese Weise kann man zu magischen Interventionen kommen, und neben die Vorstellung von Göttern als äußeren Mächten tritt das Gefühl, von körperlosen Geistern heimgesucht zu werden, die etwas zu bewirken vermögen. [Anschließend entwickelt Hobson seine These, daß Träume weitgehend sinnlos sind, außer daß sie durch ihr Vorkommen beweisen, daß es im Gehirn ungebundene Mechanismen gibt, die willkürlich Dinge miteinander verknüpfen.]

Der Neurophysiologe J. Allan Hobson, 1988

Von daher die unausweichliche Urfrage: Wo bin denn *ich*, von wo aus kontrolliere *ich* das ganze? Und damit zusammenhängend: Werde ich von irgend etwas kontrolliert, oder bin ich wirklich autonom?

Wenn diese ganze neurale Maschinerie einer Fabrik gleicht, die von Managern geleitet wird, wo sitzt dann der Generaldirektor? Wenn sie einem Computer gleicht, wo ist dann der Programmierer? Im Inneren des Frontallappens? Wenn wir eine Maschine mit Bewußtsein bauen wollen, müssen wir erst einmal dieses Zentrum des ganzen verstanden haben, um es nachzubauen.

Doch unser Bewußtsein ist weder wie ein Wirtschaftsunternehmen noch wie ein Computer aufgebaut; eine künstliche Nachbildung entspräche eher einem Prozeß wie beispielsweise einer Volkswirtschaft oder einer politischen Partei, also einem verteilten System, in dem es fast keine zentrale Autorität gibt. Den zentralen Ort, von dem aus wir mit Bewußtsein wie ein Voyeur Ausschau halten, von dem aus ein Puppenspieler unsere Fäden zieht, gibt es nicht. Dennoch gibt es, irgendwann im dritten Lebensjahr beginnend, für einen Großteil dessen, was wir bewußt erleben, einen *Erzähler*. Man muß erst einmal unseren Erzähler anhand seiner eigenen Bedingungen und Erscheinungen (wie sie etwa im Delirium und in Träumen auftreten) verstehen, bevor man angemessen einschätzen kann, wie die unteren Stufen der Maschinerie durch einen Willen befehligt werden, wenn in uns schließlich »eine Entscheidung heranreift«, ob sie sich nun auf eine Einkaufsfahrt oder eine Berufslaufbahn bezieht oder auch auf die Erkundung eines möglichen Weges für den Bau eines Roboters mit Bewußtsein.

Allerdings ist es schwer, den Erzähler zu erkennen, weil die Menschen ihn hinter einem Gestrüpp von selbstgemachten Hindernissen verstecken – hinter all den vielfältigen Bedeutungen eines viel zu häufig benutzten Wortes: *Bewußtsein*.

Es gibt keinen Ausdruck [Bewußtsein], der so gebräuchlich ist und zugleich so sehr einer einheitlichen Bedeutung entbehrt. Wie kann ein Ausdruck irgend etwas bedeuten, wenn er benutzt wird, um alles und jedes zu bezeichnen, einschließlich seiner Negation? Man spricht vom Objekt des Bewußtseins und vom Subjekt des Bewußtseins und der Verschmelzung beider im Selbstbewußtsein; vom privaten Bewußtsein, dem sozialen Bewußtsein und dem transzendentalen Bewußtsein; dem inneren und dem äußeren, dem höheren und dem niederen, dem zeitlichen und dem ewigen Bewußtsein; der Aktivität und dem Zustand des Bewußtseins. Dann gibt es noch Bewußtseinsinhalte und ein unbewußtes Bewußtsein ... und unbewußte physikalische Zustände oder Unterbewußtsein ... Die Aufzählung ist unvollständig, aber verwirrend genug. Das Bewußtsein umfaßt alles, was es gibt, und noch unendlich viel mehr. Es nimmt kaum wunder, daß kaum jemand es auf sich nimmt, das Bewußtsein zu definieren.

Der Psychologe Ralph Barton Perry, 1904

4.
Formen des Bewußtseins:
Vom Koma zur Tagträumerei

Die Schöpfung geht weiter, ... die schöpferischen Kräfte sind heute so stark und so rührig wie eh und je, und ... der Anbruch des morgigen Tages wird so heroisch sein wie jeder Tagesanbruch seit Bestehen der Welt. Schöpfung findet hier und jetzt statt. Der Mensch ist dem Festspiel der Schöpfung so nahe, so sehr ist er Bestandteil des endlosen, unglaublichen Experiments, daß der Einblick, der ihm zuteil werden mag, nur die Offenbarung eines Moments sein kann, ein einzelner Ton, den er in einer Symphonie vernimmt, deren Donnerschall seit undenklichen Zeiten ertönt. Die Dichtung ist für das Verstehen ebenso notwendig wie die Wissenschaft. Ohne Ehrfurcht kann man ebensowenig leben wie ohne Freude.
Der Naturhistoriker Henry Beston, 1928

Ich stehe ehrfürchtig vor meinem Körper, dieser Stoff, an den ich gebunden bin, ist mir so fremd geworden ... Sprich von den Geheimnissen! – Denke an unser Leben in der Natur – der Stoff, der uns täglich gezeigt, mit dem wir täglich in Berührung kommen sollten – Felsen, Bäume, Wind auf unseren Wangen! Die feste Erde! Die wirkliche Welt! Der Alltagsverstand! Kontakt! Kontakt! Wer sind wir? Wo sind wir?
Der Essayist Henry David Thoreau, 1864

Eastham liegt so weit östlich, wie man hier nur gehen kann. Außerhalb von Eastham, am Ellenbogen von Cape Cod, liegt das Outermost House, die einsame Hütte, von der aus Henry Beston in seinem 1928 erschienenen Buch *The Outermost House* ein Jahr im Leben der Insel beschrieb. Nördlich des Ellenbogens gelegene Teile der Insel sind seitdem in eine Art Nationalpark umgewandelt worden, ein Flickwerk von schiefen Kompromissen unter der amtlichen Bezeichnung »Cape Cod National Seashore«. Zuvor hatte man Bestons Strandhütte zu einer nationalen historischen Stätte bestimmt.

Eine Anfrage beim Parkwächter ergibt, daß das Outermost House nicht mehr existiert. Es hielt ein halbes Jahrhundert, bis der große Wintersturm von 1978 es fortriß und die Dünen umgestaltete. So etwas gehört, wie Beston bemerkte, zum Lebensablauf von Stränden (und, so hätte er hinzufügen können, von Inseln, die auf der Küste vorgelagerten Barrieren liegen wie Palm Beach und Miami Beach): alle hundert Jahre umgestaltet zu werden. Wer in fußläufiger Entfernung vom Strand baut, muß die Folgen als Bestandteil des Eintrittspreises hinnehmen. Dazu sind nicht alle bereit; manche erwarten – wie diejenigen, die im Überschwemmungsgebiet eines Flusses bauen –, daß der Gesetzgeber (also die anderen Steuerzahler) sie vor der Erosion schützt, so als handele es sich um einen Produktmangel, bei dem ein Regreßanspruch bestehen sollte.

Die Strände werden täglich von den Gezeiten säuberlich gekehrt, und die Dünen werden von den Stürmen in nicht ganz so regelmäßigen Abständen gereinigt (sogar von nationalen historischen Stätten); das gehört zum Reiz dieses Ortes und unterscheidet ihn von Woods Hole. Leider findet man kaum noch einen Strand oder eine Landspitze im Urzustand. Die steinigen Strände sind hier und da unter angekarrtem Sand verschwunden. Die Landspitze von Woods Hole wurde mit Reihen von riesigen Felsblöcken bepflastert, um die Häuser zu schützen, die jemand, dem es an Weitblick fehlte, zu nah ans Wasser gebaut hatte; man hat sich zwar mehr Mühe gegeben als üblich und die Sache hübsch zu arrangieren versucht, doch sieht das ganze sehr künstlich aus, wie die Wälder in Deutschland, wo die Bäume in geordneten Reihen wachsen und nicht ein bißchen Unterholz zu sehen ist.

Ganz anders dieses Stück Atlantikküste. Was mich hierher lockte, war die Beschreibung, die Beston 1928 von Coast Guard Beach gab:

Am Fuß dieses Steilhangs liegt ein breiter Meeresstrand, der sich nach Norden und nach Süden hin ununterbrochen über viele Meilen erstreckt. Einsam und ursprünglich, unbefleckt und abgelegen, besucht und in Besitz genommen von der hohen See, könnten diese Sande das Ende oder der Anfang einer Welt sein. Seit Urzeiten liefert die See hier dem Land eine Schlacht; seit Urzeiten kämpft die Erde um ihren Bestand, bietet sie ihre Kräfte und ihre Schöpfungen zu ihrer Verteidigung auf, läßt sie ihre Pflanzen auf den Strand vordringen und die vordersten Sande festhalten in einem Netz von Gras und Wurzeln, welche von den Stürmen freigespült werden. Die großen Rhythmen der Natur, die von den Menschen in ihrer Abgestumpftheit mißachtet, gar verletzt werden, haben hier ihre uneingeschränkte, ursprüngliche Freiheit; Wolke und Wolkenschatten, Wind und Flut, zitternder Wechsel von Nacht und Tag. Zugvögel lassen sich hier nieder und fliegen, von niemandem gesehen, wieder fort, unter den Wogen ziehen Fischschwärme umher, die Brandung schleudert ihre Gischt der Sonne entgegen.

Ich weiß nicht, ob Beston den Platz heute wiedererkennen würde. Eben sah ich jemanden mit einem kleinen Strandbuggy vorbeifahren, wie ein Rasenmäher tuckerte er den Strand entlang, die Traktorreifen gruben sich in den Sand (würde so etwas in einem Nationalpark an der Westküste passieren, würden sich wahrscheinlich empörte Wanderer und Badende zusammenrotten und das anstößige Fahrzeug in die Brandung werfen). Es hätte jedoch keinen Sinn gehabt, mich beim nächsten Parkwächter zu beschweren, denn derjenige, der das Ding fuhr, war selbst ein Parkwächter auf Streifenfahrt. Kein gutes Vorzeichen.
Ich machte mich auf, den Coast Guard Beach in der anderen Richtung entlang zu wandern, zu der Stelle, wo einmal das Outermost House gestanden hatte, und sei es nur, um vom Ende der Straße wegzukommen. Die Menge eingeölter Leiber und rücksichtslos plärrender Radios am Strand treibt mich fort, aber sie hat einen lästigen Brummer angelockt, der sie umkreist. Dabei ist er noch ziemlich groß. Immer wieder kommt ein Flugzeug vorbei, das mühsam ein Transparent hinter sich herschleppt, auf dem für eine der Fastfood-Ketten geworben wird, deren Wegwerfbehälter sowohl die Umwelt verschmutzen als auch zur Ausdünnung der Ozonschicht beitragen (weil zum

Aufschäumen der Schachteln das auch als Kühlmittel benutzte Gas verwendet wird). Wenn durch die Ausdünnung des Ozons mehr ultraviolettes Licht eindringt, kann man sich an einem Strand wie diesem nicht mehr aufhalten, und die Stadtbewohner gehen unter die Erde.

Das gefällt mir gar nicht. Reklame, die die Zerstörung der Umwelt fördert, und das in einem angeblichen Nationalpark. Was hat man von den Nationalparkbeamten als nächstes zu erwarten? Vielleicht Parkwächter, die, weil sie auf diese Weise »mehr schaffen«, am Mount Rainier auf Geländemaschinen hinter Wanderern hersausen?

*

Vom Ende der Straße eine Viertelstunde in Richtung Süden, und mit einemmal sieht man für längere Zeit keine Menschen mehr (zum Glück bleiben diejenigen, die zum Sonnenbaden an den Strand kommen, gern auf einem Haufen). Dafür sieht man viele der natürlichen Bewohner. Ich sitze da und betrachte eine Möwe, die mich betrachtet. Sie sitzt dort im Sand und bewegt nur den Kopf. Etwa alle zehn Sekunden wendet sie den Kopf in eine andere Richtung. Innerhalb von ein bis zwei Minuten hat sie von links nach rechts den ganzen Horizont abgetastet, wie ein geübter Wachgänger auf der Brücke eines Schiffes auf hoher See. Gelegentlich unterbricht sie das regelmäßige Vorrücken des Kopfes und wendet diesen zurück, um irgend etwas ins Auge zu fassen. Solange ich mich nicht bewege, scheint sie mich zu ignorieren und ihre Aufmerksamkeit gleichmäßig auf alle Richtungen der Windrose zu verteilen.

Am nahen Ufer wurde der Panzer einer Königskrabbe angeschwemmt, ein gewesener *Limulus*. Er liegt auf dem Rücken, die verletzliche Unterseite der Sonne ausgesetzt, und vielleicht ist er daran gestorben, denn wenn ein *Limulus* einmal umgedreht ist, wird er angesichts des weit ausgestellten Panzerrocks nur schwer wieder auf die Beine kommen. Je weiter der Rock, desto schwerer läßt er sich umkippen, aber desto ernster sind auch die Folgen, wenn er einmal umgekippt ist.

Erinnert einen irgendwie an die Ritter, die sich in ihren immer schwerer werdenden Rüstungen nicht mehr rühren konnten, wenn sie einmal vom Pferd heruntergestoßen waren – und an die »Verteidigungswaffen« mit ihren Atomsprengköpfen, die für den Fall, daß ein Computer einen Fehler macht, immer selbstmörderischer werden. Schade, daß der *Limulus* nicht an der Westküste vorkommt, wo all die Raumfahrtunternehmen sitzen, denen er mit ihren »Star Wars«-Projekten als warnendes Beispiel dienen könnte (nebenbei gesagt, sind die Museen an der Westküste auch nicht gerade reich ausgestattet mit mittelalterlichen Rüstungen, die sich vom Kettenpanzer bis zu kolossalen wandelnden Särgen steigerten).

[Da Flugzeugträger so verwundbar sind, sind Verteidigungsmittel] von höchster Bedeutung – der Verlust eines Flugzeugträgers wäre eine unausdenkbare Katastrophe, eine unerträgliche Demütigung – und so wird der Trägerverband mit Abwehrsystemen in verschwenderischer Fülle ausgestattet. Der moderne Trägerverband entwickelt sich auf diese Weise nach und nach zu einem glanzvollen Solipsismus, der in einsamer Größe die Meere durchpflügt, immer unverwundbarer und immer harmloser, seine eigene Endursache und sein eigener Endzweck, die Verwirklichung in der modernen Welt des Hegelschen nous, *des höchsten selbstbezüglichen Systems.*

Der Schriftsteller Charles R. Morris, 1988

*

Aber der Tag ist schön, die Seeluft ist beruhigend, und ich bin inzwischen weit genug gegen den Wind gelaufen, um das brummende Flugzeug nicht länger zu hören, weit genug entfernt, um mich von der aufdringlichen Werbung zu lösen. Es ist an der Zeit, große Gedanken zu denken. (Das mag hochtrabend klingen, ist aber in Wirklichkeit nur ein bestimmtes Verfahren, das ich mir vor langer Zeit zurechtgelegt habe, um mit Werbesprüchen fertig zu werden, die mir immer wieder durch den Kopf gingen: Ich rufe mir einfach den großen Marsch aus *Aida* ins Gedächtnis – er übertönt siegreich selbst den schlimmsten Werbespruch.) Was soll ich jetzt tun, um die unangenehmen Gedanken zu verdrängen – über den Ursprung des Lebens, das Zahlungsbilanzproblem oder das Schicksal des Universums nachdenken? Ich überlege. Vielleicht sollte ich das Problem des *Bewußtseins* lösen – irgend etwas in dieser Art, was dem Meeresufer angemessen ist.

Angesichts von Sonne, Wind und rauschender Brandung besteht allerdings die Gefahr, daß man bei der Abwägung dieses Problems in Unbewußtheit verfällt. Leider trägt die Unbewußtheit nichts zu einer befriedigenden Definition des Bewußtseins bei. So sehr sich das Schlafen vom Koma unterscheidet (im einen Fall ist man leicht erregbar, im anderen reagiert man selbst auf schmerzhafte Reize nicht), hat doch weder das eine noch das andere ein Gegenteil, das einem sehr viel über höheres Bewußtsein verraten würde.

Die andere Gefahr ist, daß man mit der Umwelt verschmilzt, daß man mit den Dingen so sehr eins wird, daß man seine Identität verliert. Auch dies wird als Bewußtsein bezeichnet:

> Das Bild der Natur, das bis zur wissenschaftlichen Revolution im Abendland überwog, war das einer verzauberten Welt. Felsen, Bäume, Flüsse und Wolken – das alles wurde als wundersam, als lebendig empfunden, und die Menschen fühlten sich in dieser Umgebung zu Hause. Der Kosmos war, mit einem Wort, *Heimat.* Man war kein entfremdeter Beobachter dieses Kosmos, sondern direkter Teilnehmer an seinem Geschehen. Das eigene Schicksal war eng mit seinem Schicksal verknüpft, und dieser Zusammenhang gab dem eigenen Leben einen Sinn. Diese Art von Bewußtsein – ich nenne es »partizipierendes Bewußtsein« – bedeutet eine Verschmelzung, eine Identifikation mit der eigenen Umgebung, und sie zeugt von einer psychischen Ganzheit, die seit langem verschwunden ist ...
> Das psychologische Ideal Platons war das eines Individuums, das um ein Zentrum (ich) organisiert ist und seinen Willen benutzt, um seine Triebe zu zügeln, wodurch die Einheit der Psyche hergestellt wird. Die Vernunft wird damit zum Wesenskern der Persönlichkeit, und sie ist charakterisiert dadurch, daß man sich von den Phänomenen distanziert, seine eigene Identität wahrt. Dagegen verlangt die Dichtung, die *Mimesis,* die ganze homerische Tradition, daß man sich mit den Handlungen anderer Menschen und Dinge identifiziert, daß man seine Identität aufgibt. Nach Platons Ansicht mußte diese Tradition erst überwunden werden, damit ein Subjekt die Objekte als von ihm getrennt wahrnehmen kann. War das partizipierende Bewußtsein für die Juden eine Sünde, so war es für Platon eine Pathologie, der Erzfeind des Verstandes.
>
> Der Historiker Morris Berman, 1981

»Bewußtsein« ist ein viel zu häufig benutztes Wort, denn ein und dieselbe Silbenfolge bezeichnet ganz verschiedene Bedeutungen. Es ist noch viel schlimmer als bei den mehrfachen Bedeutungen von *brain* (Gehirn), denn dieses Wort bezeichnet nicht nur die drei Pfund Nervenzellen in unserem Kopf, sondern wird außerdem als Verb verwendet (im Englischen: jemandem den Schädel einschlagen oder jemandem eins auf den Schädel geben), als das Gegenteil von *brawn* (schiere Muskelkraft), in England außerdem als Spitzname, als Ausdruck für einen fleißigen Studenten sowie für den Drahtzieher eines Unternehmens und in jüngerer Zeit schließlich für etwas so Seelenloses wie einen Computer. Als Neurophysiologe meide ich eigentlich die Bedeutungsvarianten, die nichts mit der Neurologie zu tun haben, aber ich werde wohl kaum den Rest der englisch sprechenden Welt von meinem eingeschränkten Sprachgebrauch überzeugen können.

Noch um eine Größenordnung schlimmer verhält es sich mit den mehrfachen Bedeutungen des Wortes *Bewußtsein*. Verschärft wird das Problem dadurch, daß man hier aus mir unerfindlichen Gründen vorsätzlich Unklarheit erzeugt, denn Tatsache ist, daß manche Leute sich große Mühe geben, die Dinge durcheinanderzuwerfen. Mich erinnert das an Leute, die beim Telefonieren absichtlich den Buchstaben *O* und die Ziffer *0* miteinander verwechseln (angenommen, Sie haben die Telefonnummer 2308 und geben sie mit »two-three-zero-eight« an, so wird Ihr Gesprächspartner, um zu bestätigen, daß er Sie richtig verstanden hat, in den meisten Fällen »two-three-oh-eight« sagen). Diese Ungenauigkeit macht mir eigentlich nichts aus, wenn man einmal davon absieht, daß sie ausländische Besucher, die in den Vereinigten Staaten telefonieren, in Verwirrung stürzt; die Hartnäckigkeit, mit der man an der Mehrdeutigkeit festhält, erinnert mich allerdings sehr an Gespräche unter Wissenschaftlern, in denen es um *Bewußtsein* geht. Man hat den Eindruck, daß sie sich bewußt schlampig ausdrücken, so als wollten sie eine Klärung geradezu verhindern.

Da unter Fachleuten keine Einigkeit über eine engere Bedeutung von »Bewußtsein« herrscht, kann man sehr leicht aneinander vorbeireden: Es gibt kein allgemein anerkanntes Gegenstück zu »zero«, auf das wir alle zurückgreifen können, wenn Verwirrung bezüglich des Wortes »Bewußtsein« droht, so wie wir auf »zero« zurückgreifen können, wenn wir ein Autokennzeichen aus Buchstaben und Ziffern ablesen. Ich möchte durchaus nicht eine starre Definition vorschlagen (Probleme werden dadurch selten gelöst), doch beim Versuch einer Definition bekommt man meistens einen besseren Überblick – die Voraussetzung dafür, das Problem klarer zu erfassen.

Gibt es vielleicht Bedeutungen des Wortes »Bewußtsein«, die wir als trivial ausscheiden können? Schwierig, denn was für den einen trivial ist, ist für den anderen gerade sein Lieblingsthema; was ich aber mit Sicherheit verwerfen würde, ist »nicht unbewußt sein«. Der Schlaf und der Wachzustand sind so wichtig, daß sie eigene Begriffe verdienen, und bei ihrer Beschreibung kommt man ganz gut ohne »Bewußtsein« aus; die Neurologen neigen inzwischen dazu, das Wort ganz zu meiden, und benutzen statt dessen ein abgestuftes Spektrum von »Erregbarkeit«, das vom Koma über den Stupor und die Schläfrigkeit bis zum Wachzustand reicht.

*

Im Englischen besteht ein enger Zusammenhang zwischen dieser Bedeutung von »Erregbarkeit« und einem anderen Wort, das wir nicht so leicht loswerden: *awareness* (Bewußtheit, Kenntnisnahme). Ich bemerke den Wind, der mir ins Gesicht bläst. Wir sprechen von einer »Schärfung des Bewußtseins«, wenn wir einen Menschen, der sich abkapselt, empfänglich machen wollen für die Wahrnehmung eines Problems, das er bisher mißachtet hat. Ein preisbewußter Käufer ist einer, der besonders auf die Preisschilder achtet; wir sprechen davon, daß uns bei starker Belastung der Herzschlag bewußt wird, auch wenn wir ihn normalerweise nicht zur Kenntnis nehmen. Es gibt eine »selektive Aufmerksamkeit«, die auch »veränderte Bewußtseinszustände« einschließt, darunter hypnotische Trancezustände, die auf eigenartige Weise die Bewußtheit einschränken. Gänzlich unserem Bewußtsein entzogen ist der Blutdruck (es sei denn, wir messen ihn mit äußerlichen Instrumenten), und gleiches gilt für eine Fülle von unwillkürlichen, autonomen Funktionen, die durch unser Gehirn reguliert werden, wie etwa das Körperwachstum und die Verdauung.

Mit der Bewußtheit ist es ein wenig kompliziert, weil wir in manchen Fällen nicht sagen können, daß wir etwas bemerken, und doch registriert unser Gehirn die Information und macht von ihr Gebrauch. Die klassischen Beispiele sind Patienten, deren Sehrinde beschädigt ist: Obwohl sie nach den gängigen Testverfahren als blind eingestuft werden, steuern sie dennoch bei eingeschaltetem Licht besser an Hindernissen vorbei als bei Dunkelheit. Wenn man sie raten läßt, wo ein Licht ist, treffen sie es ziemlich genau, obwohl sie angeben, nichts sehen zu können. Auf einer subkortikalen Ebene ist die visuelle Information zugänglich, doch wenn die normalen Verbindungen von der Sehrinde die Information nicht haben, melden sie dem Erzähler des bewußten Erlebens, daß sie keine besitzen. Daran mag es auch liegen, daß wir über unseren Blutdruck nichts sagen können – er wird einfach nicht von der Großhirnrinde verarbeitet.

Das Bewußtsein, heißt es, befasse sich mit den nicht-routinemäßigen Aspekten unseres Seelenlebens; die Formulierung von Alternativen scheint, wie Karl Popper bemerkte, besonders »bewußt« zu sein:

Ein Großteil unseres zweckgerichteten Verhaltens und vermutlich auch des zweckgerichteten Verhaltens von Tieren vollzieht sich ohne Einmischung des Bewußtseins ... Probleme, die durch Routine gelöst werden, erfordern kein Bewußtsein. [Bei den biologischen Leistungen, die vom Bewußtsein unterstützt werden, geht es um die Lösung von *Problemen nicht-routinemäßiger Art.*] Aber die Rolle des Bewußtseins ist vielleicht da am klarsten, wo ein Ziel oder Zweck ... durch *alternative Mittel* erreicht werden kann und wenn zwei oder mehrere Mittel nach reiflicher Überlegung ausprobiert werden.

Der meisten Dinge, die in unserem Kopf vor sich gehen, sind wir uns nicht bewußt, und bisweilen ist das auch besser, etwa beim Zen-Bogenschießen. Manchmal muß man sogar ausdrücklich vermeiden, an ein Problem zu denken. Wenn ich auf eine Pfütze zugehe und bewußt versuche, meine Schritte darauf einzustellen, trete ich meistens hinein; wenn ich dagegen die Pfütze von weitem zur Kenntnis nehme und mich in meinen bewußten Gedanken weiterhin mit etwas anderem befasse, geschieht es von selbst, daß ich den einen Fuß vor der Pfütze und den anderen dahinter aufsetze. Der Himmel bewahre mich vor dem Versuch, meiner Leber zu sagen, was sie zu tun hat – innerhalb von Minuten würde ich gelb anlaufen.

Bewußtsein heißt, daß wir in den Randbereichen operieren, während die meisten Dinge automatisch ablaufen. Es ist ähnlich wie mit der Zivilisation: Wir können Autofahren, ohne zu wissen, wie ein Vergaser funktioniert, wir können ein Radio benutzen, ohne deshalb eines bauen zu können, wir können Jazz improvisieren, ohne daß wir deshalb ein Klavier stimmen können, und wir können elektronische Musik erzeugen, ohne die Innereien der schwarzen Kästen zu verstehen. Bewußtsein (*consciousness*) schließt nicht immer Kreativität und Alternativen ein, aber sie haben viel miteinander zu tun, sehr viel mehr als die bloße Bewußtheit (*awareness*). Wenn wir in Ohnmacht fallen, verlieren wir die Bewußtheit; sie steigert sich, wenn etwas unsere Aufmerksamkeit erregt, und ist reduziert, wenn wir etwas nur halbbewußt wahrnehmen.

Es gibt allerdings einige Varianten zum Thema Bewußtheit, die sich bei Psychologen und Neurowissenschaftlern, welche sich über Bewußtsein äußern, sehr beliebt sind. Ich bin mir der Tatsache bewußt, daß die Möwe mich beobachtet – diesmal habe ich sie dabei ertappt, daß sie mich anstarrte (ich habe wohl eine Fliege verscheucht und damit ihre Ausschau-Routine gestört). Ich erkenne in ihr eine bestimmte Art von Vogel. Ich erkenne ihre Suchroutine und was deren Unterbrechung bedeutet. Ich weiß, daß sie sich meiner bewußt sein wird, wenn ich jetzt aufstehe. *Perzeption, Kognition* (diese mentalen Prozesse, derer wir uns »bewußt« sind) und *selektive Aufmerksamkeit* sind alles andere als trivial: Sie zu verstehen ist ein schwieriges Problem, denn wahrscheinlich sind alle diese Prozesse komplizierter als das Schlaf-Wachzustand-Spektrum.

Über die Prozesse der Perzeption und Kognition verfügen weitgehend auch die meditierende Möwe, die neugierige Ameise, die meinen großen Zeh untersucht, und der urtümliche *Limulus*, der in Ufernähe umherwandert und sich davor in acht nimmt, von einer ans Ufer brandenden Woge umgekippt zu werden. Man könnte sogar darüber diskutieren, ob nicht die Wildblume, die ihren Kopf aus der Düne steckt, sich der Sonne »bewußt« ist: Schließlich entfaltet sie sich am Morgen, folgt dem Lauf der Sonne über den Himmel so sicher wie der Jagdhund dem Wild und faltet unmittelbar vor Sonnenuntergang ihre Blütenblätter wieder zusammen. Einige höhere Aspekte der Kognition – beispielsweise meine Fähigkeit, einen Picasso von einem Edward Hopper oder einem Winslow Homer zu unterscheiden – teilt die Blume sicherlich nicht mit mir, aber hinsichtlich der Erkennungsfähigkeit gibt es ein breites Spektrum, das vom Einfachsten bis zum Raffiniertesten reicht. Ich möchte nicht noch einmal den Fehler von Descartes machen und allein dem Menschen Bewußtsein zuschreiben, möchte aber andererseits auch nicht allzusehr verallgemeinern, sondern den Begriff durch einige unserer höheren Fähigkeiten definieren.

Mit Julian Jaynes bin ich einverstanden, wenn er sagt, daß der Erzähler unserer persönlichen Erfahrung der wahrhaft nicht-triviale Aspekt des Bewußtseins ist und daß die Frage der Perzeption/Kognition ebenso von dem Problem getrennt werden sollte wie die Frage von Schlaf/Wachzustand. Verglichen mit dem Erzähler, der Szenarien entwirft und zwischen alternativen Handlungsstrategien für die Zukunft wählt, wird es meiner Meinung nach nicht schwierig sein, Perzeption und Kognition mechanistisch zu begreifen. Allerdings kann ich die Urform des Bewußtseins nicht in Halluzinationen sehen (Jaynes behauptet das, bezogen auf die Mentalität der Zeit vor der *Odyssee*, in seinem Buch *The Origin of Consciousness in the Breakdown of the Bicameral Mind*), ebensowenig wie im »partizipierenden Bewußtsein«, der Identifikation des Selbst mit der Umwelt (zu der wir auf irgendeine Weise wieder gelangen sollten, wie Morris Berman in *The Reenchantment of the World* meint). Wer sich allzusehr mit der Umwelt identifiziert oder auf einen brennenden Busch lauscht, der zu einem »spricht«, wird am Ende wahrscheinlich von einem Raubtier verschlungen oder stürzt von einer Klippe. Eher vermute ich, daß der Animismus und die auf ihn zurückgehenden Auffassungen kognitive Irrtümer sind, für die wir anfällig werden, wenn die Landwirtschaft uns von der wilden Lebensweise trennt, in der wir uns entwickelt haben (zur Zeit Homers – etwa 800 v. Chr. – lag der Beginn der Landwirtschaft nach dem Ende der letzten Eiszeit immerhin siebentausend Jahre zurück).

So sehr auch der Animismus und die aus ihm abgeleiteten Formen als naive Irrtümer zu betrachten sind, die man vermeiden sollte, sind doch die Grenzen des Selbst – wie weit man sich als Teil der Umwelt versteht, wenn man Entscheidungen trifft – in der Diskussion über das Bewußtsein ein wesentliches Element. Die Ureinwohner Australiens verstehen sich sehr viel stärker als die kurzsichtigen europäischen Siedler, die sie verdrängen, als Treuhänder ihres Landes. Man wird den Erfinder der Styropor-Wegwerfbecher, die diesen Strand verschandeln, nach den Maßstäben eines künftigen Bewußtseins hoffentlich als sehr rückständig beurteilen, weil er sein eigenes Nest beschmutzt. Selbst dann, wenn wir das Wort *Bewußtsein* nur für eine Wahl zwischen alternativen Zukünften verwenden wollen, fällt die »Schärfung des Bewußtseins«, die von der Bewegung für den Einsatz biologisch abbaubarer Stoffe betrieben wird, unter diesen Begriff.

Die drei großen elementaren Klänge in der Natur sind der Klang des Regens, der Klang des Windes in einem Urwald und der Klang des hohen Meeres an einem Strand. Ich habe sie alle gehört, und von den drei elementaren Stimmen ist die des Meeres die erhabenste, schönste und vielfältigste. Es ist nämlich falsch, von der Monotonie des Meeres oder der Eintönigkeit seines Klanges zu sprechen. Die See hat viele Stimmen. Lauschen Sie auf die Brandung, leihen Sie ihr wirklich Ihr Ohr, und Sie werden eine Fülle von Klängen heraushören: hohles Dröhnen und schweres Donnern, starkes Wogen und Trampeln, langes zischendes Schäumen, scharfes Knallen wie von Gewehrschüssen, Spritzen, Flüstern, das untergründige Mahlen von Steinen, bisweilen auch Stimmen, in denen möglicherweise das Gespräch von Menschen in der See undeutlich zu Ihnen dringt. Der große Klang ist nicht nur vielfältig in der Art seiner Entstehung, er wechselt auch ständig sein Tempo, seine Tonhöhe, seinen Akzent und seinen Rhythmus, denn bald ist er laut und donnernd, bald beinahe friedlich, bald wütend, bald ernst und feierlich, bald ein einfacher Takt, bald ein Rhythmus, der vor Zielstrebigkeit und elementarer Willensstärke zu bersten scheint.

Der Naturgeschichtler Henry Beston, 1928

*

Jetzt will ich aufstehen und mich strecken, ein wenig weiter am Strand entlang gehen; die Möwe wird ohne mich auskommen müssen. War ich mir nun dieser Entscheidung zum Aufstehen bewußt, bevor ich mich tatsächlich bewegt habe? Wie mein Kollege, der Neurophysiologe Ben Libet, zur allgemeinen Verblüffung gezeigt hat, beginnt die mit der Vorbereitung einer Bewegung einhergehende Hirnaktivität (eine winzige, als »Bereitschaftspotential« bezeichnete elektrische Welle, die sich über den Frontallappen messen läßt und mehr als eine Drittelsekunde früher einsetzt, bevor man eine Bewegung beobachten kann) eine Viertelsekunde früher, bevor man angeben kann, man habe sich zu einer Bewegung entschlossen. Man ist sich der Entscheidung noch nicht bewußt, aber sie ist schon im Gange; der Fachmann, der die Hirnwellen beobachtet, wird den Entschluß zur Bewegung etwa zur selben Zeit bemerken wie man selbst.

Ist es vielleicht diese, mit der Selbstwahrnehmung einer Willkürbewegung verbundene Art von Bewußtsein, über die wir der Sache näher kommen, führt sie uns vielleicht näher an das »kleine Männchen im Kopf« heran als die bloße Mustererkennung, überbrückt sie die Kluft zwischen den niederen Formen von Bewußtsein, die wir mit Erregbarkeit und Aufmerksamkeit verknüpfen, und den höheren Formen von Bewußtsein, die wir mit Erzählern in Verbindung bringen sowie mit unterbewußten Szenarien, derer wir uns bedienen, um eine Einkaufsfahrt und eine Berufskarriere zu planen?

Wir berühren mit dieser Frage das schwierige Problem der Gleichzeitigkeit, von der Einstein in der Relativitätstheorie gezeigt hat, daß es sie nicht gibt oder daß wir zumindest nicht feststellen können, ob zwei Ereignisse wirklich gleichzeitig sind, ohne uns Gedanken darüber zu machen, wie lange eine Nachricht braucht, um von hier nach dort zu gelangen. Das Gehirn hat mit der Gleichzeitigkeit große Probleme, und sei es nur, weil Nachrichten sich nicht nach allen Richtungen mit gleicher Schnelligkeit fortpflanzen. Während die elektrischen Signale im Computer mit annähernder Lichtgeschwindigkeit (etwa 300 000 000 Meter pro Sekunde) wandern, pflanzen sich neurale Nachrichten nach dem Muster einer Zündschnur fort, und das ist vergleichsweise sehr langsam (es gibt aber schneller leitende Nerven, die nach dem Muster von miteinander verketteten Feuerwerkskrachern arbeiten). Wenn ich beginne, mein rechtes Bein zu bewegen, geht zunächst von meinem linken Frontallappen eine Nachricht aus. Sie wandert hinunter in meinen Rücken und von dort zu den Nerven meines Beins, was normalerweise allein an Reisezeit über eine Zehntelsekunde in Anspruch nimmt. Diese Nachricht wird außerdem an meine rechte Hirnhälfte geschickt, um sie einfach über das Geschehen auf dem laufenden zu halten.

Allerdings wandern die beiden Nachrichten mit sehr unterschiedlicher Geschwindigkeit: Innerhalb der Großhirnrinde wandern Signale sehr viel langsamer (1–5 Meter pro Sekunde selbst mit Hilfe der Kracherketten-

Methode) als durch das Rückenmark (beinahe 20, gelegentlich aber auch 100 Meter pro Sekunde), auch wenn es sich nur um verschiedene Zweige ein und derselben Nervenzelle handelt. Es ist ähnlich wie bei der Post: Sie braucht ja bekanntlich für die Zustellung eines Briefes ungefähr die gleiche Zeit (manchmal vier Tage), ob der Empfänger nun am anderen Ende der Stadt oder am anderen Ende des Landes wohnt; auch eine neurale Nachricht braucht für den Weg von einer Hirnhälfte zur anderen fast genauso lange wie für den ganzen Weg hinunter ins Bein (in beiden Fällen fast eine Zehntelsekunde). Ich nenne dies das *paradoxe Postprinzip* des zentralen Nervensystems, und es erklärt vielleicht einige der scheinbaren Paradoxien des Bewußtseins, beispielsweise die Unfähigkeit, einen Entscheidungsprozeß zu melden, obwohl das neurale Vorspiel zu einer Bewegung bereits im Gange ist.

Während ich aufstehe und mir den Sand abwische, versuche ich, nicht allzusehr daran zu denken, aus Angst, ich könnte sonst der Länge nach hinfallen. Mir kommt da ein Gedicht in den Sinn, das uns zur Warnung dienen sollte:

> *Der Tausendfüßler lief einher*
> *ganz unbeschwert, bis ihn im Scherz*
> *die Kröte fragte: Sag, mein Herz,*
> *welch' Bein kommt erst, und welches dann?*
> *Da fing er schwer zu grübeln an:*
> *Wie war das mit den Füßen bloß?*
> *Er denkt noch immer, regungslos.*

*

Ist vielleicht das Kurzzeitgedächtnis die Basis des Bewußtseins? Das behauptet Marvin Minsky (»dem Bewußtsein liegen Kräfte zugrunde, die damit beschäftigt sind, unsere jüngsten Erinnerungen zu nutzen und zu verändern«). Dazu muß man aber sagen, daß es viele der Vorzüge nicht besitzt, dank derer die Ameise im Vergleich zur Venusfliegenfalle (jener fleischfressenden Pflanze, die in der Tat eine Art Kurzzeitgedächtnis hat) – und der Mensch im Vergleich zur Ameise – die höher entwickelte Lebensform ist.

Ein Gedächtnissystem zu besitzen, mit dem man die Vergangenheit analysieren kann, ist, wie Minsky in *Mentopolis* darlegt, überaus vorteilhaft, besonders für ein Wesen wie den Menschen, der viele nicht-routinemäßige Probleme zu lösen hat. Dennoch messe ich dem Gedächtnis keinen höheren Stellenwert für das Bewußtsein bei als etwa dem Stoffwechsel, obwohl der doch ebenfalls eine wichtige Voraussetzung von Bewußtsein ist. Welche Ebene der

Erklärung ist überhaupt als angemessen zu betrachten? Wenn man im Hinblick auf ein vermutlich hierarchisch aufgebautes System wie das Gehirn von »Basis« oder »Grundlage« spricht, meint man in der Regel die unmittelbar darunter liegende Ebene – und nicht das Kellergeschoß mit den Versorgungseinrichtungen. Die Physik ist gewiß auch eine Grundlage der Biologie, doch die unmittelbar darunter liegende Ebene ist die Biochemie, deren Analysen für die Biologie relevanter sind als die Quantenmechanik. Manchmal wird auf diese Ebenen zurückgegriffen, um das Bewußtsein als die höchste Ebene zu charakterisieren:

Die »kausale Entkopplung« zwischen den Ebenen der Welt bedeutet, daß ich auf die nächsttiefere Ebene hinunter gehen muß, um die materielle Basis bestimmter Regeln zu *verstehen*; bei der *Anwendung* der Regeln brauche ich mich aber durchaus nicht auf die tiefere Ebene zu beziehen. Diese kausale Entkopplung spiegelt sich interessanterweise in der Einteilung der Naturwissenschaften. Kernphysik, Atomphysik, Chemie, Molekularbiologie, Biochemie und Genetik sind eigenständige Disziplinen, die ihre Geltung in sich selbst begründen, eine Konsequenz der kausalen Entkopplung zwischen ihnen ... Eine Reihe solcher »kausaler Entkopplungen« mag ungemein schwierig sein und unsere derzeitige Vorstellungskraft übersteigen. Doch am Ende werden wir vielleicht zu einer Theorie des Geistes und des Bewußtseins gelangen – eines Geistes, der von seinen materiellen Trägersystemen so sehr entkoppelt ist, daß er von ihnen unabhängig zu sein scheint –, und wir werden »vergessen« haben, wie wir dorthin gelangt sind ... Das biologische Phänomen eines sich selbst reflektierenden Bewußtseins ist einfach die letzte in einer langen und verwickelten Reihe von »kausalen Entkopplungen« von der Welt der Materie.
Der Physiker Heinz Pagels, 1988

Eine günstigere Grundlage für Bewußtsein ist das Entwickeln von Szenarien. Es paßt gut zusammen mit einer anderen Variante, die ebenfalls zur Definition von Bewußtsein beiträgt und die ich kaum erwähnt habe, dem Unterbewußtsein. Das »Vorbewußte«, das »Unterbewußte« und Freuds »Unbewußtes« tragen sehr viel zu einem besseren Verständnis von Bewußtsein bei, weil sie darauf hindeuten, daß sehr viel mehr abläuft als nur autonome Funktionen, die sich unserer Wahrnehmung entziehen: Im Hintergrund findet tatsächlich etwas Schöpferisches statt, etwas Nicht-routinemäßiges und Einmaliges, worin wir gelegentlich kurze Einblicke erhalten. Und allnächtlich wunderbare Farbfilme vom *Bewußtseinsstrom*, die nicht unterbrochen werden durch Werbeeinblendungen, anders als bei unseren Tagträumen, die wir Denken nennen und in die sich unser Zensor einmischt, um uns darauf aufmerksam zu machen, daß der neue Handlungsfaden unseres Traums purer Quatsch ist; beim Träumen versuchen wir nämlich, die »Bilderstürme«, die auf uns eindringen, in eine Handlung zu integrieren.

Das Problemlösen findet zu einem erheblichen Teil unterbewußt statt. Einer der für Woods Hole typischen Vertreter der Wissenschaft war Albert Szent-Györgyi, der unter anderem das Vitamin C entdeckte. Er sagt:

> Zunächst muß ich sehr intensiv über ein Problem nachdenken, auch wenn dieses Nachdenken zu nichts führt und bloß ein unerläßlicher Zündvorgang ist. Da ich das Problem nicht lösen kann, lasse ich es in mein Unterbewußtsein absinken. Dort verweilt es unterschiedlich lange. Irgendwann wird die Lösung unverhofft an mein bewußtes Denken übermittelt. Mein Gehirn hat vermutlich gearbeitet wie das ungarische Abführmittel, von dem es in der Werbung hieß: »Während Sie schlafen, tut es seine Arbeit.«

Ohne Erinnerung an die früheren Probleme und Lösungen würden wir beim Problemlösen nicht viel weiterkommen. Genauso würde es allerdings dem Kätzchen ergehen, das am Ende lernt, bei verborgenen Objekten, die mit Decken oder Zeitungen wackeln, nicht frontal anzugreifen, sondern dahinter oder darunter zu schauen. An unserem Seelenleben und unseren verschiedenen Fähigkeiten ist eine Vielzahl von Prozessen beteiligt. Wenn wir sie alle als »bewußt« bezeichnen, verwässern wir das Wort, und es wird ebenso nichtssagend wie die Wörter »Ding« oder »Zeug«. Das Nachdenken über das Denken ist schon schwer genug – wir brauchen uns nicht noch eine selbstgemachte Dummheit aufzubürden.

Die einzigen Aspekte unseres Seelenlebens, die es nach meiner Meinung verdienen, als ausgesprochen bewußt hervorgehoben zu werden, sind diejenigen, die mit dem Erzähler, mit dem »Selbst-Bewußtsein«, dem »Unterbewußtsein« und dem »Bewußtseinsstrom« zu tun haben; die übrigen sind an sich wichtig und wahrscheinlich auch wesentliche Grundlagen, dürfen aber nicht mit dem »Eigentlichen« verwechselt werden.

*

Soviel zur Begründung, warum ich mich auf »was soll ich als nächstes tun?« beschränke als den wesentlichen Aspekt von Bewußtsein, den ich hier erörtern will. Ich verstehe das nicht im engen Sinne der Neurophysiologie motorischer Systeme (deren physiksüchtige Praktiker das Wort »Bewußtsein« geflissentlich meiden, um nicht versehentlich für Psychologen gehalten zu werden), sondern eher in einem weiten Sinne, der sich auf die nächste Sekunde, aber auch auf das nächste Jahrtausend erstrecken kann. Wenn Ihnen von nun an in diesem Buch das Wort »Bewußtsein« begegnet, bedeutet es wahrscheinlich planen für die Zukunft, Alternativen entwickeln und zwischen ihnen für den nächsten Schritt eine Wahl zu treffen.

Vielleicht wird der eine oder andere einwenden, diese Auffassung von Bewußtsein sei allzu sehr »bewegungsorientiert« und berücksichtige nicht hinreichend den Aspekt der »Bewußtheit« oder des »Wissens«, der auch in dem Wort steckt. Aber ist es möglich, über Sinneseindrücke nachzudenken, ohne Bewegungspläne zu machen? Oder sich visuelle Objekte zu vergegenwärtigen ohne eine Bewegung? Vermutlich doch nicht. So manche innere Regung verrät sich durch kleine Bewegungen, beispielsweise wenn jemand die Augen verdreht, weil ein »bloßer Gedanke« eine emotionale Reaktion bei ihm ausgelöst hat. Meine Großmutter väterlicherseits hatte die Gewohnheit, mit dem Unterschenkel zu wippen, sobald sie »die Wahrheit ein wenig korrigierte« (die ganze Familie wußte, was es mit dieser unwillkürlichen Bewegung auf sich hatte). Außerdem wissen wir aus der Neurophysiologie sensorischer Systeme, daß die vom Gehirn zum Rückenmark absteigenden Nerven, die die Bewegung kontrollieren, kleine Verzweigungen zu den aufsteigenden sensorischen Bahnen aufweisen, deren Aufgabe es ist, starke sensorische Eindrücke zu kompensieren beziehungsweise die erwartete sensorische Meldung von der gleich auszuführenden Bewegung (die sogenannte Efferenzkopie) zu Vergleichszwecken weiterzuleiten.

Die Rückmeldungen von der Muskelspannung und der Gliedmaßenposition zum Bewußtsein beeinflussen in hohem Maße unseren »Willen«; ich weiß noch, wie erstaunt der Neurologe Oliver Sacks war, als man seine Schultermuskeln elektrisch reizte, was bei ihm den Eindruck hervorrief, als wolle er die Achseln zucken, um auszudrücken: »Na und?« Der Stromfluß griff offensichtlich in seinen Willen ein! Vielleicht hätte sein eigenes System der Bewegungserzeugung durch Anspannung der entsprechenden Muskeln auf dem üblichen Wege die gleiche Wirkung auslösen können. Das sensorische und das motorische System sind weit stärker voneinander abhängig, als man ursprünglich glaubte; vielleicht taugt die Sprache der Bewegungsplanung nicht zur erschöpfenden Beschreibung dessen, was im Bewußtsein vor sich geht, doch bringt sie uns zumindest nicht in die Schwierigkeiten, in die wir mit sensorisch orientierten Beschreibungen geraten (wie sich an den gewundenen Ausführungen über »Repräsentationen« in kognitionswissenschaftlichen Abhandlungen zeigt).

*

Der Erzähler-Aspekt veranlaßt mich zu einer Bemerkung. Psychologie und Neurowissenschaft haben sich lange bemüht, gegen die falsche Vorstellung von dem kleinen Männchen im Kopf anzukämpfen. Man stellt es sich ja gern so vor, als seien die Augen eine Art Fernsehkamera, die ihr Bild auf einen Schirm innerhalb des Gehirns projiziert – aber wer ist dann der Zuschauer? Bevor ich die neurale Maschinerie des Erzählers zum Sitz des Bewußtseins erhebe, sollte ich lieber achtgeben, mich nicht in den Fallstricken solcher »zentralen Standpunkte« zu verfangen, denen viele Denker, darunter Descartes, zum Opfer gefallen sind.

In meinem ersten Jahr als Dozent der Physiologie bereitete ich eine Diskussionsgruppe auf eine Hauptvorlesung vor. Als wir die optischen Eigenschaften des Auges besprachen, stellte ein Medizinstudent die Frage, die wohl allen auf der Zunge lag: Wenn (bei der üblichen Umkehrung des Bildes, wie in der Kamera) der Boden auf den oberen Teil und der Himmel auf den unteren Teil des Augapfels projiziert wird, »wie wird dann das Bild wieder richtig herum gedreht, damit wir die Welt nicht auf den Kopf gestellt sehen?« Bei einer Sofortbildkamera dreht man das Foto mit einer Handbewegung um und merkt dabei wahrscheinlich gar nicht, daß es zunächst auf den Kopf gestellt war. Beim Fernsehen sorgt eine entsprechende Verdrahtung dafür, daß das, was in der Kamera oben ist, auf dem Bildschirm unten ist, und umgekehrt, ohne daß irgend jemand etwas von der Umpolung bemerkt. Wo wird also im Gehirn die Verdrahtung umgepolt? (Diejenigen, denen diese Frage absonderlich erscheint, seien daran erinnert, daß selbst ein Leonardo da Vinci sich über das Problem Gedanken gemacht hat; er versuchte, ein optisches System auszuknobeln, das mit Hilfe der klaren Gallerte, die den Augapfel ausfüllt, das Bild wieder umkehrt.)

Auf diese philosophische Frage, warum die Welt, die wir sehen, nicht auf dem Kopf steht, pflegen Professoren nun zu antworten, es sei alles eine Frage der Konvention und man könne sich »an alles gewöhnen«; wer eine Umkehrbrille aufsetze, lerne schließlich auch, sich in der auf den Kopf gestellten Welt zu bewegen (und gewöhne sich dermaßen an die umgekehrte Perspektive, daß er, wenn er einige Wochen später die Umkehrprismen ablegt, die reale Welt umgekehrt sieht!). Das eigentliche Problem ist aber die Unterstellung eines zentralen Standpunkts, eines *Ortes*, an dem es etwas gibt, das die Bilder betrachtet, so als würde sich in einer zentralen Höhle ein Voyeur und Drahtzieher verbergen, der die Fäden in der Hand hält und uns lenkt. Das Problem des kleinen Männchens drinnen ist so alt, daß es sogar einen lateinischen Namen hat: Wir sprechen vom *Homunkulus-Trugschluß*.

> *Was kontrolliert den Verstand?   Der Geist.*
> *Was kontrolliert den Geist?   Das Selbst.*
> *Was kontrolliert das Selbst?   Es selbst.*
> Eine Parodie, mitgeteilt von Marvin Minsky

Gewöhnlich sagen wir, daß das Gehirn als ganzes die Illusion eines zentralen Standpunkts erzeugt, eines *virtuellen Zentrums*, so wie der Physiker die Erdgravitation oft in der Weise darstellt, als gehe eine Anziehungskraft vom Erdmittelpunkt aus, statt sich mit dem komplizierten Problem herumzuschlagen, daß von den unendlich vielen Atomen jedes einzelne eine Anziehungskraft ausübt, darunter einige in der Nähe, eines im Erdmittelpunkt und einige am entgegengesetzten Ende der Welt. Wie Minsky sagt, wird »mit der Idee eines einzelnen, zentralen Selbst gar nichts erklärt. Und zwar deshalb, weil ein Ding, das keine Teile hat, nichts bietet, was wir als Teile der Erklärung benutzen können.« Diese Vorstellung haben die Römer sogar in einen Spruch umgemünzt: *Ex nihilo nihil fit* (»Aus nichts kann man nichts machen«). Dennoch haben wir eine Einheit der bewußten Erfahrung; unser Seelenleben schafft es irgendwie, auch wenn es sich aus vielen funktionalen Untereinheiten zusammensetzt, das virtuelle Gegenstück eines Erzählers zu erzeugen. Manchmal schafft es sogar mehr als einen, beispielsweise bei multiplen Persönlichkeiten.

Es ist nicht einfach zu erklären, was an die Stelle dieses »Zentrums von allem« treten soll. Die Neurophysiologen werden ständig zum Opfer eines übertriebenen Reduktionismus – und das wäre wieder einmal der Fall, wenn wir in eine Falle gerieten, die wir als den »Irrtum von der Zelle für Großmutters Gesicht« bezeichnen. Ich glaube nicht, daß ich an einem so schönen Tag wie heute bereit bin, mich über diesen Irrtum zu äußern, zumal selbst Minsky so tut, als verstünde er nichts davon. Irgendwann werde ich es einmal tun müssen, und sei es nur, um Leute davon zu überzeugen, daß die Einheit des Bewußtseins eines Erzählers ohne ein physikalisches Zentrum von allem, ohne einen Sitz der Seele hergestellt werden kann. Zuvor werde ich auf ein paar praktische Dinge zu sprechen kommen (für uns Neurophysiologen sind es die Synapsen und Nervenzellen), um zu sehen, ob sich dort Teile finden, die wir als Teile der Erklärung verwenden können.

*

Nur Menschen orientieren ihr Verhalten an einem Wissen von dem, was vor ihrer Geburt geschehen ist, und an einer Vorstellung von dem, was nach ihrem Tod geschehen könnte; somit finden nur Menschen ihren Weg mit Hilfe eines Lichts, das mehr als die Stelle, auf der sie stehen, beleuchtet.
Peter B. Medawar und Jean S. Medawar, 1977

5.
Das elektrisch erregende Leben der gehemmten Nervenzelle

Die Menschen sollten wissen, daß Freuden, Vergnügungen, Lachen und Scherzen ebenso wie Sorgen, Kummer, Verzagtheit und Klagen von nichts anderem als dem Gehirn kommen.
Hippokrates (460–377 v. Chr.)

Wie kommt es, daß ich ein Bündel von hundert Milliarden Nervenzellen bin und doch wie eine denke und handele?
Der Neurophysiologe Rodolfo Llinás, 1986

Vor etlichen Jahrhunderten wußten wir bemerkenswert wenig darüber, wie das Gehirn funktioniert, obwohl es von allen vier großen Zivilisationen des Altertums – Mesopotamien, Ägypten, Indien und China – als Sitz des Denkens und Fühlens erkannt worden war. Zumindest von einigen ihrer besten Denker (ägyptische Balsamierer warfen das Gehirn noch immer weg, während sie Herz und Leber zu erhalten versuchten). Erst in sehr viel jüngerer Zeit verbreitete sich die Vorstellung, daß »sich eigentlich alles im Gehirn abspielt«, unter den Gebildeten.

Ein allmähliches Wachstum der Erkenntnisse über das Gehirn kam mit der Aufklärung und der industriellen Revolution; Ende des 19. Jahrhunderts waren viele der wichtigen neurologischen Störungen identifiziert, und man wußte, daß das Gehirn sich aus einer Vielzahl von Zellen zusammensetzt, die in spektakulärer Weise organisiert sind. Hier hatte man eindeutig die Teile, aus denen man eine Erklärung für die großen geistigen Phänomene konstruieren konnte.

An einer Fin-de-siècle-Gestalt wie Sigmund Freud wird deutlich, daß die Grundlagenforscher in ihrem Bemühen, den Zusammenhang zwischen Hirnkomponenten und höheren geistigen Funktionen sowie deren Störungen zu verstehen, enttäuscht waren; Freud gab das Studium gefärbter Nervenzellen unter dem Mikroskop schließlich auf und ging dazu über, seinen neurotischen Patienten aufmerksam zuzuhören, um Anzeichen für eine Störung höherer Funktionsebenen zu finden. Im Geiste der mechanistischen Physiologie eines Helmholtz ausgebildet, wäre Freud wohl als einem der ersten die Ahnung gekommen, daß man die Störungen des Es, des Ich und des Über-Ich, wie er sie nannte, besser beschreiben konnte als gestörte Aktivitäten bestimmter Regionen des Frontallappens sowie subkortikaler Strukturen; er hätte sicher gern die regenbogenfarbenen Bilder auf modernen Computerbildschirmen betrachtet, in denen man erkennt, daß die mediale Unterseite des Frontallappens bei Patienten mit Obsessionen und Zwangsvorstellungen eine übersteigerte Stoffwechselaktivität zeigt. Doch auch er würde sich bald die Frage gestellt haben: »Ja, aber warum sind diese Regionen so aktiv?« Was veranlaßt sie, »sich im Kreis zu drehen« und nicht vom Fleck zu kommen?

Vor einigen Jahrhunderten hätten die Weisen vermutlich erklärt, diese armen Menschen seien einfach »unter dem falschen Stern geboren« oder sie (beziehungsweise ihre Eltern) hätten »gesündigt und würden von den Göttern für ihre Übertretung bestraft«. Es gab aber auch die anderen, die genauer hinsehen; sie entwickelten in mühsamer Arbeit die Instrumente, mit deren Hilfe schließlich herausgefunden wurde, daß die meisten Hirnstörungen entweder (1) Nebenfolgen von Schlaganfällen und Tumoren, (2) Fehlentwicklungen des Gehirns *in utero* (im wesentlichen grobe Fehlverdrahtungen, gemessen an modernen menschlichen Gehirnen), die sich im späteren Leben als seelische und neurologische Störungen äußern, oder (3) subtilere und labile Störungen in den chemischen Systemen sind, die der Kommunikation zwischen Nervenzellen dienen, Störungen, die vermutlich den Variationen zuzurechnen sind, die von der Evolution hervorgebracht werden.

Tatsächlich besteht ein enger Zusammenhang zwischen der lokalen Geschichte von Woods Hole und dieser allmählichen Verbesserung des Verständnisses unserer selbst; wenn man durch die Stadt geht, wird man ständig daran erinnert.

Eine Entdeckung beruht darauf, zu sehen, was jeder gesehen hat, und zu denken, was niemand gedacht hat.
                Der Biochemiker Albert Szent-Györgyi, 1962

*

Ich bin draußen, um das Meer oder zumindest den halbwegs geschützten Vineyard Sound zu beobachten. Wenn man vom Eel Pond und dem Marine Biological Lab ein paar Straßen in Richtung Osten geht, kommt man zum Little Harbor, wo sich sogar eine Station der Küstenwache befindet. Am Rande dieses Hafens steht die Bibliothek von Woods Hole. Der Little Harbor öffnet sich zum Gatt (von den hiesigen »the Hole« genannt) von Woods Hole, das den Vineyard Sound mit der Buzzards Bay verbindet und den Winden ausgesetzt ist.

An dieser Hauptstraße in Richtung Falmouth liegt die Zentrale der Woods Hole Oceanographic Institution, wo viel Grundlagenforschung betrieben wird (und angewandte Forschung: Auf den Straßen von Woods Hole stolpert man gelegentlich über Fernsehteams, wenn eines der WHOI-Schiffe zurück ist, das mit Hilfe ferngesteuerter »Roboter« das in der Tiefsee liegende Wrack der *Titanic* untersucht hat).

Von hier biegt man ab in die Church Street. Sie heißt so, weil an ihr eine

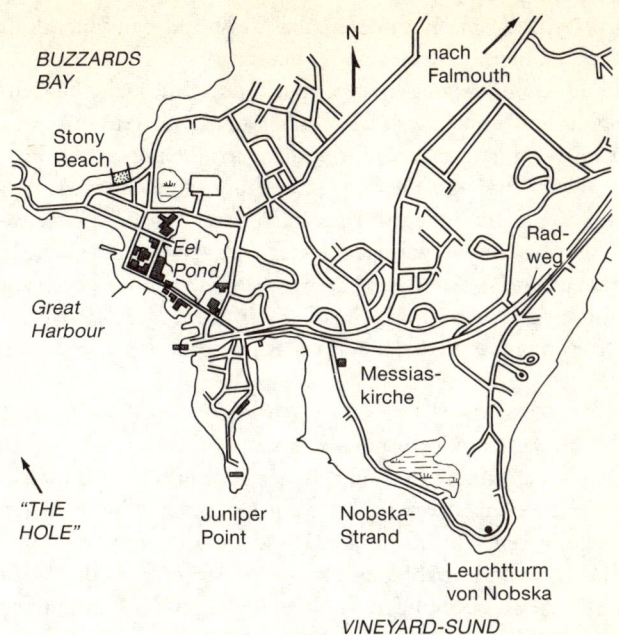

Kirche liegt, so wie an der School Street eine Schule liegt (die Water Street lag früher am Wasser, bis sie eine auf Stelzen ruhende Plattform über das Wasser bauten – und diese dann noch pflasterten!). Wenn man, nicht weit von der Ecke entfernt, die Holzbrücke überquert hat, kommt man zur Kirche mit dem sie umgebenden Friedhof.

Die Messiaskirche ist – ebenso wie die Bücherei von Woods Hole – ein Steingebäude, zusammengefügt aus dem hier anzutreffenden Eiszeitgeröll, das durch die Verwitterung alle Kanten verloren hat. In dieser Kirche gibt die Woods Hole Cantata alljährlich im August ihr Konzert (ich hörte sie oben im Meigs Room üben). Abgesehen von einem Rasenmäher, der in der Ferne brummt, ist es an der Kirche und auf dem Friedhof heute still.

Ich wandere an den Gräbern vorbei und suche nach bekannten Namen. Hier steht ein frischer Grabstein von einem berühmten Mann: Albert I. Szent-Györgyi, 1893–1986, Nobel Laureate; es folgt eine Inschrift in Ungarisch. Und man findet hier viele Nachnamen, die einem Neurophysiologen vertraut sind, so als hätten die hiesigen Familien mehr als ihren normalen Anteil zu den Hirnforschern beigesteuert. Ferner findet man Namen von

Wissenschaftlern, die hierher gezogen sind, oft auf der Flucht vor Hitlers wahnsinnigen Plänen.

Otto Loewi ist hier begraben, direkt unter der Rückseite der Kirche. Aus dem bescheidenen roten Grabstein geht hervor, daß er 1961 mit achtundachtzig Jahren starb, in demselben Jahr, in dem ich meinen ersten Physiologie-Kurs machte. Ich bin ihm nie begegnet, doch seine Entdeckungen waren nicht nur von zentraler Bedeutung für das Verständnis des Gehirns, sondern auch für mich persönlich wichtig. In der Zwischenzeit habe ich eine Menge über ihn herausbekommen, von Leuten in Woods Hole und auch anderwärts (zufällig traf ich den Mann, der einst in Kalifornien Loewis Faktotum war, den jetzigen Romanschriftsteller Ramón Sender Barayon).

*

Damals, um die Jahrhundertwende, wußte man, daß die Nerven irgendwie mit Elektrizität funktionieren – und daher vermutlich auch die riesige Ansammlung von Nervenzellen, die wir Gehirn nennen. Über eine ganz fundamentale Frage waren sich die Anatomen jedoch noch nicht einig: Sind die Nervenzellen wirklich unabhängig voneinander, so wie die Menschen in unserer Gesellschaft, oder bilden sie ein einziges großes Gewebe von zusammenhängenden Zellen, bei denen (zumindest im Hinblick auf die Funktion) schwer auszumachen ist, wo eine Zelle aufhört und eine andere beginnt?

Um Beispiele für die zuletzt genannte Ordnung zu finden, brauchen wir nicht zu einem Korallenriff zu reisen, denn so funktionieren unsere Herzen. Die Frage war daher durchaus nicht trivial: Der elektrische Strom, den eine Herzzelle erzeugt, breitet sich ohne weiteres auf angrenzende Zellen aus, weil die Zellmembranen eng aneinander liegen und Löcher aufweisen, so daß das Innere einer Zelle mit dem Inneren ihrer Nachbarn verbunden ist.

Bedeutende Histologen und Neuroanatomen behaupteten zu Beginn des 20. Jahrhunderts, das Gehirn sei so etwas wie ein zusammenhängendes Gewebe. Der große spanische Neuroanatom Santiago Ramón y Cajal (1852–1934) behauptete dagegen, daß die Nervenzellen eher den Individuen unserer Gesellschaft gleichen, daß sie einander über Auswüchse leicht berühren (»Sie geben einander die Hand«, wie er es formulierte), sich aber nicht dauernd küssen. Man wird an die Auseinandersetzung zwischen Holisten und Reduktionisten erinnert: Einerseits agiert das ganze Gehirn als ein unteilbares Ganzes, andererseits als eine Ansammlung von unabhängigen Agenten, von denen jeder anders ist.

Loewi ist derjenige, der die Streitfrage zugunsten von Cajal klärte (zumindest zur Zufriedenheit der meisten Physiologen; die Anatomen ließen sich erst 1953 von den elektronenmikroskopischen Aufnahmen überzeugen, mit denen Sandy Palay den schmalen synaptischen Spalt nachwies, der eine Nervenzelle von der anderen trennt). Loewi war der deutsche Physiologe und Pharmakologe, der das entscheidende Element der Wechselwirkung zwischen Nervenzellen entdeckte; er wies nach, daß die Nervenenden chemische »Neurotransmitter« freisetzen, die als Botenstoff fungieren, ähnlich wie ein Hormon. Auf diese Weise wirkt die Mehrzahl der Nervenzellen auf die nächste Nervenzelle innerhalb einer Kette ein: Sie stoßen ein Wölkchen von Molekülen aus, das sich über eine kurze Distanz ausbreitet und die nächste Zelle zu elektrischer Aktivität anregt; die Parfümwerbung behauptet ja etwas Ähnliches, daß nämlich der leiseste Hauch eines Duftwassers auf Partner eine elektrisierende Wirkung ausübe. Inzwischen wissen wir, daß einige Nervenzellen ganz ähnlich wie die Herzzellen eng miteinander verbunden sind, in der einen oder anderen Phase der pränatalen Entwicklung trifft dies sogar für viele Zellen zu (meine Frau untersucht solche Dinge in Woods Hole, nämlich die elektrische Kopplung des Sechzehn-Zellen-Stadiums des Kalmars), doch die meisten Nervenzellen gehen später zum Parfümtrick über.

Loewi wollte ursprünglich Kunsthistoriker werden, doch er beugte sich dem Druck der Familie und studierte pflichtbewußt Medizin; ähnlich erging es Ramón y Cajal, dessen Plan, Maler zu werden, von seinem Vater vereitelt wurde. Von der Hilflosigkeit der damaligen Therapien entmutigt, ging Loewi später in die pharmakologische Forschung. Er stellte als einer der ersten die Vermutung auf, daß Zellen über Duftwölkchen miteinander kommunizieren (korrekterweise spricht man von der chemischen Theorie der synaptischen Übertragung). Im Jahre 1903 war das eine interessante Idee, aber einige Jahrzehnte später war sie in allgemeinen Mißkredit geraten, weil es nicht gelungen war, ein Experiment zu ersinnen, das sie bestätigt oder widerlegt hätte. Interessanten Ideen geht es ja in der Regel so, daß sie nicht widerlegt werden – sie versickern einfach.

Kurz vor dem Ostersonntag des Jahres 1921 hatte Loewi, der damals in Graz lebte, das folgende Erlebnis: Er schlief über der Lektüre eines leichten Romans ein. Als er Stunden später erwachte, hatte er plötzlich die Versuchsanordnung, mit der er beweisen konnte, daß zwischen dem Vagus und dem Herzen eine chemische Übertragung stattfindet. Da er seinem Gedächtnis nicht traute, notierte er alles auf einem schmalen Fetzen Papier. Zufrieden legte er sich wieder hin.

Am anderen Morgen wachte er früh auf und erinnerte sich, daß etwas

Wichtiges passiert war, nur wußte er nicht mehr, was. Da entdeckte er zu seiner Erleichterung die Notiz, die er sich gemacht hatte. Er konnte jedoch die kurze Aufzeichnung nicht entziffern. Den ganzen Tag über war Loewi zerstreut und versuchte, sich an seine Idee zu erinnern, doch der Inhalt der geheimnisvollen Notiz blieb ihm rätselhaft. Schließlich ging er zu Bett, in der Hoffnung, der Traum werde sich wiederholen.

Tatsächlich wiederholte sich der Traum, und er wachte wiederum um drei Uhr morgens auf. Diesmal machte er sich keine Notiz, sondern kletterte aus dem Bett, zog sich an und begab sich unverzüglich in sein Labor. Und er führte das entscheidende Experiment aus, das jeden zwingt, die Tatsache anzuerkennen, daß chemische Vermittler an den Zwischenräumen zwischen den Zellen ein elektrisches Signal in die »Parfümwolke« und diese wiederum in elektrische Signale zurückverwandeln.

Die chemischen Boten zerfallen in zwei große Klassen: erregende und hemmende. Loewi nahm sich die hemmende Verbindung zum Herzen vor; er untersuchte, wie der vom Gehirn herkommende Vagusnerv es schafft, den Herzschlag zu verlangsamen. Es war bekannt, daß man die Aktivierung dieses Nervs durch das Gehirn einfach imitieren konnte, indem man den Nerv wiederholt elektrisch reizte: Diese »Starthilfen« erzeugen auf unelegante Weise die gleichen Nervenimpulse, die mit konventionelleren Mitteln vom Gehirn ausgeschickt werden. Die elektrischen Impulse pflanzen sich am Nerv entlang fort wie eine brennende Zündschnur (oder, bei den schneller leitenden Nervenfasern, wie eine Kette von Krachern); wenn sie am Herzen ankommen, verlangsamen sie auf irgendeine Weise den Schlag. Um eine eventuelle Mitwirkung anderer Ursachen auszuschalten, entnahm Loewi einem hirntoten Frosch das Herz zusammen mit dem anhängenden Vagusnerv, brachte es in eine Laborschale und ließ es einen mit Sauerstoff gesättigten Blutersatz (die sogenannte »Ringerlösung«, ein raffiniertes Gebräu aus Salzwasser) pumpen, damit es weiterhin mit Sauerstoff versorgt wurde; auf diese Weise konnte er zeigen, daß das Herz vorübergehend seinen rhythmischen Schlag verlangsamte, sobald dem Nerv einige Reize erteilt wurden.

Das Experiment, das Otto Loewi mitten in der Nacht durchführte, war die einfachste Sache der Welt: Er entnahm einem zweiten Frosch das Herz, ließ aber den Vagusnerv zurück. Den aus dem ersten Herzen austretenden Blutersatz leitete er als »zurückfließendes venöses Blut« an das zweite Herz weiter – eine Art künstlicher Transfusion. Das zweite Herz pumpte somit das gleiche »Blut«, welches das erste Herz eine Sekunde zuvor ausgestoßen hatte.

Beide Herzen lagen nun da und pochten vor sich hin (sie werden, anders als die meisten Muskeln, von eigenen internen Schrittmachern in Gang gehalten). Jetzt reizte Loewi den Vagus des ersten Herzens. Das erste Herz verlangsamte seinen Schlag. Und genau wie Loewi vermutet hatte, wurde anschließend auch das zweite Herz langsamer, sobald der Blutersatz aus dem ersten Herzen es erreichte. Die Flüssigkeit führte den hemmenden Botenstoff mit sich, der durch die Reizung des Vagus in das erste Herz ausgeschüttet worden war. Offenbar wurde so viel ausgeschüttet, daß genügend übrig war, um auch das zweite Herz zu verlangsamen.

Loewi bewies nicht nur, daß zur Verlangsamung des Herzschlags ein chemischer Bote benutzt wurde (Acetylcholin, wie wir heute wissen); durch entsprechende Experimente bewies er später ebenfalls, daß auch der zum Herzen führende beschleunigende Nerv eine chemische Substanz (wir nennen sie heute Epinephrin beziehungsweise Adrenalin) benutzt, um das Herz schneller schlagen zu lassen. Es erscheint aus heutiger Sicht als eine ganz spezielle Fügung, daß sein Traum die Entdeckung der Rolle des Acetylcholins als Neurotransmitter gefördert hatte – denn es ist gerade dieser Stoff, den das neurale System im Gehirn benutzt, um das Träumen zu erleichtern!

*

Das Ersinnen von Experimenten ist lediglich eine spezielle Kunstform, verwandt dem Entwickeln von Szenarien, dessen wir uns bei der Planung von Einkaufsfahrten und Berufskarrieren bedienen. Es ist daher verlockend, uns auf eine kleine Traumanalyse einzulassen und zu prüfen, ob wir nachvollziehen können, wie Loewis Unterbewußtsein seine elegante Erkenntnis inszenierte. Unbestreitbar handelt es sich um eine Entdeckung, und doch waren schon etliche Jahre vor 1921 alle Teile dieser einfachen und dabei eleganten Versuchsanordnung vorhanden, und zahlreiche Physiologen auf der ganzen Welt (besonders die englische Schule, die intensiv die Organisation von Reflexen erforschte) verfügten über sie; Loewis Unterbewußtsein fügte diese Elemente letztlich nur noch zusammen. Den Gedanken, daß es einen chemischen Boten geben müsse, hatte Loewi schon achtzehn Jahre zuvor geäußert (er hatte ihn nicht publiziert, doch ein englischer Physiologe, der Loewi in seinem Labor in Österreich besuchte, erinnert sich, daß er ihn 1903 erwähnt hat). Etwa ab 1904 hielten die Forscher eine chemische Übertragung generell für möglich. In den Jahren 1918 und 1919 hatte Loewi dann die Blutersatz-Methode benutzt, um den Einfluß von Ionen (speziell Kalzium) auf den Herzschlag zu untersuchen; wenn er von der normalen Salzkonzentration zu der veränderten Lösung überging, beschleunigte oder verlangsamte sich das Herz, sobald die neue Lösung es erreichte. Was Loewis Unterbewußtsein 1921 zusammenbrachte, war die Anwendung dieser Methode, um die Hypothese der chemischen Übertragung zu prüfen; wenn das Kalzium in seinem Blutersatz den Herzschlag beeinflußte, dann war es möglicherweise der vom Vagus ausgeschüttete Stoff, der den Schlag des zweiten Herzens beeinflußte (Loewi hatte das, was wir als Acetylcholin kennen, ursprünglich als *Vagusstoff* bezeichnet).

Sein eleganter Beweis, daß die elektrische Botschaft des Nervs durch die Ausschüttung von chemischen Substanzen übertragen wurde, trug ihm 1936 den Nobelpreis für Physiologie beziehungsweise Medizin ein (zusammen mit Henry Dale, der 1914 das Acetylcholin entdeckte). Die Preissumme mußte Loewi allerdings der Naziregierung überlassen, die ihn nur unter dieser Bedingung ausreisen ließ (er galt als unerwünscht, weil er sich die falschen Eltern ausgesucht hatte). Er flüchtete sich zunächst nach Brüssel und von dort nach Oxford. 1940 wurde er als Professor an die New York University berufen, wo er ohne Lehrverpflichtung seinen Forschungen nachgehen konnte, und seither verbrachte er den Sommer in Woods Hole am MBL. Leute, die damals mit dem MBL zu tun hatten, erinnern sich, daß Loewi gern am Stony Beach schwimmen ging; er ließ sich dann draußen in der Buzzards Bay treiben, wobei sich seine Pfeife gegen den Himmel abzeichnete.

Später wurde gezeigt, daß die verlangsamende Wirkung des Acetylcholins durch eine Droge namens Atropin blockiert werden konnte. Man präpariert das Froschherz und reizt den Vagus wiederholt, bis der Herzschlag aufhört. Wenn sich das Herz dann wieder normalisiert hat, gibt man vor dem nächsten Versuch Atropin hinzu – und anschließend kann man den Vagus reizen, so viel man will, das Herz nimmt keine Notiz davon. Das Atropin scheint die Verbindung des Vagus mit dem Herzen unterbrochen zu haben! Studenten sind von dieser Demonstration immer sehr beeindruckt.

*

Noch beeindruckender ist es, wenn das ganze sich am eigenen Vagus und am eigenen Herzen abspielt – Sie werden es bestimmt nicht übersehen. Bisweilen richtet die Grippe bei den Nerven merkwürdige Dinge an. Gerade als ich glaubte, eine milde Grippe überstanden zu haben, bekam ich Herzprobleme: Blutdruck und Puls spielten verrückt. Ich ging also zu meinem Arzt, der mich prompt in einen Rollstuhl verfrachtete und mich über die Straße in die kardiologische Intensivstation des Krankenhauses rollen ließ – gegen meinen unausgesetzten Protest, denn ich fühlte mich durchaus nicht wackelig. Als ich schließlich in dem Krankenhauszimmer untergebracht und an alle Monitore angeschlossen war, hatte ich mich damit abgefunden, die Routine eines Krankenhaustages über mich ergehen zu lassen. Allerdings war ich ziemlich ungeduldig, weil ich mir nichts zu lesen mitgenommen hatte. Die Krankenschwestern gaben sich große Mühe, mich wieder ins Bett zu kriegen. Schließlich legte ich mich hin, und sei es nur, weil sie mich unbedingt über einen Nasenschlauch an eine Sauerstoffflasche anschließen wollten. Außerdem kamen ständig Assistenten vorbei, um Blutproben zu entnehmen oder »vorsichtshalber« einen Venenkatheter anzulegen für den Fall, daß sie mir rasch ein Medikament injizieren mußten.

Bei einem dieser Aderlasse empfand ich plötzlich ein merkwürdiges Kribbeln in Händen und Füßen. Ich wußte, daß das Anstechen der Arterie unangenehm sein konnte, so ähnlich wie ein Bienenstich, aber hier war offenbar der ganze Kreislauf betroffen. Was auch immer es war, ich hatte ein mulmiges Gefühl, und deshalb bat ich den Assistenten, die Schwestern zu rufen. Aber die kamen ohnehin schon angerannt, weil der Herzmonitor einen Alarm ausgelöst hatte. Alsbald fand ich mich von sechs Menschen umringt, von denen drei das EKG-Display über meinem Kopf beobachteten, während die anderen meine Beine hochlegten, die Sauerstoffzufuhr erhöhten oder wiederholt meinen Blutdruck maßen.

Ich war beinahe bewußtlos: Die Welt schwand nach und nach, während sich das Kribbeln in allen Gliedmaßen unglaublich verstärkte. Sie wissen, wie das ist, wenn man auf einer Auslandsreise mit einem Kurzwellenempfänger den heimischen Sender empfangen möchte, und das Rauschen wird immer stärker, und gleichzeitig schwindet die Stimme des Sprechers? Und den Rest der Nachrichten bekommt man einfach nicht mehr mit? So endet, nach meiner Erfahrung, das Bewußtsein.

Eine der Urfragen lautet: Wie stellt man es an, immer auf Empfang zu bleiben?

*

Daß ich bei alledem das Bewußtsein behielt, lag nur daran, daß sie mich reinen Sauerstoff atmen ließen – anderenfalls wird man bei einem Blutdruck von 60/45 ohnmächtig, und es entgeht einem die ganze Erregung, dieses Crescendo des Kribbelns. Daß mein Herz nicht völlig zum Stillstand kam, lag gewiß nicht an mangelndem Bemühen des Vagus, denn der normale Schrittmacher in meinem Sinusknoten war durch massive Vagushemmung gänzlich verstummt. Deshalb begann ein Reserve-Schrittmacher im Atrioventrikularknoten zu schlagen. Doch die von ihm erzeugte Herzfrequenz war zu gering, um einen anständigen Blutdruck aufrechtzuerhalten.

Das alles wußte ich damals nicht. Alles, was ich wußte, war, daß ich mich mit einemmal viel besser fühlte und daß die Welt wieder laut und deutlich hereinzukommen begann. Das Kribbeln hörte auf. Ich war noch nicht so weit, aus dem Bett zu hüpfen, aber es war vollkommen klar, daß ich in einen sicheren Hafen zurückgeholt worden war.

Die Assistenzärztin von der Kardiologie hatte, als sie das EKG sah (dort fehlte der kleine Höcker am Anfang, die sogenannte P-Zacke, die anzeigt, daß der Sinusknoten den Herzschlag einleitet), ein wenig Atropin in eine Vene injiziert. Das Atropin hinderte das Acetylcholin daran, den Herzschrittmacher zu hemmen (auf der Membran der Schrittmacherzellen befinden sich kleine »Schlösser«, zu denen das Acetylcholin wie ein »Schlüssel« paßt, es sei denn, das »Schlüsselloch« ist durch Atropin verstopft). Deshalb begann der SA-Knoten wieder zu schlagen, und zwar mit einer normalen Frequenz, die imstande war, einen normalen Blutdruck aufrechtzuerhalten. Als das geschah, begann ich mich besser zu fühlen.

Doch warum hatte mein Vagus sich so verhalten, als würde er wiederholt gereizt, so wie Otto Loewi den Vagus der Froschherzen gereizt hatte? Gab mein Gehirn etwa meinem Herzen den nachdrücklichen Befehl aufzuhören?

Nein. Es war eine falsche Botschaft, die in den Nerv hineingeraten war. Der Nerv war Amok gelaufen, so wie es auch bei anderen Nerven geschieht, wenn sie Muskelkrämpfe auslösen. Statt getreulich auszuführen, was das Gehirn ihnen befahl, hatten die Nervenenden selbsttätig Impulse erzeugt, selber »Starthilfen« gegeben.

Bei einem Beinmuskel löst so etwas eine anhaltende Kontraktion des Muskels aus, die schmerzvoll wird. Es ist nicht möglich, den Muskel durch einen Willensakt zu entspannen, weil die zusätzlichen Nervenimpulse nicht, wie es normalerweise der Fall ist, aus dem Gehirn oder dem Rückenmark kommen, sondern von den Nervenenden, die in den Muskel eingebettet sind. Bei einem »Vaguskrampf« führt das Sperrfeuer der Impulse zu einer vollständigen Hemmung des Herzschrittmachers. Dabei empfindet man aber keinen Schmerz, man wird ohnmächtig (es sei denn, man wird mit Sauerstoff versorgt). Durch ein derart intensives Sperrfeuer wird schließlich der Vorrat an Acetylcholin aufgebraucht, und deshalb kann der Schrittmacher des Herzens auch trotz fortgesetzten Impuls-Sperrfeuers seine Tätigkeit wieder aufnehmen.

Es war also nicht mein Herz, sondern es waren die Enden des Vagus im Herzen, die das Problem verursachten. Dieses Problem gibt sich, wie auch sonst bei Muskelkrämpfen, in der Regel nach einigen Tagen, vermutlich deshalb, weil eine verletzte Isolation des Nervs repariert wurde. Man behielt mich noch einige Tage länger auf der Herzstation, um durch verschiedene Tests sicherzustellen, daß nicht noch irgendwelche anderen Fehler vorlagen. Da aber nach jener ersten Stunde keine weiteren Probleme auftraten, warfen sie mich schließlich hinaus.

Ähnliches spielt sich tagtäglich in jedem modernen Krankenhaus ab, nur verstehen die meisten Patienten nicht, was geschehen ist. Sie sind einfach froh, daß der Arzt wußte, was er zu tun hatte, und warum er es tat. Dieses Wissen beruht auf der Grundlagenforschung, die von Physiologen und Pharmakologen an verschiedenen Tierarten betrieben wird (für die Herzforschung braucht man in der Regel Hunde). Die meisten Forschungserfolge sind nicht so einfach zu beschreiben wie der von Otto Loewi, doch alle weisen ähnliche Elemente auf: Zuerst ist eine Vorstellung da, wie es funktionieren könnte, dann liefert eine intelligente Versuchsanordnung eine glaubhafte Antwort, und schließlich kommt es zu einer Welle von Neuentwicklungen, die den nunmehr bekannten Mechanismus benutzen, um zusätzliche Probleme wie die Atropin-Blockade zu lösen.

Die große Erleichterung, die ich an jenem Tag empfand, als man mich aus Kribbelland zurückholte, verdanke ich jener Forschung, ganz besonders jener von Otto Loewi. Professor Loewi ist denn auch weit mehr Menschen in Erinnerung als jenen, die zufällig an seinem Grabstein bei der Messiaskirche in Woods Hole vorbeikommen: Von Otto Loewi und der Entdeckung der Neurotransmitter haben Hunderttausende von Medizinstudenten gehört. Und einige sogar davon, was sich in seinem Unterbewußtsein abspielte.

*

In einem neueren Abschnitt des Kirchhofs findet man einen kleinen, flachen Grabstein, der von Gras überwuchert ist und an den 1980 gestorbenen Stephen W. Kuffler erinnert. Als ich 1962 an der Harvard Medical School Neurowissenschaft belegte, war er einer meiner Lehrer, und wahrscheinlich habe ich die meisten wissenschaftlichen Aufsätze gelesen, die er vorher geschrieben hatte und seitdem schrieb.

Steve war im mehrfachen Sinne ein Nachfolger Otto Loewis: Auch er floh vor den Nazis, und auch er arbeitete über Acetylcholin und nervöse Hemmung. Im ungarischen Tab geboren, wuchs er auf dem Lande auf und genoß bis zum Alter von zehn Jahren keine schulische Bildung. Nachdem er 1937 an der Universität Wien als Pathologe promoviert worden war, ging er während des Krieges nach Australien und wandte sich dort der Grundlagenforschung zu. Er wies nach, daß die Empfänglichkeit für Acetylcholin in den Muskeln auf ein eng umgrenztes Gebiet in der Nähe der Nervenenden beschränkt ist. Außerdem zeigte er in einer klassischen Untersuchung, wie eine hemmende Synapse funktioniert, wenn die nachgeschaltete Zelle nicht ein Herzschrittmacher, sondern eine Nervenzelle ist.

Im Jahre 1971 gelang Kuffler der Nachweis, daß der Vagus das Herz nicht direkt verlangsamt, sondern eine zwischengeschaltete Nervenzelle aktiviert. In der Herzwand, genauer in der dünnen Scheidewand zwischen den beiden oberen Kammern des dreikammrigen Amphibienherzens, liegen einige winzige Nervenzellen verborgen. An ihnen endet der Vagus, nicht am Herzmuskel selbst. Es sind diese kleinen »parasympathischen Ganglienzellen«, die das Acetylcholin ausschütten, das den Herzschrittmacher verlangsamt – und zwar dann, wenn der Vagus ihnen dies durch Ausschüttung von Acetylcholin befiehlt. Kuffler suchte und suchte (ich weiß noch, wie er sagte, daß er volle sechs Monate in der Bibliothek der Harvard Medical School verbrachte), um ein Tier ausfindig zu machen, bei dem die Neuronen in einen durchscheinend dünnen Muskel eingebettet waren, so daß er diese Muskelschicht unter ein Mikroskop legen und die Nervenzellen beobachten konnte, während er in ihrer Umgebung Spannungsabnehmer manipulierte. Der Frosch hatte eine besonders dünne Scheidewand und ein Dutzend deutlich erkennbare parasympathische Nervenzellen. Mit diesem Experiment, das er 1971 zusammen mit Jack McMahon durchführte, setzte er einen neuen Maßstab für das »Sehen, was man macht«.

Kuffler und McMahon trennten den Vagus ein paar Tage vorher ab und zeigten, daß diese Zellen, ihres Kontakts mit der Außenwelt beraubt, »vereinsamten«; die denervierten Zellen drehten ihre Empfindlichkeit so weit auf, daß sie auch ohne Input vom Vagus reagierten – eine zelluläre Version der Halluzinationen, die man erlebt, wenn man von allen sensorischen Eindrücken abgeschnitten ist. Man nimmt an, daß eine solche Steigerung der Empfindlichkeit bei Patienten vorliegt, die über Phantomschmerzen klagen und angeben, daß ihr großer Zeh weh tut, obwohl das Bein bei einem Arbeitsunfall abgetrennt wurde. Noch wissen wir nicht, wie man solche Patienten nach der Art, wie das Atropin beim Schrittmacherstillstand wirkt, von ihren Schmerzen, die sie stark behindern, befreien kann, doch wenn ein Verfahren gefunden sein wird, verdankt es wahrscheinlich einiges Steve Kuffler und seinen Mitarbeitern, die das Anpassen der Empfindlichkeit bei den kleinen Nervenzellen in der Herzwand beobachten konnten.

Unter den bedeutenden neurologischen und psychischen Störungen (soweit sie nicht auf Schlaganfällen und groben Entwicklungsstörungen beruhen) hängen viele offenbar mit den Neurotransmittern zusammen, wie Otto Loewi sie fand: Möglicherweise ist zu viel oder zu wenig davon vorhanden, oder ihr Effekt hält zu lange an. Es ist auch möglich, daß die Anzahl der Schlüssellöcher in der benachbarten Nervenzelle zu groß ist, wie bei Steve Kufflers denervierten Nervenzellen in der Herzwand. Was es auch immer ist, die Musik der Bewegung wird gestört. Doch schließlich haben wir – ein Jahrhundert nachdem Freud sein Mikroskop aufgab – Begriffe wie die synaptische Regelung, und wir haben gewisse Hilfsmittel wie etwa die Bildgebungsverfahren, dank derer wir die Verteilung von Neurotransmittern und Rezeptoren im lebenden Gehirn erfassen können, und vielleicht wird es uns mit ihrer Hilfe gelingen, die Schizophrenie, die Depression, die Obsession und das ganze Bündel der landläufigen psychischen Leiden zu verstehen, durch die viele von uns hin und wieder arbeitsunfähig gemacht werden.

*

Das Zusammenspiel von Wirkung und Gegenwirkung, das wir in all diesen Beispielen beobachten, erinnert vielleicht ein wenig an Newtons drittes Axiom (»jeder Aktion entspricht eine gleich große, entgegengesetzt gerichtete Reaktion«), das Raketen vorantreibt, während die Abgase nach hinten ausströmen. In der Natur kann man solche Prinzipien fast immer als Hinweise benutzen: Wenn man einen Prozeß beobachtet, beispielsweise die Erregung einer Nervenzelle, braucht man sich nur umzuschauen, und schon findet man einen entgegengesetzten Prozeß, zum Beispiel eine hemmende Synapse. Im Herzen wirken die Nerven der Herzbeschleunigung der verlangsamenden Wirkung des Vagus entgegen.

Neurochirurgen haben dieses Prinzip genutzt und eine chirurgische Abhilfe für die Parkinsonsche Krankheit entwickelt: In der Substantia nigra, die zu einem System gehört, das an der Kontrolle der Körperhaltung mitwirkt, werden Zellen durch ein Virus zerstört, mit der Folge, daß die Patienten »stocksteif« werden. Die Chirurgen versuchen in diesem Fall, einen vollkommen intakten Teil des Gehirns (der ventrolaterale Thalamus hat normalerweise die entgegengesetzte Wirkung auf das System) zu zerstören, und bringen dadurch Erregung und Hemmung des Systems wieder ins Gleichgewicht.

Was nun die Prinzipien betrifft, so findet man als erstes Ausnahmen von der Regel. Bei unserer glatten Muskulatur oder den Beinmuskeln von Insekten findet man die »periphere Hemmung«, wie sie der Vagus auf das Herz ausübt. Bei den Skelettmuskeln der Säugetiere ist sie jedoch nicht zu finden. Unsere Skelettmuskeln erhalten nur erregende, aber keine hemmenden Impulse. In unserem Fall vollzieht sich der Ausgleich der gegensätzlichen Kräfte bei den Motoneuronen im Rückenmark, die den Muskel steuern; der Muskel tut dann genau das, was das Motoneuron ihm sagt (außer bei »Krämpfen«!). Berührungsreize der Haut über dem Muskel können diesen daher nicht direkt beeinflussen, sondern nur auf dem Umweg über das Rückenmark, wo die Empfehlungen der Tastrezeptoren im Lichte Tausender weiterer Einflüsse auf das Motoneuron bewertet werden, und erst danach wird an den Muskel eine Botschaft geschickt, er solle sich zusammenziehen. Dieser lange Umweg braucht seine Zeit, und manchmal kommt es darauf an.

Im Gehirn erhalten jedoch alle Zellen sowohl erregende wie auch hemmende Synapsen – in den meisten Zellen, die man ausgezählt hat, etwa je zur Hälfte. Das macht jede Hirnzelle zu einem kleiner Computer, der von all den Einzahlungen und Abhebungen einen Kontoauszug erstellt und prüft, wieviel Zinsen an die Zellen, mit denen er im Gespräch ist, zu zahlen sind. Das Gehirn ist eine Gesellschaft aus Milliarden solcher kleiner Computer; gelegentlich wirken die Zellen zusammen wie eine einzige Masse, doch normalerweise gehen sie alle ihre eigenen Wege – und dabei erledigen sie gleichzeitig viele verschiedene Aufgaben. Wir müssen die Soziologie dieser Gesellschaft kennenlernen, denn selbst über die gröbsten Phänomene wissen wir kaum etwas, beispielsweise die Massenaktionen eines epileptischen Anfalls, wo wir unbedingt wissen müssen, wie sein System der Kräfte und Gegenkräfte funktioniert. Die Erforschung der praktischen Grundlagen, mit der Loewi und Kuffler begonnen haben, wird uns vielleicht in die Lage versetzen, die Entstehung neuer Fähigkeiten aus dem Zusammenwirken der Teile zu verstehen.

*

Die Natur stellt insofern eine Ordnung her, als das vergangene Geschehen – der Untergang der einen und das Überleben der anderen Gene – in ihr bewahrt ist; jeder von uns ist in jeder seiner Zellen geprägt von der drei Milliarden Jahre zurückreichenden Geschichte von Vorläuferorganismen. Wann immer ich einen Ball werfe, kommen mir die Erfolge und Mißerfolge meiner Vorfahren zugute, die in der Eiszeit durch Werfen Wild erlegten. Diese Erinnerungen sind im Genpool gespeichert. Noch detailliertere Erinnerungen enthält die kulturelle Evolution. Wann immer ich über ein Problem nachdenke, kommen mir die Erfolge und Mißerfolge unzähliger Generationen in der Auseinandersetzung mit den verschiedensten Problemen zugute – die noch immer gültige Erklärung des Auftriebs durch Archimedes und die attraktive, aber absurde Physik des Aristoteles prägen meine Denkweise, was Autos und Boote betrifft. Loewi und Kuffler sprechen noch immer zu mir, durch ihre Schriften und durch meine Gespräche mit ihren Studenten.

Als ich den Kirchhof verließ, dachte ich daran, wie viel unsere moderne Welt relativ wenigen Menschen verdankt, die abstrakten Ideen nachgegangen sind, wenigen unter den Milliarden, die auf der Erde gelebt haben – abstrakten Ideen, die sich praktisch bewähren. Solche Forschungen, die sich langfristig auszahlen, wurden bis vor kurzem überwiegend dadurch ermöglicht, daß der Forscher die entsprechende Zeit den Studenten, die er unterrichten sollte, beziehungsweise den Patienten, die er behandeln sollte, stahl. Heute dagegen und vor allem in den letzten vier Jahrzehnten widmen sich ganze Institute der Grundlagenforschung. Sie sind der führende »Erwerbszweig« von Woods Hole. In der Zukunft wird man den Forschern, die hier nachdenken und arbeiten, zu großem Dank verpflichtet sein, so wie ich Otto Loewi zu Dank verpflichtet bin.

Ich bin befreit vom Selbst,
das jemand zu sein beansprucht,
Und indem ich niemand werde,
beginne ich zu leben.
Es lohnt sich zu sterben,
um herauszufinden, was Leben ist.
				T. S. Eliot

6.
Aus bloßem Gehirn wird Geist: Die visuelle Welt wird zerlegt

Jetzt waren sie wirklich sehr nah am Leuchtturm. Dort ragte er kahl und gerade empor, in grellem Schwarzweiß, und man konnte sehen, wie die Wellen sich in weißen Splittern an den Felsen brachen, wie zerbrochenes Glas. Man konnte deutlich die Fenster sehen; auf ihnen einen Hauch Weiß, und auf dem Fels ein kleines Büschel Grün. Ein Mann war herausgekommen, hatte sie durch ein Fernglas beobachtet und war wieder hineingegangen. Das war er also, dachte James, der Leuchtturm, den man all die Jahre über die Bucht hinweg gesehen hatte; es war ein öder Leuchtturm auf nacktem Fels.

Virginia Woolf, 1927

Unser Gehirn ist tyrannisch, wenn es um die Auseinandersetzung mit der Realität geht, und so kann es vorkommen, daß wir die Dinge nicht so sehen, wie sie wirklich sind, daß wir Kategorien erfinden, die in der Natur nicht existieren, daß wir Dinge, die wirklich da sind, nicht sehen. Eine romantische Verklärung der Dinge ist noch das geringste der Probleme.

Es geht nicht so sehr darum, daß wir nur bestimmte Wellenlängen des Lichts sehen, nur einen begrenzten Bereich von Frequenzen hören, daß wir einen Geruchssinn haben, der im Vergleich zu dem der meisten Säugetiere dürftig ist. Es geht darum, daß Informationen, die von den Sinnesrezeptoren aufgenommen wurden, möglicherweise in ein Prokrustesbett gezwungen werden, das von unseren Erwartungen geschaffen wurde. Es ist möglich, daß wir die Realität in eine Gewißheit und Eindeutigkeit zwängen, die sie von Natur aus nicht besitzt. Wenn die Information probabilistischer Natur ist, machen wir daraus eine eindeutige. Man kann das auf dem Gebiet der Physik beobachten (die Entdeckungen der Quantenmechanik haben uns, nachdem wir allzu starre Kategorien für die Natur aufgestellt hatten, ein wenig zurückweichen lassen), und man kann es mit Sicherheit daran erkennen, wie das Gehirn die eingehende Information verarbeitet.

Ein weiterer Schwachpunkt ist unsere Tendenz, das Gewohnte zu ignorieren und nur auf das Neue und Unerwartete zu reagieren. Zwar werden die Fragen von unserem Gehirn gestellt, doch ist es mehr an Antworten interessiert, die neu und außergewöhnlich sind. Wir sehen Kontraste und Grenzlinien, hören Veränderungen und Bewegungen. Wenn man das Auge daran hindert, sich zu bewegen, sieht es nichts, es sei denn, das Objekt selbst bewegt sich. Wenn ein Objekt verschwinden kann und nur wiederkehrt, sofern es sich bewegt – was sagt das über das »Bewußtsein« aus?

Auf Kategorien eingestellt, sucht unser Gehirn offenbar Gestalten (und findet sie bisweilen auch dort, wo gar keine sind). Es entwirft Szenarien, von denen die meisten blanker Unsinn sind; es genügt, sie mit unseren Erinnerungen an die reale Welt zu vergleichen, und sie werden sofort verworfen; wenn wir schlafen und träumen, ist dieses Prüfverfahren nicht sehr streng, und deshalb sind die Phantasien so ungezügelt. Wenn wir unsere Szenarien im Wachzustand entwickeln, überprüfen wir sie zusätzlich an der Realität. Und diese Szenarien können, während sie die Vergangenheit dadurch zu erklären versuchen, daß sie eine Geschichte über sie konstruieren, auch für die Vorhersage der Zukunft von Nutzen sein.

Warum also zwingt das Gehirn alle Dinge in ein Schema, während es zugleich erfinderisch ist, was die Kategorien angeht, in welche die hereinkommende Information gezwängt wird? Offenkundig wird unsere Wahrnehmung der Realität von den Filtern bestimmt, durch die die Information hindurch muß.

Als Filter wirkt natürlich das gesamte Nervensystem, eine verteilte Anhäufung von Zellen, die sich über mehr als einen Meter Länge erstreckt. Einige Systeme erstrecken sich allerdings nur über ein Zehntel dieser Länge, so etwa das visuelle System mit zehn Zentimetern. Innerhalb solcher Systeme existieren vielfältige Karten, die die Hälfte der Informationen eines sensorischen Bereichs auf eine Fläche von etwa einem Zentimeter auf der Großhirnrinde komprimieren. Innerhalb einer Karte existieren zahlreiche verteilte Netzwerke, die jeweils etwa einen Kubikmillimeter verwickelter Nervenzellen umfassen. Diese Zellen, die Neuronen, sind von unterschiedlicher Länge, doch viele sind nur etwa 0,1 Millimeter lang. Die zwischen ihnen bestehenden synaptischen Verbindungen sind hundertmal kleiner, und sie scheinen die Orte zu sein, an denen durch eine Modifikation die Erinnerungen gespeichert werden. Und das alles wird bewirkt von Molekülen, die mindestens zehntausendmal kleiner sind als eine Synapse, Moleküle, von denen einige Strukturen wie etwa die Membranen (und Kanäle durch die Membranen) bilden, während andere als Boten durch die Membranen hindurchwandern.

Wo steckt nun in diesem ganzen Gewirr meine Erinnerung an einen Leuchtturm? Wo steckt mein Plan, dorthin zu gehen? Oder mein Unterprogramm »ein Fuß vor den anderen«?

[Was] Sie beschreiben, ist nicht ein Objekt, sondern eine Funktion, eine Rolle, die unauflöslich an einen bestimmten Kontext gebunden ist. Ziehen Sie den Kontext ab, und es verschwindet auch die Bedeutung ... Wenn Sie auf intelligente Weise wahrnehmen, wie Sie es manchmal tun, nehmen Sie stets eine Funktion wahr, nie ein Objekt im ... physikalischen Sinne ... Ihre kartesianische Idee von einem Gerät im Gehirn, das die Aufzeichnung vornimmt, basiert auf einer irreführenden Analogie zwischen dem Sehen und der Fotografie. Kameras registrieren immer Objekte, doch die menschliche

Wahrnehmung ist immer die Wahrnehmung von funktionalen Rollen. Die beiden Prozesse könnten nicht verschiedener sein ...
                                    Der Mathematiker Stanislaw Ulam, um 1970

*

Es ist merkwürdig, wir stark kleine schwarze Linien am Himmel einen beschäftigen können, so als hätten sie einen privilegierten Zugang zu unserem Gehirn, gleichsam Entsprechungen der aufdringlichen Werbung, die an den Strommasten hängt. Tatsächlich haben sie einen privilegierten Zugang – auch das eine Entdeckung, an der Steve Kuffler mitbeteiligt war.

Von der Messiaskirche aus geht man in Richtung Osten eine gewundene Straße entlang, die eigentlich schön wäre, wenn nicht die Strommasten überhand nähmen, die den Himmel mit metastasierenden Fäden eines metallischen Tumors überziehen. Die Besitzer der teuren Häuser, die hier stehen, hätten es sich leisten können, die Stromkabel zu vergraben, doch was hier unter die Erde gebracht wird, sind nur Menschen. Folgt man weiter der Church Street, werden die Drähte spärlicher, und es eröffnet sich ein Ausblick auf den Vineyard Sound und einen langgestreckten Sandstrand, an dessen Ende sich eine weiße Säule mit einer schwarzen Kappe in den blauen Himmel erhebt. Das muß der Leuchtturm von Nobska Point sein, und er kommt einem irgendwie vertraut vor.

Ein Leuchtturm ist eine Spielart der Vogelscheuche, nur soll er die Schiffersleute fernhalten. Und so wie die Vogelscheuche gewissermaßen ein Abklatsch des Menschen ist, so steht der Leuchtturm dort als ein Ersatzmensch, um im Notfall eine menschliche Botschaft auszusenden. Durch den Einbau von automatischen Nebelsensoren, die ihre Nebelhörner in Gang setzen, werden die Leuchttürme »intelligenter« und ähneln mehr und mehr einem ortsfesten Roboter. Die vorausschauenden Erbauer haben den Leuchtturm mit der Fähigkeit ausgestattet, Unheil vorherzusehen und entsprechend zu reagieren. Um als »bewußt« gelten zu können, fehlt den Leuchttürmen die Vielseitigkeit, doch das Flugsicherungssystem könnte sich eines Tages zu einem partiell bewußten Roboter entwickeln, der permanent »Was wäre wenn«-Szenarien ausprobiert und dadurch Zusammenstöße zwischen Flugzeugen in der gleichen Weise abwendet, wie es heute die Fluglotsen zu tun versuchen.

*

Ich ging in dem feuchten Sand unmittelbar oberhalb der plätschernden Wellen des Vineyard Sound den Strand hinauf und sah verschiedene Leute vom

MBL und der WHOI, in wissenschaftliche Gespräche vertieft. An diesem Strand kann man auch Banker aus Boston antreffen, die allerdings, soweit ich weiß, keine Diagramme von Zellen in den Sand zeichnen. Die Diagramme mögen von der nächsten Flut fortgewaschen werden, doch die neuen Konzepte bleiben. Dieser Strand hat eine Menge wissenschaftlicher Gespräche miterlebt, ebenso wie der Stony Beach in der Nähe des MBL, den Lewis Thomas in seinem Essay »The MBL« in dem Buch *Lives of a Cell* literarisch verewigt hat:

> Es ist so voll, daß man sich auf Zehenspitzen zwischen den Leuten durchschlängeln muß, um einen Platz zu finden, wo man sich hinsetzen könnte, obwohl viele Leute ohnehin stehen; Biologen scheinen eine Vorliebe dafür zu haben, an Stränden zu stehen, aufeinander einzureden, durch Gebärden anzudeuten, wie die Dinge zusammenhängen, und sich hinunterzubücken, um Diagramme in den Sand zu zeichnen. Wenn der Tag zu Ende geht, ist der Sand übersät mit einem Geflecht von Ordinaten, Abszissen und Kurven, die alles, was es in der Natur gibt, erklären.
>
> Schon aus der Ferne hört man das vom Strand heraufdringende Geräusch, bevor man die Leute sieht. Es ist der ganz unverkennbare, teils wie Geschrei, teils wie Gesang klingende Lärm, der entsteht, wenn viele Menschen, die einander etwas erklären wollen, gleichzeitig ihre Stimme erheben.

Dieser Strand am Vineyard Sound zieht sich dagegen über die Länge von zwei Häuserblöcken hin, und es gibt hier mehr Sandburgen als Diagramme. Je mehr ich mich dem Leuchtturm am Ende des Strandes nähere und je mehr sich die Perspektive ändert, desto stärker ruft er in mir die Empfindung eines *déjà vu* hervor – es scheint, als besäße ich eine innere Idee von ihm, die durch seinen Anblick ausgelöst wird.

Jetzt fällt mir das Kunstmuseum ein, wo ich ihn schon gesehen habe: Er ist ein naher Verwandter des Leuchtturms, den Edward Hopper gemalt hat. Den er wieder und wieder malte, wenngleich es verschiedene Leuchttürme sein mögen, denn die Küstenwache hat von dem um 1870 entstandenen Modell eine ganze Reihe errichtet; auf Cape Cod und den anderen Inseln findet man sie überall. Dieser Leuchtturm wirkt noch solider als die gemalten Versionen, bereit, es mit allem aufzunehmen, was das Wetter noch austeilen mag.

*

Irgendwo in meinem Kopf habe ich ein Edward-Hopper-Schema, nicht zu reden von einem Picasso-Schema, einem Henry-Moore-Schema und so weiter. Ein Schema ist ein inneres Abbild. Ursprünglich eingeführt, um das Wort »Gedächtnisspur« zu vermeiden (ein anderer Begriff, den man erfand, um ein schwer faßbares Konzept zu definieren), ist ein Schema nicht bloß irgendein Gedächtnisinhalt. Ein sensorisches Schema ist ein schematischer Grundriß, der mit den meisten der von Hopper geschaffenen wahrscheinlichen Variationen zusammenpaßt; das Zusammenpassen ist etwas komplizierter als bei einer Plätzchenform und einem Weihnachtsplätzchen, aber dieses Beispiel gibt schon eine grobe Vorstellung.

Ein Bestand an Schemata, etwa mein Bestand an inneren Abbildern von Kunststilen, entspricht ungefähr einer Sammlung von Plätzchenformen, die alle an einem bestimmten Weihnachtsplätzchen ausprobiert werden, um festzustellen, welche ihm am nächsten kommt. Der Bestand an Schemata scheint in unserem Kopf zu stecken und ständig Ausschau zu halten nach etwas, das ihm entspricht. Wenn Sie also einen Bruchteil eines Picasso-Bildes sehen und in Ihrem Kopf ruft etwas »Picasso!«, dann hat sich ein Schema bemerkbar gemacht.

Ich habe außerdem ein Leuchtturm-Schema, das gleichermaßen gut von englischen wie von hawaiianischen Leuchttürmen aktiviert wird. Einzig die Leuchttürme in dem hier verbreiteten Stil der siebziger Jahre des vorigen Jahrhunderts aktivieren mein »Edward-Hopper-Schema«, und das auch nur, wenn ich sie aus einer bestimmten Perspektive sehe, ähnlich denjenigen, die Hopper bevorzugte (bei Luftaufnahmen funktioniert es nicht). Solch ein »Edward-Hopper-Schema« ist ein zusammenfassender Gedächtnisinhalt, der etwas von den »Wesenszügen« seines Stils und seiner Sujets enthält, das trotz aller Variationen bei jedem Einzelbeispiel durchscheint. Sie haben wahrscheinlich für jedes Wort Ihres Wortschatzes ein oder mehrere Schemata, und andererseits habe ich einige Schemata, für die ich in meinem Wortschatz kein Wort finde, vergleichbar mit Menschen, die ich schon gesehen habe, deren Namen mir aber noch fremd sind. Und dann gibt es noch Schemata, die nicht Objekte, sondern Bewegungen sind: Wenn wir einen Satz konstruieren oder ein Szenario entwerfen, bestehen die Einheiten, die wir miteinander verknüpfen, vor allem in sensorischen (»Substantiv«) und Bewegungs-(»Verb«)Schemata. Sie, ich, Essen, Fels ebenso wie laufen, gehen, galoppieren, schlurfen, anfassen, bücken und brechen.

*

Epikur und Lukrez sahen in inneren Abbildern einen bloßen Schein, und Aristoteles verglich sie mit dem »Abdruck, den ein Siegel auf einem Stück Wachs hinterläßt«. Sie hatten keine Plätzchenformen gesehen. Und inzwischen haben wir einige noch bessere Analogien, ja sogar potentielle Mechanismen. Das blinkende Leuchtfeuer des Leuchtturms (selbst bei hellichtem Tag wirkt die 150-Watt-Birne hell, weil die alte Fresnel-Linse von 1825 ihre Photonen bündelt) erinnert mich an einen anderen Steve-Kuffler-Klassiker; diese 1953 erschienene Arbeit beschreibt, wie Nervenzellen im Auge auf solche blinkenden Lichter reagieren. Wahrscheinlich werde ich sie nie vergessen, denn als ich sie etwa sechs Jahre nach Erscheinen las, war das einer der wesentlichen Gründe, die mich von der Physik zur Physiologie umsatteln ließen. Sie ist noch immer ein Klassiker und Pflichtlektüre für den strebsamen Studenten. Was sie beschreibt, ist eine zelluläre Version des Schemas oder zumindest einer seiner Bausteine.

Die Geschichte beginnt eigentlich noch früher, im Jahre 1938, als H. K. Hartline die Netzhaut von Fröschen und deren Reaktion auf blinkende Lichter untersuchte. Er fand heraus, daß der einzelne »Draht« des Sehnervs nicht bloß auf einen einzelnen Punkt der Netzhaut reagierte, sondern auf einen ganzen Fleck (er sprach vom »rezeptiven Feld« der Zelle). Dieser Draht feuerte im Stakkato eine Salve von Signalen ab, sobald das Licht anging, be-

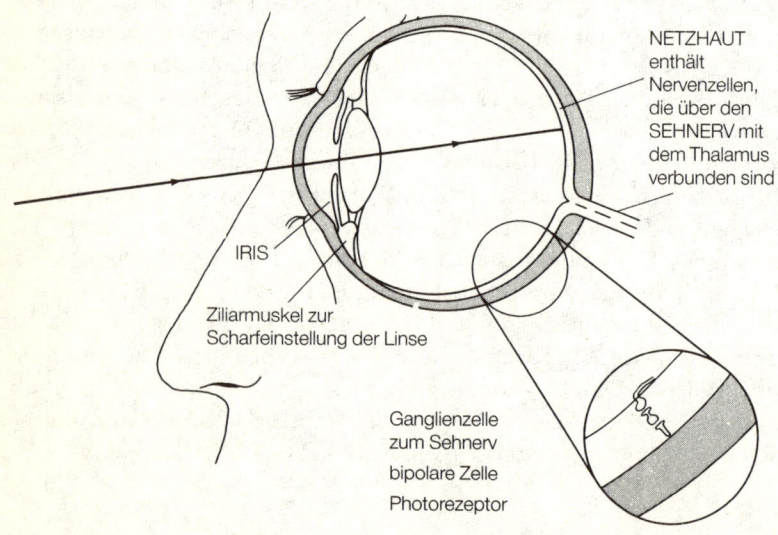

ruhigte sich dann aber und agierte nicht viel anders als bei Dunkelheit. Doch wenn das Licht schließlich ausging, brach er wieder in Aktivität aus, so als riefen die Zellen: »He! Wer hat das Licht ausgemacht?« Diese Aus-Reaktion war rätselhaft, allerdings nicht unähnlich dem Problem, daß man das Nichtvorhandensein seiner Armbanduhr spürt, wenn man sie soeben abgelegt hat und all die plattgedrückten Haare sich wieder aufzurichten beginnen.

Hier ein wohlgemeinter Hinweis: Im Rest dieses Kapitels und in den beiden folgenden Kapiteln werden Sie auf einige schwierige Begriffe stoßen. Der Durchschnittsleser wird sich irgendwann desorientiert fühlen, und zwar mit Recht. Alle, die diesen Stoff studiert haben, haben sich ebenfalls beklagt. Die Studenten stolpern immer wieder über die »rezeptiven Felder«, doch wie Kunststudenten, die am Ende lernen, wie man ein Gemälde »sehen« muß, rappeln sie sich auf und entwickeln bald eine geistige Vorstellung davon, wie eine Hirnzelle die Welt sieht.

Entscheidend ist, wie sich herausstellt, der »Standpunkt«. Sowohl der Standpunkt der Zelle als auch die wechselnden Standpunkte, die der Wissenschaftler einnimmt, um die Eigenschaften der Zelle zu untersuchen. Wir debattieren noch immer darüber, wie ein Komitee von Zellen – vergleichbar einer Jury von Kritikern – einen gemeinsamen Standpunkt haben kann!

Das Material, von dem ich spreche, ist insofern unwesentlich, als Sie es überspringen könnten und dennoch den Rest des Buches verstehen würden, aber ich nehme es trotzdem auf, weil unter denjenigen, die es schließlich verstehen, sehr viele – sagen wir – übermäßig beeindruckt sind. Es ist ein klares (fast zu klares!), konkretes Beispiel dafür, wie das Gehirn sein Geschäft betreibt. Für den, der sich in Buchhaltung auskennt, ist das, was sich in der Zelle abspielt (etwa die Aus-Reaktionen), vergleichbar mit der Verfolgung des Cash-flow, und wenn man, um ein anderes Bild zu gebrauchen, das »rezeptive Feld« mit einem Mexikanerhut vergleicht, erkennt man, wo die Einnahmen und Ausgaben während eines bestimmten Zeitabschnitts entstanden sind und wieviel Gewinn an die Aktienbesitzer

ausgezahlt wurde. Wer Buchhaltungskenntnisse besitzt, ist vielleicht besser gerüstet, dieses Material zu verstehen, als der durchschnittliche Student der Neurobiologie.

Diese »jemand hat das Licht ausgemacht«-Meldung (eine Aus-Reaktion) beruht auf einem verstärkten »zeitlichen Kontrast«, einer Empfindlichkeit für Veränderungen der Lichtstärke statt der absoluten Lichtstärke selbst. Sie ist der Grund, warum blinkende oder sich bewegende Lichter unsere Aufmerksamkeit eher fesseln als gleichbleibende Lichter. Keffer Hartline (ebenfalls eine Leuchte des MBL) stellte unter anderem auch fest, daß die Stärke dieser Stakkato-Reaktionen ebenfalls durch den Hintergrund beeinflußt wurde, vergleichbar damit, daß die Helligkeit des Himmels hinter dem Leuchtturm einen Einfluß darauf hat, wie hell wir das Leuchtfeuer wahrnehmen. Robert Barlow (einst Student bei Hartline und jetzt ein Veteran der Wissenschaftsszene von Woods Hole) bemerkte diesen räumlichen Kontrasteffekt 1953, zugleich mit Stephen Kuffler. Als die wesentlichen Bausteine der visuellen Wahrnehmung erweisen sich der *zeitliche Kontrast* und der *räumliche Kontrast*, und bei einigen Tieren wie den Primaten kommt als wichtiges Merkmal noch der *Farbkontrast* hinzu. Unsere Urahnen konnten nur überleben, weil sie imstande waren, hoch oben in den Bäumen zwischen dem zitternden Laub eine reifende Frucht zu erspähen; eine der Nebenfolgen davon ist der grüne Punkt, den man vom Nobska-Leuchtturm aus manchmal neben der untergehenden Sonne sieht.

Kuffler grub tiefer und konnte schließlich den Mechanismus nachweisen, der dem räumlichen Kontrast zugrunde liegt: Jede der Ganglienzellen in der Netzhaut der Katze (diese Zellen bilden in der Kette zwischen den Photorezeptoren und dem Gehirn in der Regel das dritte Glied) erhält Input von Tausenden von Photorezeptoren (über zwischengeschaltete Zellen, die sogenannten bipolaren und amakrinen Zellen), vergleichbar einem Trichter, der Regentropfen eines weiten Gebiets einfängt und in einen schmalen Bach leitet. Diese Konzentration ist notwendig, denn es kommen etwa hundert Photorezeptoren auf einen »Draht«, der zum Gehirn führt (dieser Draht ist das Axon der retinalen Ganglienzelle; rund eine Million von ihnen bilden den Sehnerv). Aber mit den hundert Photorezeptoren, die mit einer Ganglienzelle verbunden sind, ist es nicht getan, denn jede Ganglienzelle empfängt Meldungen von Tausenden von Photorezeptoren, nur hebt sich ein Teil davon gegenseitig in der Wirkung auf.

Jeder dieser kleinen »Drähte« im Sehnerv schickt Nachrichten, die vergleichbar sind mit der Mitteilung der Bank, wieviele Zinsen diesen Monat gezahlt wurden. Man muß sich anstelle des Auges eine riesige Bank vorstellen, die in jeder Sekunde emsig eine Million Auszüge verschickt. Wie wird der Gewinn auf einem einzelnen Draht maximiert? Das hängt von den Regeln der Bank und davon ab, wie Sie das Spiel spielen.

Die Verteilung von Plus und Minus oder von Aktion und Reaktion (die Neurophysiologen sprechen lieber von »Erregung« und »Hemmung«) zeigt eine gewisse Ähnlichkeit mit den Einzahlungen und Abhebungen von meinem Bankkonto. Der Ertrag (die gezahlten Zinsen) ist natürlich dem Guthaben proportional. Oft gibt es eine Mindestbedingung (»fünf Prozent Zinsen auf alle Guthaben über tausend Dollar«). Zinseszinsen werden von Nervenzellen nicht berechnet (da sie den Zins sofort auszahlen), aber dafür haben sie andere Vorzüge, die man bei Bankkonten vermißt. Natürlich wünschte ich, meine Bank würde einen »Adaptationsbonus« zahlen, sobald ich nach einer flauen Zeit wieder anfangen würde, Geld einzuzahlen! Manche Nervenzellen haben sogar »Aus-Reaktionen« als eine Reaktion auf die Hemmung, vergleichbar mit einer Bank, die einen Bonus zahlt, wenn man nach einer langen Reihe von Abhebungen aufhört, Geld zu holen. Ich muß daran denken, dies meiner Bank vorzuschlagen; sie könnten mit dem Slogan »Geschäfte machen wie das Gehirn« dafür werben.

Kuffler entdeckte in dem Mosaik der Netzhaut die Stellen, wo die »Einzahlungen« und »Abhebungen« entstanden, was Hartline bei den Fröschen nicht gelungen war. In Wirklichkeit sind es zwei Trichter, die bei einer Ganglienzelle der Netzhaut münden, ein weiter Trichter und ein stärkerer enger Trichter, von denen der eine die Zelle hemmt und der andere sie erregt. Ganz ähnlich verhält es sich mit den Quellen und Abflüssen auf einem Girokonto: In der Regel leiten wir eine kleine Zahl größerer Beträge auf unser Konto und stellen eine sehr viel größere Zahl von Schecks über kleine Beträge aus.

Eine gleichmäßige Belichtung des Augenhintergrunds, wie man sie etwa erhält, wenn man den blauen Himmel betrachtet, stimuliert beide Trichter, und die Meldungen heben sich weitgehend gegenseitig auf. Ein kleiner Lichtfleck, wie etwa das Feuer des Leuchtturms, füllt den kleinen Trichter möglicherweise ganz, den größeren aber nur zur Hälfte aus. Wäre der große, aber schwache Trichter mit der Hemmung und der kleine, aber starke Trichter mit der Erregung verbunden, so würde die Differenz zwischen beiden für eine kräftige Reaktion sorgen. Würde man nun durch Verwendung eines größeren Lichtflecks den großen, aber schwachen hemmenden Trichter auffüllen, so

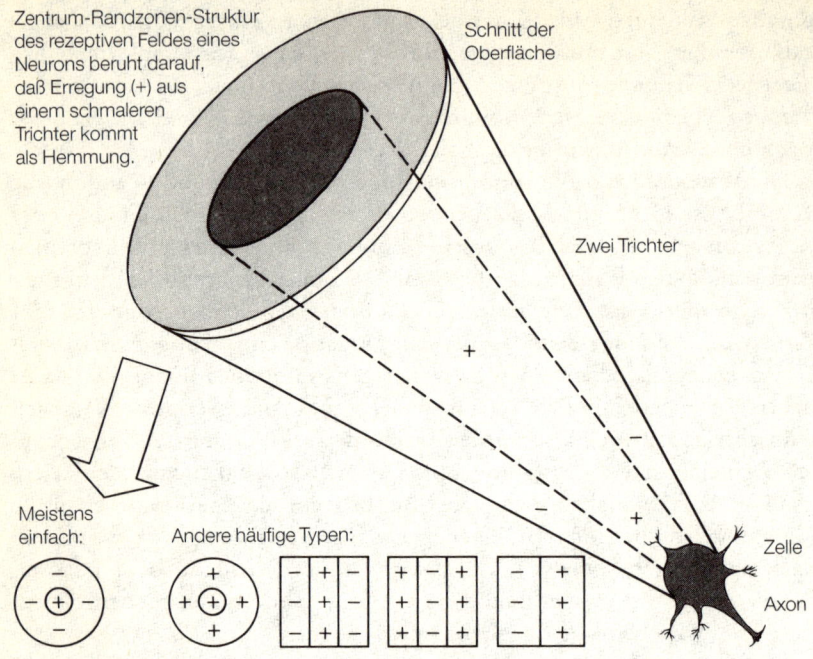

würde der Überschuß der Erregung über die Hemmung zurückgehen, und aus der Stakkato-Reaktion würde ein Wimmern.

Das Gesamtergebnis nach der Subtraktion ähnelt einem Krapfen, einer Randzone, die ein Zentrum umschließt. Ein noch besseres Bild ist der Mexikanerhut, der sich in der Mitte aufgipfelt und von breiten flachen Mulden flankiert ist: Das ist der Zinsbetrag, der an der jeweiligen Stelle für einen kleinen Lichtfleck gezahlt wird. Wenn man sich an die Dunkelheit gewöhnt (nachts verbessert sich das Sehvermögen nach etwa zwanzig Minuten im Dunkeln), wird der weite hemmende Trichter von der Ganglienzelle der Netzhaut abgekoppelt, und da jetzt nichts mehr abgezogen wird, dreht sie »weit auf« und erreicht ihre höchste Empfindlichkeit. Wiederum wünschte ich, meine Bank würde mir die Gelegenheit geben, meine Zinserträge dadurch in die Höhe zu treiben, daß ich einfach ein paar Monate lang keine Einzahlung mache. Die Abkopplung des hemmenden Trichters bei schwacher Beleuchtung führt später nicht zu größeren Problemen, sieht man einmal von der momentanen Blindheit ab, die eintritt, wenn man mitten in der

Nacht die Badezimmerbeleuchtung anmacht (um Badezimmerbeleuchtungen brauchten sich die Menschen während der Eiszeiten, in denen sie sich entwickelten, nicht zu kümmern).

Eine solche Zelle ist also spezialisiert auf kleine Lichtflecken – tatsächlich entspricht die optimale Größe des Lichtflecks dem Durchmesser des Mexikanerhuts an der Stelle, wo das Hutband sitzt. Größere Flecken, etwa vom Durchmesser des Hutrandes oder noch mehr, werden von einer solchen Zelle diskriminiert, und manchmal weigert sie sich auch, dem Gehirn überhaupt etwas davon zu melden. Aber das ist schon in Ordnung, denn ganz in der Nähe gibt es Zellen, die auf große Flecken spezialisiert sind, bei denen die Größe der Trichter sich etwas anders verteilt, so wie es ja auch Hüte mit schmalem Rand für dicke Köpfe gibt. Wir neigen dazu, in solchen Zellen Spezialisten zu sehen, die wie Plätzchenformen eine bestimmte Größe haben und jeden neuen Lichtfleck ausprobieren, ob er wohl die richtige Größe hat. Der bessere Vergleich ist aber die Mexikanerhut-Verteilung, weil man daraus entnehmen kann, was mit Flecken passiert, die nicht die richtige Größe haben.

Nun gibt es Bankkonten, die anders als mein Girokonto nicht mit wenigen Einzahlungen, aber vielen Schecks arbeiten; sie gleichen eher einem kleinen Unternehmen, das viele Postbestellungen erhält und nur wenige Lieferanten zu bezahlen hat. Dies trifft auf einige Netzhautzellen zu, bei denen die Trichter genau entgegengesetzt geschaltet sind wie in den vorgenannten Beispielen. Der schwache, aber weite Trichter wirkt bei ihnen erregend, der schmale,

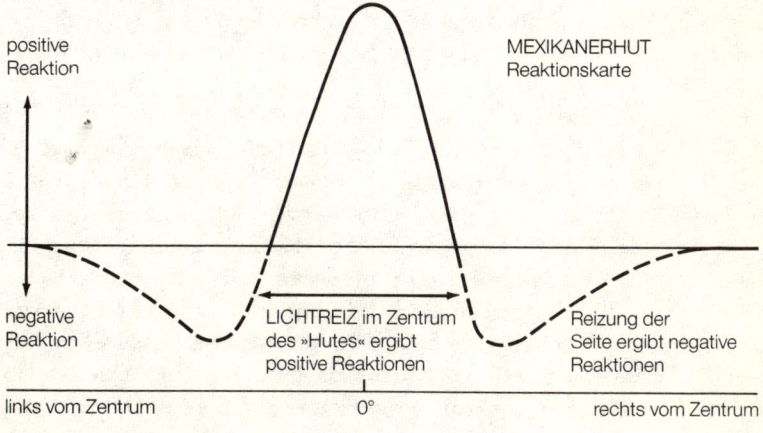

aber starke Trichter hemmend. Sie sind daher offenbar nicht auf weiße Flekken auf dunklerem Hintergrund, sondern auf schwarze Flecken auf weißem Hintergrund spezialisiert, sie entdecken eher die Insekten auf dem Sandstrand (und die schwarzen Punkte am Ende der Sätze) als die weißen Flecken, etwa das Feuer des Leuchtturms vor dem nächtlichen Himmel. Daraus ergibt sich eine umgekehrte Mexikanerhut-Kurve: Ein schwarzer Fleck, auf den inneren der zwei Trichter abgebildet, löst keinerlei Hemmung aus, und so steht der erregenden Reaktion auf den weißen Hintergrund, der auf den größeren Trichter abgebildet wird, nichts entgegen. Ein schwarzer Fleck auf hellerem Hintergrund ergibt also eine starke Stakkato-Salve.

Die Karte (ein Beispiel ist der Mexikanerhut) dessen, was mit einer einzelnen Zelle verbunden ist, bezeichnet man heute als das »rezeptive Feld« dieser Zelle – man kann sich aber auch eine Schablone darunter vorstellen, wobei die Zelle ständig auf Ausschau ist nach Bildern, die zu ihrer bevorzugten Schablone passen. So wie Plätzchenformen von der Größe des kleineren Trichters nicht mit einem größeren Plätzchen zusammenpassen, sind die Mittelbereiche der rezeptiven Felder (der Hutbanddurchmesser) als die optimale Größe eines Reizflecks anzusehen. Spezialisten für kleine schwarze Flecken auf hellerem Hintergrund werden manchmal als »Käferdetektoren« bezeichnet, weil sie schlagartig aktiv werden, wenn ihnen das Bild einer Fliege dargeboten wird. Ziemlich gut reagieren sie aber auch auf schmale schwarze Linien und in der Regel auf Kanten, die nur eine Hälfte des Trichters ausfüllen. Sie sind also nicht ausschließlich »Käferdetektoren«, sondern der sich bewegende schwarze Käfer ist einfach nur der optimale Reiz für sie. Wenn Sie meinen, der Käfer sei das »Wesen« der Funktion dieser Zelle, dann berücksichtigen Sie nicht das ganze Spektrum von nicht ganz optimalen, aber dennoch wirksamen Reizen, die die Zelle ebenfalls aktivieren.

1959 berichteten Maturana, Lettvin, Pitts und McCulloch, daß Frösche sogar noch stärker diskriminieren. Alles, was nicht nach sich bewegendem Futter (Fliegen), einem geneigten Horizont oder einem anderen wichtigen Merkmal ihrer Umgebung aussah, wurde von den Ganglienzellen der Netzhaut nicht an das Gehirn des Frosches gemeldet. Bot man ihnen einen neuartigen visuellen Reiz dar, etwa ein Haus oder ein Auto, so gaben sie sich oft gar nicht damit ab, dies gegenüber dem Gehirn zu erwähnen (außer natürlich, es bewegte sich rasch auf sie zu, denn das ist etwas, das jedes visuelle System wahrzunehmen vermag). Die Netzhaut des Frosches schien ein Spezialcomputer zu sein, nicht eine Fernsehkamera, die unterschiedslos alles, was sie sieht, weitergibt. Das war beunruhigend: Warum verschenkte der Frosch all die detaillierteren Informationen?

Ist ihm nicht klar, daß er sie ebenfalls wird deuten müssen, wenn er im Laufe der Evolution »weiterwächst«? Dies ist natürlich ein von uns herangetragener Gesichtspunkt; der Frosch ist an unmittelbareren Dingen interessiert, etwa dem Einfangen von Fliegen zum Mittagessen, und offensichtlich ist sein Auge darauf eingestellt, die Entdeckung kleiner sich bewegender schwarzer Flecken zu maximieren. Andererseits könnte auch unser Gesichtspunkt dem Frosch als ziemlich kleinkariert erscheinen. Unser reduktionistisches Bestreben, die Dinge in immer kleinere Bestandteile zu zerlegen, würde er wohl kaum verstehen: Dem pragmatischen Frosch würde es wohl ein wenig übertrieben erscheinen, zwischen den Flügeln und den Füßen der Fliege zu unterscheiden.

Die Sorge, die sich die Öffentlichkeit heute wegen der Wissenschaft macht, beruht zum großen Teil auf der Befürchtung, daß wir über der endlosen, obsessiven Beschäftigung mit den Teilen das Ganze übersehen könnten.
Der Arzt und Essayist Lewis Thomas

Hinter dem sehr berechtigten Anliegen der Holisten, daß wir das System als Ganzes betrachten müssen, steckt auch die Befürchtung, daß dem Reduktionismus nicht so sehr daran gelegen ist, nur zu erklären, sondern vielmehr wegzuerklären; daß mit der Reduzierung der Menschen auf eine Ansammlung funktionierender Teile auch ihre Menschlichkeit in einem gewissen Maße reduziert wurde. Diese Befürchtung ist durchaus von Belang, und man sollte ihr mit Respekt begegnen.
Der Neurobiologe Steven P.R. Rose

*

Federnder Sand? Wenn man östlich des Leuchtturms über den Sandstrand geht, ist es manchmal, als ginge man auf einem mit Kiefernnadeln bedeckten Waldboden, der nachgibt und ein wenig zurückfedert. Aber hier auf diesem sandigen Strand schnellt man regelrecht in die Höhe. Wieso?

Der »zugrunde liegende Mechanismus« ist nicht schwer zu entdecken, denn er liegt buchstäblich zu Grunde und kann dadurch aufgedeckt werden, daß man sich mit den Zehen ein wenig eingräbt: Bei einem Sturm sind kürzlich große Massen Seetang ans Ufer gespült worden, zum Teil mit prall gefüllten kleinen Luftblasen, die den Tang dicht unter der Meeresoberfläche in der

Nähe des Lichts in der Schwebe halten. Anschließend wurden diese Massen von gepolstertem Seetang unter dem Sand begraben, den ein heftiger Wind über den Strand jagte. Daher hüpft man dann wie ein unwahrscheinlicher Ballettänzer durch den Sand.

Schließlich wird der Seetang unter dem heißen Sand gekocht. Vegetation, die tiefer begraben wird, kann sich in Öl verwandeln; unsere Autos werden angetrieben mit der gekochten Vegetation großer tropischer Sümpfe, die vor vielen Millionen Jahren begraben wurden. Daß einige der großen Ölfelder jetzt nördlich des Polarkreises liegen, zeigt Ihnen, wie stark die Kontinente gedriftet sind, denn als das ganze Öl begraben wurde, befand es sich in einem Bereich von etwa 20° um den Äquator.

Dies zeigt Ihnen auch, was Wissenschaftler unter einem »reduktionistischen« Ansatz verstehen: Federnder Sand lockt einen Wissenschaftler an, der wissen möchte, was es mit dem Zurückfedern auf sich hat. Der zugrundeliegende Mechanismus, durch »tiefer graben« aufgedeckt, ist vergrabener Seetang. Jetzt kommt eine neue Frage auf die Tagesordnung: Warum ist der Seetang elastisch? Der zugrundeliegende Mechanismus sind kleine Luftblasen. Und woran liegt das? Es beruht darauf, daß das Licht durch das Wasser gefiltert wird, so daß es in der Tiefe des Meeres dunkel ist: Wenn du Photosynthese betreiben möchtest, mußt du so nah wie möglich an der Oberfläche bleiben. Daher der eingebaute Schwebemechanismus. Und warum Photosynthese? So geht es weiter, mit einer sich ständig ändernden Agenda, die kaum noch etwas zu tun hat mit der ursprünglichen Frage nach der Federkraft (die ja auch gleich beantwortet wurde).

Es gibt eine Menge Wissenschaftler, die zunächst hofften, den Geist zu verstehen, entsprechende Fragen aber nicht gleich beantworten konnten und so durch zugrundeliegende Mechanismen und die subtile Verschiebung der Agenda von ihrer ersten Frage abgekommen sind. Um etwas gründlich zu verstehen, muß man es in allen seinen Teilen erforschen, aber manchmal genügt das nicht: Manchmal muß man herauszufinden versuchen, wie die Teile zusammenwirken, wie sie beispielsweise die Körpertemperatur oder den Blutdruck so regulieren, daß diese in einem schmalen Bereich erwünschter Werte bleiben. Um also »zu verstehen, wie wir etwas sehen«, kann es erforderlich sein, daß wir uns gründlich mit den Teilen befassen, aber wir müssen dazu auch herausbekommen, wie durch Kombinationen neue Eigenschaften entstehen.

Emergente Eigenschaften zu verstehen, ist im allgemeinen schwieriger, als die Teile zu verstehen, und es ist ein zwingendes Gebot der Wissenschaft (zumindest aber für Wissenschaftler, die ständig dafür sorgen müssen, Geld aufzutreiben und Studenten auszubilden), durch die Formulierung beantwortbarer Fragen »Fortschritte zu machen«. Zu unseren angesehensten Wissenschaftlern gehören auch solche, die ständig von einem Thema zum anderen wechseln und immer wieder die neuen Verfahren nutzen, um »tiefer zu blicken«. Erst wenn sie aus Krankheits- oder Altersgründen nicht mehr im Labor arbeiten können, kommen sie dazu, »die Dinge im Zusammenhang darzustellen«. Doch die Geschichte der Wissenschaft wird von beiden Typen geschrieben, den Experimentatoren wie Hooke, Franklin, Boyle und Faraday *und* den großen Synthetikern wie Newton, Mendelejew und Einstein (Niels Bohr kam erst durch jahrelanges Nachdenken auf das Atommodell, das sich als so erfolgreich erwies). Eine noch bedeutendere Stellung nahmen die großen Synthetiker in der Biologie des 18. und 19. Jahrhunderts ein: Linné, Lamarck, Darwin. Die Neurobiologie ist jung, und ihre Geschichte ist überwiegend eine Geschichte von wechselhaften Reduktionisten.

In der Wissenschaft kommt es nicht so sehr darauf an, neue Tatsachen zu erlangen, als vielmehr neue Wege des Nachdenkens über sie zu entdecken.
　　　　Der Physiker William Lawrence Bragg (1890–1971)

Viele Erforscher des tierischen Verhaltens sind dermaßen fasziniert von seiner Gerichtetheit, von der Frage »Wozu?« oder »Zu welchem Zweck?«, daß sie ganz vergessen haben, nach seiner ursächlichen Erklärung zu fragen. Doch die große Frage ... »Wie?« [ist] ebenso faszinierend wie die Frage »Wozu?« – freilich für eine andere Art von Wissenschaftlern. Wenn das Erstaunen über die Gerichtetheit des Lebens typisch ist für den Naturforscher draußen, so ist das Bestreben, die Ursache zu verstehen, typisch für den, der im Labor arbeitet. Es ist ein bedauerliches Symptom für die Beschränktheit des menschlichen Geistes, daß sehr wenige Wissenschaftler fähig sind, beide Fragen gleichzeitig zu bedenken.
　　　　Der Verhaltensforscher Konrad Lorenz, 1960

*

Die Mechanismen der visuellen Wahrnehmung waren den Forschern ein Rätsel gewesen, bevor die Neurophysiologie begann, bei Fröschen, Katzen und Affen die Leitungen anzuzapfen; die Optik des Sehens war weitgehend ergründet, und über die Mechanismen des Farbensehens waren einige gescheite

Hypothesen formuliert worden (besonders Thomas Youngs Dreifarbentheorie von 1802), aber noch niemand hatte gezeigt, wie das Gehirn es anstellte, ein Bild in seine Bestandteile zu zerlegen.

Nun hatten wir eine beeindruckende Erklärung dafür, wie das Nervensystem dies anstellt: Erregende und hemmende nervöse Mechanismen sorgen dafür, daß Bilder in ihre Bestandteile aufgelöst werden. Dies gab der Forschung einen neuen Anstoß, die weiteren Stufen des visuellen Prozesses bis ins Gehirn selbst zu erkunden. Unser besonderes Interesse galt einem visuellen Bereich im Hinterkopf, an den die Botschaften des Sehnervs gerichtet zu sein schienen. Wenn dieses Gebiet, als »primäre Sehrinde«, als »Area 17« oder manchmal auch einfach als »V1« bezeichnet, infolge einer Beschädigung nicht funktionierte, lag bei den Betroffenen eine sogenannte Rindenblindheit vor.

Zu den unmittelbaren Mitarbeitern Steve Kufflers gehörten zwei junge Neurophysiologen, die zunächst als Ophthalmologen begonnen hatten, David Hubel und Torsten Wiesel. Als Kuffler Ende der fünfziger Jahre an die Harvard Medical School kam, stellte er die beiden ein, um sich anschließend wieder seiner ersten Liebe zuzuwenden, der Erforschung der Synapsen (zusammen mit Josef Dudel entdeckte er 1961 ein bedeutendes Prinzip, die präsynaptische Hemmung, die anstelle des üblichen Mechanismus von Erregung und Hemmung, dessen Entsprechung Addition und Subtraktion sind, zu einer Art Prozentrechnung führt, die eher etwas mit Multiplikation und Division zu tun hat).

Kuffler hatte sich mit den Zellen beschäftigt, die in der Kette zwischen den Photorezeptoren und dem Gehirn an dritter Stelle kommen (mit den Photorezeptoren und den Zellen, die das zweite Glied bilden, hatte er sich ebenfalls befaßt, aber mit den Verfahren von 1953 war es noch nicht möglich, sie zu erforschen). Als Hubel und Wiesel sich den Hirnstrukturen zuwandten, die sich längs der Sehbahn anschließen – den Thalamuszellen, die an vierter Stelle kommen, und den Zellen in der Großhirnrinde, die an fünfter oder noch weiter nachgeordneter Stelle liegen –, entdeckten sie eine Goldmine. Andere Neurophysiologen versuchten herauszufinden, wie Sinneseindrücke von der Haut und den Ohren im Gehirn verarbeitet werden, doch bei der Sehbahn kam man mit den gleichen Verfahren zu sehr viel besseren Ergebnissen: Stärker als unsere übrigen Sinne ist das visuelle System bei jedem evolutionären Anpassungsschritt verbessert worden. Außerdem pflegen wir Menschen, anders als die meisten Tiere, in visuellen Vorstellungen zu denken, und das ist ein Vorteil für menschliche Neurophysiologen, die zu verstehen suchen, was das Auge mit den Photorezeptoren, die an erster Stelle kommen, eigentlich »sieht«.

Wir kannten die Funktionsweise von Fotoapparaten und Fernsehkameras, und einige von uns erwarteten wohl, daß das Auge aus dem, was es sieht, ein Bild erstellt, um es einem Betrachter, der irgendwo hinten im Gehirn sitzt, zu präsentieren. Wir wußten zwar, daß das mosaikartige optische Bild, das von den rund hundert Millionen Photorezeptoren aufgenommen wird, teilweise umgepackt werden muß, weil für die Weiterleitung ans Gehirn nur eine Million »Drähte« zur Verfügung stehen, doch irgendwie erwarteten wir immer noch, daß am anderen Ende ein getreuliches Abbild wiederhergestellt würde, ähnlich wie in einer Fernsehröhre, die das, was die Fernsehkamera aufgenommen und in Radiowellen umgesetzt hat, wieder zu einem Bild zusammenfügt.

Irritierend waren jedoch die Ergebnisse der Froschstudien, aus denen hervorging, daß alle Informationen, die detaillierter waren als das grobe Bild einer Fliege, einfach verschenkt wurden. Zum Glück hatte Kuffler die Unter-

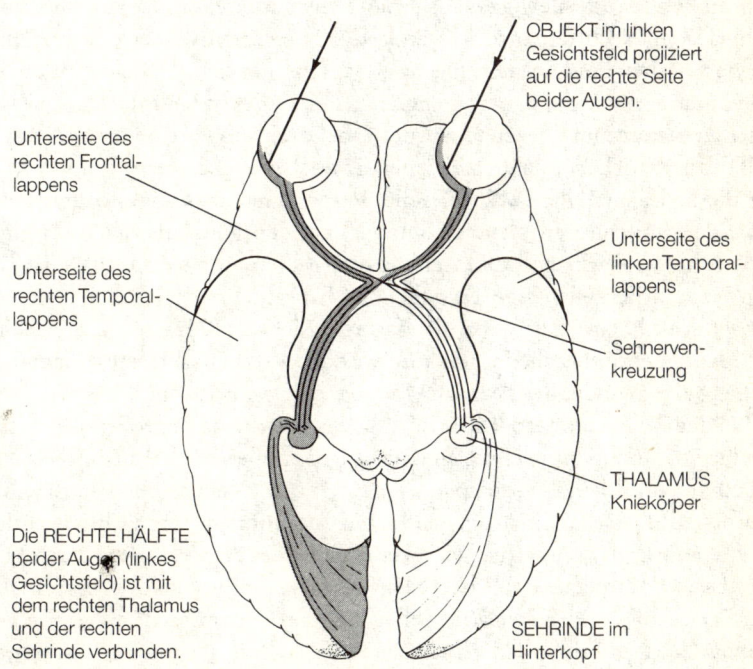

suchung der Ganglienzellen der Netzhaut an Katzen und nicht an Fröschen vorgenommen (wegen der Größe und Kompliziertheit der Meßapparate benötigte er ein größeres Auge), und von diesen Zellen wurden eindeutig zumindest die Grenzen zwischen allen Objekten gemeldet. Das Gehirn einer Katze besaß demnach die potentielle Fähigkeit, eine Zeitung zu lesen. Wie Hubel und Wiesel bald darauf zeigten, entsprachen die Ganglienzellen der Netzhaut von Affen weitgehend denen von Katzen, nur waren sie besser in der Feinauflösung und im Farbensehen. Doch was geschieht in den Hirnzellen, zu denen der Sehnerv führt? Die Hauptbahn vom Auge zum Gehirn verläuft über den Thalamus, dessen äußerer Kniekörper eine geschichtete Struktur aufweist, die den Neuroanatomen seit langem Kopfzerbrechen bereitet hatte. Hier mußte etwas sehr Kompliziertes vor sich gehen.

Hubel und Wiesel machten Messungen an den Zellen des Kniekörpers. Aber auf den ersten und auch auf den zweiten Blick ergab sich kein Unterschied zu den weiter vorn gelegenen Ganglienzellen der Netzhaut – es schien nichts Neues zu passieren, so als handele es sich nur um eine Art Relaisstation (dieser Begriff stammt aus der Postkutschenzeit, als man an den Stationen die müden Pferde gegen ausgeruhte austauschte, ohne daß sich an den beförderten Nachrichten etwas änderte). Die rezeptiven Felder des Kniekörpers hatten die gleiche Form eines Krapfens, der sich als Randzone um ein Zentrum legt, wie sie in den Ganglienzellen der Netzhaut durch die Zwei-Trichter-Anordnung erzeugt wurde. Obendrein ergab eine erste Analyse, daß diffuses Licht für den Kniekörper ein noch schwächerer Stimulus war als für die Netzhautzellen: Während die Betrachtung eines ungestörten Feldes, etwa des wolkenlosen blauen Himmels, bei den Netzhautzellen oft einen Überschuß von Erregung beziehungsweise Hemmung ergab, bestand bei den Kniekörperzellen eine Tendenz, daß Erregung und Hemmung sich gegenseitig aufhoben. Erst wenn man farbiges Licht als Reiz einsetzt, zeigt sich, daß die Kniekörperzellen etwas tun, was die Netzhaut nicht tut: In einigen Zellen verschwindet die Zentrum-Randzone-Organisation.

Bei den Zellen der Großhirnrinde, die im Verarbeitungsprozeß weiter hinten liegen, fanden Hubel und Wiesel natürlich andere Verhältnisse als bei der Netzhaut und dem Kniekörper. Der Kortex war keine Relaisstation; hier wurden die Botschaften zu neuen Mustern zusammengesetzt. Offensichtlich wurden die kreissymmetrischen rezeptiven Felder der Zellen, die den Kortex versorgen, auf irgendeine Weise zu länglichen rezeptiven Feldern modifiziert. Für Netzhaut- und Kniekörperzellen bestand der optimale Reiz in einem weißen Fleck auf dunklem Hintergrund (beziehungsweise, bei bestimmten

Zellen, einem schwarzen Fleck auf hellem Hintergrund), der eine bestimmte Größe hatte und in jedem Fall rund war. Bei den Rindenzellen konnten auch runde Flecken eine Reaktion hervorrufen, doch Linien und längere Kanten erwiesen sich als die besten Reize.

Daß die Rinde stärker auf Linien reagierte, war überraschend angesichts der Tatsache, daß die Kniekörperzellen, deren Reaktionen den Input für die Rinde bilden, beim Übergang von runden Flecken zu Linien und Kanten *schwächer* reagierten. Es zeigte sich jedoch, daß die Aktivität zahlreicher Inputzellen mit unterschiedlich zentriertem rezeptivem Feld von einer bestimmten Rindenzelle summiert wurde, und die Zellen, um die es dabei ging, lagen alle in einer Linie aufgereiht – vermutlich aufgrund von genetischen Befehlen, die während der pränatalen Entwicklung die Verdrahtung zwischen Thalamus und Rinde besorgt hatten.

Bei den Rindenzellen gab es offenkundig bestimmte Vorlieben: Einige bevorzugten waagerechte, andere dagegen senkrechte weiße Linien, und wieder andere bevorzugten Linien mit irgendeiner Neigung, die dazwischen lag, solange diese nicht stärker als 5 bis 10° von ihrem optimalen Winkel abwich. Wenn sich die Neigung einer Linie änderte (wie es beispielsweise mit dem Horizont geschieht, wenn die Vineyard-Fähre in der Dünung rollt), wurde eine bis dahin aktive Gruppe von Zellen untätig, doch dafür wurde eine andere Gruppe aktiv. Die einzelnen Zellen schienen auf eine bestimmte Neigung spezialisiert zu sein.

Es gab Zellen, die am besten auf Kanten wie etwa die Grenze zwischen Meer und Himmel ansprachen, während andere Zellen schmale schwarze Linien und wieder andere schmale weiße Linien bevorzugten (was aufgrund ihres Inputs, der in zwei Klassen zerfiel, eine reguläre und eine umgekehrte Mexikanerhut-Anordnung, zu erwarten war). Der Kortex wies also eine große, aber geordnete Vielfalt auf: Benachbarte Zellen hatten tendenziell die gleiche Vorliebe für eine bestimmte Neigung, bis man plötzlich auf einen Nachbarn stieß, der eine ganz andere Neigung mochte. Diese Neigungspräferenz blieb durch alle Rindenschichten gleich; wenn man also immer tiefer ging und ein Neuron nach dem anderen prüfte, zeigte sich, daß sie alle die gleiche Neigung mochten. Gelegentlich geriet die Meßsonde aber irrtümlich in eine angrenzende »Säule«, die eine andere Neigung bevorzugte, und so kamen wir darauf, daß es im Kortex »Orientierungssäulen« gibt.

Da eine Zelle auf einen kleinen Lichtfleck maßvoll reagierte, konnte man geduldig ihr rezeptives Feld erkunden und eine »Karte« davon anlegen, aus der sich der optimale Reiz vorhersagen ließ, sei es eine schmale schwarze

Linie von 45° Neigung, eine senkrechte Kante oder sonst etwas. Wenn dann der vorhergesagte optimale Reiz ausprobiert wurde, zeigte die Zelle tatsächlich ihre stärkste Reaktion. Einige Zellen wollten jedoch auf kleine Flecken nicht reagieren, und in diesen Fällen probierten Hubel und Wiesel es mit Linien und Kanten, die sie so lange drehten, bis es bei der bevorzugten Neigung klappte. Es war so, als hätten diese Zellen eine hohe Schwelle, als forderten sie ein Guthaben von 10000 Dollar, bevor sie Zinsen zahlten. So gesehen, sind Lichtflecken, wenn die Information die Rinde erreicht, einfach keine erstklassigen Boxer.

Schließlich erlebten Hubel und Wiesel eine weitere Überraschung, denn einige Zellen reagierten auf die Linie selbst dann, wenn sie diese ein wenig seitwärts verschoben. Bis zu dieser Entdeckung hatten alle untersuchten Zellen der Netzhaut, des Kniekörpers und der Rinde nach einer solchen Verschiebung ihr Interesse verloren und waren verstummt, weil der Reiz aus dem Zentrum ihres rezeptiven Feldes ausgewandert war oder sich in den schwachen Teil seiner Randzone verlagert hatte. Allerdings konnten sie die geneigte Linie nicht beliebig auf der Netzhaut verschieben, doch wenn die Verschiebung in einem Bereich von etwa 10 bis 15° blieb, reagierte die Zelle noch auf die Linie. Versuchten sie jedoch, die Neigung der Linie von ihrer bevorzugten Orientierung weg zu verändern, stellte die Zelle sofort jede Reaktion ein, gleichgültig, ob und wohin die Linie verschoben wurde. Hubel und Wiesel sprachen hier von »komplexen Zellen« und nannten jene, deren Karte vorhersagbar war, »einfache Zellen«.

Diese Beobachtung erregte deshalb Aufsehen, weil es den Anschein hatte, als würden die komplexen Zellen den Begriff einer »um 45° geneigten Linie« unabhängig von deren Lage »verallgemeinern«. Die Psychologen hatten seit langem betont, daß die Verallgemeinerung einen Unterschied zwischen niederen und höheren Tieren begründe: Manche Arten lernen, zwei Dreiecke, von denen eines auf der Basis und das andere auf der Spitze steht, als »ein und dasselbe« zu betrachten, während andere Arten sie stets als verschieden betrachten und nicht zu der »Verallgemeinerung des Dreiecksbegriffes« fähig sind. Die komplexen Zellen leisteten eine solche Verallgemeinerung, nicht im Hinblick auf Dreiecke, aber auf einen der Teile des Dreiecks, eine geneigte Linie.

Gab es im Gehirn also vielleicht Zellen höherer Ordnung, die auf Dreiecke spezialisiert waren, unabhängig von deren Größe oder Neigung, unabhängig davon, ob sie schwarz auf weiß oder weiß auf schwarz dargeboten wurden, und unabhängig davon, ob das Innere ausgefüllt war oder nicht? Gab es im

Gehirn höherer Tiere Dreiecksdetektoren, vergleichbar mit den leistungsfähigen »Käferdetektoren«, welche die Frösche sogar schon in der Netzhaut besaßen?

Wir können bereits einzelne Zellen aus den Millionen Elementen des Systems heraushören. Ich kann mir keine wichtigere Aufgabe vorstellen als die Rekonstruktion der Symphonie.

Der Neuropsychologe Hans-Lukas Teuber

*

Stephen Kuffler erhielt den Nobelpreis nicht, obwohl er doch an dieser Kette von Erfolgen beteiligt war und im Hinblick auf den Mechanismus der nervösen Hemmung einen grundlegenden Aspekt nach dem anderen aufdeckte. Unter den Neurobiologen wurde Ende der siebziger Jahre gewettet, daß der nächste Nobelpreis für neurobiologische Forschungen an das Triumvirat Kuffler, Wiesel und Hubel gehen würde. Doch Nobelpreise werden nicht posthum verliehen, und Steve Kuffler starb am 11. Oktober 1980 mit 67 Jahren während der Arbeit an seinem Schreibtisch in seinem Haus in Woods Hole. Am Morgen war er noch wie gewohnt am Stony Beach schwimmen gewesen.

1981 erhielten Hubel und Wiesel dann tatsächlich den Nobelpreis für Physiologie und Medizin. Sie waren – und das ist ja Usus bei solchen Entscheidungen – besonders bemerkenswerte Vertreter einer ganzen Gemeinschaft erfolgreicher Wissenschaftler. Die Neurobiologie wurde in diesen Jahren erwachsen. 1959 hatte es noch nicht einmal dieses Wort gegeben, sondern bloß diverse Neurophysiologen, Neuroanatomen, Neuropharmakologen und Fachleute für die Entwicklung des neuralen Systems, die von der Medizin, der Biologie, der Psychologie und den Naturwissenschaften herkamen. Heute gibt es für Graduierte ein vielfältiges Angebot in Neurobiologie, und an einigen Orten kann man sogar Neurobiologie als Hauptfach studieren. Im großen und ganzen sind wir aber weiterhin eine bunte Schar von Emigranten aus anderen Disziplinen, so etwas wie ein Schmelztiegel. Die reduktionistischen Verfahrensweisen lernen alle, denn sie sind nach wie vor am besten geeignet, um Studenten wissenschaftlich auszubilden, doch einige wenige wenden sich ab und unternehmen den Versuch, die Teile zu einem Ganzen zusammenzufügen, das Gesamtbild zu erkennen und vielleicht einige emergente Eigenschaften zu entdecken.

Unsere Netzhaut (und ebenso die der Hühner) wird jeden Augenblick von einer Unzahl tanzender, vibrierender Lichtpunkte getroffen, die die lichtempfindlichen Stäbchen und Zäpfchen reizen, so daß diese dann das Gehirn mit ihren vielfältigen Signalen bombardieren. Und doch ist die Welt, die wir sehen, im großen und ganzen eine beständige, stabile Welt. Es ist durchaus nicht leicht, sich klarzumachen, wie ungeheuer groß der Unterschied ist, der zwischen unseren optischen Sinnesempfindungen und unserem visuellen Erleben besteht, und man benötigt dazu eigentlich ziemlich komplizierte Versuchsanlagen. Immerhin: Man stelle sich irgendein Objekt vor, sagen wir ein Buch oder ein Blatt Papier. Wenn wir unseren Blick darüberstreichen lassen, projiziert es auf jede unserer beiden Netzhäute eine ständig wechselnde Vielfalt von bewegten, flimmernden Lichteindrücken verschiedenster Wellenlängen und Intensitäten ... Aber wir können uns der objektiven Größe dieses Unterschieds nur mit Hilfe eines Apparats bewußt werden, ... eines Schirms mit einem Loch, durch das man einen farbigen Punkt wahrnehmen kann, jedoch so, daß er von jeder Beziehung zu seiner Umgebung abgeblendet ist. Die Beobachtungen, die die Versuchspersonen an diesem Zauberkasten machen, setzen die meisten in höchstes Erstaunen. Ein weißes Taschentuch im Schatten kann objektiv dunkler sein als ein Stück Kohle in heller Sonne. Im gewöhnlichen Leben kommen wir ja nur selten in die Gefahr, diese beiden Dinge miteinander zu verwechseln, weil die Kohle in der Regel der dunkelste Gegenstand in unserem Blickfeld sein wird und das weiße Taschentuch das hellste, und weil es bei unserem Erleben auf relative und nicht auf absolute Helligkeit ankommt. Die Verschlüsselung ... beginnt also schon auf dem Weg von der Netzhaut zu unserem Bewußtsein.
Der Kunsthistoriker Ernst H. Gombrich, 1959

7.
Wer spricht aus der Großhirnrinde? Das Problem der unterbewußten Komitees

Die Landkarte ist nicht das Territorium.
Der frühe Semiotiker Alfred Korzybski, 1933

[Jorge Luis Borges] hat einmal von einem Land gesprochen, das sich seines kartographischen Instituts und der glänzenden Qualität seiner Karten rühmte. Im Laufe der Jahre zeichnete dieses Institut Karten von immer größerer Genauigkeit, bis es schließlich die nicht mehr zu überbietende Karte im Maßstab 1:1 zustande brachte. Und wenn man heute, so Borges, durch die Wüste wandert, sieht man hier und da Teile der Karte, die noch immer an der Region haften, die sie darstellen!

Für uns als kognitive Wissenschaftler ist der entscheidende Punkt dabei natürlich, daß unsere Aufgabe lediglich darin besteht, das Territorium des geistigen Lebens zu kartieren, um die wesentlichen Phänomene und ihre Zusammenhänge darzustellen, nicht aber, eine Karte im Maßstab 1:1 zu liefern oder die ganze Fülle des Lebens durch das Abspielen eines Computerprogramms zu ersetzen ... Unsere Aufgabe als Wissenschaftler ist, ungeachtet unserer Aufgabe als Philosophen, eine zweifache: Nicht nur eindeutige Darstellungen zu liefern, soweit wir dazu in der Lage sind, sondern auch die Grenzen dieser Darstellungen zu verstehen. Wir werden also immer in der Spannung zwischen dem Unkartierten und dem Unbekannten leben müssen.
Der Hirntheoretiker Michael A. Arbib, 1985

Ist der Weg zum Bewußtsein mit Mexikanerhüten gepflastert? Oder zumindest mit der lateralen Hemmung? Dafür spricht einiges, denn bei der lateralen Hemmung handelt es sich darum, daß benachbarte Zellen miteinander um den Vorrang konkurrieren; bei ihr dreht es sich darum, Maxima und Minima zu finden – und damit bietet sie ein Verfahren, zu beurteilen, welches die beste Wahl zwischen Alternativen ist. Doch bevor wir zum Bewußtsein als solchem zurückkehren, müssen einige andere Eigenschaften von Zellverbänden erwähnt werden, zum Beispiel die sensorischen »Karten« in der Großhirnrinde.

Jede Zelle in den Sehbahnen hat ein rezeptives Feld, zu dessen Eigentümlichkeiten ein »Zentrum« gehört, ein Punkt im Raum, auf den die Aufmerksamkeit dieser Zelle konzentriert zu sein scheint. Ihre Nachbarzellen sind gewöhnlich auf etwa den gleichen Fleck konzentriert, aber aufgrund einer gewissen Abweichung scheinen weiter entfernte Zellen sich auf Punkte im Raum zu konzentrieren, die weiter weg liegen. Weil diese Abweichung im großen und ganzen regelmäßig ist, können wir Karten zeichnen, in denen mit einer gewissen Vereinfachung nur die Zentren festgehalten sind. Kortikale Karten enthalten eine gewisse Verzerrung, weil die Zellen an bestimmten Dingen mehr interessiert sind als an anderen – man denke an Weltkarten, auf denen die Größe der Kontinente ihrer Bevölkerung oder ihrem Bruttosozialprodukt entspricht.

*

Bei Sonnenaufgang war es heute morgen dunstig, wegen der großen Feuchtigkeit der Seeluft. Um die Sommersonnenwende geht die Sonne im Nordosten auf, und das heißt, daß sie von Woods Hole aus über Cape Cod erscheint und nicht über dem Atlantik, wie man es erwarten würde. Der Umriß der Halbinsel erinnert an den Arm eines Kraftmenschen, der seinen Bizeps anspannt. Das hochgereckte Handgelenk am nordöstlichen Ende ist dort, wo Wellfleet und Truro liegen, und Provincetown bildet die geballte Faust. Eastham liegt auf dem Unterarm, Chatham auf der Südseite des Ellbogens und blickt hinunter nach Nantucket. Hyannis ist ungefähr der Trizeps, Dennis der Bizeps. Die Achselhöhle würde Falmouth und Woods Hole entsprechen, und der Kopf läge oben an der Cape Cod Bay etwa bei Plymouth Rock (wo die Pilgerväter landeten), überragt von Boston und Cambridge, wie es sich für deren Anstalten der höheren Gelehrsamkeit geziemt.

Daß Woods Hole gleichsam in der Achselhöhle liegt und damit, wie wir im Englischen sagen, gewissermaßen ein dreckiges Loch ist, mag einmal zutreffend gewesen sein in jener Zeit, bevor das Marine Biological Laboratory und die Woods Hole Oceanographic Institution gegründet wurden. Im ausgehenden 19. Jahrhundert war Woods Hole Industriestandort und Endstation für die Eisenbahnfähren zwischen Boston und New York (der große Parkplatz für die Vineyard- und Nantucket-Fähren war einmal ein Rangierbahnhof, über dem oft eine Glocke von Kohlenrauch hing).

Der durchdringendste Geruch kam jedoch von einer Düngerfabrik, die einen hier verbreiteten Fisch namens Menhaden mit Fledermausguano vermischte, den man aus tropischen Höhlen herbeischaffte. Neun Walfänger operierten zwischen 1815 und 1860 von diesem Hafen aus, und auch sie rochen ziemlich übel. Die Pacific Guano Company machte 1880 dicht; der Walfang kam aus Maßlosigkeit zum Erliegen (törichterweise trugen sie dazu bei, ganze Walarten auszurotten).

Der Gestank mag inzwischen verflogen sein, doch Woods Hole ist nicht mehr ganz die ursprüngliche Butenmarsch, die es einmal war. Erdbewegungsmaschinen haben seine Landschaft umgemodelt und die Erdmassen nach der Vorstellung gestaltet, die ein Bulldozerfahrer sich von Landschaftsästhetik macht. Schade, daß sie bei der Gelegenheit nicht gleich die teuflischen Kurven in den Straßen begradigt haben, obwohl bei der Hälfte der unübersichtlichen Kurven schon eine Heckenschere genügen würde. Aber vielleicht halten sie hier an den unübersichtlichen Kurven fest, so wie andere zur Buße ein härenes Hemd tragen.

Seiner Gestalt nach könnte Cape Cod die Endmoräne eines Eiszeitgletschers sein. Diejenigen unter uns, die in einer Gletschergegend leben, gewöhnen sich an den Anblick von Moränen. Wenn man jeden Sommer in der Gegend des Mount Rainier wandert, sieht man, daß die Gletscher abschmelzen und riesige Haufen von Geröll freigeben, die sie vor sich hergeschoben hatten, als sie noch im Vordringen waren. Wenn Sie hinaufwandern möchten, um die Zunge eines Gletschers auf dem Rückzug näher zu untersuchen, werden Sie vom Tal aus wahrscheinlich über eine Reihe von zungenförmigen »Endmoränen« hinweg klettern, in denen sich der Wechsel zwischen Vormarsch und Rückzug des Gletschers niedergeschlagen hat.

Cape Cod ist ebenfalls zungenförmig, und Gletscher sind so weit nach Süden vorgedrungen (andere schafften es sogar bis zum Central Park in New York, wo man die parallelen Kratzspuren sehen kann, die von Felsen herrühren, die unter der vordringenden Front der Gletscher eingeklemmt waren; Long Island ist ebenfalls eine Moräne). Der während der Eiszeiten (um dreißig bis vierzig Stockwerke) gesunkene Meeresspiegel gab einen Großteil des Festlandsockels vor der heutigen Küstenlinie des Atlantik der Besetzung durch landliebende Gletscher preis.

Die Fischer von Neuengland beklagen sich immer wieder über ein anderes Überbleibsel der ausgehenden Eiszeit: Der flache Meeresboden um den Festlandsockel ist übersät mit großen Felsblöcken, an denen sich Netze und Hummerkörbe verfangen. Sie sind das vom Meer überspülte Gegenstück der »Eiszeitfindlinge«, von denen die Bauern Neuenglands ihre Äcker freizumachen suchen und aus denen sie steinerne Einfriedungen errichten. Von dem Gletscher mitgeschleppt, blieben sie liegen, als das Eis schmolz. Diejenigen, die sich in geringerer Höhe befanden, wurden schließlich vom steigenden Ozean überspült.

Möglicherweise hat es südlich von Boston eine ganze Reihe von Endmoränen gegeben. Die Untiefe der Nantucket Shoals, wo der Atlantik stellenweise nur ein Stockwerk tief ist, stellt vielleicht die südlichste Schutthalde dar. Die der Küste vorgelagerten Inseln Martha's Vineyard und Nantucket sowie die flachen Gewässer zwischen ihnen könnten die Endmoräne eines Vorstoßes sein, der auf den Rückzug von den Shoals folgte. Vielleicht hat sich in Cape Cod teilweise die Gestalt der Zunge des Gletschers während seines letzten Vordringens erhalten. Die nächste Eiszeit wird diese ganze Szenerie vermutlich wieder ummodeln, und ein anderer Gletscher wird das ganze zu einer neuen Endmoräne zusammenschieben. Dies ist wahrlich ein Beispiel von *sic transit gloria mundi*.

※

Fast von Nobska an am Oyster Pond vorbei und bis nach Falmouth folgt der Fahrradweg der Uferlinie des Vineyard Sound. Der Shining-Sea-Radweg ist eine ehemalige Bahnstrecke, die wieder dem öffentlichen Verkehr zugänglich gemacht wurde; jetzt kann man von dem Fähren-Parkplatz in Woods Hole aus fast sechs Kilometer weit gehen oder radfahren, ohne von einem Auto geschrammt zu werden.

Die meisten Leute gehen, obschon auch einige masochistische Läufer zu sehen sind. Es gibt Fahrräder von jeder Sorte, doch die meisten fahren hier langsam; man schaut sich um und betrachtet die Blumen, den Wald. Hier und da führen schmale Pfade in das Gebüsch. Schließlich fällt der Blick auf einen Teich, dessen Bild durch ein Paar majestätischer Schwäne vervollständigt wird.

Ein längeres Stück führt der Weg direkt am Meer entlang, und man kann in Richtung Süden zwischen Martha's Vineyard und Nantucket die hohe See erblicken. Diese See schimmert wirklich, wie der Name des Radweges behauptet; da man nach Süden blickt und die Sonne im Süden steht, wirft die Wasseroberfläche viele Sonnenstrahlen in die Augen zurück. Katharine Lee Bates, deren Haus in Falmouth irgend etwas Nationalhistorisches in dieser Gegend ist, schrieb »America the Beautiful«. Jedesmal, wenn ich die wunderschöne Wendung »From sea to shining sea« höre, die auf die Ost- und die Westküste anspielt (wo die See nur bei Sonnenaufgang beziehungsweise Sonnenuntergang schimmert), denke ich an diesen nach Süden liegenden Strand, wo die See den ganzen Tag schimmert.

Leider wird der Ausblick verstellt durch die abscheulichste Stromleitung, die man bislang gesehen hat. Dies ist so etwas wie eine Hauptleitung, an den meisten Stellen so dick wie ein Tennisball, mehr ein durchhängendes Rohr als ein Draht. Alle paar Masten schwillt sie zur Beleibtheit eines Footballs an, wobei die Geschwülste dadurch entstanden sind, daß man an einer Bruchstelle die Drähte verspleißt hat. Ein Rohr am Himmel. Es ist so schwer, daß die Strommasten beinahe so dicht stehen müssen wie anderwärts die Zaunpfähle. Und diese Strommasten marschieren direkt am Strand entlang, so daß ihre Spannseile einen zu Umwegen zwingen, wenn man dicht vor den sanft auflaufenden Wellen geht. Wenigstens ist diese Ungeheuerlichkeit allen Launen von Wind und Flut ausgesetzt; es besteht Hoffnung, daß diese schleichenden Einflüsse sie zu Fall bringen werden, wenn schon menschliche Planung sie nicht beseitigt.

Ich sehe, daß es wieder einmal an der Zeit ist, große Gedanken zu denken. Ich bräuchte eine Version des großen Marsches aus *Aida*, um mit visuellen Irritationen fertig zu werden. Vielleicht würde es mich hinreichend in den Bann ziehen, mir russische Puppen vorzustellen, eine in der anderen, *ad infinitum*. Oder vielleicht das kleine Männchen im Kopf, denjenigen, der das, was die Augen sehen, betrachtet?

*

Die Sehrinde ist wahrscheinlich nicht das Zentrum unserer Wahrnehmung der Gesichter und Autos und Bäume, die wir ohne weiteres erkennen. Das

Strommasten-Schema gibt es dort mit Sicherheit nicht, weil keine der Zellen in diesem Teil des Gehirns Objekte verarbeiten kann, die sehr viel größer sind als 2° (Sonne und Mond sind jeweils etwa 0,5°, nur zum Vergleich).

Die sogenannte Sehrinde könnte die Information in erster Linie vom Thalamus erhalten, aber es gibt eine ganze Reihe weiterer »sekundärer« visueller Bereiche in der hinteren Hälfte unseres Gehirns. Und sie scheinen manchmal kompliziertere Dinge zu machen. Vielleicht sind dort Dreiecke zu finden und die Formen von Schwänen. Oder mein Schema für tumorbefallene Strommasten.

V4 ist ein Rindenfeld, in dem man eine vollständige Karte der entgegengesetzten Hälfte der visuellen Welt gefunden hat (V4 war, wie Sie wohl vermutet haben, das vierte, das man in der Rinde entdeckte). Das V4 in der linken Hirnhälfte enthält eine Karte der rechten Hälfte Ihrer visuellen Welt; das Zentrum der Netzhaut ist auf einer Seite des V4-»Flickens«, die Peripherie auf der anderen, während die Zellen dazwischen auf die dazwischenliegenden Stellen spezialisiert sind. Die Karte erinnert an diese Veranstaltungen im amerikanischen Fernsehen, bei denen die Leute, die die Telefonanrufe aus den einzelnen Bundesstaaten beantworten, an Schreibtischen sitzen, die nach dem Muster der Vereinigten Staaten über ein Basketballfeld verteilt sind, wobei oben in einer Ecke der »Maine-Tisch« steht, am unteren Rand der »Texas-Tisch« usw.

Jede Hirnzelle gleicht, um Daniel Hartlines Bild zu zitieren, einem General, der vom Schlachtfeld, das er nicht direkt einsehen kann, mündliche Berichte erhält. Daher ähnelt eine Hirnkarte einer Kommandozentrale mit Spezialisten für jeden Kampfabschnitt. Ich erinnere mich an diese Filme über den Zweiten Weltkrieg, in denen die englische Fliegerabwehr an Auswertetischen koordiniert wurde, die den Umriß von England hatten, wobei für jeden Sektor ein anderer Offizier zuständig war.

Zwischen den Zellen von V4 und denen von V1 besteht hinsichtlich der rezeptiven Felder oft eine sehr große Übereinstimmung. Weshalb ein solches Beinahe-Duplikat von V1? Gibt es so etwas wie einen Ersatz-Gefechtsstand, der für den Fall da ist, daß der Haupt-Gefechtsstand ausgebombt wird? Natürlich ist V4 nicht das einzige zustätzliche Zentrum mit einer vollständigen Karte; bei Affen haben wir bislang mehrere Dutzend entdeckt. Beim Menschen dürften es kaum weniger sein, und ich wäre nicht erstaunt, wenn wir Hunderte hätten. Deshalb bezeichne ich die einzelne Halbkarte als einen »Flicken«: Die ganze in sich gefaltete Rindenoberfläche ähnelt, auseinandergefaltet und glattgestrichen, einer Patchwork-Steppdecke, wobei jeder Flikken eine eigene Textur hat, die für das feinkörnige »Netz« steht.

Dutzende oder Hunderte von »Duplikaten«? Als Reserve ist das eine ganze Menge, und deshalb habe ich Zweifel, ob es sich wirklich um redundante Satzausführungen handelt, vergleichbar mit den drei Systemen, die im Flugzeug für das Ausfahren des Fahrgestells vorhanden sind. Sie werden vielleicht sagen, daß wir zwei Nieren haben, um den Verlust von einer überleben zu können, und sich fragen, warum wir nicht auch ein Ersatzherz haben. Dazu ist erstens zu sagen, daß die Evolution durch natürliche Auslese bei der Entwicklung von Zusatzeinrichtungen sehr zögerlich ist, denn das n-te Ersatzteil würde nur bei den ganz seltenen Gelegenheiten unter die natürliche Auslese geraten, bei denen alle $n-1$ gleichzeitig ausgefallen wären. Die Evolution ist voll von Lösungen, die gerade hinreichend gut sind, von Notbehelfen, die nie durch etwas Besseres abgelöst werden; selten kommt sie dazu, etwas in zweifacher Ausführung und dann noch zur Sicherheit in einer dritten Ausführung zu schaffen.

Aber die Redundanz dient ja auch nicht nur der Sicherheitsreserve; sie kann auch dazu dienen, daß man sich bei einem Problem zusammentut, wie es etwa geschieht, wenn ein Dutzend Leute gemeinsam ein Auto aus dem Graben schiebt. Wenn ein und dieselbe Aufgabe in einer Vielzahl getrennter Zentren erledigt wird, so kann dadurch aufgrund des Gesetzes der großen Zahl gelegentlich die Präzision gesteigert werden.

*

Stellen Sie sich vor, Sie hätten beim Basketball freie Dunking-Würfe: Sie müssen dann richtig einschätzen können, wie weit der Korbring entfernt ist, damit Sie den Ball sauber hineinbekommen. Der Abstand beträgt etwa fünf Schritte, und der Platz, der innerhalb des Rings frei ist, beträgt nur einige Fingerbreit – das ist etwa ein Prozent vom Ganzen. Ich habe Zweifel, ob Basketball bei der Evolution der Hominiden eine große Rolle spielte, doch standen Jäger vor dem gleichen Problem, wenn sie ein kleines Tier mit einem Wurfgeschoß treffen wollten: Wollte er mit einem Stein ein Kaninchen erlegen, so bestand eine Chance von fünfzig Prozent, es von vorn zu treffen, doch in fünfzig Prozent der Fälle würde der Stein von oben auf das Tier fallen. Jäger mit einem zuverlässigen dreidimensionalen Urteilsvermögen werden doppelt so erfolgreich sein wie solche mit einem groben Urteilsvermögen. Wie stelle ich also fest, daß das 20 cm große Kaninchen 8,0 bis 8,2 und nicht 8,2 bis 8,4 Meter entfernt ist? Auch diese Einschätzung enthält einen Fehlerspielraum von etwa ein Prozent.

Wir Menschen können Entfernungen auf verschiedene Weise abschätzen.

In der Nähe können wir uns danach richten, wie stark wir unsere Augen akkomodieren müssen (indem wir die Linse so zusammenpressen, daß wir das Objekt scharf sehen). In größerer Entfernung liefert die relative Größe einen Anhaltspunkt, denn wir wissen ungefähr, wie groß ausgewachsene Kaninchen sind – aber man könnte auch von einem unausgereiften Kaninchen getäuscht werden, das näher ist, als man denkt. Einen weiteren Anhaltspunkt liefert die Oberflächenstruktur: Wenn wir die Kräuselung im Fell erkennen können, ist das Kaninchen näher, als wenn wir das nicht sehen. Die beste Methode für Entfernungen bis zu zehn Metern ist aber der Entfernungsmesser-Effekt: Wir lassen beide Augen auf ein nahes Objekt konvergieren, richten ihre Achsen aber parallel aus und betrachten ein sehr fernes Objekt. Einige V1-, V2- und V4-Zellen können das dann sehr gut auswerten.

Sowohl in V1 als auch in V4 erhalten die meisten Zellen Inputs von beiden Augen. Und der Input ist auf ganz ähnliche Weise organisiert: Ein rezeptives Feld, das bei geschlossenem linken Auge erhalten wird, hat die gleiche Gestalt wie das rezeptive Feld, das man bekommt, wenn man nur durchs linke Auge schaut. Beide Augen zusammen ergeben gewöhnlich die stärkste Reaktion. In V1 erhält man nun die besten Reaktionen, wenn die Achsen beider Augen parallel auf ein fernes Objekt gerichtet sind. In V4 sind die rezeptiven Felder beider Augen jedoch geringfügig versetzt, ihre Zentren liegen nicht genau an der gleichen Stelle. Um also von der Zelle eine optimale Reaktion zu bekommen, müssen die beiden Augen ein wenig konvergieren, bis die Zentren sich vollkommen decken. Die entsprechende Zelle reagiert also am besten auf Objekte in einem bestimmten Entfernungsbereich, sagen wir zwi-

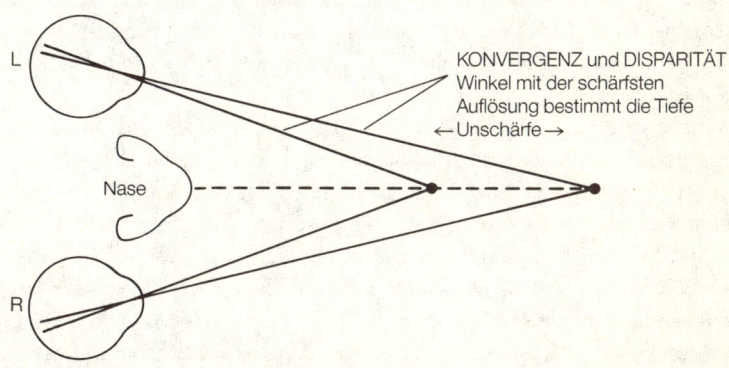

schen sieben und neun Metern. Eine andere V4-Zelle hat vielleicht eine Präferenz für den Abstand von zwei bis drei Metern, weil bei ihr die Zentren noch stärker versetzt sind und daher eine stärkere Konvergenz erfordern, um zur Deckung zu gelangen. Eine scharfe Einstellung, etwa auf einen Entfernungsbereich von 8,0 bis 8,2 Metern und keinen anderen, gibt es bei den V4-Zellen jedoch nicht.

Wenn man nun von den Reaktionen einer großen Zahl von V4-Zellen den Durchschnitt bildet, erhält man eine weit bessere Einschätzung der Entfernung. Außerdem ist es so, daß diese Dinge sich normalerweise mit dem Quadrat der Anzahl der Zellen verbessern: Mit 25mal soviel Zellen kann man seine Schätzung um den Faktor 5 verbessern; eine hundertfache Redundanz ergibt gewöhnlich eine zehnfache Verringerung der Ungenauigkeit. Zwar erlegt das Gesetz der großen Zahl der Art der neuralen Schaltungen, die eine solche der Quadratwurzel entsprechende Verbesserung ergeben, gewisse Beschränkungen auf (das Rauschen in den einzelnen Zellen muß statistisch voneinander unabhängig sein, jede Zelle muß einen kleinen Beitrag zur Gesamtsumme liefern, so daß die Zellen vergleichsweise wie Demokratien und nicht wie Oligarchien funktionieren, die Summierung muß einigermaßen linear sein und nicht einer binären Logik entsprechen usw.), doch können zahlreiche Typen neuraler Schaltungen sich das Gesetz der großen Zahl zunutze machen, um Präzisionsprobleme zu lösen. Detailliert habe ich dies zwar nur für die differentielle Tiefen-Diskrimination und die Präzision des Timing geklärt, doch hat es den Anschein, als könnten vielerlei Verhaltensweisen, bei denen es um eine präzise Unterscheidung geht, von einer vielfachen Redundanz profitieren: bei der präzisen Unterscheidung von Farben (um zwischen dem umgebenden Laub eine reifende Frucht zu erkennen), bei der präzisen räumlichen Unterscheidung (viele Tiere zeigen eine »Überschärfe« in einem sensorischen System, wobei die Leistung eines Individuums besser ist als die Auflösung des besten Rezeptors), beim »absoluten Gehör« und so weiter.

Wenn es also einige Dutzend zusätzliche visuelle Karten gibt, so folgt daraus unmittelbar eine fünffache Verbesserung in irgendeinem Aspekt der Auflösung, nicht aber, daß für den Fall häufigen Versagens mehrere Dutzend Reserve-Karten zur Verfügung stehen. Die Verbesserung kann sich in der sensorischen Leistung, sie kann sich aber auch in motorischen Fertigkeiten wie dem Werfen niederschlagen. Bei den Basketballstars, die jeden Weitwurf ins Ziel bringen, muß man annehmen, daß sie gelernt haben, viele ihrer Hirnzellen für das Problem der Tiefen-Diskrimination einzuspannen und eine weitere Gruppe daran arbeiten zu lassen, daß der Ball genau im richtigen Augenblick losgelassen wird.

*

Die sekundären visuellen Bereiche unterscheiden sich von V1 aber auch hinsichtlich der optimalen Reize. Oft sind es ganz geringe Unterschiede, beispielsweise bei den V4-Zellen, die eine Vorliebe für verschiedene Grade der Konvergenz beider Augen haben. Andere V4-Zellen sind bei farbigem Licht sehr viel besser als V1-Zellen. In einigen abgelegenen sekundären Bereichen wie dem medial-temporalen Bereich (MT) sind die rezeptiven Felder auffällig anders organisiert als bei den V1- oder V4-Zellen; es gibt MT-Zellen, die statt Linien oder Winkeln Hantelformen oder vierblättrige Kleeblätter bevorzugen. Durch Kombinationen derartiger Elemente kann sich dann eine Spezialisierung auf unregelmäßige Formen ergeben, etwa den Umriß einer Hand oder die Form eines Gesichts. Es heißt sogar, daß einige Zellen des Temporallappens die Formen von Gesichtern mehr mögen als alles andere – vielleicht nicht gerade das Gesicht Ihrer Großmutter, aber doch Gesichter überhaupt. Besitzen wir also mehrere Dutzend spezialisierte Unterzentren?

Tatsache ist, daß die Übereinstimmungen zwischen ihnen stärker sind als die Unterschiede, und genau das würde man erwarten, wenn die meisten sich durch einfache Duplikation entwickelt haben: Ein und dieselben Erbbefehle wurden ein zweites Mal benutzt, um eine zusätzliche Karte anzulegen, an der anschließend einige geringfügige Änderungen vorgenommen wurden, damit sie eine zusätzliche Funktion wie etwa die Farben- oder die Tiefen-Diskrimination unterstützt. Erst Duplikation und dann Diversifikation ist ein verbreitetes Prinzip auf der Ebene der Gene, ein praktisches Verfahren, um ein Programm zu verbessern, während die bewährte Version noch eine Weile weiterläuft; so macht es auch der Computerprogrammierer, der Änderungen stets an einem Duplikat des funktionierenden Programms ausprobiert. Es spricht einiges dafür, daß die Duplikation kortikaler Karten deshalb gefördert wurde, weil ihr Zusammenspiel (bei Gelegenheiten, wo es auf wirkliche Genauigkeit ankam) sich als nützlich erwiesen hat, daß die Duplikate sich aber später ein wenig diversifiziert haben und dadurch für eine andere Funktion nutzbar wurden.

*

Über ein Vierteljahrhundert nach der Entdeckung von Hubel und Wiesel, daß es in der Sehrinde Spezialisten für bestimmte Linienorientierungen gibt, hat noch niemand im Gehirn irgendeiner Spezies einen allgemeinen Dreiecksdetektor gefunden. Auch gibt es nicht viele Primatenhirnzellen, die auf eines der Merkmale spezialisiert wären, die das Auge des Frosches 1959 offenbar so unwiderstehlich fand. Warum?

Vielleicht wird ja irgend jemand am Ende eine allgemeine Dreiecksdetektor-Zelle finden, doch wir Menschen erinnern uns an so viele verschiedene Tatsachen unseres Lebens, daß unser Gehirn möglicherweise nicht genügend Zellen dafür enthält, daß jede Zelle ein Spezialist für nur eine Tatsache sein kann; daß Computer jede Tatsache in einem eigenen Schubfach speichern, bedeutet ja noch nicht, daß es nicht andere Möglichkeiten gibt, Gedächtnis- und Wiedererkennungsaufgaben zu lösen. Daß ich mich an das Profil meiner Großmutter erinnern kann, bedeutet nicht unbedingt, daß ich irgendwo in meinem Gehirn eine Zelle habe, die nur auf diese Form und auf keine andere reagiert. Es könnte statt dessen sein, daß die Erkenntnis »das ist ein Bild meiner Großmutter« von einem Komitee von Zellen bewerkstelligt wird, dessen einzelne Mitglieder gleichzeitig anderen Komitees angehören (zum Beispiel dem für das Gesicht meines Vaters *und* dem für vierblättrige Kleeblätter).

Wenn für jedes Schema eine spezialisierte Zelle (oder eine »markierte Linie«) erwartet wird (Marvin Minsky, aufgepaßt), sprechen die Neurophysiologen von dem »Irrtum von der Großmutterzelle«. Nicht, daß wir sicher wären, daß es eine solche spezialisierte Zelle nicht gibt (noch haben wir nicht jede einzelne Hirnzelle untersucht!) – wir sind aber sicher, daß einige Eigenschaften aus der Kombination einfacherer Teile entstehen, daß das Ganze aus der Summe der Teile erzeugt werden kann. Dabei können die Teile durchaus bloße Linienspezialisten sein, und das Ganze kann aus einer Unzahl von winzigen Abschnitten entstehen.

*

Im ersten Teil unseres Jahrhunderts betonte die Gestaltpsychologie, daß alle Erfahrungen aus *Gestalten* bestehen, zusammenhängenden Gebilden oder Mustern, die als ganze und nicht als losgelöste Glieder erfaßt werden müssen. Die Vorstellung, daß das Ganze manchmal mehr ist als die Summe seiner Teile, geht auf Aristoteles zurück. Wenn das aber nicht wieder bloße Glaubenssache sein soll, wenn wir am Ende der Erklärung mehr verstehen sollen, als wir bei Beginn der Betrachtung der einzelnen Teile verstanden haben, müssen wir eine schwierige begriffliche Hürde überwinden. Dies hängt überraschenderweise eng mit einem anderen Rätsel zusammen, daß nämlich eine Funktion wie Wahrnehmung und Kognition keinen bestimmten Ort zu haben braucht, von dem man, auf ihn zeigend, sagen könnte: »Dort, genau dort liegt Großmutters Gesicht.«

Zum Glück gibt es ein ausgezeichnetes Beispiel für ein auf Komitees basierendes und nicht weiter reduzierbares Wissen. Jeder Neurobiologe hat dieses Beispiel – wahrscheinlich nach dem Vordiplom – gelernt (und danach gewöhnlich vergessen). Es ist die Lektion über das Farbenmischen, die erste »emergente Eigenschaft«, derer wir uns bewußt wurden. Eine emergente Eigenschaft ist mehr als die Summe der Teile, sie geht als etwas Neues aus der Ansammlung der Teile hervor und kann nicht sinnvoll auf diese reduziert werden.

Dieses Standardbeispiel stammt aus dem Jahre 1802. Es wurde von dem englischen Naturwissenschaftler Thomas Young entdeckt, dessen Nachfahre John Zachary Young einer der bedeutendsten Neurobiologen von heute ist. Hier in der Gegend ist J. Z. gut bekannt, denn er hat 1936 das Riesenaxon des Tintenfisches entdeckt (welches während der »Tintenfischsaison« im Frühsommer so viele Wissenschaftler ans MBL lockt). Anschließend untersuchte er die Gedächtnismechanismen des Tintenfisches, schrieb einige bedeutende Lehrbücher (auf so manchem MBL-Schreibtisch werden Sie sein *The Life of Vertebrates* sehen), hielt als einer der ersten allgemein verständliche Vorträge über die Neurobiologie (die Reith-Lectures in der BBC, 1950) und verfaßte kritische Anmerkungen zur Neurobiologie (zum Beispiel *Programs of the Brain*), die das Fach stark beeinflußt haben.

Thomas Young entdeckte eines der großen »weiter läßt es sich nicht reduzieren«-Themen der Neurobiologie, das als eine Warnung an die Reduktionisten gilt. So wie der Leuchtturm von Nobska die Seeleute warnt: »Weiter kannst du nicht gehen, wenn du flott bleiben willst«, so dient Thomas Youngs Analyse des Farbenmischens jetzt als Warnung, daß man nicht weitergehen kann als bis zu den Sensorenkomitees, ohne die Tagesordnung zu verändern. Hier zumindest ist der Reduktionismus nicht das ein und alles: Die Komitees sind das eigentliche, zumindest wenn es um die Farbe geht. Oder um den Geschmack, denn ob etwas salzig, bitter, sauer oder süß schmeckt, scheint eine Frage der nicht weiter reduzierbaren Kombination der Aktivitäten von chemischen Sensoren in der Zunge zu sein; es gibt in der Zunge keine Spezialisten für den einen oder anderen Geschmack.

Am Anfang stand für Thomas Young die Erkenntnis, daß wir an allen Punkten unseres Gesichtsfeldes (von denen es, sagen wir einmal, eine Milliarde gibt) viele (sagen wir einfach, hundert) verschiedene Farben sehen können. Young vermutete, daß die Netzhaut nicht an jedem einzelnen Punkt im

Gesichtsfeld hundert verschiedene Sensoren von jeweils unterschiedlichem Farbton hat; er stellte die Theorie auf, daß es vielmehr nur drei Arten von Sensoren an jedem einzelnen Punkt gibt und daß Farbeindrücke durch unterschiedliche Kombinationen der Aktivität dieser drei vermittelt werden. Daß er vollkommen recht hatte, wurde anderthalb Jahrhunderte später gezeigt; wir sprechen heute vom blauen, vom grünen und vom gelben Zapfen (wobei diese Farben nicht eine exklusive Spezialität des jeweiligen Photorezeptors, sondern nur seine höchste Empfindlichkeit andeuten). Hermann von Helmholtz vermutete 1860, daß diese drei Sensortypen auf einen Farbreiz in einem für die jeweilige Farbe spezifischen Verhältnis reagieren – und daß dies ausreicht, um die Farbe darzustellen. Wieder richtig.

*

Daß ein bestimmter roter Farbton einfach dadurch entsteht, daß die gelben und grünen Zapfen im Verhältnis 3:1 aktiv werden, während der blaue Zapfen weitgehend inaktiv bleibt, ist ein ausgezeichnetes Beispiel dafür, daß wir die Empfindung dieses rötlichen Tons auf ganz unterschiedliche Weise erzeugen können, darunter auch durch eine reine Wellenlänge von 600 Nanometern. Es ist aber nicht richtig, daß eine einzige Wellenlänge in der Regel der einfachste Weg ist, den Eindruck zu erzeugen, denn es gibt Farbtöne wie beispielsweise Purpurrot, die nicht durch eine einzige Wellenlänge erzeugt werden können.

Purpur entspricht einer Aktivitätsverteilung der gelben und blauen Zapfen (die grünen bleiben weitgehend inaktiv), die mit einer einzigen Wellenlänge

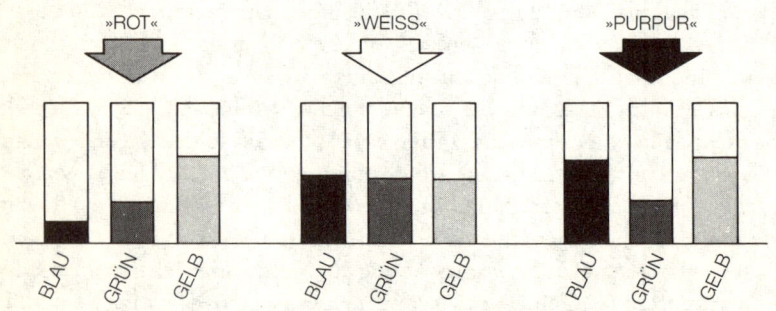

Der relative Anteil der Reaktionen in den drei Zapfenarten bestimmt, welche Farbe wahrgenommen wird.

nicht zu erreichen ist, sondern nur hervorgerufen werden kann durch eine Kombination von langen und kurzen Wellenlängen, die je für sich als rot und blau erscheinen würden. Bei violett dagegen herrscht große Aktivität im blauen, weniger Aktivität im grünen und ganz wenig Aktivität im gelben Zapfen; dies läßt sich für gewöhnlich durch eine einzige Kurzwellenlänge zwischen »blau« und »ultraviolett« von 400 Nanometern imitieren.

Aus der Sicht der Evolution sind Spezialisten für reine Wellenlängen ohnehin nicht zu erwarten, denn die Farbe dient dazu, eine Oberfläche von einer anderen zu unterscheiden, und mit Ausnahme von monochromatischen Gittern reflektieren alle Oberflächen eine Kombination von Wellenlängen. Das von mir vorgeschlagene *Purpurprinzip* besagt, daß es darauf ankommt, Kombinationen zu entdecken (wobei das Zusammentreffen der beiden äußersten Enden des Spektrums unter unwesentlicher Beteiligung der Mitte ein sehr seltener Fall ist), nicht aber, einen Teil des Regenbogens zu entdecken (wobei der Regenbogen fast die einzige Gelegenheit in der Natur bietet, eine einzelne Wellenlänge isoliert zu beobachten).

Natürlich kann und sollte man reduktionistische Spiele spielen und die Einzelbestandteile analysieren; daß es wirklich drei verschiedene Arten von Zapfen gibt, die jeweils ein anderes Pigment und damit eine andere Wellenlängenempfindlichkeit aufweisen, ist eine Erkenntnis von unschätzbarem Wert. Dies gilt auch für die Tatsache, daß bestimmte Ganglienzellen der Netzhaut und bestimmte Kniekörperzellen auf den Farbkontrast spezialisiert sind. Es könnte sich sogar erweisen, daß einige dieser sogenannten P-Zellen für Purpur weit empfindlicher sind als für alles andere und damit als Purpur-Spezialisten gelten müssen. Die Existenz solcher eng spezialisierten Zellen führt jedoch nicht an der Tatsache vorbei, daß Farbe eine *emergente* Eigenschaft eines *Komitees* von Photorezeptoren ist und sowohl durch die Aktivität zahlreicher unspezialisierter Zellen als auch durch die Aktivität weniger spezialisierter Zellen zustande kommen kann. Sie unterstreichen die Tatsache, daß der Farbton grundsätzlich auf einer *verteilten* Aktivität beruht und nicht eine reine Spezialität ist, die irgendwo im Gehirn ihr eigenes Kämmerchen hat, dessen Aktivität dem Geist die Farbe Purpur signalisiert.

Das Erstaunliche ist, daß die Neurowissenschaftler bei ihrer Suche nach spezialisierten Zellen immer wieder – wie Robert Erickson sagt – »das Rad neu erfinden«: Bei der Untersuchung der Hautwahrnehmung wurde ebenso wie bei der Analyse der Bewegungskontrolle durch den motorischen Kortex Youngs Prinzip wiederentdeckt. Diejenigen, die das Verteilungsprinzip von Young nochmals erfanden, haben ihm unterschiedliche Namen gegeben:

Populationscodes, Parallelverarbeitung, verteilte Funktionen, Ensemblecodierung und faserübergreifende Struktur. Eine starke Tendenz zur holistischen Seite in dem Streit zwischen Reduktionismus und Holismus ist unverkennbar. Und man wird sehr erinnert an die jetzt aufkommende Unterscheidung zwischen den Kategorien der kognitiven Psychologie und den verteilten Netzwerken der computerorientierten Neurowissenschaft (darüber mehr in Kapitel 10).

Neurone sind die anatomischen Einheiten des Nervensystems, aber nicht die Strukturelemente seines Funktionierens. [Die letzteren] sind bis jetzt noch nicht definiert worden, und sollten sie definiert werden, so wird vermutlich klar sein, daß sie als Invarianten von relativen Aktivitäten zwischen Neuronen ... und nicht als getrennte anatomische Entitäten beschrieben werden müssen ... Wenn [der Beobachter] nicht explizit oder implizit eine Theorie mitbringt, welche die relationale Struktur des Systems enthält, und seine Beschreibung der Bestandteile begrifflich hinter sich läßt, kann er es nicht verstehen.
Der Neurophysiologe Humberto Maturana, 1980

Das Bestechende an Youngs Überlegung ist, daß die Verteilung die Botschaft ist; es ist tatsächlich der sensorische Code des Gehirns in seiner endgültigen Form. Es ist daher nicht möglich, die Population von Neuronen aufzuteilen in getrennte Neurone für beispielsweise jeden einzelnen Farbton an jedem Punkt im Gesichtsfeld.
Der Sinnesphysiologe Robert P. Erickson, 1984

*

Der entscheidende Grund, warum markierte Linien (ein anderer Name für die Zellen für Großmutters Gesicht) bei der sensorischen Verarbeitung nicht benötigt werden, ist mir jedoch soeben eingefallen (bevor Leute mit einem Hang zur Alliteration jetzt von *Calvin's Coactivated Committee Concept*, also von Calvins Konzept der koaktivierten Komitees, sprechen, sollten wir allerdings schauen, wer sonst noch in den letzten hundert Jahren dieses minimalistische Prinzip erkannt hat). Eine einzelne, auf »Purpur« spezialisierte Zelle brauchen wir deshalb nicht, weil es schon viele Zellen erfordert, damit ich »Purpur« aussprechen (oder anderweitig auf die Purpur-codierte Information reagieren) kann. Viele-in-viele reicht schon aus, ohne einen Viele-in-eine-in-viele-Sanduhr-Engpaß.

Bei der sensorischen Verarbeitung geht es darum, die Empfindung verläßlich mit der Handlung zu koppeln. Und Handlungen erfordern ein motorisches Programm, das eine Reihe von Muskeln aufeinander abstimmt, das eine raumzeitliche Koordination der Aktivität von Zellen erzeugt, vergleichbar dem Finale eines Feuerwerks. An einer Handlung sind stets zahlreiche Muskeln beteiligt – und damit zahlreiche Motoneurone. In der Regel heißt das, daß einige Motoneurone zuerst feuern und andere später.

Um dieses Ensemble in Aktion zu versetzen, bedarf es nicht eines einzelnen »Kommandoneurons« – es bedarf nur eines Komitees von Interneuronen, die nach einem charakteristischen Gesamtplan aktiv werden. Der Unterschied ist der zwischen dem altmodischen »Model A« von Ford, wo man den Motor anläßt, indem man auf einen Starterknopf drückt, und einem modernen Auto, wo man den richtigen Schlüssel, bei dem jede Kerbe an der richtigen Stelle sein muß, im Zündschloß umdreht. Was den Motor eines modernen Autos in Gang bringt, ist die korrekte Zahnung und nicht ein einmaliger Druck auf einen einzelnen Knopf.

Der Mangel an diesem Vergleich ist, daß der Motor tatsächlich durch die Aktivität in einem einzigen Informationskanal (dem Kabel vom Zündschalter zum Anlasser) in Bewegung gesetzt wird. Um es Dieben schwerzumachen, verwenden Autohersteller zwischen Schalter und Anlasser ein Breitbandkabel, das mit einer auf viele Drähte verteilten Information arbeitet, so daß es nicht mehr genügt, einen einzigen Draht mit der Batterie kurzzuschließen. Auch eine elektronische Türsicherung muß mit einem Breitbandkabel arbeiten, weil Diebe sonst einfach das Armaturenbrett abreißen und zwei Drähte kurzschließen können.

Bei Tieren findet man selten nur einen einzigen Befehlsdraht; der passendere Vergleich für fast alle motorischen Programme ist die verteilte Aktivität innerhalb eines Breitbandkabels. Die klassische Ausnahme ist die Mauthnerzelle im Hirnstamm von Fischen; sie braucht nur einen einzigen Impuls zu feuern, um den Fisch einen massiven Schlag mit dem Schwanz ausführen zu lassen. Man bräuchte die Mauthnerzelle nur auf der rechten Seite mit der Aufschrift »Gefahr von rechts, Ausschlag links« und auf der linken Seite mit der Aufschrift »Gefahr von links, Ausschlag rechts« zu markieren, und man hätte echte markierte Linien.

Nur ganz einfache motorische Programme mit einer einfachen raumzeitlichen Verteilung der Muskelaktivität kommen mit der »Model A«-Abstimmungsmethode aus. Die meisten motorischen Programme werden durch eine mit dem passenden Schlüssel vergleichbare *Kombination* von Auslösern in zahlreichen Zellen gestartet; dabei sind die Zellen, die *inaktiv* sind, für den Effekt ebenso wichtig wie die aktiven Zellen. Deshalb rechnet man damit, daß in der letzten Phase der sensorischen Verarbeitung als Auslöser ein verteiltes Muster erzeugt wird. Und zwar nicht nur ein räumliches Muster wie bei den Schlüsselkerben, sondern ein *raumzeitliches* Muster, wie es das Finale eines Feuerwerks darstellt, bei dem es sowohl auf die *Reihenfolge* ankommt, in der verschiedene Neurone aktiviert werden, als auch darauf, *welche* Neurone aktiviert werden.

Die Umwandlung von Empfindung in Bewegung ist eine Viele-in-viele-Transformation; für einen Viele-in-eine-in-viele-Engpaß besteht kein Bedarf, es sei denn, die Erzeugung der räumlichen und zeitlichen Aspekte der Bewegungs-Unterbefehle durch eine einzige Zelle böte einen besonderen Vorteil (wie bei der Mauthnerzelle). Deshalb ist für Purpur kein spezialisiertes Neuron erforderlich: Die richtige Kombination von Aktivität in den Kanälen der gelben und blauen Zapfen (bei gleichzeitig fehlender Aktivität in den Kanälen der grünen Zapfen) reicht aus, um »Purpur« auszusprechen. Deshalb sind markierte Linien und Kommandoneurone so selten, deshalb sind verteilte Empfindlichkeit und Komitees so häufig.

> *Kategorisieren ist menschlich,*
> *verteilen göttlich.*
> Terrence Sejnowski, 1988

*

Auch für Wachstum und Entwicklung sind Verteilungen und nicht absolute Mengen von irgend etwas entscheidend. Die Winden, die neben dem Fahrradweg wachsen, sind ein gutes Beispiel dafür.

Wie erzeugt die Natur eine schöne, elegante, regelmäßige Krümmung? Oder eine Spirale? Hauptsächlich dadurch, daß sie die eine Seite des Stengels schneller wachsen läßt als die andere. Möchten Sie, daß der Stengel sich nach Süden krümmt? Lassen Sie nur die Nordseite schneller wachsen als die Südseite. Möchten Sie, daß er korkenzieherförmig wächst? Lassen Sie zusätzlich die Ostseite am Fuß schneller wachsen als die Westseite. Möchten Sie, daß er spiralenförmig wächst, eng gewickelt wie eine Telefonschnur? Halten Sie einfach das Höhenwachstum gering, verglichen mit dem Nord-Süd- und dem Ost-West-Unterschied. Die endgültige Gestalt wird durch die *relative* Größe der entsprechenden Wachstumsraten und nicht durch einzelne Größen »spezifiziert«.

Formen sind das Ergebnis solcher einfachen Regeln, bei denen es um Differenzen und Relationen zwischen Wachstumsraten geht. Was in den Genen steckt, ist nicht das Bild einer Spirale, sondern eine Reihe von Codes für Enzyme. Diese Enzyme kontrollieren die Wachstumsraten. Eine bestimmte Verteilung der Enzym-Mengen führt zu einer eng gewundenen Spirale, eine andere zu einem Stamm, der lediglich nach Süden hin geneigt ist. Auch dies ist ein Beispiel für das Purpurprinzip.

Die gekrümmten Oberflächen unseres Körpers beruhen ebenfalls auf solchen unterschiedlichen Wachstumsraten; dadurch, daß eine äußere Zellschicht sich schneller teilt als eine tiefere, entsteht eine gekrümmte Fläche. Die Gesichtsform von Hunden, ob nun spitz wie bei einem Setter oder flach wie bei einem Boxer, beruht gleichfalls auf unterschiedlichen Entwicklungsraten: Welpen haben zunächst ein eher flaches Gesicht, und während sich bei einigen die lange Nase eines Setters entwickelt, hört bei anderen das Wachstum auf, bevor sie dieses Stadium erreichen. Wenn die Entwicklung der Geschlechtsorgane schneller vorangeht als die allgemeine körperliche Entwicklung, bleibt die Körperform oft bei einer juvenilen Form stehen, da die Pubertät die weitere körperliche Entwicklung praktisch beendet. Bei der Züchtung des Boxers wurden denn auch solche Varianten bevorzugt, bei denen die sexuelle Entwicklung deutlich schneller verläuft als die körperliche Entwicklung.

Es ist daher ziemlich sinnlos zu fragen, wo denn in den Genen einer Pflanze die Form des Stiels oder wo in den Chromosomen eines Säugetiers die Gesichtsform gespeichert ist. Es läuft, wie beim Purpur, auf eine *Verteilung* hinaus.

*

Eng verwandt mit dem Irrtum von der Zelle für Großmutters Gesicht ist der Irrtum von dem kleinen Männchen im Kopf, die Vorstellung von einem obersten Gebieter, dem all die spezialisierten Befehlszentren unterstehen. Dazu fallen mir diese russischen Puppen ein, die man aufmachen kann und in der sich eine etwas kleinere Puppe verbirgt. Auch die kann man aufmachen... Sie können dies so lange fortsetzen, bis irgendwann zu wenig Atome übrig sind, um noch die Form einer Puppe aufrechtzuerhalten; Sie können weitermachen und die Atome in Protonen, Neutronen und Elektronen zerlegen, diese wiederum in die Quarks, aus denen sie sich zusammensetzen – eine sehr interessante Sache, nur geht es dabei nicht mehr um Miniaturpuppen. Sie haben das Thema gewechselt.

Ich hege seit langem Argwohn gegen den unendlichen Regreß, der mich stets an etwas erinnert, das mir passierte, als ich ungefähr sechs Jahre alt war. An einem verschneiten Samstagmorgen im Winter nahm mich mein Vater mit zu unserem örtlichen Frisörladen, um mir die Haare schneiden zu lassen. Ich war immer gern dort, wegen der unbekannten Düfte und der aufregenden Rituale, die dort abliefen. Damals war der Frisörladen so etwas wie ein richtiger Männerclub, zumindest samstags, wenn die Väter ihre Söhne mitbrachten. Es war irgendwie eine Vater-und-Sohn-Angelegenheit, ähnlich wie das Hinterherfahren hinter einem Feuerwehrauto, um ein Feuer zu sehen (mein Vater war bei einer Brandversicherung, und daher lernte ich, die Sirenen der Feuerwehrautos von denen der Polizei und der Ambulanzen zu unterscheiden; jedes Jahr zum Geburtstag durfte ich zu unserem örtlichen Feuerwehrhaus und die Messingglocke an einem alten Löschfahrzeug läuten, einmal für jedes Altersjahr).

Der Frisörladen war lang und schmal. Auf der einen Seite stand eine lange Reihe von Frisörstühlen, auf der anderen Stühle und Magazine für die Wartenden, so daß die Geschorenen und die Ungeschorenen einander gegenübersaßen. Die Geschorenen saßen höher als die Ungeschorenen. Besonders hoch saßen die kleinen Jungs, für die man ein spezielles Brett über die Armlehnen des altmodischen Stuhls legte, damit der Frisör sich nicht bücken mußte. Auf diese Weise konnte man gebieterisch über alle hinwegblicken, und dabei sah man vor allem sich selbst.

An allen Wänden waren große Spiegel angebracht. Wohin der Stuhl auch gedreht wurde, stets blickte man in den Spiegel, der einem das eigene Bild zurückwarf – und das Bild des Spiegels hinter einem, in dem man sehen konnte, wie man von hinten aussah. Aber natürlich enthielt er auch ein etwas verkleinertes Bild von der Vorderseite. Da die Spiegel genau parallel zueinander angebracht waren, entstand ein unendlicher Regreß von immer kleiner werdenden Bildern von der eigenen Vorderseite, Rückseite, Vorderseite, Rückseite, Vorderseite, Rückseite ... Als ich zum erstenmal im Frisörladen gewesen war, hatte ich mich über diese an russische Puppen erinnernde Folge gewundert, aber später war es mir langweilig geworden.

Dann kam der besagte stille Wintersamstag, an dem es draußen sachte schneite. Ich saß oben auf dem Stuhl und langweilte mich. Plötzlich gab es draußen eine gewisse Unruhe, aber ich konnte nichts sehen, weil man mich nicht auf den ersten Stuhl am Fenster gesetzt hatte, wo ich gern saß, sondern ein paar Stühle weiter. Einige liefen hinaus, um nachzusehen, was passiert war, und in mir wuchs die Ungeduld, daß der Frisör doch endlich fertig würde. Ein- oder zweimal hörte man eine Sirene, dann nichts mehr. Irgendein Unfall, meinten die Leute (darunter mein Vater), die aus dem Fenster geschaut hatten. Und ich saß dort gefangen auf diesem großartigen Hochstuhl.

Dieser Haarschnitt schien nicht enden zu wollen. Der Frisör versuchte, mich dazu zu bringen, meine Bilder im Spiegel zu zählen; der Junge mit den schärfsten Augen, der imstande sei, das kleinste Bild ganz in der Mitte zu erkennen und auszumachen, ob es anders ist als die übrigen, erhielte einen Preis, sagte er. Also folgte ich emsig zählend diesem unendlichen Regreß, aber für mich sahen alle Bilder gleich aus, es gab keinen Unterschied, alle zeigten mich, nur waren sie jeweils ein wenig kleiner. Also forderte der Frisör mich auf, noch einmal nachzuzählen.

Schließlich wurde ich unter großem Trara mit Talkumpuder und sogar mit einem phantastisch riechenden Haarwasser behandelt – das hatte es noch nie gegeben. Dann nahm man mir den Umhang ab und half mir von meinem Hochsitz herunter. Mein Vater bezahlte und dankte dem Frisör ausgiebiger als sonst. Dann wurde ich in meinen Mantel gepackt, wegen der winterlichen Kälte. Schließlich traten wir hinaus in den frischen Schnee. Die Unruhe von vorhin hatte ich fast vergessen.

Der Frisörladen lag in der Nähe der Straßenbahnendstation. Die Schienen bildeten dort eine große Schleife, in der die Bahn wendete, um wieder in die Stadt zurückzufahren; oft hatte ich gesehen, wie die Bahn durch diese Schleife fuhr und mit lautem Klingeln die Fußgänger verscheuchte, die quer über die Gleise liefen. Jetzt stand ein Haufen Leute um einen verlassenen Straßenbahnwagen, und am Boden lag eine zusammengekrümmte Gestalt, über die eine Decke gebreitet war. Etwas weiter weg lag ein kleineres Objekt, bedeckt von einem Mantel. Sein Bein. Die dunklen, rötlich-braunen Flecken im Schnee ähnelten überhaupt nicht dem vorgetäuschten, Ketchup-roten Blut in Filmen. Nach und nach wurde das ganze von frischem Schnee zugedeckt. Es war, wie die Leute sagten, ein trauriger Fall von Selbstmord.

Immer wenn ich einem unendlichen Regreß begegne, frage ich mich, ob es wieder nur eine Übung ist, um Zeit zu schinden. Und ob er ebenfalls in eine Sackgasse führen wird, buchstäblich am Ende der Linie.

[Wenn] ein Befehl für eine Bewegung im präfrontalen Kortex entspringt, muß er als Produkt vielfältiger Wechselwirkungen des präfrontalen Kortex mit anderen, kortikalen und subkortikalen Teilen des Gehirns aufgefaßt werden. Die Suche nach einem präfrontalen Befehlshaber ist daher sinnlos. Nur wenn wir dieser Vorstellung folgen, vermeiden wir den unendlichen Regreß der

Suche nach immer höheren Befehlsgebern beziehungsweise die unplausible Idee, daß der präfrontale Kortex eine päpstliche Stellung einnimmt.
                                Der Neurophysiologe Joaquin Fuster, 1981

*

Philosophen klagen seit jeher über unendliche Regresse und Tautologien, aber auch Praktiker wie Elektroingenieure haben ihren Kummer. Mein alter Freund John DuBois weist darauf hin, daß die meisten Schwingkreise eine Tendenz haben, sich selbst in den Schwanz zu beißen; um sich über solche Rückkopplungen klarzuwerden, muß man die richtige Phasenebene wählen (als Student versuchte er, dies seinem Philosophieprofessor zu verdeutlichen, aber ohne Erfolg). Auf offene Systeme mit freier Energie ist kausales Denken manchmal nicht recht anzuwenden. Könnte das Bewußtsein auf einem quasi unendlichen Regreß beruhen, einer Art Frontallappen-Schaltung, die sich selbst in den Schwanz beißt?

Wir machen uns gern lustig über Bürokratien, deren Ausschüsse nichts anderes tun, als »Akten hin- und herzuschieben«, die einander endlos Empfehlungen geben, aber nicht handeln. »Es ist ein Kreislauf, in dem eine Akte die andere jagt.« Dabei könnte die vorsichtige Bürokratie eine gute Analogie für unser Unterbewußtsein sein. Die Frage ist, an welchem Punkt man handelt, wann man etwas in der Außenwelt tut. Gibt es eine gute Analogie für den Entscheidungsprozeß?

*

Wir brauchen keine Homunkuli, wenn sie die Talente, die sie erklären sollen, nur duplizieren ... Wenn man erreichen kann, daß eine Gruppe von relativ unwissenden, borniertnen, blinden Homunkuli das intelligente Verhalten des Ganzen produziert, dann ist das Fortschritt.
                                Der Philosoph Daniel C. Dennett, 1978

8.
Dynamische Reorganisation: Eine Unschärfe wird durch einen Mexikanerhut klarer

[Wie] wir dazu kommen, die Welt zu analysieren, ohne die Präsenz eines nicht-materiellen zentralen Agenten oder Homunkulus zu postulieren, ist ein Problem, dem die Neurowissenschaftler sich kaum stellen ... Dieses schwerwiegende Versäumnis beruht vielleicht darauf, daß die Neurowissenschaftler überwiegend an individuelle Einheiten, nicht aber an die Population *von Neuronen und deren Verbindungen, die Synapsen des Gehirns, denken.*

Der Neurobiologe J. Z. Young, 1988

Lernen heißt eliminieren.

Der Neurobiologe Jean-Pierre Changeux, 1983

Bestimmt gibt es etwas Besseres als den unendlichen Regreß des kleinen Männchens im Kopf. Oder die unendlich regredierende Agenda des »ewigen Reduktionismus«, die sich ständig ändert, so daß die interessanten Fragen nach der Funktionsweise des Geistes nie beantwortet werden.

Zu den besseren Dingen gehört der Buchladen. Der Shining-Sea-Radweg ist der einzige Weg, den ich kenne, an dessen beiden Enden, in Falmouth wie in Woods Hole, hervorragende Buchhandlungen liegen. Gleichgültig, von welchem Ende Sie losfahren – in der Mitte können Sie eine Pause machen, sich hinsetzen und in den neu erworbenen Büchern stöbern. Ein wahrhaft erleuchteter Pfad, den eine vorausschauende Seele im Abstand von einer Meile mit Parkbänken versehen hat, und wenn man das eine oder andere Ende erreicht hat, ist es nicht weit bis zu einem wirklich zivilisierten Buchladen mit Lesetisch und Stühlen. Und dem neuen Buch von J. Z. Young: *Philosophy and the Brain*.

»Jay Zed«, wie wir ihn nennen, verschaffte den Membran-Biophysikern zunächst das Riesenaxon des Kalmars (hier nahm er zusammen mit Keffer Hartline die ersten Messungen daran vor; Hartline war überrascht, da er ein so starkes elektrisches Signal noch nicht gesehen hatte, und vermutete zunächst einen Instrumentenfehler); anschließend befaßte er sich mit dem anderen bekannten Vertreter der Klasse der Kopffüßer unter den Weichtieren, dem Octopus. Der Octopus ist unter den Wirbellosen der intelligenteste, und wegen der Wendigkeit seines Verhaltens vergleicht man ihn manchmal mit einer Laborratte. Young entwarf ein Modell des visuellen Gedächtnisses des Octopus und stellte die Vermutung auf, daß das Gedächtnis teilweise so funktioniert, daß es nervöse Verbindungen eliminiert, daß es Material wegschnitzt, ganz so wie bei der Herstellung der geschnitzten Galionsfiguren, die man an alten Segelschiffen findet.

Es war ein ketzerischer Gedanke, weil man bis dahin allgemein von der Vorstellung ausgegangen war, daß beim Wachstum und beim Gedächtnis Material hinzugefügt wird, so wie es Kinder machen, wenn sie aus Modellierton eine Figur formen, indem sie etwas hinzutun. Wir Neurobiologen machen es wie alle anderen und füllen der Reihe nach unsere Karteikästen, und wenn wir sagten, das Gedächtnis sei ein kumulativer Prozeß, so verstanden wir das gewöhnlich in beiden Bedeutungen des Wortes. Das Bemerkenswerte an der Vorstellung von J. Z. Young war, daß ihr zufolge die Menge der Informationen, die mit einem solchen Prozeß gespeichert werden kann, begrenzt ist: Einem Schnitzer, der nicht weiß, wann er aufhören muß, wird schließlich bald das Holz ausgehen. Wenn Sie lange genug leben, könnte es Ihnen passieren, daß Ihnen das Gehirn ausgeht! Und vorher mit Sicherheit das Bewußtsein. Sie werden verstehen, warum die Idee nicht sogleich Anklang fand.

Um den Vorgang zu veranschaulichen, daß neue Erinnerungen sich den alten überlagern, stellte man sich vor, daß kleinere Figuren in größere hineingeschnitzt werden, vergleichbar den Dekorationen an einer hölzernen Galionsfigur – aus der Ferne sieht es wie eine Einheit aus, doch aus der Nähe erkennt man die Differenzierung. Die neuen Erinnerungen, die hinzutreten, mußten also in irgendeiner Weise den alten Erinnerungen angepaßt werden, denn wenn man einen Wal geschnitzt hat, ist es schließlich nicht einfach, ihm die Form einer Giraffe aufzuprägen. Wenn die Information tatsächlich durch Schnitzen gespeichert wurde, würde es allerdings schwierig sein, die Gedächtnisinhalte zu reorganisieren, so wie ich in regelmäßigen Abständen meine Karteikästen reorganisiere. Nach der Vorstellung, daß am Nervensystem geschnitzt wird, war es durchaus möglich, daß gewisse Erfahrungen irreversible Effekte hervorrufen.

Daß Verbindungen tatsächlich durch Schnitzen zustande kommen, hat sich zu meinem großen Erstaunen als eine der wesentlichen Erkenntnisse herausgestellt, mit deren Hilfe wir verstehen können, wie Bewußtseins-Komitees arbeiten und warum man keine markierten Linien benötigt, um Großmutters Gesicht zu erkennen. Es liegt nur an dem Mexikanerhut, den seine neurophysiologischen Entdecker – Georg von Békésy, Keffer Hartline, Floyd Ratliff, Stephen Kuffler, Robert Barlow und andere – als *laterale Inhibition* (laterale Hemmung) bezeichneten.

Um am Anfang ein persönliches Bekenntnis abzulegen: Ich war einst, in meinen Anfängen, eine einzige Zelle … Ich kann mich nicht daran erinnern, aber ich weiß, daß ich mich dann zu teilen begann. Ich habe wahrscheinlich nie so hart gearbeitet und nie wieder mit einer solchen Geschicklichkeit und Sicherheit … Irgendwann besaß ich eine hervorragende Niere, die für einen höheren Fisch ausreichte; dann besann ich mich eines Besseren und zerstörte sie gänzlich, um statt ihrer ein Paar noch besserer Nieren für das Leben zu Lande zu installieren. Ich hatte das nicht geplant, aber meine Zellen, die ein besseres Gedächtnis haben.

Wenn ich daran zurückdenke, schätze ich mich glücklich, daß ich damals nicht die Verantwortung hatte. Hätte es an mir gelegen, für die Anordnung meiner Zellen zu sorgen, so hätte ich es bestimmt verkehrt gemacht – ich hätte etwas ausgelassen, ich hätte vergessen, wo meine Neuralleiste hingehört, ich hätte sie durcheinander gebracht. Oder ich hätte aufgegeben, in Angst und Schrecken versetzt von dem Massensterben, denn Milliarden meiner embryonalen Zellen wurden systematisch beseitigt, um Platz zu schaffen für ihre reiferen Nachfolger – es war ein so ungeheuerliches Sterben, daß schon der Gedanke daran mich schaudern macht. Als ich schließlich geboren wurde, war mehr von mir gestorben, als überlebt hatte. Daß ich mich nicht erinnern kann, ist nicht erstaunlich, denn ich habe damals neun Monate lang ein Gehirn nach dem anderen durchprobiert und bin schließlich auf das Modell verfallen, das für die Sprache gerüstet ist und eine menschliche Entwicklung ermöglicht.

Der Arzt und Essayist Lewis Thomas, 1987

*

Lange hat man geglaubt, es gebe bei den Menschen so etwas wie irreversible Entwicklungen. Die Jesuiten meinten, lebenslangen Gehorsam erzeugen zu können, wenn sie kleine Jungen entsprechend indoktrinierten. Charles Darwin fiel auf, daß »eine Vorstellung, die in den ersten Lebensjahren, wenn das Gehirn leicht zu beeindrucken ist, eingepflanzt wird, fast das Wesen eines Instinkts annimmt«. Ähnlich argumentieren Strafverteidiger, wenn sie zur Entschuldigung ihrer Mandanten anführen, daß an deren Verhalten der Hersteller schuld sei, also das Schulsystem und die »Gesamtgesellschaft«. Manche Psychologen behaupten, das Gehirn eines Kindes sei durch die Umgebung, in der es aufwächst, unbegrenzt formbar, wobei sie aber in der Regel zugeben, daß Erwachsene mit zunehmendem Alter berechenbar werden. Unabhängig davon, wie groß die Plastizität in den einzelnen Lebensphasen ist, spricht doch vieles dafür, daß etwas so Wichtiges genauestens reguliert ist, wahrscheinlich auf einer täglichen Basis (oder einer nächtlichen, denn eine der vermuteten Funktionen des Schlafes besteht darin, zu regeln, was aus dem Kurzzeit- ins Langzeitgedächtnis übergeht).

Die Plastizität des Verhaltens ist wahrscheinlich auf »kritische Phasen« der Entwicklung beschränkt; in mancher Hinsicht kommt es wirklich darauf an, was man während bestimmter Jahre erlebt. Wenn zum Beispiel die beiden

Augen während der zwei ersten Lebensjahre nicht zusammenarbeiten können, besteht die Möglichkeit, daß eines funktionell blind wird; optisch vollkommen in Ordnung, wird es sich so verhalten, als sei es nicht mit den höheren Hirnzentren verbunden (deshalb müssen schielende Babys so früh operiert werden).

Etwas so gründlich Erlerntes wie ein Schema wird zum typischen Vorbild für eine Reihe ähnlicher Erfahrungen: Wir erinnern uns nicht mehr, wann wir erstmals dem Buchstaben *A* begegnet sind oder wann wir unseren ersten Schritt gemacht haben. Ein Schnappschuß-Schema hält dagegen ein einmaliges Ereignis fest (in meiner Generation: Was man gerade tat, als man hörte, daß Präsident Kennedy erschossen worden war). Wenn sie nicht in irgendeiner Form eingefroren werden (so wie die kleinkindlichen Erinnerungen an das beidäugige Sehen durch Myelinisierung und die Synapsenbildung eingefroren werden), ist zu erwarten, daß solche Erinnerungen formbar sind. Was wir zu Schemata verarbeiten, ist die durchschnittliche Form eines Leuchtturms oder das Definitionsmerkmal eines Picasso. Weil das Schema nicht »fixiert« ist, kann es bei jeder erneuten Aktivierung (wenn wir es uns, in Abwesenheit des Originals, »ins Gedächtnis« zurückrufen) geschehen, daß die Erinnerung ein wenig modifiziert wird.

Geschichte ist das, woran man sich erinnert, und wer meint, sie würde nicht ständig revidiert, hat nur die eigene Erinnerung nicht genügend beachtet. Wenn man sich an etwas erinnert, dann nicht an die Sache selbst, sondern nur an das letzte Mal, wo man sich an sie erinnert hat.
Der Texter der *Grateful Dead*, John Barlow, 1984

*

Formbarkeit ist die Kehrseite der Irreversibilität: Unsere Erinnerungen sind bisweilen formbarer, als wir uns vorstellen. Jedesmal, wenn wir uns an etwas erinnern, haben wir ja die Gelegenheit, diese Erinnerung zu modifizieren. Wir können uns also sehr leicht etwas vormachen, wenn wir uns nicht disziplinieren, um Phantasie und Realität auseinanderzuhalten. Selbst dann kann uns durch »Gehirnwäsche« (am häufigsten bei gewissen religiösen Bekehrungspraktiken) eingeredet werden, daß genau das Gegenteil zutrifft. Das Gedächtnis der Menschen ist im großen und ganzen ziemlich gut, und aus Gründen der gesellschaftlichen Zweckmäßigkeit pochen wir darauf, daß die Menschen verpflichtet sind, die Wahrheit zu sagen, doch von Natur aus gibt es keine Sicherungen dafür, so wenig wie es Sicherungen gegen psychische Erkrankung gibt.

Worauf beruht nun diese Formbarkeit, diese Plastizität des Gedächtnisses, und woran liegt es, wenn das Gedächtnis gelegentlich »fixiert« wird und jeder weiteren Veränderung widersteht? Eine umfassende Antwort steht noch aus, doch hat man ein ganzes Spektrum von Phänomenen aufgedeckt, das von dramatischen Beispielen für ein »Schnitzen« während der Kindheit bis zur subtilen Beeinflussung von Verbindungen durch Neuromodulatoren während des Erwachsenenalters reicht.

An all das wurde ich erinnert, als ich am Kurs über Nervensysteme teilnahm, in dem Patricia Goldman-Rakic über die Frontallappen las (ja, tatsächlich – die Frontallappen haben es endlich bis ins MBL geschafft!). Unter dem Erwachsenwerden stellen wir uns gewöhnlich einen Wachstumsprozeß vor, bei dem der Körper länger wird und sich mit zusätzlichem Material füllt. Entwicklung heißt aber auch, daß ein Teil des Materials beseitigt wird. Ich spiele hier nicht auf die bekannte alte Redensart an, nach der man »jeden Tag zehntausend Nervenzellen verliert« (die Fachleute erklären heute, daß dies speziell für höhere Zentren nicht zutrifft, daß der Zelltod in der Großhirnrinde praktisch vor der Geburt abgeschlossen ist, wenngleich einige subkortikale Strukturen wie die Substantia nigra während des Lebens viele Zellen verlieren – und ein verstärkter Verlust zum Bild der Parkinsonschen Krankheit führt). Es gibt aber eine evolutionäre Spielart des Schnitzprinzips, und einige Neurobiologen erklären heute, daß neue neurale Strukturen in der Tiefe des Gehirns dadurch entstanden sind, daß in der Zwischenzeit aufgetretene Zellen beseitigt wurden, um die Gestalt dieser Strukturen deutlicher herauszuarbeiten, und daß auf diese Weise die Ausdifferenzierung von »Unterabteilungen« erfolgt.

Nervenzellen sterben natürlich auch während der Lebenszeit eines Menschen ab, etwa wenn sie durch eine Quetschung, durch unzureichende Sauerstoffversorgung oder durch entwichenes Hämoglobin verletzt werden (wenn Blutzellen und zusätzlich die Arterienwände platzen, kann das Hämoglobin in direkten Kontakt mit Nervenzellen kommen und diese töten). Solche lokalen Schäden bleiben oft unbemerkt, weil angrenzende Bereiche deren Funktion so gut übernehmen. Wenn allerdings in großen Hirnbereichen viele Nervenzellen verlorengehen, bekommt man Probleme mit dem Gedächtnis, dem logischen Denken, dem Sprechen und allem übrigen.

Am Schwarzen Brett für die Teilnehmer des Kurses über Nervensysteme hing eine alte Garry-Trudeau-Karikatur aus der Reihe »In Search of Reagan's Mind«, auf der ein neugieriger Reporter in den Windungen eines scheinbar leeren Frontallappens umherwandert, hier und da sein Blitzlicht aufflackern läßt und ausruft: »Wo ist Ronald Reagan?« Neurologen finden das jedoch nicht so lustig: Sie sehen jeden Tag auf ihrem Kernspintomographen (jener Maschine, deren computerisierte Bilder das Gehirn in Scheiben zu zerlegen scheinen und die besonders bei der Abschätzung der Größe verschiedener Strukturen besonders hilfreich sind), daß Patienten einen Großteil des Frontallappens verlieren, senil werden und viele der Anzeichen und Symptome aufweisen, an denen Elaine einen Monat lang litt, bis sie sie schließlich überwand.

Die senilen Patienten mit derart massiven Verlusten erholen sich leider nicht, denn abgestorbene Hirnzellen werden in der Regel nicht ersetzt (im Unterschied zu den Blutzellen, die alle 120 Tage vollständig ausgetauscht werden, und zur Darmauskleidung, die alle drei Tage ersetzt wird). Die Neurologen sehen auf den Hirnbildern, wie sich in der eingefalteten Rinde weite unausgefüllte Täler entwickeln, und sie stoßen einen bedauernden Seufzer aus. Bei einem gesunden Gehirn stoßen die Wände dieser Täler so eng aufeinander, daß man nicht in die Tiefe hineinsehen kann. Seltsamerweise werden in Publikumszeitschriften oft »normale Gehirne« abgebildet, die in Wirklichkeit von Patienten mit Altersdemenz stammen – das liegt daran, daß die Art-Direktoren ausgefallene Darstellungen mögen, auf denen die tiefen Falten zu sehen sind, und deshalb Bilder auswählen, die »am besten wirken«. Solche Gehirne sind jedoch von innen her durch einen Krankheitsverlauf beschnitten, bei dem die meisten kortikalen Nervenzellen zerstört wurden und das Gehirn geschrumpft ist. Ein Gehirn, wie es die Magazine in ihrer Unwissenheit abbilden, möchte man wirklich nicht haben.

Ist die Krankheit eine Übersteigerung von normalen Entwicklungsvorgängen, so etwas wie Krebs? Beim Krebs handelt es sich um eine ungezügelte Vermehrung von Zellen, die Tumoren bilden und andere Gewebe infiltrieren, so wie Reihenhaussiedlungen heimtückisch in die ländliche Umgebung vordringen. Ist der Zellverlust bei Altersdemenz eine Störung einer späteren Entwicklungsphase, bei der statt der Vermehrung die Eliminierung überwiegt? Diese Frage ist einer der zahlreichen Gründe, aus denen am MBL so viele sich mit Entwicklungsprozessen in der Biologie befassen und die normalen Spielregeln herauszufinden suchen, um besser zu verstehen, was schiefläuft.

Bei einem biologischen Prozeß wie der Zellproliferation laufen gleichzeitig fast immer ein oder mehr zusätzliche Prozesse ab wie etwa die Zellelimination, die ihm entgegen wirken. Fast überall findet ein Tauziehen statt, bei dem es erst zu einer Veränderung kommt, wenn die Kräfte nicht länger im

Gleichgewicht sind. Selten sind die entgegengesetzten Prozesse jedoch symmetrisch wie ein Tauziehen, bei dem an jedem Ende ein Dutzend Leute zieht; eher findet man in der Biologie Situationen, bei denen an einem Ende eine Winde eingesetzt ist, während am anderen Menschen ziehen. Kraft und Gegenkraft sind oft unterschiedlichen Ursprungs, und es ist nicht immer erkennbar, was sich »im Gleichgewicht« befindet.

Wir lernen ..., daß der Tod einen Sinn hat, weil ... die Welt sich ständig verändert und wir nicht mit ihr Schritt halten können. Wenn ich Schüler habe, dann gilt für jeden von ihnen, daß sie selbständig denken.
Der bahnbrechende Neurowissenschaftler Warren S. McCulloch

*

Verglichen mit dem Verlust ganzer Zellen während der pränatalen Entwicklung oder bei Altersdemenz ist die Elimination von Verbindungen während der Kindheit längst nicht so zerstörerisch. Es geht hier nicht darum, daß Nervenzellen sterben, sondern um das selektive Lösen der Hälfte der Verbindungen zwischen kortikalen Nervenzellen.

Während wir heranwachsen, verlieren wir annähernd die Hälfte aller Verbindungen innerhalb unserer Großhirnrinde; bis zum Alter von acht Monaten nach der Geburt sind zusätzliche Verbindungen entstanden, doch danach tritt dieser Verlust ein. Bei einigen Fernverbindungen kann es sogar noch schlimmer sein; so gehen beim Affen die Verbindungen zwischen linker und rechter Hirnhälfte von der Geburt bis zur Geschlechtsreife um siebzig Prozent zurück. Bei der Geburt bestehen in Säugetier-Gehirnen Verbindungen von allen Bereichen der Großhirnrinde zum Rückenmark, die aber bis zum Eintritt der Reife alle zurückgezogen werden, mit Ausnahme derer aus den somatosensorischen, motorischen und prämotorischen Rindenbereichen.

Das ist ein enormer Verlust, und wenn man mir (oder einem anderen Neurophysiologen) vor zwanzig Jahren davon erzählt hätte, hätte ich es nicht geglaubt. Offenbar bauen Nervenzellen anfangs viele Verbindungen zu anderen Nervenzellen auf (es ist nicht ganz »alles mit allem verbunden«, aber es entstehen weit mehr Verbindungen, als man geglaubt hatte); diese Verbindungen werden dann bearbeitet, einige werden aufgelöst, und so formt sich durch Wegschnitzen der Geist des Kindes. Hier ist ein wichtiges Prinzip am Werk: Stelle viele überlappende Verbindungen her und schränke sie anschließend ein wenig ein – aber nicht so weit, daß schließlich unverkennbare »markierte Linien« herauskommen. Es war der Philosoph Daniel C. Dennett, der vor einem Vierteljahrhundert – in seiner 1965 in Oxford vorgelegten Dissertation – die Notwendigkeit eines solchen Auflösungsprinzips erkannte; er sah sogar die Analogie zur prädarwinistischen konvergenten Selektion der Biologie:

> Eine intrazerebrale Funktion muß die evolutionäre Rolle übernehmen, welche die Zwänge der Natur in der Evolution der Arten spielten; erforderlich ist also eine Kraft, die das Ungeeignete auslöscht... Dies hätte den Effekt, die anfangs unstrukturierten Verbindungen in einer Weise zu beschneiden, die mit den angeborenen geeigneten Verbindungen, welche dank der Evolution der Art bereits vorhanden sind, zumindest vereinbar ist und diese gelegentlich stärkt...
>
> Es geht bei dem Prozeß um eine wiederholte Selbstläuterung der Funktion, die in dem Maße an Effektivität gewinnt, wie nicht ungeeignete Strukturen etabliert werden.

Am wenigsten zerstörerisch wäre es, würde die Stärke der synaptischen Verbindungen zwischen den Zellen einfach modifiziert; sie könnte bis auf Null gesenkt werden, ohne daß die Verbindung unterbrochen werden müßte (eine »stumme Synapse«). Möglicherweise ist die physische Unterbrechung ein Weg, um Erinnerungen, die durch eine solche Reduktion auf Null verschlüsselt sind, zu »fixieren«; bliebe die physische Verbindung erhalten, könnte die alte Erinnerung, die auf der schwachen Verbindung beruhte, durch eine spätere Neueinstellung des Systems zerstört werden.

Offenbar gibt es also verschiedene Wege, auf denen das Gehirn geformt wird: Teils werden ganze Zellen getötet (etwa in der pränatalen Entwicklung und bei der Altersdemenz, möglicherweise auch bei Singvögeln, die alljährlich einen neuen Gesang erlernen), teils werden Verbindungen zwischen ausgewählten Zellen unterbrochen (etwa bei der Einstellung auf die Umwelt während der Kindheit), und teils wird die synaptische Stärke einfach erhöht und herabgesetzt (was mit Sicherheit beim Kurzzeitgedächtnis während der Kindheit und dem Erwachsenenleben der Fall ist). Langzeiterinnerungen von der auf vielen Versuchen basierenden Art, die wir Schemata nennen, beruhen wahrscheinlich sowohl auf veränderter synaptischer Stärke – wie auch gelegentlich auf der Schaffung zusätzlicher Synapsen durch eine bestehende Zelle, die einen neuen Axonzweig zu einer anderen Zelle vorantreibt.

Neue Synapsen? Daß die Zahl der Synapsen in der Großhirnrinde während der Kindheit halbiert wird, bedeutet lediglich, daß die Häufigkeit, mit der neue Verbindungen hergestellt werden, von der Häufigkeit abweicht, mit der alte Synapsen unterbrochen werden. Bis zu acht Monaten nach der Geburt werden bei Menschen mehr Verbindungen hergestellt als zerstört, danach werden etwas mehr Verbindungen unterbrochen, als neue gebildet werden. Wieviele Synapsen in einer durchschnittlichen Woche zerstört werden, wissen wir jedoch nicht; wir kennen lediglich die kumulierte Differenz zwischen Erzeugung und Zerstörung, die auf einen Verlust von 35 bis 50 Prozent während der Kindheit hinausläuft. Es ist uns nicht möglich, bei einem gegebenen Tier das Schicksal einzelner kortikaler Synapsen im Laufe der Zeit zu verfolgen, doch erwarten wir von bildgebenden Verfahren, welche die an der Herstellung neuer Synapsen beteiligten Proteine sichtbar machen, in Zukunft Hinweise auf die Erzeugungsraten. Mit dem Auswachsen von Axonen, durch das völlig neue Verbindungen hergestellt werden, steht uns ein weiterer Prozeß zur Verfügung, der das Gedächtnis modifizieren könnte; wir wissen aber nicht, wie oft dies im Erwachsenenleben vorkommt, ob es bevorzugte Orte des Auswachsens gibt und wie es reguliert werden könnte.

Über das Fixieren von Schnappschuß-Schemata brauchen wir uns natürlich keine Gedanken zu machen; nichts spricht dafür, daß Menschen von der Evolution geschaffen wurden, um Ereignisse wahrheitsgetreu zu registrieren. Gewiß gibt es Beispiele des Lernens durch einen einzigen Versuch, besonders im Hinblick auf den Geschmack von Speisen, die Übelkeit erregen. Das heißt aber nicht, daß die Erinnerung für immer fixiert bleiben muß. Modifikation ist vermutlich die Regel und nicht die Ausnahme.

Mir scheint, daß alles dafür spricht, daß Menschen eines Tages zu der definitiven Meinung gelangen werden, daß es im ... Nervensystem keine Kopie gibt, die einem bestimmten *Gedanken, einer* bestimmten *Idee oder Erinnerung entspricht.*
      Der Philosoph Ludwig Wittgenstein (1889–1951)

Information ist nicht an irgendeinem besonderen Ort gespeichert. Sie ist vielmehr überall gespeichert. Information wird nicht »gefunden« – die richtigere Vorstellung ist, daß sie »aufgerufen« wird.
      Die Kognitionswissenschaftler David Rumelhart
      und Donald Norman, 1981

*

Punkt-für-Punkt-Repräsentation nennt man die Vorstellung, daß Karten auf geordnete Weise verbunden sind, wie durch eine Rohrleitung von der Spitze des kleinen Fingers bis zur Region im somatosensorischen Kortex, die den kleinen Finger repräsentiert. Oder von einem Photorezeptor auf der Netzhaut zu der entsprechenden Stelle der Karte der visuellen Welt in der Sehrinde, welche die vom Rezeptor abgebildete Richtung aus der Sicht des Auges »repräsentiert«. Es war wohl vernünftig, so etwas zu erwarten, doch wissen wir seit langem, daß es so einfach nicht ist. Die visuelle Welt wird beispielsweise durch mehrere *hundert* Millionen Photorezeptoren in den beiden Augen repräsentiert, deren Signale aber durch den Engpaß von mehreren Millionen Axonen der Sehnerven hindurch müssen. Daher, so sagten wir, könnte die Feinkörnung nur mehrere Millionen Punkte betragen.

Es stellte sich aber heraus, daß wir Linienabstände entdecken können, die kleiner sind als der Abstand zwischen Photorezeptoren (man spricht von »Hyperschärfe«): Wir sind also noch besser als Hunderte von Millionen! Wie ist das möglich? Es liegt daran, daß »Mexikanerhut«-Komitees und nicht Rohrleitungen die Arbeit machen. Eine ganze Population von Zellen ist am Werk und nicht bloß eine einzelne Zelle, die aufleuchtet, während die anderen stumm bleiben.

Vielleicht werden wir die Speicherung der Information im Gehirn nur verstehen können, wenn wir verstehen, wozu die Information benutzt wird; dies lag seit jeher auf der Hand, soweit es das Erlernen neuer Fertigkeiten betrifft, doch ist es weniger klar, soweit es um abstraktere Arten von Wissen geht, beispielsweise um Wörter. Bei den gebräuchlichen Arten von Computern braucht man sicherlich nicht das Programm zu verstehen, um das Speicherverfahren zu verstehen – in Nervensystemen sind aber Verarbeitung und Speicherung der Information nicht zu entwirren. Die Hirnschaltung, die eine Information analysiert, ist vermutlich die gleiche, in der sie gespeichert ist. Das erwähnte Beschneiden der Synapsen dient demnach vermutlich sowohl einer Analyse- oder Ausführungsfunktion als auch einer Speicherfunktion. Wenn die Schaltungen zwischen den sensorischen und den ausführenden Regionen des Nervensystems nicht dem Modell »viele-an-eine-an-viele«, sondern dem Modell »viele-an-viele« entsprechen, werden wir einfach lernen müssen, in Populationsbegriffen zu denken, wie es Darwin tat, als er über die Transformationen nachdachte, die von einer Tierart zu einer anderen führen.

Einige uns aus dem Alltag sehr vertraute Transformationen hängen mit dem Hören zusammen: Es geht um den Höhen- und den Baßregler am Radio, der das obere beziehungsweise untere Ende des Spektrums verstärkt oder dämpft. Manche Hi-Fi-Anlagen haben sogar einen Equalizer, so daß ein halbes Dutzend Teilbereiche des Spektrums getrennt eingestellt werden kann. Damit transformieren Sie das, was wirklich da ist, in eine andere Version, die Ihnen besser gefällt. Solche Transformationen und ihre Regulierung führt das Gehirn ständig aus, aber intern, ohne an Knöpfen zu drehen.

Das Geschäft, dem unser Nervensystem obliegt, ist in der Tat das Transformieren von Dingen, nicht die »getreue Wiedergabe« wie bei der Fernsehkamera. Manchmal entspricht das, was man sieht, nicht hundertprozentig dem, was man fühlt, wenn man die Objekte berührt (was ist dann »Realität«?). Was wir »sehen«, wenn wir eine Szene am Meeresufer betrachten, ist nicht das, was eine Fernsehkamera einfangen würde; es unterscheidet sich davon ein wenig aufgrund der Transformationen, die mithelfen, die Informationen herauszuziehen, die unser Gehirn benötigt, um Entscheidungen zu treffen.

Manche der Abweichungen von der Realität bezeichnet man einfach als »Täuschungen«, weil sie unerwünschte Nebenwirkungen der Verarbeitung sind: Betrachten Sie eine Zeitlang einen Wasserfall, die herabstürzenden Wassermassen, und anschließend die daneben stehenden Bäume! Sie werden den Eindruck haben, die Bäume bewegten sich aufwärts. Oder schauen Sie bei hellem Licht zwischen Ihren Fingern hindurch! Sie werden in der Mitte zwischen den Fingern kleine schwarze Linien wahrnehmen. Das sind keine Interferenzen, sondern Täuschungen, sogenannte Machsche Bänder, ein Nebeneffekt einer kontrastverstärkenden Transformation, die sich bei der Verarbeitung visueller Informationen in Auge und Gehirn auf mehreren Stufen abspielt. Wenn wir sagen, daß wir etwas »sehen«, dann berichten wir lediglich von einer Zwischenstufe aus einer mehrstufigen Reihe von Transformationen, vermutlich gerade der Stufe, die unserem Sprachzentrum zugänglich ist.

Es sind nicht immer die gleichen Transformationen, die ablaufen – sie richten sich nach den Umständen. Bei Mondschein kann man ziemlich gut sehen (wenn auch einfarbig). Aber versuchen Sie einmal, bei diesem Licht eine Zeitung zu lesen, und Sie werden merken, daß die Buchstaben verschwimmen, daß es Ihnen nicht gelingt, ein scharfes Bild davon zu bekommen. Oder versuchen Sie, bei Dämmerung einen Ball zu fangen, und Sie werden merken, daß die visuelle Abbildung zu langsam ist, um die Position des Balls zu verfolgen. Die Netzhaut hat einige ihrer hemmenden Mechanismen, die die räumliche und zeitliche Auflösung verbessern, zurückgeschraubt und statt dessen die Empfindlichkeit für schwache Beleuchtung erhöht. Wenn Ihnen diese räumlichen und zeitlichen Transformationen bei Tageslicht fehlen würden, könnten Sie weder lesen noch Bälle fangen: Was wir normalerweise »sehen«, ist in mancher Hinsicht verstärkt und in anderer Hinsicht herabgesetzt, und es werden obendrein unrealistische Eigenschaften hinzugefügt. So viel zur »Realität«!

Es kommt natürlich hinzu, daß verschiedene Tiere unterschiedlich eingestellt sind. Die primitiven Königskrabben *(Limulus)*, die in Ufernähe umherwandern, haben etwa zehn Augen, die auf strategische Punkte rings um den hufeisenförmigen Panzer verteilt sind (davon eines auf dem Schwanz, das auf Tag-Nacht-Rhythmen spezialisiert ist!); die meisten dieser Augen nutzen wahrscheinlich die laterale Hemmung zur Kontrastverstärkung. *Limulus* ist daher außerordentlich gut, wenn es gilt, noch in einer Tiefe von zwei Stockwerken vor dem Ufer von Stony Beach und selbst bei Mondschein geringste Lichtunterschiede zu entdecken. Robert Barlow, ein Neurobiologe der zweiten Generation (in der Neurobiologie lassen sich Stammbäume auf einige wenige Forscher vor 1940 zurückverfolgen: Barlow studierte bei Keffer Hartline, während meine Frau und ich als Neurobiologen der dritten Generation bei einem anderen Studenten Hartlines, Charles F. Stevens, studierten), der am MBL die laterale Hemmung erforscht, berichtet von einem Versuch, bei dem er nachts in Sporttaucherausrüstung ins Meer ging; fiel bei Vollmond sein schwacher Schatten auf einen *Limulus*, der auf dem dunklen Boden umherkroch, so änderte das Tier seinen Kurs. Er konnte das Tier dazu bringen, im Zickzack zu laufen, und brauchte dazu nur den Schatten abwechselnd auf dessen linke beziehungsweise rechte Seite fallen zu lassen.

*

Eben sah ich ein Fischerboot zurückkehren, in dessen Heck dicht gedrängt eine ganze Seminargruppe von MBL-Studenten stand. Ich kann mir nicht vorstellen, daß sie etwas gefangen haben, denn sie waren nur eine Stunde draußen. Außerdem war im Heck wegen der vielen Studenten kein Platz für Fischereigerät. Also vielleicht eine Besichtigungsfahrt? Dann hätten sie zumindest das Salzwasser von einem Boot aus gesehen – und das wäre mehr konkrete Erfahrung des Meeres, als die meisten Studenten hier in diesen Tagen machen.

Unter den Meeresforschungsstationen ist das MBL ein Unikum: Der Standardkurs, der praktisch an allen Meereslabors unterrichtet wird, ist die vergleichende Zoologie der Wirbellosen. Doch am MBL wird er nicht mehr gegeben. Bei anderen Meeresforschungsstationen sind die Gezeitentabellen so angebracht, daß sie ins Auge springen, und man kann damit rechnen, daß die Forscher aus einer Flotte von kleinen Booten, die am Kai festgemacht sind, eines nehmen, hinausfahren und sich ihre Tiere selbst fangen. An solchen Labors richtet sich das ganze Leben nach den Gezeiten. Auf dem Kai findet man Gummistiefel, die dort neben Spezialnetzen und Fallen zum Trocknen aufgereiht sind, Tauchertanks und Bleigürtel sowie Anschläge mit Hinweisen auf die nächstgelegene Dekompressionseinrichtung für den Fall, daß jemand die Taucherkrankheit erwischt. Das Marine Biological Laboratory ist dagegen ziemlich urban: Die Tiere leben in Aquarientanks, die von Angestellten, ehemaligen Fischern, beschickt werden. Würde man, von einigen Leuten wie Bob Barlow abgesehen, den normalen MBL-Forscher danach fragen, wann mit der besten Ebbe in dieser Jahreszeit zu rechnen sei, würde man wohl nur einen verständnislosen Blick ernten oder die Gegenfrage: »Was für eine Ebbe?« Für viele der Forscher hat das MBL nur noch entfernt etwas mit dem Meer zu tun.

Ein Teil der Forschung am MBL könnte heute auch mitten in New York erledigt werden, wobei die Tiere per Luftfracht in Styropor-Kühlkästen geliefert würden – eine Option, die in den Entstehungsjahren des MBL noch nicht gegeben war. Allerdings gibt es noch immer etliche bemerkenswerte Ausnahmen von dieser Behauptung, beispielsweise die biophysikalische Forschung an dem empfindlichen Kalmar oder die entwicklungsbiologischen Untersuchungen an den Eiern verschiedener mariner Organismen, und diese Forschung bildet nach wie vor den harten Kern der MBL-Biologie. Es sind hier aber mit Sicherheit einige Forscher, die auch mit Kühlkästen und Kurieren gut zurechtkämen.

Warum kommen sie dann immer wieder nach Woods Hole? Für die meisten Forscher ist das MBL eine kostspielige Sache, und das betrifft nicht nur die Geldgeber, die ihren Forschungsaufenthalt unterstützen, sondern auch sie selbst, denn die Wohnungen sind hier (wegen der besser bezahlten Banker aus Boston, die darum konkurrieren) so teuer, daß die Forscher ihre Sparkonten angreifen müssen. An der Landschaft kann es nicht liegen, denn Strand kann man an anderen Stellen der Ostküste sehr viel einfacher und billiger haben, und die Leute, die zum Arbeiten hierher kommen, machen ihren richtigen Urlaub in der Regel anderswo. Was also ist der eigentliche Grund dafür, daß so viele Forscher immer wieder all die Mühe auf sich nehmen, ihre Labors in Kisten verpacken, sich mit dem gemieteten Lastwagen, den Rückenschmerzen und dem Gerät herumplagen, das nach dem Transport unerklärlicherweise nicht mehr funktionieren will – und das alles einige Monate später noch einmal?

Es liegt daran, daß das MBL in wissenschaftlicher Hinsicht ein sehr ungewöhnlicher Ort ist, ganz abgesehen von der Lage und der Verfügbarkeit der Tiere, die bei seiner Entstehung eine Rolle spielten. Hier lernt man innerhalb von drei Wochen wichtige Dinge, die man zu Hause oder in einem Kongreßzentrum, wo zehntausend Wissenschaftler umherwuseln, kaum lernen kann. Hier ist man ganz auf die Arbeit eingestellt; wenn man von einer Sache gehört hat, kann man sie sich schon zehn Minuten später demonstrieren lassen, nach dem Mittagessen kann man sich in der umfangreichen Bibliothek über Dinge informieren, und noch am selben Nachmittag kann man eine entsprechende Modifikation am Labortisch ausprobieren. Ein wesentlicher, wenn auch schwer nachweisbarer Bestandteil des praktischen Wissenschaftsbetriebes sind die Gerüchte über neue Verfahren und erste Ergebnisse. So wichtig seine Gebäude und Tiere auch sein mögen – seinen großen Einfluß auf die biologische Wissenschaft verdankt das MBL der Tatsache, daß es eine soziale Institution ist. An keinem anderen Meereslabor wird der freie Austausch wichtiger Ideen in vergleichbarem Umfang gepflegt, und in dem Kernprogramm der Kurse und Konferenzen sowie in dem reichhaltigen Angebot an Fachvorträgen ist das sicherlich nicht automatisch mit enthalten.

Zu den Vergnügungen, die ein Sommer in Woods Hole bietet, gehören die breit gefächerten abendlichen Vorträge, in denen es nicht nur um Wissenschaft geht, sondern auch um Kunst, Geschichte und öffentliche Angelegenheiten. Mehrmals in der Woche finden Konzerte statt (gestern Abend spielte der Philosoph Geoffrey Hellman als Zugabe zu einem hervorragenden Klavierkonzert mit Werken von Mozart, Berg und Beethoven das Brahms-Intermezzo in b-moll). »Sei bestrebt, etwas über alles und alles über etwas zu lernen«, lautete die Grabschrift von Thomas Henry Huxley – ihm hätte Woods Hole sehr zugesagt.

Das, was Woods Hole heute auszeichnet, ist, wie ich vermute, Teil eines Vermächtnisses von Generationen nicht berufstätiger Ehefrauen, die viel Zeit und Kraft hatten, um etwas zu organisieren. Dadurch entstand so etwas wie ein Gerüst, das inzwischen weitgehend abgebaut ist, da die meisten gebildeten Frauen heute einem eigenen Beruf nachgehen, doch werden Historiker vielleicht zu der Feststellung gelangen, daß gebildete, nicht-berufstätige Ehefrauen (und hier und da der nicht als Wissenschaftler tätige Ehemann einer MBL-Forscherin) die wesentlichen Träger des kulturellen Ambiente von Woods Hole sind, wodurch das gesellschaftliche Leben hier mehr ist als nur ein Ort, um mit anderen zusammenzutreffen, mehr auch als der übliche Puffer, wo man seinen Streß und seine Feindseligkeiten loswird. Sie haben ein Ambiente geschaffen, in dem das Bemühen, etwas über alles zu lernen, weit über die gewohnten geisteswissenschaftlichen Grenzen hinausgeht und nicht selten die von C. P. Snow konstruierte Kluft zwischen den zwei Kulturen mit Anmut überbrückt. Ein Maßstab des Erfolges von Woods Hole ist die Anzahl der hier vertretenen Familien, deren Mitglieder in zweiter und dritter Generation als Wissenschaftler, Ärzte und Musiker tätig sind.

Das großartige soziale Bauwerk, welches das MBL darstellt, war sehr viel schwieriger zu errichten als die Gebäude, und es ist in seiner Existenz ständig gefährdet. Staatliche Behörden mit ihrem Machttrieb, die gern von Washington D. C. aus »ihre Leute« an einer kurzen Leine führen, oder ein auf Sparsamkeit bedachter Kongreß, der durch Zusammenlegung von Instituten aus Gründen der »Effizienz« um jeden Preis die Kosten senken möchte, können diesem Bauwerk das Lebenslicht ausblasen. Das MBL hat keine institutionelle Unterstützung, es ist eine unabhängige gemeinnützige Körperschaft im Besitz der siebenhundert Wissenschaftler, die ihr angehören, und seine finanzielle Lage gibt ständig zu Sorgen Anlaß. Stätten wie das MBL sind jedoch nicht Vertragspartner eines Verteidigungsministeriums, die Produkte erstellen, oder auch nur Planer, die ein definierbares Ergebnis in Gestalt von Blaupausen erbringen – sie sind in allererster Linie Denkfabriken. In den physikalischen Wissenschaften erfordern Denkfabriken ein Verwaltungsgebäude, eine Menge Geld für Gehälter und viel Computerzeit. Das MBL ist nun einmal eine biowissenschaftliche Denkfabrik, die nur eine kleine Flotte von Fischerbooten und ein Bataillon von Bibliothekaren erfordert.

*

Welcher Art sind die Transformationen, die sich im Gehirn vollziehen? Sie könnten uns vielleicht über die »Blaupausen«, die »Bibliotheken« und die »Computerarbeit« des Gehirns Aufschluß geben. Am besten erforscht sind die Transformationen, die mit der sensorischen Verarbeitung zusammenhängen: Die laterale Hemmung, am Beispiel des Sehens am gründlichsten untersucht, ist auch bei der Hautwahrnehmung und dem Hören wirksam. Bei den meisten Transformationen liegt eine Spielart der Mexikanerhut-Anordnung vor; eine bestimmte Region wirkt erregend, eine größere Randzone dagegen hemmend, und so ergibt sich eine optimale Größe des Flecks – wenn er auch nur etwas größer ist, verliert die Nervenzelle ihr Interesse.

Bei Mondschein wird diese Hemmung in den Augen mancher Säugetiere (mit Sicherheit bei den Katzen, wahrscheinlich auch bei uns) abgeschaltet, um die Empfindlichkeit zu erhöhen – auch eine der Entdeckungen, die Stephen Kuffler machte. Nachdem unsere Augen sich an die Dunkelheit gewöhnt haben, erzielen große Lichtflecken eine noch größere Wirkung als die Flecken, die zuvor eine optimale Größe hatten; die Zelle kann nun nicht mehr erkennen, wie groß ein Fleck ist. Deshalb können Sie bei Mondlicht alles, was kleiner gedruckt ist als in Schlagzeilengröße, nicht mehr lesen. Bei so schwachem Licht muß ein Photorezeptor ja meßbar auf ein einziges Photon reagieren, während er bei Tageslicht von Millionen von Photonen bombardiert wird. Eine hemmende Randzone bietet eine Möglichkeit, die Empfindlichkeit um ein Millionenfaches nach oben oder unten zu regulieren.

Ursprünglich bezeichneten wir dies als »Randzonen-Hemmung«. Dann wurden jedoch die Zellen mit dem umgekehrten Mexikanerhut entdeckt, bei denen die Randzone erregend und das Zentrum hemmend ist, so daß wir schließlich von einem »Zentrum-Randzone-Antagonismus« oder einfach

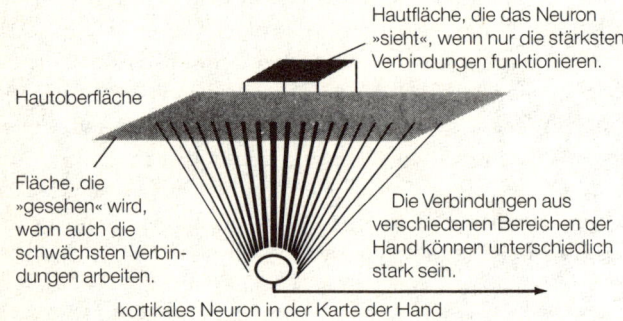

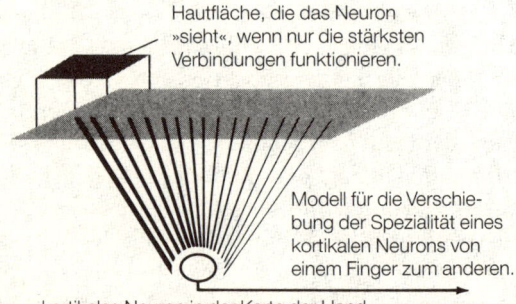

von »lateraler Hemmung« sprachen. Wie immer man diesen Mechanismus bezeichnet, man findet ihn auf praktisch jeder Ebene des visuellen Systems, von der Netzhaut bis zu sekundären Rindenbereichen. Er wird von den Hautsinnen ebenso benutzt wie vom Gehörsinn: Eine Zelle, die für das mittlere C maximal empfindlich ist, kann durch Töne, die eine halbe Oktave höher oder tiefer sind, gehemmt werden. Die der Kontrastverstärkung dienenden Transformationen durch laterale Hemmung erfordern eine umfangreiche Verschaltung, weil jede Zelle aus einem weiten Gebiet erregende und aus einem noch weiteren Gebiet hemmende Impulse erhält, oder umgekehrt.

Hat dies nun etwas zu tun mit der Verschaltung der pränatalen Entwicklung, die dem Motto »alles ist mit fast allem verbunden« folgt, und mit dem Beschneiden der weitreichenden Verbindungen, wodurch diese auf einen Kegel eingeengt werden? Wahrscheinlich. Der grundlegende Zentrum-Randzone-Aufbau ist im visuellen System der Primaten mit Sicherheit bei der Geburt vorhanden. Über mindestens vier Verarbeitungsstufen entstammt das Weltbild der jeweiligen Zelle einem Trichter von konvergierenden Inputs. Für die Hautwahrnehmung gilt ebenfalls, daß ein Trichter erregende und ein größerer Trichter hemmende Signale weitergibt. Theoretisch heißt das: Je höher man in der Hierarchie der Zellen im Gehirn kommt, desto größer ist die Hautfläche, von der eine Zelle Signale erhält, und wenn auf allen Stufen die hemmenden Randzonen abgeschaltet sind, kann eine einzige Zelle auf die halbe Körperoberfläche reagieren!

*

Sie werden sich erinnern, daß nicht die Größe – und noch weniger die potentielle Größe –, sondern das Zentrum des rezeptiven Feldes der Rindenzellen die Grundlage von kortikalen Karten bildet. Arbeiten alle hemmenden Randzonen mit voller Kraft, dann erscheinen die Zentren der rezeptiven Felder klein, und es ist leicht, einen Mittelpunkt zu definieren. Es ist daher nicht allzusehr übertrieben, wenn ich sage, daß zwischen der Oberfläche der Haut (bzw. Netzhaut) und der Rindenoberfläche eine Punkt-für-Punkt-Entsprechung besteht, daß man also sinnvoll von einer kortikalen »Karte« der sensorischen Oberfläche sprechen kann. *Würde aber die gesamte Hemmung abgeschaltet, könnte es wegen der großen Unschärfe der anatomischen Verbindungen ziemlich schwierig werden, die »Karte« zu entdecken, denn beinahe die Hälfte der gesamten sensorischen Oberfläche könnte auf jede einzelne Rindenzelle konvergieren.*

Diese breite anatomische Grundlage der sehr viel engeren funktionellen

Spezialisierung ist der Grund dafür, daß eine Rindenzelle ihre Funktion wechseln und sich auf einen anderen Finger spezialisieren kann, als es bis dahin der Fall war. Kortikale Karten galten allgemein als ziemlich festgelegt; sie mochten von einem Individuum zum anderen verschieden sein, doch bei einem Individuum waren sie für das ganze Leben fixiert. Doch in den achtziger Jahren schockierten uns Michael Merzenich, Jon Kaas, Randy Nelson und Kollegen mit der Entdeckung, daß die somatosensorischen kortikalen Karten eine kurzlebige Sache waren und ihre Form änderten, wenn die Hand stärker beansprucht wurde; wenn die Spitze eines Fingers regelmäßig an etwas rieb (beispielsweise beim Croupier eines Spielkasinos, der mit seinem Zeigefinger ständig die Spielkarten befingerte), spezialisierten sich in der somatosensorischen Rinde mehr Zellen auf diesen Finger. Gleichzeitig nahm bei Zellen, die sich auf diesen Finger spezialisierten, der durchschnittliche Umfang des Zentrums des rezeptiven Feldes ab.

In der Regel waren die Zellen, die jetzt auf den Zeigefinger spezialisiert waren, zuvor auf benachbarte Finger spezialisiert, es kam aber auch vor, daß sie zuvor auf das Gesicht spezialisiert gewesen waren. Die Verbindungen vom Gesicht zu diesen vielseitigen Zellen wurden vollständig abgebaut, die Verbindungen des Zeigefingers dagegen verstärkt – und praktisch »umgeschult«.

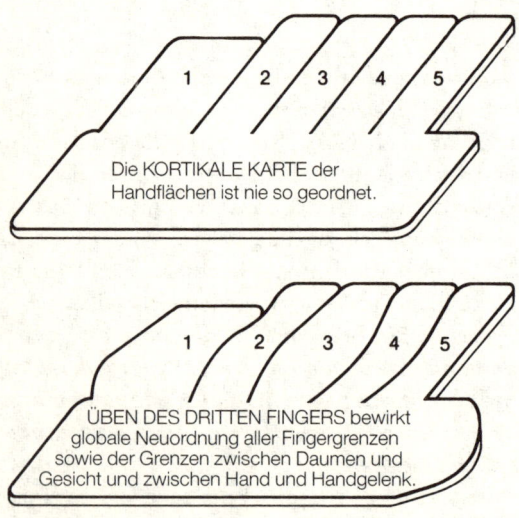

Die KORTIKALE KARTE der Handflächen ist nie so geordnet.

ÜBEN DES DRITTEN FINGERS bewirkt globale Neuordnung aller Fingergrenzen sowie der Grenzen zwischen Daumen und Gesicht und zwischen Hand und Handgelenk.

Merzenich und Mitarbeiter, die diese Beobachtungen an Affen machten, stellten aber darüber hinaus fest, daß die kortikalen Grenzen sich spontan von Woche zu Woche änderten, auch wenn der Affe nicht trainiert wurde und einfach im Käfig umhertunte. So wanderte die Grenze, die im Kortex zwischen Gesichts- und Handzellen besteht, von Woche zu Woche hin und her; mal waren die Zellen in Grenznähe Gesichtsspezialisten, dann wieder Daumenspezialisten. Für Neurophysiologen war das ungefähr so, als hätte man uns erzählt, daß die Staatsgrenze zwischen Kalifornien und Oregon ohne ersichtlichen Grund von einer Woche zur anderen um ein paar Meilen in die eine oder andere Richtung verlegt wird.

An Affen, die darauf dressiert wurden, einen Zeigefinger auf eine vibrierende Oberfläche zu halten, beobachteten die Forscher eine Verdreifachung der kortikalen Zellen, die auf die Spitze dieses Zeigefingers spezialisiert waren. Die Grenzen der übrigen Finger verschoben sich aber gleichfalls. Wurde »Kalifornien« ungewöhnlich stark trainiert, so verschob sich die Grenze zwischen Kalifornien und Oregon, aber auch die Grenze zwischen Oregon und Washington und die zwischen Washingon und Kanada! Im Gefolge der Fingerspitzen-Übung wurde die Karte der gesamten Hand umgestaltet, wobei aber die Expansion nicht, wie es sonst bei Grenzstreitigkeiten üblich ist, nur auf Kosten der unmittelbaren Nachbarn ging. Es waren auch nicht nur die übrigen Finger, die etwas abgeben mußten, denn ein Großteil der Expansion ging zu Lasten der Gesichts- und Handgelenks-Repräsentation, während sich die gesamte »Hand« erweiterte. Historische Entwicklungen haben im Laufe von Jahrhunderten die Landkarte Europas verändert – bei kortikalen Karten geht das, was auch immer die Ursache sein mag, sehr viel schneller. Man muß sich die Karten regelrecht als etwas Kurzlebiges vorstellen, das ungefähr so dauerhaft ist wie die Ordnung der Papiere auf meinem Schreibtisch.

Wenn Sie Klavier spielen lernen, verändert das also wahrscheinlich in einem ganz realen Sinne Ihr Gehirn. Gleiches gilt aber wohl auch für jede andere Aktivität, durch die eine Hand (oder auch ein Fuß) wiederholt stimuliert wird. Ich erzählte das einer befreundeten Anthropologin, weil sie ständig barfuß geht, so daß ihre Füße sehr viel mehr detaillierte Eindrücke empfangen, als wenn sie in Schuhen steckten. Ist bei ihr deshalb die Repräsentation der Füße auf Kosten anderer Körperteile vergrößert? Werden dadurch ihre übrigen sensorischen Fähigkeiten verringert? Noch wissen wir es nicht. Liegt es an dieser Plastizität, wenn viele Opfer eines Schlaganfalls in den Wochen und Monaten nach dem Anfall sehr viel besser werden, weil die

Aufgaben, die zuvor von dem beschädigten Rindenbereich erledigt wurden, von unbeschädigten Regionen übernommen werden? Liegt es daran, wenn Blinde ein besseres Gehör haben? Schalten Sie sich nächstes Jahr wieder ein!

*

Kortikale Karten sind ohnehin Epiphänomene, da sie keinem anderen bekannten Zweck dienen, außer dem Neurophysiologen zu zeigen, wo er seine Meßelektroden anzusetzen hat. Die funktionalen Teile sind, vergleichbar den Industriebetrieben einer Stadt, die Nervenzellen selbst, und während Straßenkarten für Menschen, die fremd in der Stadt sind, eine Funktion erfüllen, kann ich mir für die Hirnkarten, die wir erstellen, keine vergleichbare Funktion vorstellen. Das Interessante an diesen ephemeren Karten ist, daß sie uns zeigen, daß im Gehirn in großem Umfang Umschulung stattfindet, daß die Anzahl der Zellen, die einer bestimmten Aufgabe (etwa der Analyse der Sinneseindrücke aus dem Zeigefinger) zugeteilt sind, von Woche zu Woche (und wahrscheinlich von Tag zu Tag) verändert werden kann.

Die Plastizität scheint zudem hauptsächlich auf der kortikalen Ebene angesiedelt zu sein, denn die Karten der Finger im Thalamus des Affen, der Relaisstation unmittelbar vor dem Kortex, zeigen keine vergleichbar starke Veränderung. Jedoch scheinen die auf den Zeigefinger spezialisierten Nervenzellen des Thalamus Axonzweige zur gesamten Handregion des somatosensorischen Kortex zu entsenden – und nicht nur zu dem Rindenfleck, der aktuell den Zeigefinger repräsentiert. Dieser Umstand erlaubt vermutlich die rasche Umschulung einer kortikalen Zelle: Hatte sie vorher alles außer dem Zeigefinger unterdrückt, so unterdrückt sie nun alles außer dem Daumen. Jene Zellen, die zwischen Daumen und Gesicht hin- und herschalten, empfangen vermutlich anatomische Verbindungen von beiden, wobei entweder die eine oder die andere Menge unterdrückt wird. Die andere Erklärung, daß nämlich die thalamischen Axone neue Verbindungen austreiben und die alten Synapsen unterbrechen, ist zwar nicht auszuschließen, doch vollziehen sich die Veränderungen schneller, als die entsprechenden Wachstumsprozesse in den Nerven, die zu Muskeln führen, in der Regel verlaufen.

Die ständig vor sich gehende dynamische Reorganisation läßt vermuten, daß eine gewisse Konkurrenz im Gange ist, die dazu führt, daß die Arbeit auf die verfügbaren Arbeiter verteilt wird. Statt einer feststehenden Struktur auf Lebenszeit könnte es sich eher um eine Art freie Wirtschaft handeln – vielleicht sorgt ein gewisses Maß an neuraler Arbeitslosigkeit dafür, daß Nischen erkundet und ausgefüllt werden. Werden möglicherweise monopolistische

Praktiken dazu benutzt, die Macht zu ergreifen und Neulinge nicht hochkommen zu lassen? Gibt es eine zentrale Leitung, ein zirkulierendes Hormon, das wie ein Fünfjahresplan funktioniert und Wanderarbeiter bevorzugt in bestimmte Richtungen lenkt?

Vergleiche aus dem Wirtschaftsleben mögen uns vielleicht vertrauter sein, doch spricht einiges dafür, daß man in Wahrheit nach noch einfacheren Vergleichen als der Ökonomie zu suchen hat: Selbstorganisation, darwinistische Evolution und Ökosysteme. Die bekannten Computeranalogien, auf die wir zurückgreifen, wenn wir nach einem Bild für das Funktionieren des Gehirns suchen, scheinen ganz und gar unpassend zu sein, denn bei Computern ist das Gedächtnis vom Prozessor getrennt, und sie tun nur, was man ihnen befiehlt, statt nach neuen Nischen zu suchen.

Seit Darwin und Wallace wissen wir, daß wir die Prinzipien der Evolution verstehen müssen, wenn wir begreifen wollen, wie wir uns auf dem langen Weg vom Tieraffen über den Menschenaffen und den Hominiden zum Menschen entwickelt haben. Fast ebensolange haben uns Vergleiche zwischen Ontogenese und Phylogenese zu Bewußtsein gebracht, daß der Weg von der befruchteten Eizelle zum erwachsenen Individuum in hohem Maße von darwinistischen Prozessen (wie etwa dem pränatalen Zellsterben) bestimmt ist. Jetzt aber sieht es so aus, als sollte auch derjenige, der das normale Funktionieren des Gehirns (die Natur von Perzeption und Kognition, die Grundlage des Gedächtnisses, die Organisation des Verhaltens) verstehen möchte, am besten Darwin büffeln.

Was wir Geist nennen, ist nichts als ein Haufen oder eine Ansammlung verschiedener Wahrnehmungen, die durch gewisse Beziehungen miteinander verbunden sind und von denen wir fälschlicherweise annehmen, sie seien mit perfekter Einfachheit und Identität ausgestattet.
David Hume (1711–1776)

Gesetzt, daß die »Seele« ein anziehender und geheimnisvoller Gedanke war, von dem sich die Philosophen mit Recht nur widerstrebend getrennt haben – vielleicht ist das, was sie nunmehr dagegen einzutauschen lernen, noch anziehender, noch geheimnisvoller: der menschliche Leib ...
Friedrich Nietzsche (1844–1900)

9.
Von Rüstungswettläufen in Pfarrgärten: Der Seitensprung und andere Nebenwege der Evolution

Der vermutlich einzige römisch-katholische Glockenturm, dessen Glocken nach Biologen benannt sind, steht in einem Garten am Rande des Eel Pond, jener landumschlossenen Bucht, die wie eine Herzkammer umgeben ist von dem am Meer gelegenen Dorf Woods Hole auf Cape Cod. Die eine Glocke heißt Pasteur, die andere Mendel, und wahrscheinlich verkörpern sie den Versuch eines Modus vivendi zwischen St. Joseph, der Gemeinde, der sie gehören, und den vier großen meeresbiologischen Institutionen in der Nähe ...

Der Neurobiologe Theodore Melnechuk, 1980

Der Bell Tower Garden, gerade eine Häuserzeile vom MBL entfernt, liegt an den Gestaden des Eel Pond. Zwei große Glocken verkünden dreimal täglich – morgens, mittags und abends – das Angelus (wenn die Glocken zu einer anderen Zeit erklingen, findet drüben in der St. Josephskirche wahrscheinlich eine Hochzeit statt). Um den Glockenturm herum erstreckt sich ein Garten, in dem man sehr schön lesen oder schreiben oder einfach herumspazieren kann, um einen klaren Kopf zu bekommen.

Das östliche Ende des Gartens ist nach dem Vorbild mittelalterlicher Pfarrgärten mit Blumen und Kräutern bestellt, die von Mönchen wegen ihrer Schönheit und Nützlichkeit gezogen wurden. Hier wächst *Digitalis purpurea*, von den hiesigen Katholiken als »Our Lady's Glove« bezeichnet und den meisten Gärtnern als Roter Fingerhut bekannt. Es ist eine Arzneipflanze, die Digitalis enthält, das man bei Herzversagen anwendet, da es die Herzfrequenz stärkt und vertieft, wenn es in geringen Dosen verabreicht wird (in größeren Dosen ist Digitalis ein Gift).

Und es ist natürlich seine Verwendbarkeit als Gift, was angesichts des ständigen Rüstungswettlaufs zwischen Pflanzen und Insekten zu seiner Evolution Anlaß gab. Ich weiß, daß die katholischen Gärtner, die hier tätig sind, die im Garten vorkommenden Pflanzen wahrscheinlich ein wenig anders beschreiben werden, aber es ist auch von Nutzen, wenn man sie aus wissenschaftlicher Sicht als zum Teil tödliche Apparate beschreibt. Diese Beschreibung führt nämlich zu evolutionären Mechanismen im allgemeinen, zu den emergenten Eigenschaften zusammengesetzter Mechanismen und sogar zu Bewußtseins-Überlegungen.

Um Insekten fernzuhalten, haben viele Pflanzen eine Abwehr entwickelt: klebrige Fliegenfallen wie Bernstein (worin sich gelegentlich Insekten erhalten haben, die 50 Millionen Jahre alt sind und eine bemerkenswerte Ähnlichkeit mit modernen Arten aufweisen), Drogen, die das Herz zum Stillstand bringen oder Halluzinationen hervorrufen, Stoffe, die das Blut gerinnen lassen (oder, wie Knoblauch, seine Gerinnung verhindern) und teuflische Erfindungen aller Art. Abgesehen von den Gräsern (die überwiegend ohne Schutz auskommen) und den Früchten (die überwiegend gefressen werden wollen, damit ihre Samen einige Tage später in einer gewissen Entfernung ausgebracht werden, mitten in einer schönen Portion Dünger), enthalten die meisten eßbaren Pflanzen etwas, das für einige Arten, die sich von ihnen ernähren, unangenehm ist. Kochen ist das beste, was man bislang erfunden hat, um solche Toxine unschädlich zu machen (die Hitze zerlegt die Proteine in kürzere Abschnitte), doch dürfte die Gentechnik in Kürze einiges zu diesem Thema zu sagen haben (stellen Sie sich vor, daß während der Zubereitung einige Enzyme ins Essen gerührt werden, die die gefährlichen Moleküle binden und dadurch unschädlich machen).

Angesichts dieses Evolutionsgeschehens ist es erstaunlich, daß nicht mehr Menschen nach dem Verzehr roher Pflanzen übel wird. Manche »Allergien« sind wohl nur normale Reaktionen, die bei vielen Menschen nicht in ausgeprägter Form auftreten, so daß sie eher als Ausnahmen denn als die Regel zu betrachten sind.

Es gibt jedoch pflanzliche Abwehrmechanismen, bei denen sich statt des widerlichen Geschmacks oder der Übelkeit, die sich sofort bemerkbar machen, eine verzögerte Auswirkung auf die Fortpflanzungsfähigkeit einstellt. Wie sich jetzt herausstellt, sind die auf den Inseln Guam und Rota auftretenden Varianten der Alzheimerschen Demenz, des Parkinsonismus und der amyotrophischen Lateralsklerose (einer degenerativen Rückenmarkserkrankung) vermutlich alle auf den Verzehr der Samen der Falschen Sagopalme (*Cycas circinalis* L.) zurückzuführen, die, zu Mehl zerstoßen, als traditionelles Nahrungsmittel von manchen Eingeborenen verzehrt wurden, als während des Zweiten Weltkriegs der Reis sehr knapp war. Deshalb gehen Forscher jetzt der Frage nach, ob nicht auch die landläufigeren Spielarten der Alzheimerschen Krankheit, des Parkinsonismus und anderer degenerativer Erkrankungen durch Nahrungsmittel ausgelöst wurden. Vielleicht werden wir daher unsere Probleme mit der Umweltverschmutzung (dem ganzen Blei, Radon, Kohlenmonoxid usw.) vor dem natürlichen Hintergrund all der angehäuften pflanzlichen Toxine, die wir in uns aufnehmen, sehen müssen. Ich esse gern gut gewürzt, doch gehören Gewürze ebenfalls ganz oben auf meine Liste der potentiellen Nervengifte, die man untersuchen müßte.

In schweren Zeiten, wenn das Futter knapp war und sie zehnmal mehr als sonst von einem pflanzlichen Toxin fraßen, haben Insekten vermutlich unter ähnlichen Widerwärtigkeiten zu leiden gehabt. Die Insekten mögen nicht das Kochen erfunden haben, aber dafür haben sie andere Wege entwickelt, um die Abwehr zu umgehen: lange Saugrüssel, die es dem Insekt erlauben, aus einem gewissen Abstand zu nippen, Verdauungsenzyme, welche die Toxine inaktivieren usw.

Daraufhin erhöhten die Pflanzen den Einsatz, gewöhnlich mit einem neuen Toxin. Rüstungswettläufe begannen vor langer, langer Zeit.

Die soziale Abhängigkeit von Rüstungswettläufen unterscheidet sich nicht grundlegend von der individuellen Drogensucht. Der Common Sense drängt den Süchtigen immer dazu, sich einen weiteren Schuß zu besorgen. Und so weiter.

Der Anthropologe Gregory Bateson, 1979

*

Im Gegensatz zu dem derzeitigen Rüstungswettlauf zwischen den Menschen könnte der alte Wettlauf zwischen den Pflanzen und Insekten für die Menschen sehr segensreich sein. Die Insekten sind zu einer faszinierenden Wissensquelle geworden: Um für Patienten, die durch eine Arterienverstopfung einen Schlag erlitten haben, ein natürliches gerinnungshemmendes Mittel zu finden, könnte man nach einer Pflanze Ausschau halten, die zur Abwehr ein gerinnungsförderndes Mittel verwendet, um die Insekten zu finden, die sich noch immer von dieser Pflanze ernähren, um nachzuschauen, was für gerinnungshemmende Mittel sie erzeugen. Einige der Mittel, mit denen Insekten die Blutgerinnung verhindern, wirken vielleicht nur bei einem ganz bestimmten gerinnungsfördernden Stoff, doch andere könnten vielleicht allgemeiner einsetzbar sein.

Tatsächlich sind wir dabei, mit ungeheurem Tempo Insekten- und Pflanzenarten auszurotten, die künftigen Generationen bei der Lösung solcher medizinischer Probleme oder bei den Problemen der Landwirtschaft helfen könnten. Daß wir diese genetische Bibliothek so gedankenlos zerstören, werden unsere Nachkommen vermutlich nicht anders beurteilen als wir die Bücherverbrenner der Vergangenheit.

*

Die Pflanzen haben ihre Toxine sicherlich nicht durch Weitsicht erworben, indem sie die Situation analysiert haben und anschließend in den Laden gegangen sind, um das entsprechende Produkt zu kaufen. Wir Menschen »durchdenken die Dinge« und neigen deshalb zu der Annahme, daß dies der einzige Weg sei, daß ein passender Gott das Denken für die Pflanze besorgt haben müsse.

Doch mit Darwins Erklärung der Evolution hat sich das alles geändert; seitdem wissen wir, daß zufallsbedingte Variationen, die kleine Vorteile gewähren, sich über eine lange Zeit hinweg zu einer neuen Funktion entwickeln können, und daß auf diese Weise Resultate entstehen können, die denen einer vernünftigen Planung ganz ähnlich sind. Wir sprechen dann von »Anpassungen« an die Umwelt. Einige Säugetiere wie die Wale und Delphine, die ins Meer zurückkehrten, verloren nach und nach ihr Haarkleid und entwickelten eine neue subkutane Fettschicht, die anstelle des Haarkleides für die Wärmeisolation sorgte und zugleich die Flossen stromlinienförmiger machte. Zu diesen Anpassungen kam es, weil hinsichtlich Behaarung und Fettbildung Variationen vorhanden waren und einige Varianten mehr überlebende Nachkommen zeugten als andere.

Manche meinen, wir Menschen hätten ebenfalls (vor vielleicht fünf bis sieben Millionen Jahren, unmittelbar vor der Savannenphase) eine aquatische Phase durchlaufen, in der wir den größten Teil unserer Behaarung verloren und eine unäffische subkutane Fettschicht entwickelten. Solche Anpassungsmerkmale könnten auf einer Ernährungsweise beruhen, bei der wir in flachen Gewässern herumwateten und nach Krebsen und Schalentieren suchten oder – in schweren Zeiten – vor der Küste danach tauchten. Mit Sicherheit besitzen wir eine unäffische Vorliebe für Meeresgestade, was die Strände und die Häuser rings um den Hafen deutlich bezeugen – aber auch all die Boote, die im Eel Pond schwimmen, gleich hinter der Hecke, die den Bell Tower Garden begrenzt.

Und wir haben eine Vorliebe für Küstenvögel. Wie es scheint, wird der Eel Pond während des Sommers größtenteils nur von einem Kormoran bewohnt, zu dem sich im späteren Verlauf der Jahreszeit ein zweiter gesellt. Die beiden derzeitigen Bewohner sind bestimmt miteinander befreundet; soeben sah ich sie gemeinsam auf einer Boje hocken. Der eine hatte seine Flügel ausgebreitet, der andere stand da mit angelegtem Gefieder, und aus der Position, aus der ich sie betrachtete, schien es, als hätte der eine dem anderen seinen Arm um die Schulter gelegt. Schließlich breiteten sie beide ihre Flügel zum Trocknen aus, und sie schafften es, einander dabei nicht zu berühren.

Die beiden Kormorane gehören anscheinend zu der Art der Ohrenscharben, *Phalacrocorax auritus*; offenbar ziehen sie im Winter nach Süden, wenn auch vielleicht nur bis nach New York. Schließlich verließ einer seinen Posten. Das heißt, er hüpfte ins Wasser, schwamm ein kurzes Stück (wobei er sehr viel munterer wirkte als vorher, als er, nur den Hals aus dem Wasser gestreckt, umherkreuzte) und tauchte dann ab, nur wenige Wellen an der Stelle zurücklassend, wo er verschwunden war. Es gibt Kormorane, die sich, wenn sie einen Fisch erspäht haben, von hohen Klippen ins Wasser stürzen, während andere einfach unter Wasser umherkreuzen.

Obwohl ihnen die Talgdrüsen fehlen, mit denen Enten ihr Gefieder wasserdicht machen, wirken auch die Kormorane so, als sei ihr Federkleid geglättet. Kein Wunder, daß sie zum Trocknen ihrer Flügel so lange außerhalb des Wassers bleiben müssen. An Regentagen, wenn das »Glätten« der Flügel lange dauert, können sie wahrscheinlich nicht so oft fischen gehen wie an einem sonnigen, warmen Tag. Wieder eine kleine Unvollkommenheit der Evolution: Für eine angepaßte, stromlinienförmige Körpergestalt des Kormorans hat die natürliche Auslese vielleicht gesorgt, nicht aber für ein wasserdichtes Gefieder. Möglich, daß nie die richtigen Variationen zustande kamen, denn ganz zufällig sind sie ja nicht, sondern von allen möglichen Bedingungen abhängig, angefangen bei den Stellen, an denen die Chromosomen leicht brechen, bis hin zu den räumlichen und zeitlichen Abstimmungen, die während der Entwicklungsphase eingehalten werden müssen.

Doch Anpassungen sind nicht der einzige Weg, auf dem eine Funktion sich ändern kann, wenngleich einige moderne Anhänger Darwins (die sogenannten »Ultradarwinisten«) es so darstellen möchten. Dabei unterstrich Darwin selbst, daß Arten sich auf zwei Wegen ändern, ohne daß die natürliche Auslese für Anpassungen sorgt: durch sexuelle Auslese (der Schwanz des Pfauenhahns entwickelte sich aufgrund von Präferenzen der Hennen, nicht wegen Besonderheiten der Umwelt) und durch »Funktionswandel« (wobei neue Funktionen ohne eine anatomische Veränderung auftreten). Außerdem wies er darauf hin, daß die Konkurrenz innerhalb der Art nach der Entdeckung dessen, was wir heute als »neue Nische« bezeichnen, nachlassen kann und daß dadurch ein starkes Wegdriften von der bisherigen Körperform und den bisherigen Verhaltensweisen möglich wird.

Die wirksamsten und auffälligsten Konkurrenzvorgänge in der realen Welt bestehen vielleicht nicht in einer Konkurrenz um die Besetzung einer feststehenden Zahl von Nischen, sondern in Prozessen der Spezialisierung und des Ausbaus der Nische. Wir brauchen daher nicht ein Weltbild zu akzeptieren, das nur den Kampf aller gegen alle kennt.
Der Computerwissenschaftler Herbert A. Simon, 1983

*

Die Evolution steckt voller Überraschungen. Ich meine damit nicht die merkwürdig geformten Tiere wie die Flunder oder den Seeteufel, die prompt Verwunderung oder Gelächter hervorrufen. Ich spreche von den unwahrscheinlichen Wegen, auf denen die Evolution ihre Ziele erreicht, den überraschenden Pfaden, welche die Evolution einschlägt und die alle gängigen Fortschrittsvorstellungen sprengen. Die Evolution ist nicht immer das langsam sich vollziehende Mahlen, das Zufallsvariationen unausgesetzt zu immer besseren Versionen formt.

Langsam aber sicher, das ist die verbreitete Vorstellung vom Darwinismus, doch in Wirklichkeit ist die Evolution nicht sehr effizient. Sie steckt voller Sackgassen, so daß sie biologisch einen Schritt zurückgehen muß, um »voranzukommen«. Und dann gibt es noch die Koevolution, wie sie sich im Rüstungswettlauf zeigt. Und das Erstaunlichste ist, daß die biologische Evolution manchmal einen Seitensprung macht, um einen neuen Weg zu beschreiten.

Wenn Sie von alledem noch nichts gehört haben, so sagt das einiges über den traurigen Zustand unseres amerikanischen Bildungswesens. Es kommt kaum vor, daß solche Überraschungen von zermürbten Lehrern vermittelt werden, die sich mit kreationistischen Heckenschützen und mit kompromißlerischen Lehrbüchern herumschlagen, in denen die Evolution so knapp wie möglich behandelt wird, vielleicht in einem optionalen Teil am Schluß, zu dem man bis zum Ende des Schuljahres nicht mehr kommt. Was ein richtiger Biologe ist, der stellt die Evolution im Zusammenhang mit der gesamten Biologie als den durchgängigen Faden dar, der Moleküle, Mikroben, Affen und Menschen verbindet. Ohne diesen Faden kann die Biologie – das größte Abenteuer aller Zeiten – zu einer endlosen Liste verkommen, die man auswendig lernt. Für einen Biologen bleibt ohne die vorangegangene Evolution alles unverständlich (aber auch diese fachliche Meinung findet selten den Weg in die an lange Aufzählungen erinnernden Lehrbücher). Sollten Sie von einer dieser Überraschungen (von denen keine wirklich neu ist – schon Darwin betonte, daß die »Funktionsänderung bei anatomischer Kontinuität« so etwas wie einen Nebenweg darstellt) schon einmal gehört haben, dann können Sie sich glücklich schätzen oder für belesen halten.

Die meisten Menschen haben jedoch unabhängig von der Schule eine ganz brauchbare Vorstellung davon, wie die kulturelle Evolution verläuft, einfach aufgrund der Veränderungen, die sie ringsum beobachten. An diesen lassen sich in einem verkürzenden (und etwas gewagten) Verfahren vergleichbare Erscheinungen in der biologischen Evolution wie der Rückschlag und das Beschreiten von Umwegen verdeutlichen.

– Wir haben gesehen, daß Wortschöpfungen aufkamen – und meistens wieder verschwanden, auch wenn einige sich über mehrere Jahrzehnte behauptet haben.
– Wir haben gesehen, daß neue Produkte auf den Markt kamen, von denen viele (Frühstücksflocken, nichtalkoholische Getränke) einfache Variationen über ein Thema auf der Suche nach einem Vorteil waren.
– Wir haben gesehen, daß alte Befestigungsmittel (wer weiß noch, daß Windeln früher mit einer Nadel zugemacht wurden?) durch Klebeband und Klettverschluß ersetzt wurden. »Werg und Siegellack« wurden offenbar durch Isolierband in schlachtschiffgrau ersetzt.
– Wir haben gesehen, daß Überbleibsel (die funktionslosen Knöpfe am Jackettärmel ohne entsprechende Knopflöcher oder die Knopflöcher am Revers ohne entsprechende Knöpfe) aus einer früheren Zeit, in der sie noch eine Funktion hatten, weitergeschleppt wurden, vergleichbar mit dem Blinddarm.
– Wir haben gesehen, daß der Patentschutz siebzehn Jahre lang die ausschließliche Nutzung einer neuen Erfindung sichert. In der Biologie existiert ein derartiges Gesetz nicht, aber da die Evolution ein wenig langsam ist, ist eine *neue Nische* (meistens eine spezialisierte Verfeinerung einer alten) eine wunderbare Sache: Eine Zeitlang gibt es kaum Konkurrenz, und dadurch geht die Konkurrenz zwischen den Mitgliedern der glücklichen Art stark zurück, so daß verschiedene »Konkurrenzregeln« gebrochen werden dürfen, auch solche, die mit der Entdeckung der neuen Nische nichts zu tun haben.
– Wir haben gesehen, daß die kulturelle Evolution gelegentlich *einen Schritt zurück macht*, um eine verpaßte Gelegenheit zu erkunden; ein Beispiel ist die Technik der immer robusteren Klebstoffe, die abgemildert wurde, um Haftnotizen zu schaffen, die man wieder abnehmen kann, ein hervorragendes Mittel, um an Türen oder Telefonen Erinnerungshilfen von begrenzter Geltungsdauer anzubringen. Und abziehbare Tapeten für diejenigen, die gern immer wieder neu tapezieren.
– Wir haben gesehen, daß kulturelle *Kombinationen*, die aus einem bestimmten Grund entstehen, sich für andere (bisweilen diametral entgegengesetzte) Zwecke als nützlich erweisen. Johannes Calvin verfügte im 16. Jahrhundert für die Stadt Genf »eine Lebensweise, die verlangte, sehr früh aufzustehen, sehr hart zu arbeiten und stets um eine gute Moral und gute Lektüre besorgt zu sein« (die Betonung der Bibellektüre statt der Sakramente förderte eine von Herkunft und Besitz unabhängige Bil-

dung). Obwohl entschieden wissenschaftsfeindlicher als die römische Kirche (der Wissenschaftler Servetus wurde in Genf auf dem Scheiterhaufen verbrannt, Galilei nur zu Hausarrest verurteilt), erwies sich die kalvinistische Kombination aus Bildung für alle und harter Arbeit im folgenden Jahrhundert als förderlich für die Wissenschaft, und die Puritaner wurden zu deren verläßlichen Befürwortern.
- Wir können sogar beobachten, daß die kulturelle Evolution *Nebenwege* beschreitet und alte Dinge für neue Zwecke nutzt: Computer, ursprünglich als Rechenmaschinen gedacht, werden für andere Aufgaben eingesetzt (sie konkurrieren mit Schreibmaschinen und Karteikästen, und sie steuern sogar Fabrikationsanlagen und Armbanduhren); entzündungshemmende Medikamente wie Aspirin werden für Zwecke eingesetzt, an die man ursprünglich nicht dachte (zur Schmerzlinderung und neuerdings zur Verhinderung von Blutgerinnseln).

In der Kultur finden wir auch Beispiele für den Unterschied zwischen unmittelbaren und grundlegenden Ursachen: Die *unmittelbare* Ursache für den Erfolg eines neuen, mit Zucker angereicherten Frühstücks auf Getreidebasis mag in unserer Vorliebe für Leckereien liegen, doch die *grundlegende* Ursache ist darin zu sehen, daß die ersten Primaten sich auf den Verzehr von Früchten einstellten. Wenn wir sagen: »Rauchen verursacht Lungenkrebs«, dann sprechen wir von einer unmittelbaren Ursache; die grundlegende Ursache hat mehr damit zu tun, daß die Evolution uns nicht auf langfristige Verletzungen vorbereitet hat (wenn wir über die Menopause hinaus weiterleben wollen, müssen wir uns selbst etwas zu unserem Schutz ausdenken). Immer wieder werden Erklärungsebenen durcheinandergebracht, auch von Wissenschaftlern; so wurde um die Wende vom 19. zum 20. Jahrhundert von Genetikern behauptet, die Evolution werde von Mutationen und nicht von der Darwinschen Selektion verursacht – dadurch wurde die Darwinsche Lehre fast vier Jahrzehnte in den Hintergrund gedrängt, bis sich schließlich alle einig waren, daß beide Faktoren beteiligt sind. Gewöhnlich sind zahlreiche Ursachen für etwas verantwortlich; wann immer etwas alternativ formuliert wird (»es ist entweder so oder so«), sollten Sie daran denken, daß sowohl beides als auch keines von beiden zutreffen könnte.

Nun mag der kulturelle Wandel zwar geeignet sein, die *Themen* der biologischen Evolution zu illustrieren, doch führen kulturelle Analogien in die Irre, sobald es um die *Mechanismen* der biologischen Evolution geht. Der Gedanke, daß die biologische Evolution nach dem Muster des kulturellen

Wandels verläuft, ist unhaltbar, vor allem weil die Biologie keine Weitergabe von erworbenen Fähigkeiten an die Nachkommen kennt.

Während die kulturelle Evolution ganz und gar lamarckistisch ist, gilt das für die biologische Evolution nicht: Die Muskeln, die Sie aufbauen, werden nicht an Ihr Kind weitergegeben (aber auch nicht die Folgen unserer sitzenden Lebensweise; es stimmt nicht, daß unsere Beine kürzer werden, weil wir so viel herumsitzen) – jedenfalls nicht über die Gene, sondern allenfalls durch das Vorbild, das Sie später für das heranwachsende Kind bieten.

[Es besteht die] Notwendigkeit, zwischen zwei allen Phänomenen oder Prozessen in Organismen zugrundeliegenden Verursachungen zu unterscheiden. Früher bezeichnete man sie oft als unmittelbare und als grundlegende Ursachen. Die unmittelbaren Ursachen umfassen Antworten und Fragen nach dem »Wie?«; sie sind für alle physiologischen und Entwicklungsprozesse in einem lebenden Organismus verantwortlich; ihr Geltungsbereich ist der Phänotypus. Die grundlegenden oder evolutionären Ursachen beinhalten die Antworten auf die Fragen nach dem »Warum?« und liefern die historische Erklärung für das Auftreten dieser Phänomene; ihr Geltungsbereich ist der Genotypus ... Viele berühmte Kontroversen in den verschiedensten Bereichen der Biologie sind darauf zurückzuführen, daß den jeweiligen Kontrahenten nicht klar war, daß der eine von ihnen an unmittelbaren, der andere an evolutionären Ursachen interessiert war.

Der Evolutionsbiologe Ernst Mayr, 1988

*

Das heißt nicht, daß die Kultur keinen Einfluß auf die biologische Evolution hat: Weil Gehirne so innovativ sind, ist es in der Regel so, daß das Verhalten erfinderisch ist und die Anatomie sich anschließend ändert. Ein Eichhörnchen lernt vielleicht durch eigene Erfindung oder durch Nachahmung anderer (das ist Kultur), von einem Baum zum anderen zu springen; erst danach werden durch die Gefahren des Springens jene Varianten selektiert, die eine schlaffe Haut haben und ihre Beine ausstrecken, um die Haut zu einer Flughaut zu dehnen, mit der sie besser gleiten können. Es waren also Neuerungen im Verhalten, die biologischen Veränderungen hinsichtlich der schlaffen Haut den Weg geebnet haben. Wer immer das Nähen erfunden hat, leitete die spätere natürliche Auslese zugunsten von Individuen mit immer größerer Fingerfertigkeit ein, zumindest unter denjenigen, für die es schwierig war, in zugiger Kleidung den Winter zu überstehen. Es ist nicht so, daß die Umwelt irgendwie die Schlaffheit der Haut oder die Geschicklichkeit im Nähen »induziert«; sie trifft unter den neuen Varianten, die durch die Kombination von Genen und Kultur entstehen, lediglich eine Auslese.

Angesichts der normalen Kindersterblichkeit muß eine verstärkte Fähigkeit zur Fürsorge als die kulturelle Innovation gelten, die über die längste Zeit hinweg am stärksten auf den Genpool zurückgewirkt und diejenigen Gene gefördert hat, die sich in der Bereitschaft niederschlagen, wirksam etwas für das Kind zu tun. Wie sehr es auf die Fähigkeiten der Mutter ankommt, sieht man bei den Schimpansen: Jane Goodalls Gruppe hat gezeigt, daß die Kindersterblichkeit bei Erstgebärenden sehr viel höher ist als bei erfahrenen Müttern.

Nun sind Schimpansen nicht gerade für Innovationsfreudigkeit bekannt (Goodall hat in einem Vierteljahrhundert, während dessen sie die Gombe-Schimpansen beobachtete, nicht viele neue kulturelle Eigentümlichkeiten entstehen sehen), aber man kann sich doch vorstellen, daß eine Neuerung in der Fürsorge (daß beispielsweise die Mütter ihre Jungen vorm Abstürzen bewahren, daß bei den Schimpansen eine bedeutende Ursache der Kindersterblichkeit ist) jenen Müttern, deren Gene es ihnen irgendwie erlaubten, die Neuerung zu übernehmen, sehr viel mehr Nachkommen bescheren würde, die es bis zur Reife bringen. Fähigkeiten im Auffinden von Nahrung haben ebenfalls eine starke Rückwirkung (besonders bei Arten, die für ihre Jungen sorgen), während Fähigkeiten in der Schmerzlinderung vermutlich kaum eine Rückwirkung gehabt haben, da sie hauptsächlich Individuen zugute kommen, die sich nicht mehr im Fortpflanzungsalter befinden. Diese schwache Rückwirkung heißt nicht, daß Fähigkeiten der Schmerzlinderung unwichtig wären, sondern sie bedeutet nur, daß keine starke biologische Unterstützung da ist, falls die Kultur das entsprechende Wissen einmal verlegen sollte.

Die kulturelle Evolution ist schneller, aber weniger stabil als die älteren biologischen Verfahren der Innovation. In der Natur werden Massen von erblichen Variationen erzeugt (überwiegend durch Mischen der Chromosomen bei der Produktion neuer Samen- und Eizellen und weniger durch neue Mutationen); einige Varianten werden durch die Umwelt eliminiert, einige werden in durchschnittlicher Anzahl weitergegeben, und einige sind mit erfolgreichen Neuerungen ausgestattet. Da in der langen Zeit zwischen der Empfängnis und dem Erreichen des Fortpflanzungsalters (der Entwicklungsphase) viele Kinderkrankheiten und tödliche Unfälle vorkommen können, kann das Überleben bestimmter biologischer Varianten in hohem Maße von der Kultur beeinflußt werden. Damit wird aber nicht die Kultur selbst vererbt, sondern lediglich die Wahrscheinlichkeit gesteigert, mit bestimmten Fähigkeiten geboren zu werden, die eine nochmalige Erfindung der kulturellen Praxis möglich machen würden.

Um die Wechselbeziehung zwischen Kultur und Biologie zu verstehen, muß man die Mechanismen der biologischen Evolution mindestens ebensogut kennen wie die des kulturellen Wandels. Über den biologischen Wandel sind jedoch Vorstellungen verbreitet, die weitgehend auf Mythen beruhen, denen die meisten Menschen (und oft auch Wissenschaftler) erliegen.

*

Oft wird die natürliche Selektion (auch Auslese oder Zuchtwahl) fälschlich für den ganzen darwinistischen Prozeß gehalten. Darwin wies darauf hin, daß in jeder Generation eine große Überzahl an Nachkommen besteht, von denen nur ein kleiner Bruchteil überleben und sich fortpflanzen kann. Außerdem unterscheiden sich all diese Individuen in ihrer genetischen Ausstattung, und das ermöglicht es einigen, in der Umwelt, in die sie hineingeboren werden, besser zu überleben als andere. Schließlich sind einige dieser individuellen Unterschiede (aber nicht alle) erblich. Daher eine Tendenz zu Körperformen, die für die Umwelt »taugen« (wir sprechen von erhöhter Tauglichkeit oder Fitness).

Während die Selektion die weniger Tauglichen eliminiert (oder nur den Tauglichsten eine Chance gibt, sich fortzupflanzen), ist die Kombination zwischen abwechselnder Variation und Selektion sehr kreativ – sie ist es, was wir Darwinismus nennen. Die Selektion ist ein Optimierungsvorgang, aber ohne Programm – sie ist einfach opportunistisch. Sie entwickelt nur ein jeweils »hinreichendes« Optimum; das stellte Darwin auf Neuseeland fest, wo die heimische Flora und Fauna, die in ihrer Isolation nie einer starken Konkurrenz ausgesetzt gewesen war, rasch von europäischen Arten verdrängt wurde, welche die Siedler mitbrachten. Eine weitere, ganz klare Erkenntnis Darwins bestand darin, daß die Evolution eines bestimmten Typus, eines platonischen Wesens, nicht möglich ist. Die Vorstellungen über Wesenheiten, über deterministische Prozesse und über planende oder gestaltende Instanzen, denen die meisten Philosophen ebenso wie die meisten Nicht-Biologen erlegen sind, entsprechen nicht der biologischen Wirklichkeit.

Ich bewundere seit langem den Octopus. Die Kopffüßer sind sehr alt, und sie haben proteushaft viele Formen durchlaufen. Sie sind die weisesten unter den

Weichtieren, und ich habe es immer als gerecht auch für uns Menschen empfunden, daß sie nicht an Land gegangen sind...
Die Anthropologin Loren Eiseley, 1957

*

Die Evolution ist nicht sonderlich effizient. Das Auge, oft als Beispiel dafür angeführt, daß aus einer Reihe von Anpassungen ein wahrhaft großartiges Instrument entstehen kann, weist eine Reihe von überwältigenden Mängeln auf, welche die Evolution nicht zu beheben vermochte, nicht einmal in hundert Millionen Jahren. Warum wurde nicht ein besserer Fokus entwickelt, wo doch Kurzsichtigkeit als Fehlanpassung einen erheblichen Bevölkerungsteil betrifft? Und daß die Linse, um sich scharf einzustellen, zusammengedrückt wird, ist wahrhaft absurd, verglichen damit, wie die Linse des Octopus vor- und zurückgefahren wird, genau wie in einer Kamera (nach etwa 45 Jahren kann die Linse beim Menschen nicht mehr richtig in eine rundere Form zusammengepreßt werden, und deshalb muß ich jetzt zum Lesen eine Halbbrille tragen). Ich frage Sie: Haben Sie jemals einen Octopus gesehen, der eine Lesebrille tragen mußte?

Und die Netzhaut, dieses haardünne Geflecht auf der Rückseite des Augapfels, das die ersten Stationen der Verarbeitungsmaschinerie des Gehirns enthält: Bei ihr ist, wenn man ein rationales Gestaltungskriterium anlegt, das Innere nach außen gekehrt. Das Licht muß durch vier Schichten nicht besonders transparenter Nervenzellen hindurch, bevor es zu den Photorezeptoren gelangt, die das Licht in die erste neurale Botschaft umwandeln. Sie können sich vorstellen, wie es sich auf die Qualität der Bilder auswirken würde, wenn auf den Film in Ihrer Kamera ein paar Schichten Fett aufgetragen würden. Auch in dieser Beziehung fängt der Octopus es richtig an, denn die Photorezeptoren sind direkt auf die Pupille gerichtet, ohne daß biologische Schaltungen dazwischentreten und das Bild verwischen. Wahrscheinlich ist es bei den Wirbeltieren von Anfang an schiefgelaufen, als die Umwelt so trübe war, daß es gar nicht bemerkt wurde, wenn das Bild im Auge noch ein wenig mehr verschwamm; deshalb hängen wir jetzt wie bei einem bürokratischen Verfahren, an dem sich nichts mehr ändern läßt, ohne daß alles andere sich ändert, auf dem verschwommenen Bild und können nur versuchen, es irgendwie zu überspielen. Zum Glück kann die Verschwommenheit durch ein phantasievolleres Gehirn zum großen Teil korrigiert werden, und da die vorhandene neurale Maschinerie auch für andere Aufgaben genutzt werden kann, könnte man vielleicht sagen, daß der falsche Weg, der zu Anfang eingeschlagen wurde, doch zu gewissen Verbesserungen hinsichtlich der Gesamtleistung des Gehirns geführt hat. (Leider fällt mir hierzu kein bürokratisches Gegenbeispiel ein, bei dem ein umständliches Verfahren, mit dem etwa sichergestellt würde, daß Einzelhändler die Umsatzsteuer einziehen und abführen, langfristig einen unverhofften Bonus abgeworfen hätte.)

Auch ist die Evolution keine unausweichliche Konsequenz der natürlichen Selektion, denn es kommt gerade *nicht* auf jede Einzelheit an. So wie sich Schmerz und Leid in der Regel kaum auf die kulturelle Evolution ausgewirkt haben, haben sich auch Klimaänderungen erstaunlich wenig auf die biologische Evolution einer Art ausgewirkt. Dies widerspricht der verbreiteten Vorstellung vom Darwinismus, nämlich der Vorstellung von einer stetigen schrittweisen Verbesserung. Manche Arten sind von einer unbeirrbaren Stabilität (deshalb gibt es noch immer »lebende Fossilien«): Auch wenn sie zeitweilig gestört werden, können sie, nachdem der störende Einfluß vorüber ist, zu ihren alten Körperformen zurückkehren.

Komplexe Systeme zeigen weit mehr spontane Ordnung, als wir vermutet haben, eine Ordnung, von der die Evolutionstheorie nichts wußte. Aber mit dieser Einsicht beginnt erst unser Problem ... Jetzt wird die Aufgabe sehr viel schwieriger, denn wir müssen nicht nur die Prinzipien der Selbstorganisation komplexer Systeme berücksichtigen, sondern auch zu verstehen suchen, wie diese Selbstorganisation sich zur natürlichen Selektion verhält, sie ermöglicht, anleitet und begrenzt ... Über die natürliche Selektion sind sich die Biologen völlig im klaren, doch haben sie sich nie die Frage gestellt, in welchem Verhältnis die Selektion zu den kollektiven selbstorganisierten Eigenschaften komplexer Systeme steht. Wir betreten Neuland.
Der Biophysiker Stuart Kauffman, 1984

Die natürliche Selektion hat in der Regel keine bleibenden Folgen, es sei denn, der neu geschaffene Genpool wird rasch von seinen Verwandten isoliert, wenn beispielsweise das Meer steigt und aus einer Halbinsel eine Insel macht oder wenn eine gleichzeitige Änderung des Paarungsverhaltens eine Kreuzung zwischen neumodischen und altmodischen Gruppen erschwert. Eine Verwässerung des neuen Genpools durch Träger der herkömmlichen Gene zu unterbinden, ist das zentrale Verfahren, durch das der Wandel »auf Dauer gestellt« wird (paradoxerweise kommt er dadurch aber auch eher zu Fall, denn das übliche Schicksal der meisten neuen Arten und sonstigen Kleingruppen ist das Aussterben). Wie Kapitalanleger wissen, sind Großunternehmen stabiler, doch ist andererseits bei ihnen weniger damit zu rechnen, daß sie durch die Entwicklung neuer Produkte »das dicke Geld machen« (die Manie, multinationale Konzerne zu bilden, ist ein sicheres Rezept für bürokratische Erstarrung in einem immer größer werdenden »Big Business«).

Die andere verbreitete Vorstellung über die Evolution ist: »Aufwärts zur Vollkommenheit«. Dieser Mythos, vor einem Jahrhundert in Mode, wurde genährt von Wunschdenken (die traditionellen religiösen Vorstellungen sollten »wissenschaftlich« werden) und von den beiden zuvor erwähnten Mythen. Dabei ist doch die Evolution voller Sackgassen. Die meisten Zweige am Stammbaum der Arten hacken sich sogar selbst ab.

Doch eine Beobachtung, die eng mit diesem Mythos zusammenhängt, könnte in der Tat zutreffen: Die Organismen werden immer raffinierter, so daß sie nicht nur mit einer Umwelt, sondern mit verschiedenen Umwelten fertig werden können. Das scheint eine Folge davon zu sein, daß die Evolution, weil sie zu langsam ist, mit den häufigen Klimaänderungen nicht »mitkommt«. Varianten, die sowohl mit dem alten wie mit dem neuen Klima, mit der alten wie mit der neuen Kost, mit den alten wie mit den neuen Freßfeinden fertig werden, haben größere Überlebenschancen. Das klassische Beispiel sind die Tiere des Gezeitensaums, die im täglichen Wechsel auf die Fähigkeit hin selektiert wurden, es sowohl im Wasser wie an der Luft auszuhalten, und dadurch schließlich (vor etwa 450 Millionen Jahren) die Fähigkeit erwarben, ganz an Land zu leben, wobei die ausschließlich aquatischen Organe »frei« wurden für Funktionsänderungen.

Verschiedene Mechanismen können auch durch einen Rüstungswettlauf zusammenkommen. Mit der Feststellung, daß das Gift der Schwarzen Witwe ein ganzes Spektrum von Toxinen enthält, dreizehn an der Zahl, die uns auf ganz unterschiedlichen Wegen töten können, erfassen wir ein wenig von der Evolutionsgeschichte der Spinne, die sich, sobald ihre Beute eine neue Abwehr entwickelte, eine weitere Waffe zulegte. Man sollte daher nach der bisher üblichen Beute der Spinne Ausschau halten (Menschen sind bloß unachtsame Störenfriede, wenn sie beispielsweise im Zeltlager vergessen, die Schuhe auszuschütteln, bevor sie mit dem Fuß hineinfahren), um festzustellen, wie es diesen Tieren gelungen ist, sich gegen das erste Dutzend Toxine zu wehren, was die Spinne veranlaßte, ein weiteres Toxin zu entwickeln. Vielleicht können wir dank der Erforschung der weit zurückliegenden Rüstungswettläufe die erfolgreichen Abwehrmittel nachahmen, allerdings in Gestalt eines Impfstoffes oder einer Arznei. Das evolutionäre Nachdenken über eine solche Koevolution kann von großem praktischen Nutzen sein.

In der Wissenschaft werden Fortschritte auf zweierlei Weise erzielt: mittels neuer Entdeckungen – etwa der Röntgenstrahlen, der Struktur der DNS oder des Spleißens von Genen – oder durch die Entwicklung neuer Konzepte, etwa die Theorien der Relativität, des sich ausdehnenden Universums, der Plattentektonik und der gemeinsamen Abstammung. Von allen neuen wissenschaftlichen Konzeptionen hat sich wohl keine so revolutionär auf unser Denken ausgewirkt wie Darwins Theorie der natürlichen Auslese.

Der Evolutionsbiologe Ernst Mayr, 1988

*

Wie wird ein evolutionärer Fortschritt stabilisiert? Nicht alle sind jedenfalls Rückschläge. Und wie werden speziell die Nebenwege stabilisiert?

Nebenwege verleihen oft einen Selektionsvorteil (wenn auch nicht immer, zum Beispiel die Musik), und wenn das der Fall ist, kommt es zu einer stromlinienförmigen Gestaltung, wie bei den plumpen Urvögeln, die sich erstmals in die Lüfte erhoben und von denen derjenige, der die schnittigeren Schwingen besaß, als erster bei der Nahrung war. Daß man das Beschreiten von Nebenwegen kaum jemals beobachten kann, liegt natürlich daran, daß die primitiven Anfänge durch das anschließende Stromlinienförmigmachen verdeckt werden. Inzwischen bietet die Sprache sicherlich einen Selektionsvorteil, auch wenn sie ihren Anfang einem Nebenweg verdankt, der auf der sekundären Nutzung von etwas anderem beruhte; nach meiner Ansicht kommt dafür in erster Linie ein Sequenzierer der ballistischen Bewegung in Frage. Gleiches gilt für das Bewußtsein.

Die Natur bevorzugt dieses umständliche Verfahren, das in manchen Fällen für Stabilität sorgt. Sie setzt – anders als die Kultur, die ihre Strukturen umbaut und erworbene Merkmale direkt an die nächste Generation weitergibt – auf eine Mischung der originalen Baupläne und verschrottet die alten Modelle (zu diesen alten Modellen gehören Sie und ich; das »Veralten nach Plan« wurde bedauerlicherweise von der Natur erfunden, bevor Detroit es übernahm). Die in den Genen gespeicherte Information ist besser gegen Katastrophen gesichert, wenngleich auf diese Weise weniger gespeichert werden kann als mit den Methoden der Kultur.

Die in den Alltagspraktiken »gespeicherte« Information ist vollkommen davon abhängig, daß ein Lehrer zur Verfügung steht, und daher gehen manche Techniken vollkommen verloren, wenn eine kleine Gruppe von einer Epidemie heimgesucht wird. Zwar können Informationen durch Dokumente und die Verfahren ihrer Nutzung über Wechselfälle hinweggerettet werden, die in vorschriftlichen Gesellschaften zu einem Rückschlag führen würden, doch darf man nicht vergessen, was mit der Bibliothek von Alexandrien passierte und daß die Errungenschaften der alten Griechen durch Bücherverbrennungen fast vollständig verloren gingen. Man sollte auch daran denken, daß die Dokumente der Neuen Welt von den frommen spanischen Eroberern und Priestern zerstört wurden. Der Wahnsinn einer einzigen Generation kann die Kultur (und heutzutage gleichfalls die Natur) auslöschen.

Sowohl in der kulturellen als auch in der biologischen Evolution beruhen »Fortschritte« hauptsächlich auf inhärenten Stabilitäten, die die Gefahr eines Rückschlags vermindern; Jacob Bronowski sprach in diesem Zusammenhang von einer »mehrschichtigen Stabilität«, um zu betonen, daß eine Reihe von Stabilitäten jeweils auf der vorhergehenden aufbaut. Eine frühe menschliche Erfindung von derart mehrschichtiger Struktur war die Sprache; auf dieser Grundlage baute die vor fünftausend Jahren erfundene Schrift auf, indem sie ein schriftliches Symbol mit einem Objekt (so in der Hieroglyphenschrift) und später mit einem Sprachlaut verknüpfte. Die Schrift verhinderte einige der kulturellen Rückschläge, die mit den Irrtümern der mündlichen Überlieferung und mit der Vergeßlichkeit des »Aus den Augen, aus dem Sinn« verbunden sind. Beispiele einer mehrschichtigen Stabilität in der Natur bieten, um nur einige zu nennen, die Replikation von Molekülen, die Zellwände, die sexuelle Rekombination und die Erfindung von Gehirnen. Ein hervorragendes Beispiel dafür, wie ein Rückschlag durch nachfolgende Verwässerung verhindert wird, bieten die Grand-Canyon-Eichhörnchen, eine neue Art, die dadurch entstanden ist, daß die Paarungszeit sich um einen Monat verschob; Näheres dazu findet man in meinem Buch *The River That Flows Uphill*.

Es ist wichtig, die Abläufe der Evolution zu verstehen, und zwar nicht nur, um uns selbst und unsere Herkunft zu verstehen, sondern auch, um sicherzustellen, daß das, was wir an unserer Kultur schätzen, gegen künftige Rückschläge gesichert wird. Offenbar steht die Moral auf einer schwachen biologischen Grundlage, und auch hochentwickelte Kulturen (ich erinnere daran, welchen Stand Deutschland in Wissenschaft, Philosophie, Theologie, Geschichtsschreibung, Literatur und Kunst, von der Technik gar nicht zu reden, vor den Nazis erreicht hatte) können offenbar ziemlich schnell wesentlicher Elemente verlustig gehen. Andere Gesellschaften könnten vor solchen Rückschlägen bewahrt werden, wenn man ein Prinzip fände, demzufolge Innovationen zu verläßlichen Fundamenten werden, auf denen neue Strukturen errichtet werden können.

*

Der Wind hat sich wieder einmal gedreht, und die Schar der Segelboote im Eel Pond ist ihm unmittelbar gefolgt. Auch Gesellschaften können sich so verhalten, bereit, dem Wind zu folgen. In der Regel denken und handeln wir aber als Individuen oder als Mitglieder kleiner Gruppen. Solche Gruppen sind manchmal besonders leistungsfähig, weil verschiedene Individuen in ihnen zusammenwirken. In den meisten MBL-Labors arbeiten die Gruppen zusammen, und sie erreichen weit mehr, als jeder einzelne für sich erreicht hätte; wenn die Persönlichkeiten nicht zusammenpassen, was auch vorkommt, erreichen sie wenig. In der Wissenschaft kommt es sehr auf die richtige Auswahl der Mitarbeiter an; es ist schwer vorstellbar, wie Institutionen funktionieren sollen, wenn sie ihre Mitarbeiter nach Art der Armee wie austauschbare Teile behandeln.

*

Eine der wesentlichen Quellen von Innovation in der Natur dürften die emergenten Eigenschaften sein. Sie entziehen sich jeder Vorhersage, folgen keiner gewohnten Regel. Und doch kommt es vor, daß zwei Mechanismen zusammen eine Eigenschaft besitzen, die keiner von ihnen für sich besessen hat.

Es gibt jedoch Kombinationen, die mit verminderter Funktionalität einhergehen; so ist es zum Beispiel schlimm, wenn man das Chromosom 21 statt in zwei, wie es üblich ist, in drei Ausführungen besitzt (die *Trisomie-21* ist besser unter der Bezeichnung Downsches Syndrom oder Mongolismus bekannt). Die Mehrzahl unserer Gene liegt in zwei identischen Versionen vor, doch bezüglich einiger sind wir heterozygot, was bedeutet, daß wir von beiden Eltern unterschiedliche Versionen erhalten haben. Bei einigen Genen wie dem großen Histokompatibilitätskomplex ist es besonders hilfreich, wenn man zwei verschiedene Versionen besitzt, zwischen denen man wählen kann (das Immunsystem kann dadurch vermutlich ein breiteres Spektrum von Eindringlingen abwehren).

Manchmal entsteht aus der speziellen Kombination von beinahe identischen Genen eine ganz neue Eigenschaft, etwa bei den Genkombinationen, die der Abwehr der Malaria dienen. Die meisten von uns haben zwei identische Versionen (genannt *SS*) eines Gens, das für die Form der roten Blutzellen und damit für ihre Zerbrechlichkeit verantwortlich ist. Manche Menschen, die aus Afrika stammen, haben die reguläre dominante Version *S* und dazu eine rezessive Version *s* (ihr Genotyp wird deshalb mit *Ss* bezeichnet), und manche erben von beiden Eltern das *s* (und werden so *ss*). Der gemischte Genotyp *Ss* ist eine gute Nachricht (für seine Träger, nicht aber notwendigerweise für deren Kinder), während *ss* eine schlechte Nachricht ist, denn das bedeutet Sichelzellenanämie (die Membran der roten Blutzelle zerbricht leicht, so daß die Fähigkeit zum Sauerstofftransport sinkt).

Die Biologen wollten nun herausfinden, warum die *s*-Version noch immer vorhanden ist, obwohl diejenigen, die sie doppelt besitzen, oft sterben, ohne ihre Gene weitergegeben zu haben, und dabei fanden sie heraus, daß die heterozygoten Träger von *Ss* vor Malaria geschützt waren. Dadurch hatten sie eine größere Chance, aufzuwachsen und selbst Kinder zu haben und diese wiederum bis zum Fortpflanzungsalter durchzubringen. Von den Kindern, deren Eltern beide *Ss* sind, wird die Hälfte ebenfalls *Ss* sein, ein Viertel wird *SS* (und damit nicht vor Malaria geschützt) sein, aber ein Viertel wird *ss* sein (und wahrscheinlich an Sichelzellenanämie sterben).

Die Kombination von *S* und *s* hat also die emergente Eigenschaft, vor Malaria zu schützen. Das *s* ist sicherlich wieder ein Beispiel für Zufallsvariationen, die sich als weniger funktionstüchtig als das Original *S* erwiesen haben. Die meisten Variationen sind weniger funktionstüchtig als das Original (wenn sie die Funktion in spektakulärer Weise beeinträchtigen und richtiggehend vermasseln, kommen sie als Toxin in einem Rüstungswettlauf in Frage). In Kombination mit dem Original kommt der Variation *s* jedoch eine unerwartet positive Funktion zu, allerdings nur dort, wo die Mücken vorkommen, die die Malaria übertragen.

*

Die erhöhte Vitalität von Hybriden ist ein weiteres Beispiel dafür, daß die Kombination von Genen unerwartet nützlich sein kann. Wenn durch Kreuzung zweier Arten ein Hybride entsteht, werden sehr viel mehr Gene heterozygot. Normalerweise ist das eine schlechte Nachricht: Spontane Fehlgeburten sind bei Kreuzungen sehr häufig, und so kann der falsche Eindruck einer erhöhten Vitalität entstehen, einfach deshalb, weil diejenigen, die die untere Hälfte einer Verteilung bilden würden, nicht geboren werden, so daß der Mittelwert bei denen, die doch geboren werden, höher liegt. Die Hybriden können – wie die Maultiere und einige der Pflanzen in diesem sorgfältig gepflegten Garten – unfruchtbar sein und daher nur durch fortgesetzte Kreuzung erhalten werden.

Die erhöhte Vitalität von Hybriden beobachtet man jedoch überwiegend dort, wo unterschiedliche Teilpopulationen ein und derselben Art sich erneut vermischen. Die Individuen der »Mischrasse« sind nur in Ausnahmefällen unfruchtbar, und auch ihre Nachkommen erhalten die Genmischung. Mit der Hybriden-Vitalität verhält es sich jedoch wie mit dem Genie, das vermutlich auf einem glücklichen Zusammentreffen von Genen bei einem Individuum beruht: Sie ist deshalb schwer weiterzugeben, weil die Kombinationen aufgelöst werden. Beim Aufbau von Samen- und Eizellen wird das DNS-Kartenspiel erst einmal gemischt, damit Sie von allen Großeltern einige Gene erhalten und nicht nur die Chromosomen des einen Großvaters oder der anderen Großmutter. Meistens zerbrechen die Chromosomen in der Crossing-over-Phase der Meiose an Stellen, die sich dafür von selbst anbieten, beispielsweise am Ende der DNS-Sequenz eines Gens, und viele Gene werden gruppenweise ausgetauscht (wie Karten, die beim Mischen aneinanderkleben; das erhöht die Wahrscheinlichkeit, daß man eine ganze Merkmalsgruppe erbt). Doch neue Genkombinationen – zum Beispiel je ein Gen von jedem Großelternteil – sind meistens nicht mit einem neuen Zusammenhalt ausgestattet, und deshalb können sie nicht zuverlässig zusammen weitergegeben werden. Darum ist das Genie ebenso wie viele ähnliche Phänomene, die auf Vererbung beruhen, oft eine einmalige Erscheinung in einer Familie.

Heutzutage ist oft von einer gegenseitigen Befruchtung von Ideen die Rede. Es genügt wohl, wenn ich sage, daß hybride Ideen leichter zu bilden sind als hybride Arten – und daß das Bewußtsein, sofern es neue Alternativen erzeugt und unter ihnen eine Auswahl trifft, das überragende Beispiel für Hybriden-Vitalität ist.

*

Wenn es richtig ist, daß bedeutende Innovationen nicht einem Stromlinienförmigmachen entsprechen, das sich aus der Umwelt vorhersagen läßt, sondern daß sie als überraschende Neukombinationen auftreten, dann müssen wir unsere gewohnte mechanistische Betrachtungsweise aufgeben und die Natur ein wenig anders betrachten. Es besteht seit jeher eine Spannung zwischen solchen Wissenschaftlern, die alles auf die Eigenschaften der Bestandteile reduzieren (Reduktionisten), und denjenigen, die darauf bestehen, daß es unterschiedliche Erklärungsebenen gibt und daß das Ganze oft mehr ist als die Summe seiner Teile (radikale Vertreter dieses Standpunkts nennen wir Holisten).

Manchen gelingt es zwar, abwechselnd den einen oder anderen Standpunkt einzunehmen, um ein vollständigeres Bild zu erhalten, doch viele Wissenschaftler halten sich ausschließlich an das eine oder andere Bezugssystem. Ich selbst bin von meiner Ausbildung her mit einem biophysikalischen Ansatz an die Neurophysiologie herangegangen, und so wurde meine

Aufmerksamkeit vom Verhalten auf die Gehirne gelenkt, von den neuralen Schaltungen (etwa den Reflexen) auf einzelne Nervenzellen, von den Zelleigenschaften (wie den Aktionspotentialen) auf Membranen (in denen Dutzende von verschiedenen Kanaltypen gemeinsam die Aktionspotentiale erzeugen). Bei noch genauerem Hinsehen zeigt sich, daß es elektrische Tore und molekulare Siebe gibt, welche die Kanäle kontrollieren, und wenn man noch weiter geht, gelangt man zur Quantenmechanik.

Das MBL ist ein Ort, wo man sich auf die reduktionistische Wissenschaft festgelegt hat. In der Vergangenheit wurden wertvolle Erkenntnisse dadurch gewonnen, daß man tiefer und tiefer grub, und so wird es sicherlich auch in Zukunft bleiben. Man kann regelrecht süchtig danach werden: Sobald ein neues Verfahren auftaucht, das eine noch feinere Auflösung ermöglicht, beginnt es einem in den Fingern zu kribbeln. Wenn man erreichen will, daß der Vortragssaal gerammelt voll ist, braucht man hier nur anzukündigen, daß ein neuartiges Mikroskop oder ein neues computerisiertes Fernsehsystem vorgestellt wird, das die herkömmlichen Bilder verbessert. Dann sitzt man da und sagt sich: »Darauf hätte ich kommen müssen«, und dann fügt man hinzu: »Ich muß unbedingt so eine Anlage haben.«

Auf der anderen Seite sind viele Psychologen in einer Tradition groß geworden, die behauptete, daß es auf die Teile nicht ankomme, daß man das Gehirn wie eine Black Box behandeln könne. Auch heute noch gibt es viele Kognitionswissenschaftler, die behaupten würden, daß es im Grunde nicht darauf ankommt, wie das Gehirn einen Algorithmus ausführt oder wie es die Information speichert, sondern daß das eigentlich Interessante die Kombinationen seien, die eine Mustererkennung höherer Ordnung unterstützen (womit das gemeint ist, was ich benutze, um einen Winslow Homer von einem Edward Hopper zu unterscheiden). Auch Philosophen neigen dazu, über die Einzelheiten der Maschinerie und deren Evolution hinwegzugehen; so schafft es beispielsweise Gilbert Ryle in seinem Buch *Der Begriff des Geistes*, nicht ein einziges Mal das Wort »Gehirn« zu benutzen.

Allerdings teilen sowohl Psychologen als auch Philosophen die Neigung der Physiologen, das Problem zu untergliedern, nur bedienen sie sich dabei nicht der natürlichen Untergliederungen der Biologie. Dadurch landen sie dann bei getrennten Abteilungen für Denken, Fühlen und Wollen (übersetzt in Freudsche Begriffe: Ich, Es und Über-Ich). In den Lehrbüchern werden diese getrennten Abteilungen des Geistes dann in getrennte Kapitel über Empfindung, Wahrnehmung, Assoziation, Gedächtnis, Intelligenz, schlußfolgerndes Denken, Motivation, Vorstellung, Instinkt, Emotion, Persönlichkeit usw. gefaßt. Bei dem Versuch, das alles zusammenzufassen, kommt dann, falls sie ihn überhaupt unternehmen, meistens so etwas heraus wie: »Bewußtsein entsteht aus der Summe aller Teile.« Worauf die Physiologen ihnen dann in der Regel Verschwommenheit vorwerfen. Wir können es hoffentlich besser machen, wenn wir uns in dem Bestreben, die Probleme so zu formulieren, daß sie eher den natürlichen Gegebenheiten entsprechen, an der Evolutionstheorie und an den Grundlagen der Neurophysiologie orientieren.

Mögen die Holisten unterschiedlichen Kalibers (einige von ihnen sind, wie Richard Dawkins sagt, »holistischer als du«) auch noch so sehr darauf pochen, daß das Ganze »etwas mehr« sei als die »Summe der Teile« – sie haben es insgesamt nicht geschafft, die Entstehung der emergenten Eigenschaften zu erklären. Gewiß wird es auch dafür Regeln geben, nur muß man sie eben finden. Am klarsten liegt die Sache bei der Funktionserweiterung von Mechanismen: Wenn ein Organismus zwei verschiedene Verdauungsenzyme entwickelt, um zwei verschiedene Nahrungspflanzen zu verdauen, so wird daraus gelegentlich auch die Fähigkeit erwachsen, sich von einer neuen, dritten Pflanzenart zu ernähren. In der Fähigkeit, alte Dinge für neue Zwecke zu nutzen, sind Gehirne jedoch weit besser als jedes andere Organ des Körpers, weil die Nervenzellen dazu neigen, alles auf einige Millivolt zu reduzieren und damit eine Währung zu schaffen, die es erlaubt, ungleiche Dinge miteinander zu vergleichen. Wenn diese neue Funktion einmal da ist, sorgt die natürliche Selektion dafür, daß sie stromlinienförmig gemacht wird, und wenn wir sie heute betrachten, sehen wir deshalb nur Anpassungen und nicht die innovativen Anfänge.

Ich vermute, daß die Evolution des Gehirns entscheidend durch emergente Eigenschaften geprägt ist und daß die zerebralen Mechanismen, mit deren Hilfe wir Vorstellungen entwickeln und Entscheidungen treffen, höchstwahrscheinlich auf der sekundären Nutzung vorhandener Strukturen beruhen. Dennoch spüre ich den Drang des Physiologen, das Ganze auseinanderzunehmen und auch die Teile zu verstehen.

*

Meine Urfrage nach dem Homunkulus, der im Mittelpunkt von allem steht, wird also wohl nicht befriedigend zu beantworten sein mit einem allgemeinen Prinzip, demzufolge sich aus dem Zusammenwirken vieler Teile überraschend ein Erzähler ergibt. Ja, die emergenten Eigenschaften gibt es durchaus, und sie sind wohl auch der springende Punkt in der Evolution des Gehirns. Doch das allgemeine Prinzip, sollte es sich denn als korrekt erweisen, erspart es uns nicht, die Teile zu verstehen und zu begreifen, wie durch ihr Zusammenwirken der emergente Erzähler erzeugt wird. Dazu wird man aber wohl klären müssen, wie die primären Nutzungen, aus denen die sekundären Nutzungen hervorgingen, sich entwickelt haben.

War es eine Art Rüstungswettlauf in Schlauheit? Oder ging es bei dem Rüstungswettlauf in erster Linie um Waffen, und die Schlauheit war sekundär? Diese Urfrage ist nicht mit einem allgemeinen Prinzip zu beantworten, sondern nur mit einer langen (und sehr interessanten) Geschichte.

※

Ich habe eine Vorstellung vom Wachstum des Wissens – des menschlichen Wissens im engeren Sinne, aber auch des tierischen Wissens – entwickelt, die sich stark von der Vorstellung fast aller anderen unterscheidet. Dieser Vorstellung zufolge ist unser Wissen im wesentlichen nicht aus Erfahrung abgeleitet, nicht einmal aus Erfahrung, wie ich sie verstehe, nämlich als Elimination falscher Vermutungen. Unser Wissen und das Wissen von Tieren und sogar das Wissen von Pflanzen ist vielmehr zum größten Teil das Ergebnis reiner Erfindung ... Alle Organismen sind professionelle Problemlöser: Als es noch kein Leben gab, gab es keine Probleme. Die Probleme und das Leben sind gemeinsam in die Welt gekommen, und mit ihnen das Problemlösen.
Der Philosoph Karl Popper, 1984

10.
Darwin über das Gehirn:
Selbstorganisierende Komitees

Anders, als ich es mir früher vorgestellt hatte, bestand der wissenschaftliche Fortschritt nicht darin, einfach zu beobachten, die experimentellen Tatsachen sorgfältig zu formulieren und darauf eine Theorie zu errichten. Es begann vielmehr mit der Erfindung einer möglichen Welt oder einem Teilstück davon, das dann durch Experimente mit der realen Welt verglichen wurde. Und es war dieser ständige Dialog zwischen Imagination und Experiment, der es erlaubte, eine zunehmend verfeinerte Konzeption dessen, was wir Realität nennen, zu entwickeln.

Der Molekularbiologe François Jacob, 1988

Die darwinistische Konkurrenz der Ideen, in der das 19. Jahrhundert eine Basis des Denkens sah, legt die Vermutung nahe, daß wir einige Erkenntnisse über den Denkvorgang gewinnen könnten, wenn wir Evolutionsmechanismen untersuchen, die gewöhnlich über große Zeiträume hinweg wirksam sind. Bei Ideen haben wir es aber immer mit einer Kette von Wörtern oder komplizierteren Begriffen zu tun. Wie kann man Ketten miteinander vergleichen? Wie wirken Massen von Nervenzellen zusammen, um aus einem beliebigen Rauschen neue Begriffe zu entwickeln? Wie kommt eine Gruppe von Nervenzellen zusammen, um eine Bewegung einzuleiten?

Tatsächlich verhält es sich damit ganz ähnlich wie mit der Entwicklung raffinierter Werkzeuge durch beliebiges Herumprobieren. Und mit dem Erfinden von »logischen« Abkürzungen, wenn wir einen Erfolg wiederholen möchten.

*

Darwinistische Werkzeugherstellung ist wahrscheinlich der einfachste Weg, um einfache Steinwerkzeuge herzustellen. Ich habe mir eben vom Oyster Pond Beach ein paar kartoffelgroße Steinbrocken heraufgeholt, die alle so gewählt sind, daß ich an ihnen die Technik der Werkzeugherstellung des verstorbenen Glynn Isaac demonstrieren kann. John Pfeiffer (dessen Bücher *The Emergence of Humankind* und *The Creative Explosion* zu den am meisten gelesenen Büchern über Anthropologie gehören) ist jeden Sommer am MBL, und neulich ergingen wir uns in Erinnerungen an Glynn. John lernte ihn kennen, als er Louis Leakey in Ostafrika besuchte, wo Glynn für die Archäologie zuständig war (d.h. für die Suche nach kulturellen Artefakten wie etwa Steinwerkzeugen – und nicht nach Gebeinen).

Einige der ältesten Methoden der Werkzeugherstellung – schon vor zwei Millionen Jahren, als das Gehirn der Hominiden die Größe eines Affengehirns hatte – erschöpften sich offenbar darin, Beliebigkeit zu erzeugen und dann das Brauchbare auszuwählen. Glynn Isaac pflegte die frühen Techniken der Werkzeugherstellung in seinen Archäologie-Vorlesungen dadurch zu demonstrieren, daß er zwei kartoffelgroße Gesteinsbrocken gegeneinander schlug, aber nicht behutsam, sondern heftig, und bald war dann der Boden des Podiums von Splittern übersät. Nach einer Minute hielt er inne, um die Splitter, die zu Dutzenden herumlagen, durchzugehen, und er holte sich einige Stücke heraus, die ganz einer Rasierklinge mit einer Schneide ähnelten, genau das richtige, um in die zähe Haut eines Savannentieres einen Schnitt zu machen oder ein Bein am Gelenk zu amputieren.

Die Fragmente, die von dem gedankenlosen Klopfen nach der ersten Runde übrig sind und die Form einer halben Kartoffel haben, werden ebenfalls einige scharfe Kanten aufweisen, und da man den glatten übriggebliebenen Teil als Griff benutzen kann, um richtig Druck damit auszuüben, ist dieses Werkzeug geeignet, härteres Material zu bearbeiten. Das alles geschieht ohne Plan und sehr viel einfacher als in unseren gewohnten Vorstellungen von sorgfältiger handwerklicher Arbeit. Man läßt durch gedankenloses Klopfen viele beliebige Varianten entstehen und sucht sich dann die guten aus. Sorgfältige handwerkliche Arbeit entwickelte sich vermutlich dort, wo die Rohstoffe knapp waren – vorher herrschte eine andere Ethik. Man stelle sich nur vor, in einer modernen Fabrik würde der Spruch angeschlagen:

Je mehr Abfall, desto mehr Fortschritt!

Wahrscheinlich war das aber einmal die herrschende Philosophie, bevor die Vorausplanung Fuß gefaßt hatte (und wir damit begannen, das Fertigprodukt nach einmaligem Gebrauch wegzuwerfen!).

Natürlich muß man erst einmal sehen, daß das scharfe Bruchstück zu etwas zu gebrauchen ist, um nach der Zufallsphase den Selektionsschritt machen zu können. Wie sind die Hominiden also auf die Idee eines scharfen Werkzeugs gekommen, so daß sie die Variante auswählen konnten? Verhielte es sich damit wie mit den »Gesichtern im Treibholz« – am Strand entdecken die Kinder im Treibholz immer wieder vertraute Gestalten, zum Beispiel Gesichter, und man kann ihnen kaum ausreden, daß die Gestalt sich zufällig ergeben hat und nicht zu ihrem Vergnügen geschaffen wurde –, dann wären wir nicht viel weiter.

Offensichtlich ist es aber gar nicht schwer, die innere Idee zu entwickeln, daß eine scharfe Kante zu etwas zu gebrauchen ist. Schon Paviane und Schimpansen greifen zu Steinen, um damit auf harten Nüssen herumzuhämmern und die Schale zu knacken. Dabei kann es dann passieren, daß der Stein selber splittert. Splitter und handliche, scharfkantige Gesteinsbrocken liegen also möglicherweise herum, wenn das Nußknacken weitergeht. Der eine oder andere Splitter wird vielleicht als Sonde benutzt, wie beim Termitenangeln, nur kann man damit beim Nußknacken auch Risse in der harten Schale aufstemmen und so an den weichen Kern herankommen, den man durch weiteres Hämmern möglicherweise zertrümmern könnte. Von solchem zufälligen Gebrauch scheint es nur noch ein kleiner Schritt zu sein zu der zielstrebigen Werkzeugherstellung, die nach der Feststellung von Glynn Isaac in Ostafrika praktiziert worden war und irgendwann dazu genutzt wurde, pflanzenfressende Tiere in große Stücke aufzuteilen und damit Eiweiß transportierbar zu machen.

Mit Zufälligkeit plus Selektion ist manches zu erreichen, noch mehr aber, wenn dies mehrfach wiederholt wird, denn dabei können aus dem Rohmaterial Dinge entstehen, die einen ganz und gar unzufälligen, sehr zielstrebigen, ja sogar planvollen Eindruck machen. Vielleicht ist bei einer weiteren Runde gedankenlosen Klopfens ein Splitter abgeplatzt, der zwei scharfe Kanten hatte, die in einer Spitze zusammenliefen. *Et voilà*, ein spitzes Werkzeug, geeignet zum Stechen und anderen Zwecken, für die man Messer außer zum Schneiden noch verwenden kann. Von anderen Zwecken abgesehen, ergeben solche zusammenlaufenden scharfen Kanten gefährliche Waffen. Man denkt dabei sofort an Pfeilspitzen, doch die traten sehr spät auf, erst während der letzten oder vorletzten Eiszeit, was aber daran liegt, daß die Befestigung an einem Schaft oder einem hölzernen Stiel offenbar spät erfunden worden ist. Folglich hielten die Hominiden über eine Million Jahre lang an einem Absprengsel fest, das die Form einer halben Kartoffel hatte und zwei zusammenlaufende scharfe Kanten aufwies, und wahrscheinlich war ein solcher Steindolch für sie ein Besitz von unschätzbarem Wert.

Äffische Nachahmungstendenzen vorausgesetzt, hat es vermutlich nicht lange gedauert, bis andere Hominiden sich ebenfalls ihre steinernen Messer und Dolche gemacht haben, wofür Unmengen von geeigneten Steinen geopfert wurden. Ob man darin nun einen Rüstungswettlauf oder bloß das Bestreben sieht, sich dem Besitzstand des anderen anzugleichen, nicht unähnlich der Mikroskop-Gier, die man am MBL beobachtet – auf jeden Fall wurden dadurch etliche Runden des Klopfens und Selektierens ausgelöst.

*

Wenn also die Werkzeugherstellung und das Brainstorming in ihren einfachen Formen wie praktizierter Darwinismus erscheinen, sollten wir vielleicht schauen, wie sich der Darwinismus zu all den anderen Dingen verhält, die das Gehirn tut. Während sich die Evolution der Arten in Zeiträumen vollzieht, die von Jahrtausenden bis zu Äonen reichen, vollziehen sich darwinistische Prozesse im Gehirn vielleicht in einer Zeitspanne, die von Sekunden bis zu einigen Tagen reicht. Doch wie sieht das im einzelnen aus: Wie kann aus etwas Zufälligem etwas Ausgefallenes und Logisches entstehen?

Wenn von darwinistischen Prozessen außerhalb der Evolution der Arten die Rede ist, fällt einem wahrscheinlich sofort das Immunsystem unseres Körpers ein, das eine Abwehr gegen fremde Eindringlinge aufbaut. Das Gen, welches das Immunsystem in Gang setzt, besitzen die meisten von uns in zwei verschiedenen Versionen; zusätzlich werden wahrscheinlich die Gene während der Entwicklung stark durchmischt, so daß eine breite Palette von Rezeptoren (auf den Antikörpern) entsteht, die fremde Moleküle (sogenannte Antigene) an ihrer Form erkennen. Wenn ein Antigen auftaucht, geht die eine oder andere der spezialisierten B-Zellen, die der Form dieses Moleküls am besten entspricht, mit ihm eine Bindung ein. Und das regt die B-Zelle dazu an, weitere Antikörper zu erzeugen, und zwar nicht nur Klone ihrer selbst, sondern eine Vielzahl von Variationen über das gleiche Thema. Darunter werden einige sein, die das fremde Molekül noch besser entdecken und binden können. Daraufhin wird eine weitere Generation von Variationen über das bessere Thema erzeugt, unter denen einige wiederum noch besser sein werden. Sehr rasch sind alle fremden Eindringlinge gebunden und werden aus dem Verkehr gezogen, so daß sie nicht länger schaden können; wenn die Antigene auf der Oberfläche einer Zelle, etwa eines Bakteriums, sitzen, wird auch diese Zelle zerstört. Außerdem bleibt eine Population von zirkulierenden Antikörpern, die auf diesen einen Fremdling spezialisiert sind, in Umlauf, für den Fall, daß er wieder auftreten sollte. Auf diese Weise erwerben wir Immunität, deshalb bekommen wir Kinderkrankheiten nicht ein zweites Mal (oder überhaupt nicht, sofern ein Impfstoff bereits durch eine harmlose Menge des Antigens die Immunreaktion stimuliert hat).

Variation und Selektion können also ziemlich schnell alle Möglichkeiten erkunden, auch wenn das Antigen-Molekül vollkommen neu ist und noch nie zuvor in der Natur beobachtet wurde. Praktisch handelt es sich um ein Verfahren der schrittweisen Näherung, das auf eine bestimmte Molekülform zielt. Es erinnert sehr an das Puzzle-Prinzip, auf das Minsky noch einmal aufmerksam macht:

> Wir können einen Computer dahingehend programmieren, daß er jedes beliebige Problem nach der Methode Versuch und Irrtum löst, ohne im

voraus zu wissen, wie es zu lösen ist; die einzige Voraussetzung ist, daß wir eine Methode haben, zu erkennen, wann das Problem gelöst ist.

Das Verschwinden des Antigens signalisiert die Lösung des Problems. Auch uns ist es möglich, nach der Methode von Versuch und Irrtum über ein Problem nachzudenken und es – wenn nur genügend Zeit gegeben ist, was praktisch bedeutet, daß wir genügend Abkürzungen kennen! – zu lösen, auch wenn wir nicht von vornherein wissen, wie dabei zu verfahren ist.

Könnte es sein, daß das Gehirn auf der mechanistischen Ebene innerhalb von Sekunden etwas Ähnliches vollbringt wie das Variation-und-Selektion-Spiel des Immunsystems? Zum Beispiel, um ein nie zuvor gesehenes Schema zu erkennen? Oder sich eine Telefonnummer zu merken? Oder einen kreativen Gedanken durchzuspielen? Oder schließlich aus einer unbeholfenen Bewegung eine geschickte Bewegung machen? Tatsächlich erweist sich, daß der Darwinismus (speziell der Darwinismus der Komitees) nicht nur am Gedächtnis beteiligt ist, sondern auch daran, wie Sie Ihre Hand bewegen, ja sogar daran, wie Sie *entscheiden*, Ihre Hand zu bewegen.

Ich halte meine Hand ausgestreckt vor mich. Es ist unglaublich! Ich kann sie öffnen und schließen! Einfach so. Kein Problem. Ich beschließe einfach, es zu tun, und es geschieht. Hier geht etwas sehr Merkwürdiges vor!

John Hoag, 1987

Sie bewegen sie natürlich unbewußt. Das Interessante daran ist, daß Sie lernen könnten, sie bewußt zu bewegen, wenn Sie sich sehr große *Mühe geben würden.*

Howard Rheingold, 1987

Ich weiß noch, wie schwer es war, meine Hand dazu zu bringen, feine motorische Bewegungen auszuführen. Wissen Sie noch, wie Sie in der ersten Klasse mit dem Stift kleine Kreise gemacht haben? Sie finden es herrlich, daß der bloße Wunsch genügt, und schon können Sie Ihre Hand bewegen, aber in Wirklichkeit liegen davor Jahre *des Übens und Trainierens.*

Corinne Cullen Hawkins, 1987

*

Zu sagen, daß der »Geist« der Hand befiehlt, sich zu bewegen, bringt an Erklärung im Grunde nicht viel. Es hat allerdings lange gedauert, bis wir eingesehen haben, daß eine solche Aussage kaum besser ist, als wenn man im Falle eines Erdbebens sagt: »Das war Gottes Werk.« Es gibt für das Erdbeben, gleichgültig, ob man an eine rachsüchtige, eine zerstreute oder eine nichtexistierende Gottheit glaubt, eine Reihe von Erklärungen auf unterschiedlichen Ebenen. Bei einem Erdbeben findet an einer Bruchlinie eine Verschiebung statt, die ihrerseits auf gespeicherter Energie beruht; diese beruht wiederum auf der Kontinentaldrift; die beruht darauf, daß der flüssige Erdkern in »Zellen« zirkuliert, nicht unähnlich den Passatwinden in der Atmosphäre; das beruht auf der radioaktiven Erwärmung und den Gezeitenkräften, die vom Mond ausgehen; die beruhen schließlich auf ... Gott? Das alles sind »Erklärungen«, aber auf unterschiedlichen Ebenen.

Im Falle dieses Geistesdramas haben wir eine Reihe von halbautonomen Akteuren im Gehirn, in den Nerven und in den Muskeln. Jeder dieser Akteure hat neben einer gewissen Fähigkeit, sich von einer höheren Stelle sagen zu lassen, was er tun soll, eine gewisse Fähigkeit zu spontanem Handeln. Nehmen wir eine Muskelfaser: Sie kann spontan feuern (und dadurch zukken), doch ist eine solche Schrittmacheraktivität selten (zumindest bei der Skelettmuskulatur; die glatte Muskulatur in den Darmwänden benutzt ständig autonome Schrittmacher). Eine Skelettmuskelfaser bleibt in der Regel einfach stumm, bis ihr von ihrem Motoneuron, das oben im Rückenmark sitzt, befohlen wird zu zucken; wenn das Motoneuron »feuert«, eilt ein Impuls zum Muskel hinunter und befiehlt ihm zu zucken. Muskelkrämpfe rühren daher, daß die Verbindung zwischen Nerv und Muskel einen ektopischen Schrittmacher entwickelt.

Auch Motoneurone können Schrittmacher sein (bei einem »Tic« des Augenlides und ähnlichen faszikulären Zuckungen, die mit zunehmendem Alter vielfach den Beugemuskel des Daumens betreffen) und sich scheinbar verselbständigen, entgegen allen Bemühungen, sie zum Aufhören zu bewegen. Da dies jeweils nur ein Motoneuron macht (und der Muskel Hunderte davon hat), sind die hervorgerufenen Bewegungen meistens geringfügig und unauffällig.

Jedes Motoneuron reagiert auf seine Plus- und Minus-Inputs, von denen es Tausende hat; einige sind Rückläufer von Sensoren draußen im Muskel, die dessen Länge und Spannung melden, doch über 99 Prozent kommen von »Interneuronen« in Rückenmark und Gehirn. Alle Neurone mit Ausnahme der Sensoren und der Motoneurone sind Interneurone; ein Interneuron hat keine direkten Verbindungen zur Außenwelt und gleicht eher Hartlines General, der telefonische Berichte von einer Schlacht, die er selbst nicht beobachtet, entgegennimmt und Befehle an Mittelsmänner erteilt. Die Zahl der Neurone beträgt mehr als eine Million Millionen (vielleicht auch das Zehnfache davon), die im Falle der Primaten fast ausschließlich »Interneurone« sind. Es gibt Hunderte von Muskeln, die jeweils Hunderte von Motoneuronen haben, aber damit beträgt die Höchstzahl der Motoneurone nur zehntausend. Es gibt vielleicht eine Milliarde sensorische Neurone, die meisten davon im Auge. Die Interneurone sind also mindestens tausendmal so zahlreich wie alle übrigen Neurone.

Ein weiteres simples Zahlenspiel wird Ihnen zeigen, wie sehr wir uns von der Befehlshierarchie einer Armee unterscheiden: Statt tausend Soldaten auf jeden General kommen bei uns tausend »Generäle« auf jeden »Soldaten«. Mit seltenen Ausnahmen wie der Mauthnerzelle bei Fischen kann kein Interneuron eine Handlung befehlen; sie können nur handeln, indem sie Komitees bilden und irgendwie genügend »Schwung« aufbringen.

Vermutlich sind nur Bewegungsprogramme mit den einfachsten raumzeitlichen Mustern in der Lage, die Orchestrierung mit einem einzelnen Kommandoneuron zu bewerkstelligen. Für die meisten Bewegungsprogramme dürfte der geeignete Auslöser in einer schlüsselartigen Kombination bestehen. Selten verläuft er über eine einzige Zelle, von der alles abhängt; tatsächlich dürfte der Umstand, welche Zellen inaktiv sind, genauso wichtig sein wie der, welche aktiv sind. Und das Muster wird dabei nicht ein räumliches wie bei den Schlüsselkerben, sondern ein raumzeitliches sein wie bei dem in Kapitel 8 erwähnten Feuerwerksfinale, so daß die Reihenfolge, in der verschiedene Neurone aktiviert werden, zusammen mit der Frage, welche Neurone aktiviert werden, den hinreichenden Reiz ausmacht.

Es ist also nicht einfach, den Ursprung eines Befehls für eine Bewegung auszumachen, außer in trivialen Fällen (Krämpfe, Tics, Schwanzschläge und Situationen, die einem Feueralarm gleichen). Als Quelle eines Befehls zur Bewegung Ihrer Hand kommt sicherlich kein einzelnes Neuron, sondern nur ein Komitee von Interneuronen in Frage. Wo befindet sich nun dieses Komitee? Und wie können seine Mitglieder einen Konsens erreichen und ihn ausführen?

*

Serielle Ordnung ist eine bei vielen Nervensystemen im gesamten Tierreich zu beobachtende Fähigkeit. Betrachten wir zum Beispiel eine Springspinne, die auf einem Hauptast eines Baumes sitzt und eine Beute erspäht, die sie aber nur erreichen kann, wenn sie sich auf einen anderen Hauptast begibt.

Die Spinne wird sich zum Stamm begeben, sich daran herablassen, auf einen anderen Hauptast krabbeln, die richtigen sekundären und tertiären Zweige wählen und so zu einer geeigneten Absprungplattform gelangen. Diese Sequenz erfordert jedoch, solange die Beute sichtbar bleibt, keinen seriell geordneten Puffer, in dem die einzelnen Schritte gespeichert sind, da die Spinne Zeit hat, nacheinander eine Reihe von Urteilen zu fällen, so wie ich es tue, wenn ich zur Kaffeetasse greife und sie mit Hilfe von Rückkopplungs-Korrekturen an den Mund führe. Ziel plus Rückkopplung, das ist für die meisten Fälle ausreichend.

Am ausführlichsten hat man neuronale Netze untersucht, die motorische Muster *ohne* Rückkopplung erzeugen. Das Gehen scheint zum Beispiel auf einem solchen gespeicherten motorischen Programm zu beruhen, ebenso wie das Schwimmen beim Egel oder das Fliegen bei der Hummel. Auch unsichtbare Abläufe wie etwa die Verdauung arbeiten mit ähnlichen neuralen Schaltungen. Für das stomatogastrische Ganglion des Hummers hat man sogar auf der Grundlage von Meßwerten für die Eigenschaften und Verbindungsstärken einzelner Neurone Computersimulationen durchgeführt. Es handelt sich um eine kleine Gruppe von dreißig identifizierten Neuronen, die ein von der Natur geschaffenes Montageband (dessen Zweck allerdings die Demontage ist) kontrolliert: Sechzehn der dreißig Zellen erzeugen den gastrischen Mahlrhythmus (Hummer haben Zähne im Magen) für das Zerkleinern der Nahrung, die anderen vierzehn erzeugen den pylorischen Rhythmus, der den Mageninhalt in den Vorderdarm preßt.

Die Simulationen zeigen, wie der komplizierte dreiphasige pylorische Rhythmus sequenziert ist, und sie demonstrieren, daß sich Komitee-Eigenschaften herausbilden. Man kann sich aufgrund dieser Untersuchungen eine sehr gute Vorstellung davon machen, wie die sequentielle Ausgabe eines zahlreiche Nerven umfassenden Systems (wie etwa unseres prämotorischen Kortex) koordiniert wird.

Man muß begreifen, daß jede Zelle im Nervensystem nicht einfach dasitzt und wartet, bis man ihr sagt, was sie zu tun hat. Sie tut es von selbst die ganze verdammte Zeit. Falls das Nervensystem einen Input erhält, wird es darauf schon reagieren. Es ist aber in erster Linie eine Maschine für die spontane Erzeugung von Handlung. Das ist eine laufende Angelegenheit. Es ist der größte Irrtum, sich das Nervensystem als eine Input-Output-Maschine vorzustellen.

Der Neurobiologe Graham Hoyle (1913–1985)

*

Haltungsbewegungen und sogar einfache Formen der Lokomotion werden auf der Ebene des Rückenmarks erzeugt (eine Katze kann auch ohne Gehirn in einer Tretmühle laufen). Dort entspringen auch Handbewegungen, insofern sie einmal Bestandteil der Fortbewegung auf allen Vieren waren.

Doch wenn es um das willentliche Öffnen und Schließen der Hand geht, würden die meisten Leute sagen, daß das Gehirn den Befehl dazu gibt und die Motoneurone zu einem bestimmten Handlungsmuster anregt. Was »Programme« für Handbewegungen angeht, können sie also entweder allein im Rückenmark entspringen oder vom Gehirn stammen, das dem Rückenmark Befehle erteilt. Um noch einmal auf den schon erwähnten Dualismus zurückzukommen: Jede Ebene von »Agenten« hat sowohl die Fähigkeit zu spontaner Aktivität als auch die Fähigkeit, sich von anderen Agenten befehlen (oder zumindest überreden) zu lassen. In Marvin Minskys *Mentopolis* werden solche Ansammlungen von Agenten erörtert (allerdings in der merkwürdigen Tradition der Künstlichen Intelligenz, all das, was man zu brauchen glaubt, noch einmal neu zu erfinden, statt auf die aus der Neurologie bereits bekannten Komitees zurückzugreifen; offenbar betrachten die KI-Leute die Forschung als ein Spiel, bei dem es als Mogelei gilt, in die offenliegenden Karten zu schauen).

Auch Interneurone bleiben selten für längere Zeit stumm: Selbst wenn wir schlafen und uns nicht rühren und kaum eine sensorische Verarbeitung stattfindet, sind die meisten dieser tausend Milliarden Interneurone in ein eifriges Gespräch miteinander verwickelt. Wie Generäle, die, als einzelne machtlos, eine Junta zu bilden versuchen, sind die Interneurone die ganze Zeit wie verrückt am Politisieren. Jedes spricht direkt zu etwa tausend anderen Interneuronen, erreicht aber mit seiner Botschaft nicht bei allen Empfängern die gleiche Wirkung. Etwa die Hälfte der Interneurone schickt eine überwiegend hemmende Botschaft und wirkt damit erregenden Empfehlungen entgegen, die ein angesprochenes Interneuron möglicherweise von seinen übrigen Korrespondenten erhält.

*

Wenn das Erkennen darauf beruht, daß ein Komitee von Neuronen aktiv wird, wenn auch das Auslösen eines Bewegungsprogramms darauf beruht, daß zahlreiche Neurone in raumzeitlicher Koordinierung aktiv werden, dann werden unsere darwinistischen Spiele von Variation und Selektion sicherlich ebenfalls auf Komitees beruhen, genauso wie der biologische Darwinismus darauf beruht, daß ganze Populationen ihre Merkmale ändern.

Was hat man sich aber unter einer so nebelhaften Sache vorzustellen? Reduktionismus ist sehr viel einfacher, wenn man sich an ein festgelegtes Programm halten kann. Zum Glück gibt es einige hilfreiche Vergleiche, die sich aber nicht auf Generäle und Soldaten oder auf Direktoren und Abteilungen beziehen, sondern darauf, wie wir im Alltagsleben Komitees bilden.

Nehmen wir die gewöhnliche Jury (beim Geschworenengericht): Sie beruht auf dem Prinzip der Zufallsauswahl unter allen Mitbürgern. Es kann sein, daß ihre Zusammensetzung durch Einsprüche der Verteidigung beeinflußt wird, aber die Grundauswahl ist zufällig. Auf der anderen Seite gibt es Anklagejurys, die schon von Anfang an nicht nach dem Zufallsprinzip bestimmt werden, sondern wo der Richter bestimmte Bürger auswählt, die aufgrund ihrer Bildung oder ihrer beruflichen Erfahrung imstande sind, die komplexen Zusammenhänge eines Verbrechens zu verstehen. Dann gibt es Komitees, die ausschließlich aus Experten bestehen, welche alle Fehler, die gemeinhin gemacht werden, kennen und wissen, wie man sie vermeidet. In beratende Komitees werden dagegen oft Experten und solche Repräsentanten der Gesellschaft berufen, wie man sie in den Anklagejurys findet. In allen Fällen kann man aber ein Komitee in der Weise bilden, daß man zunächst unter allen möglichen Menschen eine Zufallsauswahl trifft, die dann in einer Reihe von Selektionen, die jeweils einem bestimmten Kriterium folgen, eingeengt wird.

Komitees haben ebenfalls eine eigene Identität, die in der Regel (Geschworenenjurys bilden die Ausnahme) auch einen mehrfachen Wechsel in der Mitgliedschaft überdauert. Manche besitzen außerdem einen gesetzlichen Status: Eine Körperschaft ist auch noch nach Jahren verantwortlich für Maßnahmen, die von mittlerweile pensionierten Direktoren und Angestellten getroffen wurden. Was sehr wichtig ist: Ein Komitee kann in der Regel handeln, ohne daß alle Mitglieder anwesend sind und ohne daß alle übereinstimmen. Außerdem kann ein Individuum Mitglied in zahlreichen Komitees sein, von denen die meisten kaum etwas miteinander zu tun haben. Mit Hilfe solcher Komitee-Analogien kann man sich doch eine gewisse Vorstellung von zerebralen Neuronen-Komitees machen.

Es entspricht diesem Bild, daß manche Maßnahmen von verschiedenen Komitees genehmigt werden müssen, oft in einer bestimmten Reihenfolge. So erhielt Penzoil von Texaco eine Entschädigung von drei Milliarden Dollar, doch bevor die Bank die elektronische Überweisung ausführte, war eine ganze Reihe von Komitee-Entscheidungen erforderlich: Ein Verwaltungsrat genehmigte die Klageerhebung, Teams von Anwälten trugen die Klage vor, ein Gericht erkannte auf eine Entschädigung von 10,3 Milliarden Dollar. Daraufhin wurden weitere Anwälte tätig, ein Berufungsgericht entschied, dann handelte ein Verhandlungskomitee einen Kompromiß über drei Milliarden Dollar aus, ein Gericht billigte ihn, und schließlich wurde im Jahre 1988 ein ziemlich einfacher Schritt – die Zahlung – ergriffen. Es ging hier zwar um einen enormen Betrag, doch unterschied sich der Entscheidungsprozeß kaum von anderen, mit denen wir vertraut sind.

Für zerebrale Komitees gilt ebenfalls, daß ihre Mitglieder auch anderen, im konkreten Fall aber unwesentlichen Komitees angehören können, daß sie nacheinander oder in zeitlicher Abstimmung handeln müssen, daß sie sich reorganisieren, daß sie es nochmals probieren und daß sie schließlich dafür sorgen, daß etwas passiert. Wenn bestimmte Aktionen sich oft wiederholen, kann das Komitee für sie ein vereinfachtes Verfahren wählen, wie es beispielsweise in Firmen geschieht, wo die Entscheidung über Routineausgaben für Bürobedarf bei den unteren Ebenen liegt und lediglich hinterher von anderen Komitees geprüft wird.

Unsere Frage ist nun, wie solche zerebralen Komitees organisiert und reorganisiert werden, wie ihre Sequenzen festgelegt und in manchen Fällen vereinfacht werden und wie das zustande kommt, was man eine »höhere Autorität« nennen könnte.

Wir stellen uns das Denken gewöhnlich als einen linearen Vorgang vor, wie der Ausdruck »Gedankengang« zeigt. Es könnte aber sein, daß das unterbewußte Denken sehr viel komplizierter ist. Könnte es nicht, vergleichbar mit den simultanen visuellen Eindrücken auf der Netzhaut, ebenfalls simultane, parallele, unabhängig voneinander organisierte, abstrakte Eindrücke im Gehirn selbst geben? Was in unseren Köpfen vor sich geht, sind Prozesse, die nicht einfach aneinandergereiht sind. Es wird vielleicht einmal eine Theorie der Gedächtniserforschung geben, nicht durch einen Sensor, der herumgeht, sondern vielleicht eher in der Art von mehreren Suchern, die nach jemandem Ausschau halten, der sich in einem Wald verirrt hat.
            Der Mathematiker Stanislaw M. Ulam, 1976

Ich muß betonen, wie wenig wir bislang über die Programme des Gehirns wissen. Noch haben wir den Code nicht ganz geknackt, aber wir beginnen, seine Einheiten zu sehen ... Wir können sehen, daß der Code etwas mit den

Sequenzen neuraler Aktivitäten zu tun hat und Aussichten auf das eröffnet, was als nächstes getan werden soll.
                                        Der Neurobiologe J. Z. Young, 1987

*

Auf dem Eel Pond sieht man heute morgen eine Bootsparade – es ist eine stattliche Sammlung großer Segelboote und kleiner Ruderboote, die hintereinander aufgereiht sind, um eines nach dem andern die Hafeneinfahrt zu passieren. Zunächst habe ich mich gefragt, ob es sich um eine Regatta handelte, eine richtige Parade, wie sie von Segelklubs organisiert wird. Aber dann wurde mir klar, daß die Boote in diesem Fall eine bestimmte Ordnung aufweisen würden; in Seattle wird zur Eröffnung der Segelsaison eine große Parade von der Portage Bay zum Lake Washington veranstaltet, bei der die großen Segelboote voranfahren, dann kommen die Kabinenkreuzer mittlerer Größe und darauf folgen die kleineren Boote.

Nur die Reihenfolge groß-mittel-klein löst mein »Regatta«-Schema aus. Praktisch nach dem gleichen Muster ortet die Fledermaus ihr Lieblingsessen, die Mücke; sie schickt einen kurzen Piepser aus und lauscht dann zwischen all den anderen Geräuschen der Nacht auf ein passendes Echo. Diese Piepser sind, wie das Sonogramm zeigt, Tonfolgen mit entweder steigender oder fallender Frequenz. Stößt die Fledermaus nun einen Piepser aus, der mit hohen Tönen beginnt und bei niedrigen Frequenzen endet, und kommen dann schwache Signale mit der gleichen Frequenzfolge zurück, so ist das ihr »Mücken«-Schema. Wie macht es die Fledermaus, ihr Hörsystem so zu verdrahten, daß ein Mückendetektor dabei herauskommt, etwas, das nur auf diese fallende Tonfolge anspricht?

Darauf kamen wir gestern im Kurs über computergestützte Neurowissenschaft zu sprechen. Und darum geht es eigentlich auch in dieser Disziplin: wie mit dummen Elementen intelligente Aufgaben gelöst werden können. Als ich heute die Boote beobachtete, kam ich auf einen Vergleich für die Tätigkeit des Gehirns, der statt der Nervenimpulse Postkarten verwendet. Dabei fiel mir auf, daß dies ein wunderbares, technisch anspruchsloses System für Spione im Zweiten Weltkrieg gewesen wäre.

Angenommen, Sie wollen herausbekommen, was für Schiffe in einem Hafen ein- beziehungsweise auslaufen, dabei aber keine intelligenten Spione einsetzen, sondern nur dumme Spione, die nicht wissen, worauf es dem Herrn der Spione ankommt. Die Spione tun nichts anderes, als Postkarten an verschiedene Adressen in einer anderen Stadt zu verschicken (sagen wir der

Einfachheit halber, daß die Postkarten an verschiedene Bewohner einer Kleinstadt gerichtet sind, die zweimal täglich zur Post gehen und ihr Postfach leeren). Ein Teil der Postkarten wird mit dem niedrigsten Porto versehen und braucht zwei Tage; ein anderer Teil, mit normalem Porto versehen, kommt zuverlässig nach einem Tag an, und wieder ein anderer Teil wird per Eilboten verschickt und erreicht sein Ziel in einem halben Tag.

Jeder der Beobachter hat eine etwas andere Adressenliste und eine besondere Aufgabe: Beobachter A verschickt nur dann Postkarten, wenn er gesehen hat, daß große Schiffe die Hafeneinfahrt passieren, aber er schickt sie an zehn verschiedene Postfächer. Beobachter B hält nur nach Schiffen mittlerer Größe Ausschau, und wenn er sie gesehen hat, schickt er Postkarten an zehn Postfächer, darunter auch solche, die schon von Beobachter A Karten erhalten haben. Der Beobachter C sieht nur nach kleinen Schiffen und schickt seinerseits Karten an zehn Postfächer, wiederum mit einer gewissen Überschneidung bei den Empfängern. Zweimal täglich schicken sie Postkarten los, alle an die beschriebene Menge von Postfächern in der Kleinstadt; an den Postkarten ist nichts besonderes, sie enthalten weder in Bild noch in Schrift irgendeine Mitteilung. Auf der Adressenliste der drei Beobachter steht aber hinter jedem Namen, ob die Postkarte langsam, normal oder mit Eilboten befördert werden soll.

Daran kann ein Bauer, der das Postamt aufsucht, erkennen, ob Geleitzüge den Hafen verlassen oder ob die Flotte zu einem Landurlaub einläuft, und er kann das von einer bloßen Parade und von sonstigen, beliebigen Verkehrsbildern unterscheiden. Der Grund dafür ist, daß jede der drei Hauptmöglichkeiten eine charakteristische »Signatur« hat: Wenn eine Parade die Hafeneinfahrt passiert, werden die Schiffe in der Reihenfolge groß, mittel und klein sich über den ganzen Tag verteilen. Bei einem Geleitzug, der den Hafen verläßt, werden einige große Geleitschiffe voranfahren, dann werden den ganzen Tag lang Frachter von mittlerer Größe folgen, zwischen die sich ein paar kleine Geleitschiffe mischen, und am Ende kommt die Nachhut, die aus großen und kleinen Geleitschiffen besteht. Wenn die Kriegsflotte für einen Landurlaub einläuft (wie es im Dezember 1941 vor Pearl Harbor der Fall war), werden zuerst einige kleine Geleitschiffe kommen, dann eine lange Reihe von großen Kreuzern, Schlachtschiffen und Flugzeugträgern, gefolgt von der Nachhut aus kleineren Geleitschiffen.

All diese Verteilungen sind ziemlich leicht herauszubekommen, am einfachsten ist allerdings die von groß bis klein geordnete Verteilung der Parade zu erklären. Der Bauer, hinter dem der Oberspion steckt, braucht sich im

Postamt nur an die den Schließfächern gegenüberliegende Wand zu stellen und zu beobachten, in welchem Schließfach ungewöhnlich viel Post ankommt: Zwei Tage nach dem Beginn der Parade wird Postfach 007 überquellen, weil es bei Beobachter A auf der Liste für langsame Post, bei Beobachter B auf der Liste für normale Post und bei Beobachter C auf der Liste für Eilpost stand. Einen halben Tag vorher war kaum etwas da, und einen halben Tag später wird wieder kaum etwas in dem Postfach landen. Der große Stapel eintreffender Postkarten während des einen halben Tages ist das, was die »Parade« verrät (vorausgesetzt, die Post ist zuverlässig – weshalb dieser Vorschlag nie den Vermerk TOP SECRET! erhalten wird). Die Mitteilung »Flotte läuft ein« könnte für sie dann wichtig sein, wenn sie ein paar Bomber hinüberschicken wollen, um die Schiffe zu versenken, während sie im Hafen eingesperrt sind; hinter Agent 007 könnte einfach ein vollgestopftes Postschließfach stecken.

Mit einem ähnlichen Trick kann die Fledermaus die absteigende Tonfolge des Mückenechos herausbekommen. Ihre Cochlea verfügt über Spezialisten in jedem Frequenzbereich, die eine unterschiedliche Leitungsgeschwindigkeit zum Gehirn haben können. Wären die Hochfrequenz-Spezialisten die langsamen und die Niederfrequenz-Typen die schnellen, so würde es kurz nach Beendigung der absteigenden Tonfolge bei einigen Zellen im Gehirn zu einem Stau der eintreffenden Signale kommen. Hätten diese Zellen eine hohe Schwelle, so würden sie nur dann aktiv werden, wenn das »Mücken«-Muster sich im allerletzten Augenblick eingestellt hat. Sie wären tatsächlich Mückendetektoren. Andere Zellen im Gehirn könnten als Detektoren der Töne »dit-dit-dit-dah« (G-G-G-Es) getrimmt sein, mit denen Beethovens Fünfte beginnt – allerdings ist eher zu vermuten, daß die Fledermaus auf die Sonarechos anderer, häufiger Objekte spezialisiert ist.

Wenn man nun zu einer mehrstufigen Analyse übergeht, ließen sich sehr viel kompliziertere Muster entdecken. Nehmen wir an, der Spion im Postamt ist nicht der eigentliche Herr der Spione; er hat nur den Auftrag, beim Eingang vieler Postkarten in Postfach 007 an verschiedene Leute in einer anderen Stadt Postkarten zu versenden, die an sich keinerlei Botschaft enthalten. Wiederum werden die Karten an einige Empfänger per Eilboten und an andere mit der langsamen Post zugestellt. Ein Empfänger in der nächsten Stadt könnte auf diese Weise raffiniertere zeitliche Verteilungen aufdecken, beispielsweise eine ganze Komposition: Für die ersten Töne »dit-dit-dit-dah« würde man nur eine Analysestufe benötigen, und mit einigen zusätzlichen Stufen könnte man den ganzen ersten Satz von Beethovens Fünfter über-

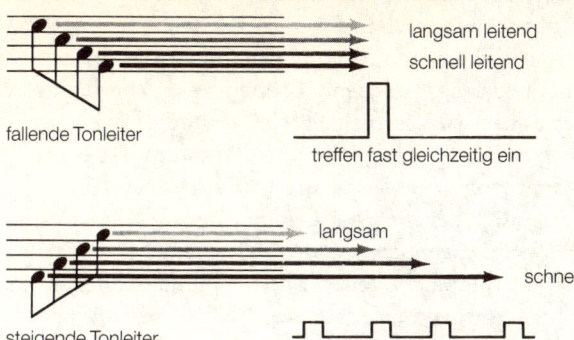

mitteln. Man bräuchte dazu nur die Adressenlisten der dummen Spione in den einzelnen Postämtern aufeinander abzustimmen.

Nun beruht dies alles ausschließlich auf Erregung – die Hemmung spielt keine Rolle. Erlauben wir einigen Beobachtern, rote Postkarten zu schicken, anderen dagegen, grüne Karten zu schicken, so können wir dem Besitzer des Postfachs 007 eine neue Instruktion geben: Da rote und grüne Postkarten sich gegenseitig aufheben, werfen Sie sie einfach beide fort! Wenn mehr als ein Dutzend grüne übrig sind, schicken Sie Ihre eigenen Postkarten an alle auf Ihrer Adressenliste! Werfen Sie ansonsten einfach alle fort! Wenn man unterschiedliche Verzögerungen der Zustellung hinzunimmt, ist dies ein sehr ökonomisches Verfahren, um solche Muster aufzudecken wie klein-groß-mittel-mittel-groß-klein-klein (das könnte ein Geleitzug sein, der den Hafen verläßt).

Reale Nervensysteme werden nun noch etwas Zusätzliches tun, nämlich den verschickten Nachrichten eine unterschiedliche Stärke zuweisen, was damit zu vergleichen wäre, daß einige Empfänger eine Menge Postkarten erhalten und andere nur eine. Was sie außerdem noch tun, ist, diese »synaptischen Stärken« automatisch zu regulieren, so daß spontan ein Detektor für Beethovens Fünfte entsteht, ohne daß dafür jemand Adressenlisten schreiben muß: Nachdem sie ein Stück mehrfach gehört haben, werden sie sich (als Gruppe) in dem Sinne selbst organisieren, daß sie für eben dieses Muster empfindlicher werden und es auch dann entdecken können, wenn es beinahe durch Rauschen übertönt wird (was damit zu vergleichen wäre, daß irgendwelche beliebigen Schiffe zur gleichen Zeit wie die Kriegsflotte, der Geleitzug, die Parade oder was auch immer die Hafeneinfahrt passieren). Wie stellen sie es an, die Stärke ihrer Verbindungen (die Adressenlisten) automatisch zu regulieren, um das zu erreichen? Schalten Sie sich bitte nächstes Jahr wieder ein; sollte es in der Zwischenzeit jemand entdeckt haben, werden Sie es wahrscheinlich aus der Zeitung erfahren, denn wer diese Frage beantwortet, dürfte sich damit wohl einen Nobelpreis verdient haben.

Dies ist vermutlich der Weg, auf dem wir uns als Kleinkinder darauf einstellen, die Phoneme zu entdecken, die in der Sprache der Erwachsenen, die uns umgeben, vorkommen. Jedes Phonem umfaßt gleichzeitig mehrere Frequenzen (entsprechend einem Akkord in der Musik), und die Tonkombinationen ändern sich mit der Zeit (wie es auch die aufeinander folgenden Akkorde in einer musikalischen Phrase tun). Die Aufgabe, /a/ und /k/ (sowie die übrigen Phoneme des Englischen) zu entdecken, gleicht haargenau der, eine kurze musikalische Phrase zu entdecken, nur ist sie auf eine Zehntelsekunde zusammengedrängt. Wenn wir uns einmal an die rund drei Dutzend elementaren Sprachlaute des Englischen gewöhnt haben, werden wir dazu neigen, Laute in diese Phonem-Schubfächer einzuordnen. Wenn eine auftauchende Lautphrase eine Beimischung enthält, wird sie als »merkwürdig« oder einfach als »Nichtsprache« eingeordnet, es sei denn, sie läge genau auf der Grenze zwischen zwei Phonemen, und in diesem Fall würde sie entweder als das eine oder das andere gehört (die Experten für Sprechen und Hören nennen dies »kategoriale Wahrnehmung«).

Charakteristisch für die menschliche Sprache ist die Fähigkeit, solche Phoneme zu entdecken (und zu erzeugen) sowie eine Reihe von ihnen (gewöhnlich nicht mehr als ein halbes Dutzend) zu erkennbaren »Wörtern« aneinanderzureihen. Dabei kommt es auf die Reihenfolge der Phoneme an; eine bestimmte Sequenz ergibt ein Wort, die umgekehrte Sequenz ein anderes (wenngleich die meisten Permutationen dieser Phoneme Unsinn ergeben dürften). Solchen Wörtern schreiben wir bestimmte einfache Bedeutungen zu; der durchschnittlich gebildete Leser dieses Buches wird wahrscheinlich 100 000 davon kennen, und er kann weit mehr in einem Wörterbuch nachschlagen. Das bloße Übersetzen von Phonemfolgen in erkennbare Wörter ist kein Spezifikum des Menschen: Ihr Hund wird normalerweise keine sinnvollen Lautfolgen *erzeugen*, doch kann er vermutlich lernen, mit einigen wenigen der Phonemfolgen, die er *hört*, eine einfache Bedeutung zu assoziieren, zum Beispiel mit so geläufigen Phrasen wie »Komm her!«

In der menschlichen Sprache gibt es einen »Dualismus der Musterbildung«: Außer der Phonemreihung haben wir eine zweite Ebene der Wortreihung, die zusätzlich Bedeutung trägt. Oft sind diese Wortfolgen einmalig, und wir sind ihnen nie zuvor begegnet (wie diesem Satz). Wir prüfen Gruppen von Wörtern auf eine bislang unbekannte Bedeutung, die von der Reihenfolge der Wörter abhängt (wir haben für den Gebrauch der Wörter Konventionen, die sogenannte »Grammatik«, und, soweit es um die Wortfolge geht, die sogenannte »Syntax«), und wir können eine weit kompliziertere Botschaft entschlüsseln (wie es dieser Satz hoffentlich vermittelt). Die Analyse seriell-sequentieller Vorgänge ist die Grundlage der menschlichen Sprache. Was wir verstehen müssen, ist die über so einfache Schaltungen wie den Mückendetektor und den Detektor für Beethovens Fünfte hinausgehende neurale Maschinerie und die Art und Weise, in der sie sich selbst modifiziert.

*

Komitees können sich selbst organisieren, besonders wenn sie darüber, wie gut sie sind, ein gewisses »Feedback« erhalten: So wie ein Sprachlehrer die Aussprache eines Schülers korrigiert, kann man auch ein Komitee korrigieren, und es wird dadurch beim nächstenmal besser sein. Durch bloßes Lernen läßt sich ein Komitee verbessern.

Das wurde im Kurs über computergestützte Neurowissenschaft auf spektakuläre Weise bewiesen, und es wurde zugleich gezeigt, was Komitees in Gestalt neuronaler Netze in der Spracherzeugung zu leisten vermögen. Sie brauchten nicht zu entscheiden, was sie sagen wollen, oder mit der Grammatik klarzukommen, sondern lediglich einen schriftlichen Text so wiederzugeben, daß es nicht wie eine zerkratzte Platte in einem Kinderspielzeug klang. Man kann Phoneme nicht einfach aneinanderreihen, ohne zu beachten, was als nächstes kommt, weil die Dinge sich dadurch ändern können. Beim Aussprechen der Zahlenfolge 6-7-5 beginnen beispielsweise die Vokalisationen für die 7 gewöhnlich schon, bevor die 6 abgeschlossen ist; auch wenn die Laute in Ihren Ohren eindeutig getrennt klingen, überlappen sie sich in der Praxis doch, wenn ein Mensch sie ausspricht und nicht eine dieser automatischen Ansagemaschinen, bei denen die Ankunft von Flug 675 so klingt: »Flug (Pause) sechs (Pause) sieben (Pause) fünf«. Für eine flüssige Aussprache des Englischen gibt es zahlreiche Regeln, und es gibt so viele Ausnahmen, daß man fast meint, das Gehirn müsse eine Liste der Ausnahmen von den Regeln mit sich herumschleppen. Als man damit begann, Computer fürs »Sprechen« zu programmieren, haben es die Programmierer mit vielen logischen

Systemen probiert, aber immer wieder mußten sie erst einmal eine Tabelle mit vielen hundert Ausnahmen durchgehen.

Das Gehirn braucht sich nicht nach der Logik der Linguisten zu richten. Das läßt sich dadurch beweisen, daß man einem Komitee von neuronenartigen »Zellen« beibringt, englische Texte auszusprechen. Man braucht ihm keine Regeln zu geben, wie es viele Linguisten ursprünglich für notwendig erklärt hatten. Man braucht ihm keine Liste der Ausnahmen zu geben. Man braucht nur einige tausend Male geduldig seine Aussprache zu überwachen und ihm zu sagen: »Du kommst der Sache näher« oder »das ist schlechter«, ähnlich wie beim Blindekuhspiel, wo man demjenigen, der mit verbundenen Augen umherirrt, mit den Worten »heißer« beziehungsweise »kälter« mitteilt, daß er sich dem Ziel nähert beziehungsweise von ihm entfernt.

Terry Sejnowski (der zu denen gehörte, die zuletzt mit Steve Kuffler gearbeitet haben) und dessen Mitarbeiter Charles Rosenberg haben ihren Computer so programmiert, daß er ein Netzwerk von einigen hundert neuronenartigen Zellen simuliert. Die meisten Zellen ließen sie auf den Satz blikken, der ausgesprochen werden sollte: Wenn 26 Buchstaben und dazu eine Leerstelle sowie Komma und Punkt vorkommen können, werden 29 Zellen leicht mit der Aufgabe fertig, das Alphabet zu repräsentieren (wenn sie als Komitee kooperieren würden, reichten schon fünf für die Aufgabe aus, aber nehmen wir der Einfachheit halber an, daß für jedes Zeichen eine spezialisierte Zelle zuständig ist). Der Apparat faßte außer dem Buchstaben, den er gerade las, rechts und links drei weitere Buchstaben ins Auge, also insgesamt sieben, und die gesamte Buchstabenfolge wurde langsam an ihm entlang geführt. Der Apparat sah also jeden Buchstaben im Zusammenhang mit dem, was vorausging und was folgte.

Jede der 203 Eingabezellen sprach mit allen 80 »Interneuronen«, aber nicht zu allen mit der gleichen Stärke: Einige konnten gehemmt, andere dagegen erregt werden, und zwar mit einer Stärke, die anfangs willkürlich festgesetzt wurde. Alle 80 Interneurone sprachen mit allen 26 Ausgabe-»Motoneuronen«, deren »Synapsen« wiederum mit einer willkürlich gewählten Stärke erregt oder gehemmt wurden. Die »Motoneurone« waren auf den von ihnen erzeugten Laut spezialisiert: siebzehn waren zuständig für 17 Phoneme (elementare Sprachlaute, was einer bestimmten Stellung der Lippen, der Zunge usw. entsprach), vier für die Interpunktion (stumm, auslassen, Pause und Punkt) und weitere fünf für Betonungen und Silbengrenzen. Das sind die Instruktionen, die ein Sprachsynthesizer benötigt.

Es handelte sich also um eine einfache, aus drei Schichten bestehende An-

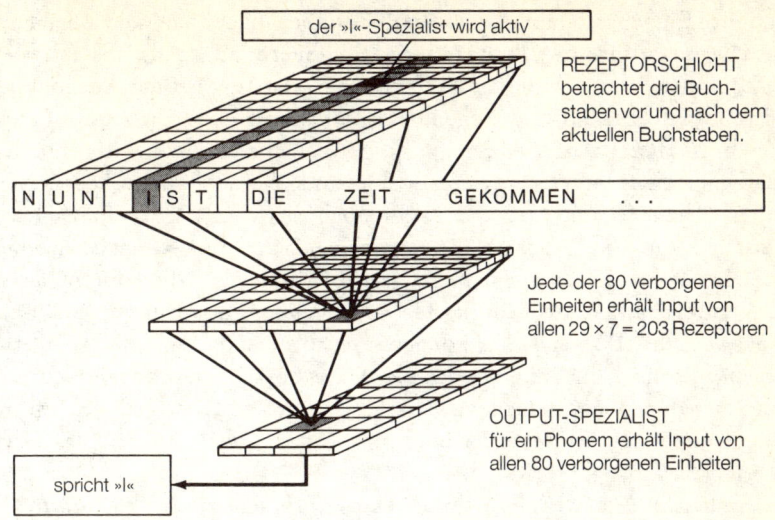

ordnung, bei der die Zellen keinerlei dynamische Eigenschaften wie Adaptation oder Reaktionen (eine Vereinfachung, um Umstellungszeiten zu vermeiden) und keinerlei Rückkopplungs-Verbindungen (aus dem gleichen Grund) aufwiesen – ein simuliertes »neuronales Netz« mit spezialisierten Eingabe- und Ausgabeeinheiten, aber einer vollkommen ungebundenen Menge von Interneuronen, deren Eingabe- und Ausgabestärke variabel war im Hinblick auf das Ziel, einen korrekt klingenden Satz herauszubringen.

Aber wer möchte schon ein ganzes Leben damit zubringen, an der Stärke von 18629 synaptischen Verbindungen zu manipulieren? Hier machte man sich das Backpropagation-Verfahren zunutze, das eine andere Gruppe von Forschern, die mit neuronalen Netzen arbeiteten, erfunden hatte. Wenn ein Satz wie dieser in das Netz eingegeben wird, klingt das, was aus dem Lautsprecher des Sprachsynthesizers herauskommt, anfangs wie vollkommener Unsinn. Von randomisierten Synapsen ist auch gar nichts anderes zu erwarten. Nun wurde aber nach jedem Fehler die korrekte Aussprache in die 26 »Motoneurone« eingebracht, und die Stärke der Synapse von Interneuron an Motoneuron wurde mit dem Ziel geändert, den Fehler zu minimieren. Hatte das Motoneuron es zufällig richtig getroffen, so wurden seine Eingangssynapsen verstärkt: Bei erregenden wurde die Erregung, bei hemmenden die Hemmung vergrößert. Zusätzlich wurden alle 80 Interneurone überprüft und ihre Eingangssynapsen von den Buchstaben-Detektorzellen einmal eingestellt, und zwar in Richtung auf eine Minimierung des Ausgabefehlers.

Wenn der Satz nach diesem Verfahren ein weiteres Mal durchgenommen wird, klingt es schon ein bißchen besser, die Pausen und Betonungen kommen besser heraus; nach einigen weiteren Versuchen klingt es fast schon wie das Lallen eines Babys, und der eine oder andere Vokal kommt korrekt heraus (vielleicht /a/ und /e/), aber es gibt noch Verwechslungen, und vielleicht werden /o/ und /u/ beide als »u« gesprochen. Schließlich klingt es ungefähr wie ein Mark-I-Roboter, ein wenig gepreßt und gelegentlich durch Auslassungen verfälscht. Nachdem das Gerät einige tausend Wörter eingeübt hat, die jeweils durch Verstärkung korrigiert wurden, ist die Aussprache zu etwa neunzig Prozent korrekt, ohne daß dem Gerät Sprachregeln oder eine Tabelle mit Ausnahmen eingegeben wurden. Fast genauso gut verläuft ein Test mit einem ungewohnten Text, der ähnliche Wörter enthält, wie sie das Gerät bereits kennt.

Wie hat das Netzwerk nun die korrekte Aussprache zustande gebracht? Ist eines der 80 Interneurone etwa zu einem /e/-Spezialisten geworden? Durchaus nicht. Wenn wir uns die Interneuron-Schicht genau ansehen, so wie wir mit Hilfe einer Mikroelektrode Ableitungen von einzelnen Neuronen des Gehirns machen, dann zeigt sich, daß eine einzelne Zelle auf mehrere verschiedene Buchstaben reagiert: Eine gehört sowohl dem /e/- wie auch dem /i/-Komitee an, eine andere ist gleichzeitig Mitglied im /k/-, /i/-, /o/- und /u/-Komitee, und so weiter. Die korrekte Aussprache des /e/ kommt dadurch zustande, daß ein Komitee den Spezialisten für dieses Phonem stimuliert, und andererseits sind die einzelnen Komiteemitglieder auch daran beteiligt, das Motoneuron eines anderen Phonem-Spezialisten zu stimulieren.

Nun gibt es in der Realität wahrscheinlich weder in der Eingabe- noch in der Ausgabeschicht reine Spezialisten – sie werden in diesem Versuch nur deshalb benutzt, um zu zeigen, daß in der einen Zwischenschicht durch Modifikation der synaptischen Stärke von Eingaben und Ausgaben Komitees entstehen. Doch wie robust ist die entstandene Komitee-Gliederung? Fällt etwa, wenn einige beliebig gewählte Interneurone ausgeschaltet werden, die Aussprache auf ein Stammeln zurück? Sie verschlechtert sich ein wenig, doch nach nur kurzem zusätzlichem Training wird sie wieder besser, und eine zu neunzig Prozent korrekte Aussprache wird im nachträglichen Training sehr viel schneller erreicht als im ursprünglichen Training. Das Ganze erinnert sehr an die allmähliche Verbesserung der sprachlichen Leistung bei Patienten, die einen Schlaganfall erlitten haben.

Dieses Beispiel zeigt, daß man mit Versuch und Irrtum ein Ziel erreichen kann, vorausgesetzt, daß Zwischenresultate wieder in das System eingegeben werden können, damit es erfährt, wie gut es ist. Alle, die zuvor eindeutige Regeln für notwendig gehalten hatten, waren erstaunt, als sie hörten, wie aus einem Lallen schließlich ein ganz annehmbares Englisch wurde. Offenbar hat das Netzwerk selbst die Regeln entdeckt, und zwar ohne nachträglich spezialisierte Zellen dafür zu schaffen.

Welcher Art sind Kategorisierung, Generalisierung und Gedächtnis, und in welcher Weise vermittelt ihre Interaktion die sich ständig wandelnden Zusammenhänge zwischen Erfahrung und Neuem?
                                        Der Immunologe Gerald M. Edelman, 1987

Dem (fortlaufenden) Gedankengang muß irgendein Kniff, eine rekursive Formel zugrunde liegen. Eine Gruppe von Neuronen beginnt automatisch zu arbeiten, manchmal ohne äußeren Anstoß. Es ist eine Art iterativer Prozeß, der ein wachsendes Muster erzeugt. Er durchläuft das Gehirn, und der Weg, den er nimmt, beruht wahrscheinlich auf der Erinnerung an ähnliche Muster.
                                        Der Mathematiker Stanislaw M. Ulam, 1976

*

Man hat solchen unerfahrenen neuronalen Netzen eine ganze Reihe weiterer Aufgaben gestellt, und dabei zeigte sich unter anderem, daß sie grammatische Regeln entdecken können – auch das etwas, wovon man geglaubt hatte, es sei in die Gene eingebaut. Dies beweist zwar nicht, daß das Sprachzentrum beim Menschen genauso funktioniert, doch zeigt es, daß Netzwerke fähig sind, sich selbst zu organisieren, durch Versuch und Irrtum herauszufinden, wie man ein Schema erkennt, eine Silbe auszusprechen oder mit dem Finger einen komplizierten Rhythmus zu klopfen. Die Gene müssen lediglich genügend Information enthalten, um den Netzwerken eine Vorgabe an reiner Zufälligkeit zu gewähren – die höheren Formen der Organisation stellen sich dann durch die fortgesetzten Interaktionen des Individuums mit der Umwelt automatisch ein.

Solche Entdeckungen haben bei den Neurobiologen, den Entwicklungsbiologen und den Kognitionswissenschaftlern (ja sogar bei der »Künstlichen Intelligentsia«) für große Aufregung gesorgt. Und sie haben viele hoffnungsvolle Techniker aufgerüttelt und unter dem Banner der neuronalen Netze zusammenströmen lassen, die eine alternative Möglichkeit darstellen, intelligente Maschinen zu entwickeln. Warum sollte man sich um logische Regeln kümmern und einen Computer sorgfältig programmieren, wenn schon ein randomisiertes Netzwerk und ein wenig routinemäßige Instruktion ausreicht, um zu einer ziemlich guten Maschine zu gelangen? Der Behaviorismus ist also doch nicht tot: Die *tabula rasa* ist *in silico* wiedererstanden!

*

Was aber, wenn kein Lehrer da ist, der die Fehler korrigiert? Auch in diesem Fall wird sich das eine oder andere Komitee bilden. Wenn Schneeflocken durch feuchte Luft herabsinken, bilden sich von selbst komplizierte Muster, und wenn Sie die Hafergrütze, die auf dem Ofen kocht, nicht umrühren, wird die Haut, die sich oben bildet, von selbst in eine Reihe von Vierecken und Sechsecken zerfallen – und in gleicher Weise werden sich auch Interneurone, bei denen die Stärke der synaptischen Verbindungen anfangs zufällig verteilt ist, schließlich zu einem Muster konfigurieren. Diese Muster entsprechen oft einfachen Ordnungen, die in der Umwelt angetroffen werden.

Dies zeigte sich eindeutig, als John Pearson, Leif Finkel und Gerald Edelman ein neuronales Netz untersuchten, das der somatosensorischen kortikalen Karte der Hand ähnelt. Als Eingabezellen verwendeten sie Sensoren, die über die Oberfläche einer Modellhand verteilt waren. In Anlehnung an die thalamische Projektion, die in der Realität mit dem gesamten somatosensorischen Kortex in Verbindung steht, sorgten die Forscher für die Möglichkeit, daß jeder Punkt auf der »Hand« mit dem gesamten »Kortex« beliebige Verbindungen herstellen konnte. Die »Synapsen« wurden – immer nach dem Zufallsprinzip – teils als erregende und teils als hemmende definiert, doch konnte die anfangs beliebig gewählte Stärke durch Erfahrung verändert werden.

Es gibt in diesem Experiment keine »Ausgabe«-Schicht (die Zellen sprechen miteinander innerhalb der Interneuron-Schicht, anders als in den vorigen Beispielen, wo die Zellen nur mit der nächsten Schicht verbunden sind). Und es gibt keinen »Lehrer, der Fehler korrigiert« – man lehnt sich einfach zurück und wartet ab, was mit den Interneuronen und ihrer relativen synaptischen Stärke passiert. Man beobachtet den Farbbildschirm eines Computers. Mich erinnert das an die Rückseite eines farbenprächtigen Wandteppichs, auf der kurze Fäden in die verschiedensten Richtungen laufen; sie könnten in einem Tangentialschnitt des Gehirns die Axone darstellen, und ihre Farbe könnte die synaptische Stärke anzeigen. Das Bild erscheint wegen der randomisierten Anfangsbedingungen zunächst so planlos, daß man meinen könnte, Jackson Pollock habe es endlich geschafft, eine echte *tabula rasa* zu malen.

Wenn kein Input da ist, passiert nicht viel – Sie müssen also dafür sorgen, daß die »Hand« Erfahrungen mit der Welt macht. Berühren Sie der Reihe nach die einzelnen »Finger«, vielleicht mit einer streichelnden Bewegung. Der Computer verschafft dem neuronalen Netz eine einfache synaptische Eigenschaft, wie man sie von den Glutamatrezeptoren kennt: Die Stärke einer Synapse wird von der gleichzeitigen Aktivität benachbarter Synapsen beeinflußt (hier liegt keine Synergie vor, sondern eher so etwas wie eine nachklingende Überempfindlichkeit). Wenn Sie also über einen Finger hinwegfahren, aktivieren Sie der Reihe nach benachbarte Hautbereiche und damit eine Reihe von »kortikalen Synapsen«. Einige davon liegen dank der anfänglichen Randomisierung zufällig auf ein und demselben »kortikalen Neuron«. Durch das Streicheln dieses Fingers werden also die auf einer Zelle liegenden Nachbarn verstärkt; sie werden beim nächstenmal noch besser reagieren, auch wenn Sie in entgegengesetzter Richtung über den Finger fahren.

Diese Anhäufungen von verstärkten »Synapsen« verteilen sich zunächst zufällig auf die 1 500 Zellen des »Kortex«. Dort, wo Zellen überdurchschnittlich mit verstärkten Synapsen ausgestattet sind, zeichnen sich Ansammlungen von »Neuronen« ab, die eindeutig auf den entsprechenden Finger reagieren. Dort, wo zunächst Jackson Pollock-Zufälligkeit herrscht, entwickelt sich recht schnell so etwas wie eine Karte der Hand: eine große Ansammlung von »Neuronen« für den Daumen, eine andere für den Zeigefinger usw. In dem Maße, wie das neuronale Netz Erfahrungen sammelt, treten aus einem Randbereich, der sich zunehmend blau färbt und in dem die Zellen schwach miteinander verbunden sind, rote Stellen mit stark untereinander verbundenen Zellen hervor. Es bilden sich Gruppen, die physiologischen Grenzen zeichnen sich sehr viel deutlicher ab, als es dem verworrenen Bild der anatomischen Verbindungen entspricht – und das alles ohne Instruktion.

MATTHÄUS-EFFEKT, bei dem Üben des dritten Fingers nur Territorium der unmittelbaren Nachbarn erobert.

Werden die »Finger« nicht gleichzeitig an Ober- und Unterseite gereizt, sondern zu verschiedenen Zeiten, so bilden sich unter den 1500 »Neuronen« zehn große unregelmäßige Flecken aus: fünf Oberseiten und fünf Unterseiten. Ohne daß es dazu mehr bedurft hätte als einer nur wenig organisierten Erfahrung mit der Außenwelt, hat dieses neuronale Netz sich selbst zu einer »kortikalen Karte« organisiert, die eine bemerkenswerte Ähnlichkeit mit jenen Karten aufweist, die Merzenich, Kaas, Nelson und Freunde vom somatosensorischen Kortex von Affen abgeleitet haben.

Man wüßte natürlich gern, ob das Kalifornien-Oregon-Spiel (siehe Kapitel 8) beim neuronalen Netz genauso funktioniert wie bei realen Affen. Das veranlaßte Finkel, Edelman und Pearson, den Mittelfinger verstärkt zu reizen. Und tatsächlich schrumpften die Karten des zweiten und vierten Fingers im »Kortex«, während die Karte des dritten Fingers sich ausdehnte. Dabei kam es jedoch, anders als im realen Kortex, nicht zu einer gleichzeitigen Verschiebung der entfernteren Grenzen zwischen Fingern (in der Analogie wären das die Grenzen zwischen Oregon und Washington sowie zwischen Washington und Kanada). Dennoch war vollkommen klar, was dieser Versuch im Kern besagte: Es war ein Kampf im Gange, bei dem sich entscheiden sollte, ob ein bestimmtes »Neuron« den Finger 2 oder den Finger 3 bevorzugen würde (es bestanden anatomische Verbindungen zu allen fünf Fingern, doch waren die meisten aufgrund der Erfahrung abgeschwächt), und das Ergebnis wurde davon beeinflußt, wie stark man einen Finger »beanspruchte«.

> *Them's that got shall get*
> *Them's that not shall lose.*
> *So the Bible says*
> *and it still is news.*
>
> Die Sängerin Billie Holiday
> mit ihrer Version des Matthäus-Effekts

Manche nennen dies neuralen Darwinismus, doch verdient nicht alles, was mit zufälligen Anfangsbedingungen und selektivem Überleben zu tun hat, als Darwinismus bezeichnet zu werden. Das, worauf es ankommt, ist der Tanz, den wir den Darwinschen Twostep nennen: ein ständiges Hin- und Herwechseln zwischen Zufälligkeit und Selektion, über viele Runden hinweg, wobei etwas entsteht, das immer weniger wie ein Zufall aussieht. Die wiederholte Einführung des Zufälligen ist das wesentliche Element, das nach Meinung einiger den Darwinismus von einfacheren Formen der Selbstorganisation abgrenzt, wie sie etwa in einer Zusammenballung oder im Nullsummenspiel des Matthäus-Evangeliums vorliegen. Dieses neutestamentliche Beispiel des Nullsummendenkens (Matthäus 25.29), das gewöhnlich mit der Formel umschrieben wird »die Reichen werden reicher, während die Armen ärmer werden«, zeigt, daß aus zufälligen Anfangsbedingungen ohne zusätzliche Einführung von Zufälligkeit eine bestimmte Struktur entstehen kann. So könnte auch etwas Einfacheres als der Darwinismus für bestimmte elementare Formen neuraler Organisation verantwortlich sein.

*

Weder die sensorische Schablone, die von einem simulierten »Interneuron« bevorzugt wird, noch die kortikale »Karte«, in der sich die Stärke der Verbindungen ausdrückt, ist ein Schema. Es zeichnet sich jedoch ab, daß die Kategorisierung des Wahrgenommenen ihre Grundlage darin haben könnte, daß die anfangs zufällig verteilte Stärke kortikaler Verbindungen modifiziert wird. Das hat tiefgreifende Folgen für unser Realitätsverständnis. Das Zufallselement nötigt uns, wie Gerald Edelman schreibt, »alle Wahrnehmungsakte als schöpferische Akte aufzufassen«. Wir erschaffen die Welt, die wir sehen, und wenn wir sie auch aufgrund der Erfahrung modifizieren, so ist es doch eine erfundene Welt. Unsere emotionale Reaktion auf das, was wir sehen, kann sich wiederum darauf auswirken, wie wir es in Zukunft sehen. Ganz wörtlich.

[Dies ist gewissermaßen] eine Theorie der »natürlichen Selektion« von Verhaltensmustern. So wie aus der Binsenwahrheit, daß die Toten sich nicht fortpflanzen können, hinsichtlich der Arten folgt, daß es eine grundlegende Tendenz gibt, daß das Erfolgreiche das Erfolglose verdrängt, so folgt aus der Binsenwahrheit, daß das Instabile dazu neigt, sich selbst zu zerstören, hinsichtlich des Nervensystems, daß es eine grundlegende Tendenz gibt, daß das Stabile das Instabile verdrängt. So wie das Genmuster in seiner ständigen Auseinandersetzung mit der Umwelt zu einer immer besseren Anpassung der angeborenen Form und Funktion strebt, so strebt auch das System von Ersatz- und Teilfunktionen zu einer immer besseren Anpassung des erlernten Verhaltens.

Der Hirntheoretiker W. Ross Ashby, 1952

Es gibt ein bekanntes Schlagwort, ... das besagt, man könne aus Computern nicht mehr herausholen, als man hineingetan habe. Eine andere Version lautet: Computer tun exakt das, was man ihnen sagt, und sind daher niemals schöpferisch. Dieses Schlagwort ist nur in einem schrecklich belanglosen Sinne richtig, in dem Sinne nämlich, daß Shakespeare niemals etwas anderes geschrieben hat als das, was ihm sein Grundschullehrer beigebracht hat – Wörter.

Der Soziobiologe Richard Dawkins, 1986

11.
Ein ganz neues Ballspiel:
Wie das Denken durch Werfen gestartet wird

Doch soll man vom Paradox nichts Übles denken; denn das Paradox ist des Gedankens Leidenschaft, und der Denker, der ohne das Paradox ist, er ist dem Liebenden gleich welcher ohne Leidenschaft ist: ein mäßiger Patron ... Das ist denn des Denkens höchstes Paradox: etwas entdecken wollen, das es selbst nicht denken kann.
    Der Theologe und Philosoph Søren Kierkegaard (1813–1855)

Was bin ich, daß ich über meine Existenz nachdenken kann?
    Der Neurophysiologe Rodolfo Llinás, 1986

Das hundert Jahre alte Schulgebäude an der School Street ist ebenfalls ein nationales historisches Etwas, und es spricht ein wenig mehr dafür, daß es die Winterstürme übersteht, als beim Outermost House. Es erhebt sich dort, wo das Ufer des Eel Pond am höchsten ansteigt, und ein noch höherer Hügel schützt es vor den Winden vom Vineyard Sound – diesen Standort muß jemand ausgesucht haben, der an Langlebigkeit gedacht hat. Auf dem Schulhof gibt es einen Basketball-Korbring, und in der Pause üben die Kinder ein paar Minuten lang den Freiwurf.

Auch die Erwachsenen hier mögen das Werfen – in der Straße wird Frisbee gespielt, und die Softballmannschaften üben auf dem Sportplatz, der sich einen Häuserblock hinter dem Bell Tower Garden befindet, umgeben von den Überresten der ursprünglichen Salzwassermarsch. Homeruns können in einem Dickicht verschwinden, in das nur kleine Jungen und Mädchen einzudringen vermögen, oder, schlimmer noch, in einem Dickicht, das lediglich Kleinsäugetieren Zugang gewährt. Der Volleyballplatz grenzt direkt an die Brombeersträucher; neulich spielte ich zusammen mit den Teilnehmern des Kurses über computergestützte Neurowissenschaft einige Spiele, und wir lernten bald, wie schmerzlich ungezielte Rückschläge sein können.

Ein gewisses Training erhielten wir außerdem von einem alten Profi, der die hier zu Besuch weilenden Forscher seit etlichen Jahren trainiert haben muß. In der ganzen Stadt stößt man auf bettelnde Hunde, alle im Besitz eines Tennisballs, der vor ihnen auf dem Boden liegt. Sie sind jedoch gut genährt. Ihre eifrigen Blicke flehen die Menschen an: Bitte wirf meinen Ball! Am Rande des Volleyballplatzes liegt ein alter weißer Hund, der sich das Spiel geduldig ansieht, seinen Tennisball gleich neben sich. In regelmäßigen Abständen geht einer der Spieler, ohne daß man es ihm sagen müßte, hinüber und wirft den Tennisball des Hundes in Richtung des Softballfeldes, so weit wie möglich, und der Hund rennt glücklich hinter ihm her, um anschließend wieder neben dem Volleyballplatz zu warten. Es handelt sich offenbar um eine örtliche Tradition.

Wenn fünf Minuten vergehen, ohne daß jemand dem Hund aus der Not hilft, trägt er seinen Ball auf den Volleyballplatz, wedelt schüchtern mit dem

Schwanz und unterbricht das ganze Spiel, bis jemand ihm den Ball wirft, um ihn loszuwerden. Es ist vollkommen klar, wer wen trainiert hat; ein wenig operante Konditionierung wirkt wunder bei Menschen.

Es ist verblüffend, wie viele Formen des Zeitvertreibs hier mit ballistischen Bewegungen verbunden sind, sei es das Werfen, das Knüppeln wie beim Golf und beim Tennisspiel, das Kicken beim Fußballspiel, ja sogar das gezielte Abprallenlassen beim Volleyball. Hämmern ist ein beliebter Zeitvertreib, nach den Do-it-yourself-Typen zu urteilen, die damit beschäftigt sind, an einer Veranda etwas anzubauen oder ein Dach zu reparieren. Ich frage mich, warum so viele Formen, sich die Zeit zu vertreiben, mit so lebhaften Bewegungen verbunden sind. Und wenn sie nicht lebhaft sind, so sind sie immer noch mit kunstvollen Fingerbewegungen verbunden, zum Beispiel beim Häkeln oder Stricken. Hat das etwas mit unserem alten Erbe der Werkzeugherstellung oder des Nüsseknackens zu tun? Oder leitet sich das alles von etwas anderem her, das noch tiefer reicht?

*

Auf dem Shining-Sea-Radweg ist heute mehr los als sonst; neben den normalen Rädern entdecke ich eins, das man im Liegen fährt. Und das einzig zugelassene motorisierte Fahrzeug, einen elektrischen Rollstuhl. Bald kommt der Strand in Sicht, und es ist ein steiniger Strand. Die Badestrände näher an Woods Hole waren auch einmal steinig, bevor man Sand herbeischaffte. Sand ist natürlich immer herbeigeschafft – am Strand entsteht sehr wenig davon (Ausnahmen sind die schwarzen Sandstrände in Hawaii, deren feine Partikel sich bildeten, als heiße Lava bei der Berührung mit dem kalten Meerwasser zersprang). Gewöhnlicher Sand entsteht dadurch, daß das Wetter die Berge abträgt und die Felsbrocken auf dem langen Weg zum Meer in immer kleinere Teile zerbrechen.

Ich mag Steine – Sand kann man nicht werfen, jedenfalls nicht mit einem befriedigenden Gefühl der Vollkommenheit. Diese Steine, zurückgelassen von dem Gletscher, der Cape Cod herbeischob, sind genau passend für die Hand eines Kindes. Ich weiß aber, wo ich die größeren finde, die genau in meine Hand passen; normalerweise geht man von dort, wo die kleinen Steine liegen, weiter den Strand hinauf, weil die Meeresströmungen hier parallel zum Ufer verlaufen und die kleinen, leichten Steine weiter tragen als die schwereren großen Steine. Wenn man die Größe eines Steins verdoppelt, vervierfacht sich seine Oberfläche, und so könnte man meinen, daß der Stein, weil er eine größere »Segelfläche« besitzt, von einer Welle weiter getragen wird, aber hier haben wir es wieder mit dem Phänomen des Verhältnisses zwischen Oberfläche und Rauminhalt zu tun: Das Gewicht des Steins (das seinem Rauminhalt proportional ist) wächst auf das Achtfache! Die »Beweglichkeit« halbiert sich also, wenn die Größe sich verdoppelt. Daran liegt es natürlich, daß herbeigeschaffter Sand von steinigen Stränden fortgetragen wird, denn sie sind steinig, weil dort starke Strömungen am Ufer entlangstreifen, die nach Größe sortieren. Und für solche Strömungen ist es ein Leichtes, den Sand mitzunehmen.

Wenn der ganze Strand voller Steine ist wie dieser hier, nennt man ihn im Englischen *shingle* [Kiesstrand], zumindest bei den Briten, die den Ausdruck angeblich von den Norwegern übernommen haben. Nirgendwo ist Schatten. Es gibt Leute, die das nicht besonders mögen:

Drei- oder viermal in meinem Leben habe ich mich für ein Wochenende nach Martha's Vineyard, Wellfleet oder an einen der anderen Orte gewagt, wo die erholungsbedürftige gebildete Welt Zuflucht sucht. Der Zwang, sich an scheinbar klugen Gesprächen zu beteiligen, während man in der glühenden Sonne auf heißem Sand sitzt und Hamburger verzehrt, die voller Sand sind, vor sich zwischen dem Strandkies die Überreste, die letzte Woche jemand von seinem Mittagessen zurückgelassen hat, dürfte zu den unerfreulichsten Vergnügungen gehören, die man erleben kann. Wenn ich wieder die Zivilisation erreichte, war ich immer erleichtert.

Der Ökonom John Kenneth Galbraith, 1981

Vielleicht werde ich einen Verein für die Aufwertung des Kopfsteins gründen müssen (einzeln betrachtet, heißen die abgerundeten Steine, die den Kiesstrand bilden, Kopfsteine – *cobbles*), denn immerhin könnten schon die alten Griechen so etwas gehabt haben, da es Hinweise gibt, daß der Kopfstein damals Diskus genannt wurde (die Gelehrten sind sich nicht einig, ob das bei Homer vorkommende Wort schon dasselbe bezeichnete wie heute, nämlich den Teller, den Sportler werfen). Als Kompromiß schlage ich vor, daß »Diskus« damals einen Stein bezeichnete, der sich besonders gut zum Werfen eignete – einen, der genau in die menschliche Hand paßte oder der sehr gute aerodynamische Eigenschaften hatte.

Es gibt nichts, was sich in der Hand so gut anfühlt wie ein schöner Kopfstein. Haben Sie jemals einen Hammer, einen Füllfederhalter oder einen Golfschläger in der Hand gehabt, der sich ganz so anfühlte, als wäre er eine natürliche Verlängerung von Ihnen, der Ihnen das Gefühl gab, das eine sei für das andere geschaffen worden? Die Verwendung des Kopfsteins als Hammerstein erklärt vielleicht die Herkunft unseres Ausdrucks *cobbler* (Schuster) in seinen harmlosen Bedeutungsvarianten.

Hunde pflegen leider keine Steine zu holen, und so suchen diejenigen, die mit vierbeinigen Begleitern unterwegs sind, nach Stöcken und verlorenen Tennisbällen, denen Hunde bevorzugt nachjagen. Wenn man einem jungen Hund beibringen will, zu apportieren, dann ist das Problem nicht, ihn dazu zu bringen, hinter dem Stock herzulaufen und ihn zu finden oder ihn zurückzubringen – das Problem ist der Kampf, den es kostet, bevor er den Stock herausgibt, so daß Sie ihn noch einmal werfen können. Für die Biologen, die den Aufbau des raffiniert gestalteten Moleküls studieren, das Sauerstoff von unseren Lungen zu unserem Gehirn befördert, ist das eine alte Geschichte: Das Problem ist nicht so sehr, ein Molekül dazu zu bringen, daß es Sauerstoff an sich reißt und bindet, sondern es dazu zu bringen, den Sauerstoff auf Befehl freizugeben, wenn es bei den Geweben ankommt, die Sauerstoff benötigen. Das ist das Besondere am Hämoglobin.

Die Liste, die bislang Diskuswerfen, Baseball, Basketball, Fußball, Hämmern bei der Hausreparatur, Volleyball und dergleichen enthält, muß noch um einen weiteren ballistischen Zeitvertreib erweitert werden, den ich heute beobachtet habe: das Holspiel. Ich kenne sonst kein Tier, das sich so ausgiebig ballistischen Vergnügungen hingibt, obwohl ich weiß, daß Affenjunge gern »Hammer spielen«, besonders wenn ihre Eltern sich vom Nüsseknacken ernähren. Man hat sogar schon beobachtet, daß Schimpansenjunge mit einem Stock auf eine Nuß einhämmern, und bei besonders harten Nußschalen greifen ihre Eltern gelegentlich zu Steinen, die sie als Hämmer verwenden.

*

Wenn unser Gehirn erst die neurale Maschinerie für eine ballistische Bewegung hat, kann es sie vielleicht auch für eine andere nutzen. Vielleicht können die Neurone, die für die Steuerung einer hämmernden Bewegung verwendet werden, auch bei den Beinmuskeln eingesetzt werden, so daß man das Kikken gratis dazubekommt. Im Gegensatz zu anderen Bewegungen, etwa dem Gehen oder dem Abpflücken von Früchten, erfordert eine ballistische Bewegung bestimmt eine enorme neurale Maschinerie für die Vorausplanung. Das liegt daran, daß ballistische Bewegungen so schnell sind, während die Bahnen für die Rückkopplung verhältnismäßig langsam sind. Wenn ein Affe eine Kirsche vom Baum zum Maul befördert oder wenn ich nach einer Kaffeetasse greife und sie an den Mund führe, steht viel Zeit für kleine Korrekturen zur Verfügung. Die Sensoren in meinen Armmuskeln und Gelenken melden meinem Rückenmark und Gehirn, wo die Tasse sich befindet (sie sprechen mit den benachbarten Muskeln nicht direkt, sondern nur auf dem Umweg über das Zentralnervensystem), ich vergleiche das dann mit meiner Absicht (Tasse an die Lippen, vorzugsweise noch immer senkrecht) und den bekannten Bedingungen (den Kaffee nicht überschwappen lassen) und korrigiere die Bahn. Während der scheinbar fließenden Bewegung wiederhole ich diese Korrektur Dutzende, wenn nicht Hunderte von Malen.

Dabei nimmt jede einzelne Korrektur eine gewisse Zeit in Anspruch, weil die Meldung sich langsam entlang den Nerven fortpflanzt und zudem das Zentralnervensystem Zeit für die Entscheidung benötigt. Bei Armbewegungen braucht der Mensch für die Rundreise vom Arm zum Gehirn und wieder zurück mindestens 110 Millisekunden. Bewegungen wie Hämmern oder Stoßen, die innerhalb eines Sekundenbruchteils ausgeführt sind, können daher nicht von Korrekturen während der Ausführung profitieren (beim Pfeilwerfen vergehen bis zum Loslassen etwa 119 Millisekunden). Die meisten Fehlerkorrekturen treffen zu spät ein, um noch etwas auszurichten, da die Bewegung inzwischen abgeschlossen ist. Die Rückmeldung kann Ihnen vielleicht helfen, den nächsten Wurf zu planen, aber sobald Sie mit dem Wurf beginnen, müssen Sie sich an den Plan halten, den Sie aufgestellt haben, als Sie sich »startklar« machten.

Ich habe mit einigen alten, mit Wasser vollgesogenen Tennisbällen, die ich fand, Jonglieren geübt. Orangen sind wegen ihres Gewichts zum Jonglieren besser geeignet als Tennisbälle, aber die Orangen sind mir gerade ausgegangen. Das Jonglieren ist anfangs schwierig, weil die Reaktionszeit, die vom Erblicken des Balls bis zur Erzeugung einer Korrektur vergeht, fast eine Fünftelsekunde beträgt (visuelle Reaktionen sind besonders langsam). Man muß beim Jonglieren mehrere Bewegungen und nicht bloß eine im voraus planen. Das ist einer der Gründe, warum es so schwer zu erlernen ist.

Dadurch unterscheiden sich ballistische Bewegungen vollkommen von solchen, bei denen eine Absicht und auf Rückkopplung beruhende Korrekturen genügen: Kurze Bewegungen müssen sorgfältig im voraus geplant werden. Die Methode von Versuch und Irrtum kann nur in der Planungsphase angewendet werden; während man sich »startklar« macht, wird ein Bewegungsentwurf mit der Erinnerung verglichen, und Pläne, die nicht damit übereinstimmen, werden verworfen. Für eine eingespielte Bewegung wie etwa den geläufigen Freiwurf im Basketball mag es natürlich genügen, daß das Gehirn über ein eingespieltes motorisches Programm verfügt, das es auf Befehl ausführen kann; damit es Ihnen geläufig wird, müssen Sie es durch nachhaltiges Üben zu einer »Gewohnheitssache« machen. Gerade dort, wo es unendlich viele Abstufungen gibt, wird die Planung so wichtig; man muß dazu eine ganze Reihe von möglichen Abfolgen von Muskelbefehlen erzeugen und dann die beste daraus auswählen. Darum sind lange eingeübte Freiwürfe beim Basketball einfacher als andere Würfe, bei denen unterschiedliche Entfernungen und Wurfwinkel ins Spiel kommen. Sie dürfen raten, auf welche Art von Würfen es in der Evolution ankam, welche von den Jägern der vormenschlichen Stufe benötigt wurden.

Für den Planungsvorgang bedarf es vermutlich einer Warteschlange, eines seriellen Puffers, wie die Fachleute sagen. Das Telefon, das sich die zehn am häufigsten benutzten Nummern merkt, hat zehn serielle Puffer, die jeweils über ein Dutzend Ziffern fassen. So ein Puffer ist vergleichbar mit einem Nebengleis, auf dem ein Zug bereitsteht, bis er ausgewählt und auf das Hauptgleis gelassen wird.

Was wir als Gedankenverbindung *in unserem Intellekt bezeichnen, ist lediglich die Gedächtnisspur der Koexistenz der Phänomene in der Natur; was wir als* Konsequenz *in unserem Intellekt bezeichnen, ist nichts anderes als die Gedächtnisspur der Sequenz von aufeinanderfolgenden Effekten in der Natur.*
Der Philosoph Denis Diderot (1713–1784)

*

Bei Organismen, die groß (meterlange Leitungen) und zugleich schnell sein müssen, ist vielfach eine Warteschlange erforderlich, die man als neurales Gegenstück zur Walze eines altmodischen mechanischen Klaviers betrachten kann. Die Walze ist ein Plan für viele simultane Ausgangskanäle (die 88 Tasten des Klaviers), aus dem hervorgeht, wann, wie hart und wie lange die einzelnen Tasten angeschlagen werden sollen.

Unsere Planungsschlange für eine ballistische Bewegung muß Dutzende von Muskeln berücksichtigen und sie zum genau richtigen Zeitpunkt mit der genau richtigen Härte und für die genau richtige Dauer aktivieren. Während wir uns »startklar« machen, arbeiten wir einen genauen Plan aus, um ohne Rückkopplung zu agieren. Die Handlung selbst ist eine sorgfältig abgestimmte raumzeitliche Sequenz, vergleichbar einem Feuerwerksfinale, das von einem halben Dutzend Plattformen aus in Gang gesetzt wird.

Im Unterschied zur Walze des mechanischen Klaviers, das nur schwer umzuprogrammieren ist (man braucht Klebeband und eine Stanze!), lassen sich die neuralen Puffer leicht umprogrammieren, damit die Pausen stimmen:

> Mit den Tönen werde ich nicht besser fertig als viele Pianisten. Doch die Pausen zwischen den Tönen – darin steckt die Kunst!
> Der Konzertpianist Artur Schnabel, 1958

Wenn es auch so scheint, als sei das Spielen einer Beethoven-Sonate etwas ganz anderes als Baseball, so könnte es doch sehr gut sein, daß der Pianist eine neurale Maschinerie benutzt, die für das Hämmern oder Werfen entwickelt wurde; da die natürliche Selektion mit Sicherheit nicht sehr oft auf unsere Fähigkeiten der Musikdarbietung eingewirkt hat, kann man davon ausgehen, daß die Musik eine Freizeitnutzung von neuralen Mechanismen ist, die eine wichtige primäre Funktion besitzen. Falls die Füße auf die gleichen seriellen Puffer zurückgreifen können, die die Hand fürs Werfen und Hämmern benötigt, ist auch das Tanzen eine solche sekundäre Nutzung.

*

Wenn die Schimpansen hämmern und werfen können (woran man sieht, daß auch sie serielle Puffer haben), warum können sie dann nicht sprechen? Warum kennen sie keine seriell geordneten Freizeitbeschäftigungen wie Musik, Tanzen und Schachspielen? Was ist es, das bei den Menschen über den für das Hämmern ausreichenden Planungspuffer der Schimpansen hinausgeht? Woran liegt es, daß wir so viel stärker auf Sequenzen ausgerichtet sind?

Es könnte die Sprache selbst sein – vielleicht war sie so nützlich, daß die natürliche Selektion jene Hominiden-Varianten bevorzugte, die bessere Planungspuffer für Sätze hatten. Musik, Schachspiel und Foxtrott, das ergab sich dann als Freizeitnutzung des Satz-Sequenzierers. Es gibt aber noch eine andere Möglichkeit, auf die ich an einem Tag wie dem heutigen stieß, während ich am Strand saß und Steine warf. Ich wunderte mich, warum es mir nicht gelang, die Ziele zu treffen, die ich auf einem herumliegenden Baumstamm aufgestellt hatte. Schließlich ging ich näher heran, um nicht mehr mit solcher Wucht werfen zu müssen, nur um den Baumstamm zu erreichen, und da wurde ich besser. Um bei einer flachen Wurfbahn doppelt so weit zu kommen, muß man ungefähr doppelt so schnell werfen. So wie man ein Tonband auf doppelte Geschwindigkeit bringt, muß man das »motorische Band«, das man geplant und programmiert hat, beschleunigen.

Als ich jedoch versuchte, aus der näheren Position mit der gleichen Wucht zu werfen wie vorher, wurde meine Leistung wieder schlechter. War das nicht merkwürdig? Es lag nicht daran, daß die Ziele so klein waren, als ich weiter weg stand; es lag daran, daß ich doppelt so schnell werfen mußte, um weiter entfernte Ziele zu erreichen.

Ich rätselte also eine Zeitlang daran herum, warum das Schnellwerfen mir so viel schwerer fiel als das Langsamwerfen. Vermutlich sind fast alle, die sich über dieses Phänomen den Kopf zerbrochen haben, zu dem Schluß gelangt, daß Rückkopplungskorrekturen wohl nicht greifen, wenn der Wurf nur halb so lange dauert. Doch als ausgebildeter Neurophysiologe wußte ich, daß die Rückkopplung in jedem Fall zu langsam war; selbst bei einem trägen Wurf würde sie nicht viel helfen. Wenn es darauf also nicht ankam, bestand das Problem vermutlich darin, mit einem aufs doppelte beschleunigten Zeitrahmen zurechtzukommen. Versuchen Sie doch einmal, doppelt so schnell zu tanzen wie sonst, und Sie werden merken, daß Umstellungen nicht immer einfach sind.

Zufällig kannte ich mich ein wenig mit den Problemen der Beschleunigung von Tonbandgeräten aus, und ich wußte eine ganze Menge darüber, wie Motoneurone Muskeln kommandieren. Ich konnte jedoch nicht absehen, welche Probleme sich ergeben würden, außer einem: Motoneurone sind von Natur aus nervös (selbst wenn sie mit ihrer größtmöglichen Konstanz feuern, schwanken die Intervalle zwischen den Impulsen ein wenig). Sie können eine Aktion nur mit begrenzter Präzision timen. War ich auf diese Grenze gestoßen, als ich zu weit weg von dem Baumstamm stand?

Es gibt auf der ganzen Welt vielleicht ein halbes Dutzend Leute, die, ohne einen ganzen Tag in der Bibliothek verbracht zu haben, etwas darüber sagen können, wie nervös Motoneurone sind, und einer davon bin ich, denn 1966 habe ich gerade über dieses Thema eine Doktorarbeit geschrieben. Ich wußte, daß es ihnen große Schwierigkeiten macht, im Millisekundenbereich zu arbeiten (das ist 1/1000 Sekunde auf dem Verschluß des Fotoapparats); mit zehn Millisekunden kamen sie gut zurecht, doch Vorgänge, die größere Präzision verlangten, konnten sie wegen ihrer Nervosität nicht mehr timen.

Wie genau mußte ich nun wirklich das Loslassen des Steins timen, wenn ich ihn aus verschiedenen Entfernungen mit unterschiedlicher Geschwindigkeit warf? Wie groß ist der *zulässige Fehler*, der Betrag, um den der Zeitpunkt, zu dem ich den Stein loslasse, schwanken darf, ohne daß ich das Ziel deshalb verfehle? Physikalisch ist das ein einfaches Problem, und ich löste es, fasziniert von der Fragestellung, noch am selben Abend, nachdem ich nach Hause gekommen war. Um aus einer Entfernung von nur vier Metern (die

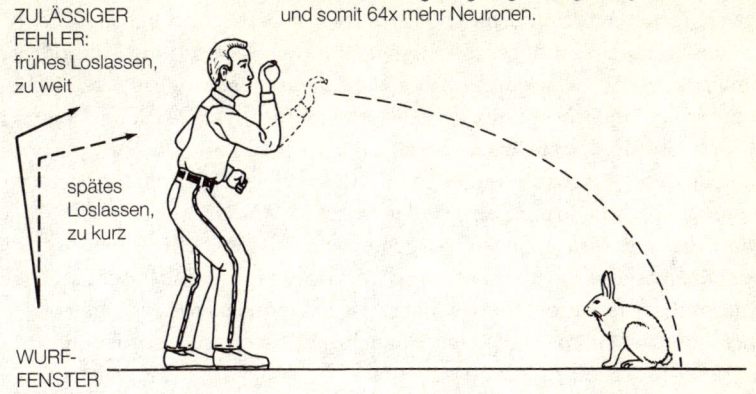

Überhandwurf auf Ziel von Kaninchengröße
Wurffenster bei Viermeterwurf: 11 msec
Achtmeterwurf läßt nur 1,4 msec Ungenauigkeit zu
2x Distanz verlangt 8x geringere Ungenauigkeit beim Timing und somit 64x mehr Neuronen.

ZULÄSSIGER FEHLER:
frühes Loslassen, zu weit

spätes Loslassen, zu kurz

WURF-FENSTER

Länge eines Kleinwagens) ein Ziel von der Größe eines Kaninchens zu treffen, mußte ich den Zeitpunkt für das Loslassen des Steins bis auf elf Millisekunden genau festlegen (das ist ungefähr die Dauer, während derer der Verschluß Ihrer Kamera offen bleibt, wenn er auf 1/100 Sekunde eingestellt ist). Das ist gerade an der Grenze dessen, was ein Motoneuron allein schaffen kann. Bei einer Entfernung von über acht Metern (der übliche Parkraum für ein Fahrzeug beträgt sechs Meter) benötigte ich für das Timing eine Genauigkeit von unter einer Millisekunde, um das Ziel zuverlässig zu treffen. Das war also der Grund, warum ich so kläglich abgeschnitten hatte!

Eine Zeitlang fühlte ich mich besser, bis mir einfiel, daß es andere gibt, die solche Ziele aus einer sehr viel größeren Entfernung hundertprozentig treffen. Ich konnte das auch einmal. Wie haben wir das geschafft, wenn die Motoneurone so überaus zittrig waren?

*

Wissenschaftler lieben solche Situationen; sie sind das, was wir ein »Problem« nennen (dies war sogar noch besser, denn es konnte als ein »Paradox« durchgehen), und wir neigen dazu, uns aus ihnen ein Vergnügen zu machen und sie ungefähr so »in die Mache zu nehmen«, wie ein Hund von jeder erdenklichen Seite her einen Knochen benagt.

Ein Ingenieur geht an eine solche Situation anders heran; er möchte etwas machen, das billig und zuverlässig ist und sich im Falle eines Defekts leicht reparieren läßt. Für den Ingenieur ist die Zittrigkeit ein Mißstand, der durch eine bessere Gestaltung der Teile behoben werden muß. Den Wissenschaftler interessiert dagegen nur das *Warum* – warum das Gehirn es fertigbringt, die Dinge sehr viel genauer zu timen, als es irgendeiner seiner Bestandteile für sich allein kann. Und ihn interessiert, wie die Evolution auf die Methode gekommen ist, die Schwierigkeit zu umgehen. Hier haben wir ein schönes Beispiel dafür, daß das Ganze besser ist als eines seiner Teile, doch die Frage ist, wie die Evolution das zuwege gebracht hat.

Nun, es könnte irgendwo im Gehirn Neurone geben, die nicht so nervös sind wie die Motoneurone, und vielleicht sind es dieses Spezialisten für das Timing, die den Motoneuronen sagen, wann sie feuern müssen, statt die Motoneurone selbst darüber entscheiden zu lassen. Schließlich scheint ja bei den meisten auf Feinmotorik beruhenden Bewegungen (wie etwa beim Trennen der Seiten, wenn man ein neues Buch durchblättert) der motorische Streifen die Motoneurone zu kommandieren.

Zum Glück wußte ich – und um das herauszubringen, hätte man sonst wohl einen Monat in der Bibliothek zubringen müssen –, daß auch das nicht die Antwort war, denn ich hatte auch an diesen Neuronen des motorischen Kortex Messungen gemacht (zumindest bei Katzen und Affen), und daher wußte ich, daß sie, was das innere Zittern angeht, nicht besser, sondern sehr viel schlechter waren als Motoneurone. Aber vielleicht an einer anderen Stelle? Nun, ich habe nicht von jedem Zelltyp im Gehirn Ableitungen gemacht, aber ich habe viel vergleichende Physiologie der Neurone betrieben und mich ausführlich in der Literatur umgetan, und ich würde keine Wette eingehen, daß es eine äußerst präzise »Zentraluhr«-Zelle gibt (bedingt durch die Art und Weise, in der elektrische Vorgänge innerhalb der Zellen quantisiert werden, herrscht in ihnen eine große Unruhe, die sich kaum verringern läßt).

Dennoch schafft es das Nervensystem, irgendwo im Gehirn oder im Rückenmark das Zittern auf weniger als eine Millisekunde herabzudrücken, und deshalb können wir mit einiger Übung eine sehr viel feinere zeitliche Diskrimination und entsprechende Bewegungen erreichen. Wenn wir uns also nicht auf eine »Seele« berufen wollen, die dem Gehirn Befehle erteilt, müssen wir versuchen herauszufinden, wie das Nervensystem diese großartige Leistung zuwege bringt. Vermutlich, so dachte ich mir, verhält es sich ähnlich wie bei der Überschärfe, die es uns erlaubt, Dinge zu sehen, die noch kleiner sind als die Abstände zwischen den Photorezeptoren der Netzhaut. Aber wie verhält es sich genau?

*

Wie baut man eine präzise Uhr aus schlampigen Teilen? Zum Glück erinnerte ich mich dunkel an einen Artikel im *Biophysical Journal*, in dem es um ein hervorragendes Beispiel zeitlicher Überschärfe ging. Er lag unter einem Stapel von Papieren auf meinem Schreibtisch: John Clay und Robert DeHaan, die mit zittrigen Herzzellen experimentiert hatten, zeigten darin, daß diese Zellen sehr viel weniger unruhig sind, wenn man viele von ihnen zusammenbringt. Daß Ihr Herz schön regelmäßig schlägt, liegt nicht daran, daß eine Zentraluhr, die kaum zittert, dem übrigen Herzen befiehlt, im richtigen Rhythmus zu zucken. Es gibt zwar in der Tat eine Schrittmacherregion, die dem übrigen Herzen den Takt angibt (sie ist es, was der Vagus verlangsamt – und manchmal zum Stillstand bringt!), aber sie setzt sich immer noch aus Tausenden von Schrittmacherzellen zusammen, die allesamt erheblich zittern.

Clay und DeHaan bauten in einer Petrischale einen kleinen Ausschnitt des Herzens nach und beobachteten durchs Mikroskop, wie die einzelnen Zellen zuckten. Isoliert schlägt eine einzelne Zelle ziemlich unregelmäßig; jede Herzzelle kann als ihr eigener Schrittmacher fungieren, aber ihr Rhythmus ist keineswegs so regelmäßig wie ein Herzschlag. Man wird dabei weniger an das regelmäßige Tropfen eines Wasserhahns erinnert als an Regentropfen auf dem Dach, zwischen denen unterschiedlich lange Pausen liegen.

Führt man nun eine zweite isolierte Zelle an die erste heran, so heftet sie sich an diese, der bis dahin unabhängige Rhythmus beider Zellen synchronisiert sich, und sie schlagen gemeinsam. Auch weitere Zellen, die man heranführt, heften sich an und synchronisieren sich. Manche sehen in diesem »Mitgezogenwerden« eine Urform der Massenpsychologie.

Das Merkwürdige ist, daß der Rhythmus allmählich regelmäßiger wird. Sind erst einmal 25 Zellen zusammen, so ist es nicht mehr zu übersehen: Das Zittern reduziert sich auf ein Fünftel dessen, was man bei isolierten Zellen beobachtet. Wenn hundert Zellen zusammen sind, sinkt es auf ein Zehntel, und der Schlag wirkt vielleicht nicht so regelmäßig wie bei einer Uhr, aber er kommt doch eher an einen tropfenden Wasserhahn oder einen regelmäßigen Herzschlag heran. Die Unregelmäßigkeit der Regentropfen auf dem Dach ist verschwunden.

Die Herzzellen liefern ein hübsches Beispiel für das Wirken des Gesetzes der großen Zahlen, genau wie die vielen an der Tiefenwahrnehmung beteiligten Zellen. Wissenschaftler benutzen dieses mathematische Prinzip ständig, allerdings mit Bleistift und Papier: Wir »mitteln« eine Reihe von Messungen und berechnen danach eine »Standardabweichung«, die ein Maß der Unsicherheit oder des Zitterns ist. Deshalb enthalten Angaben über Meinungsumfragen oder über die Zahl der Fernsehzuschauer eine Einschränkung: »Zwischen 23 und 24 Prozent der Zuschauer sahen die Abendnachrichten.« Um die Standardabweichung zu halbieren, braucht man viermal so viele Daten, um sie auf ein Zehntel zu senken, hundertmal so viele. Würden die Institute, die die Einschaltquoten ermitteln, sich statt auf 1 000 auf 100 000 Zuschauer stützen, könnten sie zehnmal präziser sein und sagen: »23,6 Prozent.« Normalerweise denken wir zwar nicht, daß die Natur es genauso macht, aber hier hat sie es so gemacht, denn der regelmäßige Rhythmus des Herzschlags entsteht dadurch, daß Tausende von extrem unregelmäßigen Schlägen in den einzelnen Zellen gemittelt werden.

Nun eignet sich das elektrische Schaltschema des Herzens besonders dafür, viele individuelle Beiträge zusammenzuzählen und durch N, die Anzahl der Beiträge, zu teilen. Das ist nicht bei allen neuronalen Schaltungen der Fall. Bei den am häufigsten vorkommenden hat man jedoch den Eindruck, als seien sie geradezu für diesen Zweck geschaffen: Die individuellen Beiträge sind klein, viele davon werden »analog« summiert, und dann wird auf die eine oder andere Weise geteilt. Neurale Schaltungen könnten durchaus verhindern, daß das Gesetz der großen Zahlen sich auf ihre Berechnungen auswirkt (sie bräuchten dazu nur mit ein paar großen Beiträgen zu arbeiten, einer Oligarchie, die der binären Logik eines digitalen Computers entspricht), doch die meisten neigen mehr zum Analogen als zum Binären, mehr zur Demokratie als zur Oligarchie. Deshalb sind die meisten von ihnen tatsächlich in der Lage, das Zittern zu unterdrücken, indem sie einfach die Resultate von vielen einzelnen Zellen, die alle dasselbe zu tun versuchen, zusammennehmen und mitteln.

Ein Ingenieur wird, mit dem Problem einer zittrigen Uhr konfrontiert, gewöhnlich versuchen, die einzelne Uhr verläßlicher zu machen, aber es ist durchaus möglich, das gleiche Ziel zu erreichen, indem man einfach die Zeiten von hundert Uhren mittelt. Stellen Sie sich doch einmal ein Uhrengeschäft kurz vor Mitternacht vor: Zuerst beginnt eine Uhr zu schlagen, dann eine andere und noch eine andere. Wir können uns darauf einigen, daß es Mitternacht ist, wenn die Hälfte der hundert Uhren zu schlagen begonnen hat. Auch wenn es jede Nacht eine andere Uhr ist, die als erste beginnt, und auch wenn es meistens eine andere sein wird, die als fünfzigste schlägt, wird doch das Intervall zwischen den »Mitternachten«, die wir durch die fünfzigste definiert haben, nur ein Zehntel so stark schwanken wie bei den einzelnen Uhren. (Beachten Sie bitte, daß es hier um *Präzision* und Reproduzierbarkeit geht, nicht um *Richtigkeit*, also darum, ob es wirklich entsprechend der Normalzeit Mitternacht ist oder ob das Intervall wirklich 24 Stunden beträgt.)

Was, glauben Sie, hat die Evolution getan: die einzelnen Zellen vollkommen umgestaltet, um eine Präzisionsuhr zu bauen, oder eine Menge Zellen »von der Stange« in eine gewöhnliche Schaltung eingebaut? Wenn es eines gibt, was die Natur extrem gut kann, dann ist es die Herstellung von *genau gleichen Zellen*, etwa in der Zellteilung. Das Zitterproblem ist wahrscheinlich sehr viel einfacher dadurch zu lösen, daß hundert zusätzliche Zellen hergestellt werden, als durch eine Umgestaltung der Zelle mit dem Ziel, das Zittern zu vermindern. Die Evolution verfährt gewissermaßen nach dem Motto: lieber hundert unvollkommene Zellen als eine vollkommene Zelle. Im übrigen scheint die Natur Variabilität zu *mögen* (auf diese Weise hält sie sich Optionen offen) – und sie stört sich offenbar nicht an einer gewissen Ineffizienz und einem gewissen Ausmaß von Verfall. Der Verfall scheint für sie sogar der Schlüssel zur Verbesserung zu sein, dreht sich doch die ganze natürliche Selektion darum, das weniger Taugliche dem Verfall preiszugeben.

*

Die Lösung des Wurfproblems scheint also darin zu bestehen, daß für die Timingaufgabe eine Vielzahl von seriellen Puffern eingesetzt wird. Es ist so, als ließe man hundert mechanische Klaviere spielen, deren Walzen identische Befehle enthalten. Wegen der mechanischen Abweichungen zwischen den einzelnen Klavieren kommt nicht bei allen das gleiche heraus. Es verhält sich wie bei einem Chor, der gemeinsam eine Melodie vorträgt: Das Timing des Halleluja, das im hinteren Teil der Kirche zu einer einzigen Stimme verschmilzt, ist sehr viel einheitlicher, als es die Darbietungen wären, ließe man jede Sängerin und jeden Sänger allein vortragen.

Vielleicht brauchten die Hominiden deshalb ein größeres Gehirn, dachte ich; schon um Jäger zu werden, die gut werfen können, brauchten sie viel mehr Zellen. Heureka?

Wieviel mehr Zellen muß ich nun für die Aufgabe einsetzen, ein Ziel zu treffen, das doppelt so weit entfernt ist? Wie groß auch immer die zeitliche Ungenauigkeit bei einer Zielentfernung von vier Metern war, ich muß sie, wenn ich doppelt so weit werfen will, auf ein Achtel verringern. Um das mit dem Mittelungsverfahren des Gesetzes der großen Zahlen zu erreichen, brauche ich 64mal so viele Zellen. Will ich das Ziel auch dann noch zuverlässig treffen, wenn der Abstand sich verdreifacht, benötige ich 729mal so viele Zellen, wie ursprünglich genügten. Die Anzahl der Zellen steigt mit der sechsten Potenz der Entfernung, in der Tat eine steile Wachstumskurve.

Nun hat das Gehirn der Hominiden gegenüber dem der Affen und der ersten Hominiden auf ungefähr das Vierfache zugenommen. Rechnen wir einmal: Eine zehnprozentige Zunahme der Zahl der Zellen bringt einem kleinhirnigen Hominiden nur etwa zwei Prozent an Wurfdistanz, eine Verdopplung verschafft ihm zwölf Prozent, und eine Vervierfachung der Zahl der Zellen, die für die Timingaufgabe eingesetzt werden, bringt uns 26 Prozent weiter. Erstaunlich. Die Gehirnerweiterung allein bringt also doch keine einfache Lösung für das Basketballproblem. Mit unseren auf das Vierfache angewachsenen Gehirnen erreichen wir beim Werfen nicht einmal eine Verbesserung um ein Drittel.

Zum Glück kam ich endlich auf die Idee, daß man sich das, was man benötigt, wenn man sich »startklar« macht zum Werfen, wahrscheinlich *ausborgen* kann. Die meisten kortikalen Neurone sind nicht auf eine einzige Aufgabe beschränkt, sondern können bald dem einen, bald dem anderen Komitee angehören. Es wird daher möglich sein, daß sie sowohl zeitweilig einer anderen Aufgabe zugeteilt als auch für längerfristige neue Aufgaben umgeschult werden. Man muß einfach nur aufhören zu reden, sich nicht länger um die Zukunft sorgen und seine Aufmerksamkeit ausschließlich auf das Werfen konzentrieren. Wenn das stimmt, könnten am Präzisionswerfen neben den üblichen Beiträgen der Basalganglien und des Kleinhirns große Teile des Frontal- und des Temporallappens beteiligt sein. Es ist etwa so, als würde der Kirchenchor sich vorübergehend erweitern, indem er einige der Zuhörer ausborgt und sie zum Mitsingen bewegt. Man muß sie dazu bringen, ihre bisherige Betätigung zu unterbrechen und sie während der »Startvorbereitung« auf die gleiche Melodie einstimmen wie die Vollzeitexperten für die Hand-Arm-Sequenzierung. Auch wenn sie sich nicht so auskennen wie die Profis, können sie, dem Gesetz der großen Zahlen zufolge, von Nutzen sein.

Wir haben, wie ich schon erwähnte, große Schwierigkeiten gehabt, motorische Programme wie die Fellpflege in die »Atome«, aus denen sie sich zusammensetzen, zu zerlegen. Dennoch lassen sich an modularen Bewegungskomponenten Variationen in den Plänen diskutieren. Das Dartwerfen beginnt damit, daß der Ellbogen hochgestellt wird. Daraufhin werden nicht nur die Ellbogenbeuger (Bizeps usw.), sondern auch die Strecker (Trizeps usw.) kontrahiert – und zwar gleichzeitig, so daß der Arm sich nicht bewegt. Durch diese gleichzeitige Kontraktion werden die elastischen Komponenten

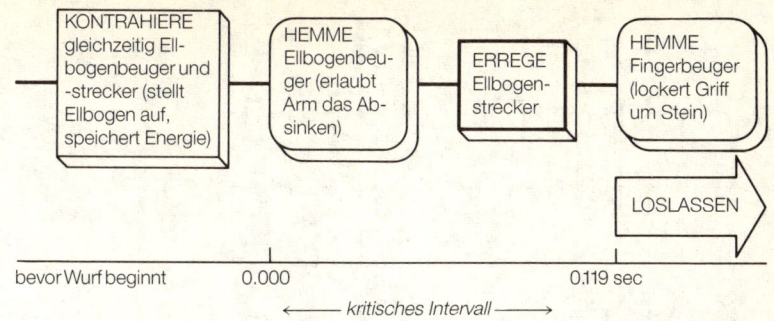

Modulare Bewegungsbefehle, für die Planung des Wurfs verknüpft.

der Muskeln und Sehnen gestreckt, so daß sie Dehnungsenergie speichern, und zugleich wird dadurch erreicht, daß alle Strecker-Motoneurone losfeuern, weit oberhalb des Schwellenwerts für ihre Rekrutierung.

Daraufhin werden zur Einleitung des Wurfs die Beuger-Motoneurone gehemmt, so daß den Streckern kein Widerstand entgegensteht. Der Unterarm setzt sich in Bewegung. Nun wird zusätzlich zur Hemmung der Beuger die Erregung der Strecker verstärkt, was die durch den elastischen Rückstoß erzeugte Geschwindigkeit erhöht.

Wenn sich der Unterarm in beinahe senkrechter Stellung befindet, wird der Griff um den Stein gelockert, wahrscheinlich dadurch, daß die Beuger der Finger gehemmt werden, und zusätzlich dürfte die Trägheit des inzwischen beschleunigten Steins dazu beitragen, den Griff zu öffnen. Das geschieht genau im richtigen Augenblick, dessen Berechnung so knifflig ist (beim Dartwerfen folgt er 119 Millisekunden auf die Einleitung der Wurfbewegung mit dem Senken des Ellbogens).

Nun ist für eine gelegentliche ballistische Bewegung wie das Aufhämmern einer Nuß oder eine Drohgebärde zumindest *ein* serieller Puffer erforderlich, doch für einen Präzisionswurf, bei dem es darauf ankommt, die Unsicherheit des Timing zu minimieren, sind zahlreiche Puffer erforderlich, die alle gleich geladen sind und in dicht geschlossenen Gliedern marschieren. Wie beim Chor, der das Halleluja singt, werden dazu möglichst viele zusätzliche Helfer benötigt: Wenn es möglich ist, noch hundert weitere Puffer auszuborgen, um so besser – sofern sie rasch die Musik erlernen können, das heißt, sofern man sie rasch mit identischen Instruktionen laden kann. Noch besser: Stellen Sie sich einen Rangierbahnhof vor, wie es ihn einmal am Ende dieses Rad-

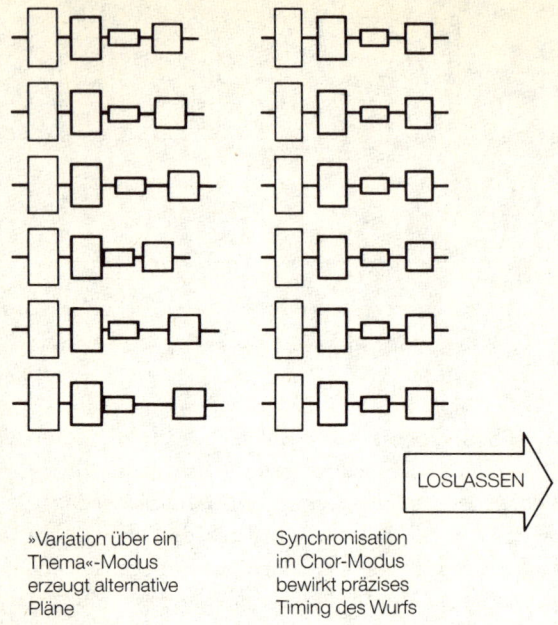

»Variation über ein Thema«-Modus erzeugt alternative Pläne

Synchronisation im Chor-Modus bewirkt präzises Timing des Wurfs

weges gegeben hat, als er noch eine Bahnlinie war. Dort, wo jetzt der große Parkplatz neben der Anlegestelle der Fähre ist, lagen vermutlich etwa zehn Nebengleise, welche die mit der Eisenbahnfähre aus New York kommenden Waggons aufnahmen; hier wurden dann neue Züge zusammengestellt, die nach Boston ratterten. Im Grunde sind das zehn serielle Puffer, ganz wie der Speicher des Telefons. Jetzt stellen Sie sich vor, daß alle zehn Puffer mit der gleichen Telefonnummer geladen sind und alle sich gleichzeitig entladen.

*

Nun kommt es manchmal vor, daß man sich für die beste Variante entscheiden muß, ohne daß diese auf der Hand liegt. Falls es um einen Basketball-Freiwurf geht, ist die Sache einfach. Wenn man den Wurf wirklich »gebimst« hat (wenn man also eine eingeschliffene, der Situation angepaßte Bewegungsmelodie erzeugt hat), braucht man nur das Freiwurf-Programm aufzurufen, es in alle seriellen Puffer zu laden, während man sich fertig macht, sie in Reih und Glied aufzustellen und das Programm zu starten.

Es gibt aber noch einen anderen Grund, warum man eine Vielzahl von seriellen Puffern benötigt; nicht immer geht es um einen Wurf, der so eingeschliffen ist wie ein Freiwurf, und auch dann muß man die beste, der Situation angepaßte »Bewegungsmelodie« auswählen. Dazu ruft man eine ganze Schar von Varianten auf und mißt sie, während man sich auf den Wurf vorbereitet, an der Situation sowie an den im Gedächtnis gespeicherten Lösungen, die sich in ähnlichen, aber nicht identischen Situationen bewährt haben, und die beste Variante startet man dann. Wenn ich das System zu gestalten hätte, würde ich sogar vorschlagen, den besten anstelle der erfolglosen Kandidaten in alle übrigen seriellen Puffer zu kopieren, diese dann zu einer geschlossenen Formation zusammenzuschalten und zu starten.

Übertragen auf den Bereich der Musik hieße das, verschiedene Songwriter, von denen jeder eine etwas andere Melodie singt, einzeln vorsingen zu lassen; dann würden die Noten jener Sängerin, deren Vortrag diesem speziellen Anlaß am angemessensten ist, ausgewählt, fotokopiert und an die übrigen ausgeteilt, und schließlich würden alle zusammen im Chor singen.

Dieser Schritt, der Zusammenschluß zu einem Chor innerhalb des neuronalen Netzes, ist vergleichbar mit der Artbildung innerhalb der biologischen Evolution und mit der Bildung der Antikörper innerhalb der Immunreaktion. In der Evolution kommt es gewöhnlich infolge der Entdeckung einer neuen Nische zur Bildung einer neuen Art, wobei eine begrenzte Anzahl von Genotypen (DNS-Sequenzen) eine Bevölkerungsexplosion erfährt. Im Immunsystem bedeutet die Anwendung des Darwinismus, daß diejenige Sequenz von Aminosäuren, die am besten mit dem fremden Antigen zusammenpaßt, eine Bevölkerungsexplosion erlebt. Würde, damit nach dem Gesetz der großen Zahlen gearbeitet werden kann, von den vielen Sequenzierungsspuren im linken Gehirn die beste in die übrigen Planungsspuren kopiert, so entspräche das ebenfalls der Artbildung.

Das Interessante sind jedoch nicht die exakten Duplikate, die benötigt werden, damit das Timing beim Werfen im Submillisekundenbereich gelingt – interessant sind vielmehr die zusätzlichen Variationen über das erfolgreiche Thema, die dabei normalerweise erzeugt werden (ebenso wie beim Crossing over und in der Immunreaktion). Wenn in einem sich laufend wiederholenden Prozeß, den man umschreiben könnte mit dem Satz: »Das ist es! Nein, vielleicht sage ich es doch besser so...«, ein neuer Gedanke oder, besser noch, ein Gedicht entsteht, so könnte man das vielleicht vergleichen mit der Evolution eines ganzen biologischen Stammbaums, in der eine Art immer wieder durch eine andere ersetzt wird.

*

Bewegungsmelodien – das sind natürlich die »motorischen Bänder« im Verhaltensrepertoire der sonnenbadenden Kormorane am Eel Pond und der schnüffelnden Stinktiere. Der Hauptunterschied ist der, daß ballistische Bewegungen die Rückkopplung nicht unmittelbar nutzen können, um die Melodie abzuändern, während sich bei vielen langsameren Verhaltensweisen (zum Beispiel dem Umherkreuzen im Hafenbecken auf der Suche nach Nahrung) die Rückkopplung so mit normalen Elementen der Fortbewegung vermengt, daß sie eher an Jazzimprovisationen erinnern.

Tiere, die keine komplizierten ballistischen Bewegungen ausführen, benötigen keine seriellen Puffer. Einen Puffer benötigen Schimpansen und Paviane für das Hämmern, doch ergeben sich aus dem Hämmern keine sonderlich hohen Ansprüche an das Timing, und deshalb hat die natürliche Selektion bei ihnen wohl nicht stärker an der Frage angesetzt, wie viele serielle Puffer sie wenn nötig aufbieten konnten. Fängt ein Tier aber einmal an, sich seine Nahrung mit Werfen zu verschaffen, so wird es aus zwei Gründen eine Vielzahl von Puffern benötigen: erstens, um aus einer Schar von Varianten eine Auswahl zu treffen (es sei denn, es würde stets bei einem Standardwurf aus einer Standardentfernung bleiben), und zweitens, um einen Chor und weitere Helfer für jene Halleluja-Chor-Gelegenheiten zusammenzubringen, die ein äußerst präzises Timing beim Loslassen des Steins erfordern. Das Schöne ist, daß einem die Notwendigkeit eines Präzisionsmodus möglicherweise ganz nebenbei eine große Fülle von Wahlmöglichkeiten eröffnet.

*

Wenn man beginnt, in einer sequentiellen Ordnung über das Denken nachzudenken, dann spielt das Gehirn, glaube ich, ein Spiel, bei dem bestimmte Teile die Reize darstellen, andere Teile die Reaktionen, und so weiter. In Wirklichkeit ein Spiel mit vielen Personen, wird es aber bewußt wahrgenommen als eine eindimensionale, rein zeitliche Sequenz. Bewußt bemerkt man nur, daß im Gehirn etwas ist, das den laufenden Prozeß zusammenfaßt oder zusammenaddiert, und dieses Etwas setzt sich vermutlich aus vielen Teilen zusammen, die gleichzeitig aufeinander einwirken...
　　　　　　　　　　　　　　　Der Mathematiker Stanislaw M. Ulam, 1976

12.
Entwicklung von Bewußtsein durch einen Darwinschen Tanz: Emergenz aus dem Unterbewußtsein

Ich denke [daß das Bedürfnis nach einer Erzählung] absolut ursprünglich ist. Kinder verstehen Geschichten, lange bevor sie Trigonometrie verstehen.
Der Neurologe Oliver Sacks, 1987

Der Mensch ist stets ein Geschichtenerzähler, er lebt umgeben von seinen Geschichten und den Geschichten anderer, alles, was ihm zustößt, sieht er unter ihrem Blickwinkel, und er versucht, sein Leben so zu leben, als würde er es nacherzählen.
Der Philosoph Jean-Paul Sartre (1905–1980)

Etwa mit drei Jahren ... beginnt ein Kind, die Fähigkeit zu zeigen, kohärent eine Erzählung zu konstruieren, und speziell die Fähigkeit, Erzählungen zu erkennen, ihre Wohlgeformtheit zu beurteilen. Rasch werden Kinder zu praktischen Aristotelikern, und sie bestehen darauf, daß ein Geschichtenerzähler die »Regeln« beachtet, sie verlangen einen richtigen Anfang, einen richtigen Mittelteil und besonders einen richtigen Schluß. Möglicherweise ist das Erzählen eine spezielle Fähigkeit oder Kompetenz, die wir erlernen, eine Teilmenge des allgemeinen Sprachcodes, der es uns, wenn wir ihn beherrschen, erlaubt, Erzählungen zusammenzufassen und in anderen Worten und anderen Sprachen wiederzugeben, sie in andere Medien zu übertragen, so daß sie der Originalerzählung in Aufbau und Inhalt erkennbar treu bleiben.
Der Literaturkritiker Peter Brooks, 1984

Mit den neuen Nachbarn macht man schnell Bekanntschaft, wenn einer von mehreren Katalysatoren zu Hilfe kommt: Hunde oder kleine Kinder. Sie erfüllen in der Gesellschaft offenbar die gleiche Funktion wie die Enzyme im Körper. Die drei Erwachsenen, die sich auf dem Rasen neben dem Eel Pond miteinander unterhalten, stammen unverkennbar aus verschiedenen Weltgegenden (dem Äußeren nach zu urteilen aus Israel, Westafrika und Indien). Ihre Kinder im Vorschulalter haben einen Riesenspaß daran, sich auf einer improvisierten Teegesellschaft gegenseitig zu bedienen, wozu sie Tabletts und Gläser benutzen, die aus der MBL-Cafeteria im Swope Center entliehen sind.

Kleinkinder sind noch nicht alt genug, um Spaß daran zu haben, wenn sie so tun als ob und Rollen wie Kellner oder Ärztin spielen. Aber von etwa drei Jahren ab geben sich Kinder auf eine organisierte Weise, die man bei Schimpansen niemals beobachten wird, ihren Phantasievorstellungen hin. Wir haben offenbar ein sehr viel höher entwickeltes Selbst-Gefühl, wir können sogar so tun, als seien wir jemand anders.

*

Gewöhnlich wird das Selbst-Gefühl ein wenig anders verstanden und nicht (wie ich es hier vorschlagen möchte) als eine Konzentration auf den Erzähler, die aus dem am besten bewerteten Gleis eines stochastischen Sequenzierers resultiert. Studien zur kindlichen Entwicklung stellen in der Regel fest, daß ein Selbst-Gefühl sich allmählich entwickelt; zunächst lernen Kinder, sich trotz rotgeschminkter Nase im Spiegel zu erkennen, dann treten Sympathie und Empathie auf. Nach Ansicht von Stanley Greenspan sind die Fähigkeiten, andere Menschen zu verstehen und zu verstehen, wie die Welt im großen und ganzen funktioniert, die letzten Stadien einer in sechs Phasen ablaufenden Sequenz.

Zunächst hat das Neugeborene nur für Objekte in unmittelbarer Nähe eine gewisse Aufmerksamkeit, und allmählich gelingt es ihm, das Gesicht der Mutter von dem anderer Personen zu unterscheiden. Doch mit etwa zwei Monaten »verliebt sich« das Kleinkind, erwidert es das Lächeln zahlreicher Personen und reagiert auf diese. Emotionale Dialoge, die sich im Alter von zehn bis achtzehn Monaten entwickeln, sind Begleiterscheinungen einer komplexeren Persönlichkeit, die den Kinderpsychologen veranlaßt, nunmehr von einem Selbst-Gefühl zu sprechen: Wünsche werden geäußert, Handlungen eingeleitet.

Zwischen achtzehn und vierundzwanzig Monaten beobachtet man ein sehr viel stärker organisiertes Selbst, das Vorstellungen über Emotionen besitzt: Das Kind kann sich im Spiel verstellen, kann die Gefühle anderer mimisch darstellen. Ein Jahr weiter, und das Kind befaßt sich mit organisierten Phantasievorstellungen, plant Teegesellschaften, übernimmt Rollen. Und es erlebt möglicherweise ein »doppeltes Bewußtsein«, wenn es erkennt, daß sein Innenleben sich sehr von den Reaktionen anderer ihm gegenüber unterscheidet. Die bekannteste Ursache von multiplen »Selbsten« ist die Kindesmißhandlung; der Versuch des Kindes, den Schmerz zu minimieren, kann zur Ausbildung von multiplen Persönlichkeiten führen.

Zu den angeborenen Fähigkeiten vieler Tiere gehört es, das Verhalten anderer vorhersehen zu können: Weidende Tiere können wahrscheinlich vorhersehen, daß eine Raubkatze, die in geduckter Haltung nervös mit dem Schwanz zuckt, in Kürze zuschlagen wird. Sozial lebende Tiere wie Katzen und Hunde nutzen diese elementare Vorhersagefähigkeit außerdem, um den Mächtigen nicht zu nahe zu treten und um andere auszubeuten. Sich in einen anderen hineinzuversetzen, erfordert aber etwas mehr, denn dazu muß man, wie beim Schauspielern, aus sich herausgehen. Wahrscheinlich setzt die Fähigkeit zur Simulation einen Sequenzierer voraus, in dem Szenarien nach der Formel »was würde ich in dieser Situation tun« aufgebaut und anhand der Erfahrung beurteilt werden können.

Das Kind erlernt, nachdem es mit den konkreten Begriffen vertraut geworden ist, allmählich auch die abstrakten Begriffe. Wenn es erst das Wort bewußt *kennt, wird es mit der Zeit auch mit dem abstrakten Begriff* Bewußtsein *etwas anfangen können. Eine Fülle weiterer Wörter wird das Kind dazu anregen, nach und nach solche Abstraktionen wie* Ehrlichkeit, Möbel, Geist, Erziehung, Sport, Religion, Zeit, Korruption, Raum *oder* Riechvermögen *zu bilden. Wenn wir tagträumen, Geschichten erfinden, Kriminalromane lesen, mit Freunden streiten oder Semesterarbeiten schreiben, sind solche Begriffe die Basis der Denkprozesse ... Sobald wir die erforderlichen abstrakten Begriffe haben, ist unser Denken von der lästigen Pflicht befreit, konkrete Beispiele anzuführen.*
Der Psychologe David Ballin Klein (1897–1983)

*

Hunde sind als Sommergäste selten am MBL, da in den meisten zeitweiligen Unterkünften kein Platz für sie ist. Wenn aber ganze Familien anreisen und sich ein Ferienhäuschen mieten, bringen sie in ihrem Kombiwagen alles mit, Haustiere einschließlich.

Die Hundebevölkerung zerfällt in zwei Gruppen: die ganzjährigen Bewohner, die frei in der Stadt umherschweifen und von denen der eine oder andere seinen Tennisball schußbereit hält, und die Urlauberhunde, die in der Regel mit einem langen Strick an einem Baum im Vorgarten festgemacht sind. Einer der letzteren wirkt heute morgen frustriert, weil gerade dort, wo er nicht mehr hinkommt, ein Eichhörnchen herumhüpft und sich nicht davon beirren läßt, daß der Hund bellt und an seiner Leine zerrt, so als wüßte es, daß dieser Hund außerstande ist, ihm nachzujagen.

Der Hund kommt nicht bis in die Ecke des Vorgartens, wo das Eichhörnchen ist, weil seine Leine sich an einem Baum verheddert hat – ginge er mit der Leine zurück und um den Baum herum, könnte er das Eichhörnchen durchaus erwischen. Aber eine solche Einschränkung seiner Bewegungsfreiheit kann ein Hund kaum durchschauen, und es gelingt ihm höchstens durch Zufall, sich von ihr zu befreien, wenn er, rasend vor Wut, im Vorgarten hin- und hertobt. Ein Schimpanse würde die Situation mit einem Blick erfassen, zurückeilen, um den Baum zu umrunden und wieder nach vorn an die Kante des Vorgartens springen. Dies ist ein Paradebeispiel dafür, was »Einsicht« bedeutet. Leinen kamen weder in der Evolution des Hundes noch in der des Schimpansen vor, doch besitzt der Schimpanse eine »universalere« Intelligenz und kann mit vielerlei unbekannten Situationen fertig werden. Wie aber vollzieht sich dieses Problemlösen?

Dazu schreibt R. B. Cattell: »Die Fähigkeit von Tieren, auch von höheren Affen, komplexe Zusammenhänge zu erkennen, bleibt weit hinter der des erwachsenen Menschen zurück und übertrifft selten die eines dreijährigen Kindes, ist jedoch von derselben Wesensart wie die Intelligenz des Menschen. Blindes Versuch-und-Irrtum-Verhalten, das genaue Gegenteil von Intelligenz, ist im tierischen Verhalten die Regel.« Der Trugschluß besteht natürlich darin, daß Versuch und Irrtum im *beobachtbaren* Verhalten etwas ganz anderes ist als Versuch und Irrtum in der *Planungsphase*, die sich im Kopf abspielt. Der Darwinismus zeigt, daß Versuch und Irrtum zu recht anspruchsvollen Ergebnissen führen können, wenn diese in einem Gedächtnis gespeichert und immer wieder der Selektion unterworfen werden.

*

Das Konzept von Versuch und Irrtum wird oft fälschlich Lloyd Morgan zugeschrieben, der es 1894 verwendete; es ist aber älter. In einem 1855 in Schottland erschienenen Buch unter dem Titel *The Senses and the Intellect* verwendete Alexander Bain (1818–1903) erstmals die Wendung *trial and error*. Bain ging davon aus, wie eine motorische Fertigkeit wie das Schwimmen erworben wird. Durch beharrliche Versuche stößt der Übende zufällig auf die »richtige Kombination« der erforderlichen Bewegungen und kann dann darangehen, diese einzuüben. Zunächst, so Bain, muß der Schwimmer eine gewisse Ahnung haben, welcher Effekt entstehen soll, und die Einzelbewegungen, die kombiniert werden müssen, beherrschen; dann geht er nach Versuch und Irrtum vor, bis der gewünschte Effekt tatsächlich eintritt. Wie sich die Genesung nach einem Schlaganfall vollzieht, beschrieb der Neurologe Alf Brodal aus eigener Erfahrung:

> Welche innerhalb der ursprünglichen Fülle von mehr oder weniger willkürlichen Bewegungen die richtigen sind, erkennt man anhand der sensorischen Information, die sie dem Zentralnervensystem zurückmelden, und diese Information wird dann benutzt, um im weiteren Training die richtigen Bewegungen zu selektieren.

Der Psychologe E. L. Thorndike sprach angemessener von der Methode von *Versuch, Irrtum und zufälligem Erfolg;* die moderne KI umschreibt es mit dem Euphemismus »generieren und testen«. Bezogen auf unsere Denkprozesse, ist das Konzept der zufälligen Schöpfung weit älter; es wurde im sechsten Jahrhundert v. Chr. in Griechenland formuliert:

Und das Genaue hat nun freilich kein Mensch gesehen, und
  es wird auch niemanden geben,
der es weiß über die Götter und alles, was ich sage.
Denn wenn es ihm auch im höchsten Grade gelingen sollte,
  Wirkliches auszusprechen,
selbst weiß er es gleichwohl nicht. Für alles gibt es aber Vermutung.

Xenophanes

Die Vermutung kann indes sehr wirkungsvoll sein, wenn eine hinreichende Datengrundlage vorhanden ist, an der die Selektion ansetzt und durch wiederholte Selektionsschritte schließlich beeindruckende Ergebnisse hervorbringen kann. Nachdem Darwin die Entstehung neuer Arten mit der sukzessiven Selektion durch die Umwelt erklären konnte, breitete diese Einsicht sich rasch aus; ein Beleg dafür ist, was der bahnbrechende amerikanische Psychologe William James 1880 schrieb:

> Die neuen Konzeptionen, Emotionen und aktiven Tendenzen, die sich entwickeln, werden zunächst in Gestalt von wahllosen Bildern, Phantasien, zufälligen Ausgeburten spontaner Variationen in der funktionellen Aktivität des überaus instabilen menschlichen Gehirns *erzeugt* und dann von der Außenwelt einfach bestätigt oder widerlegt, bewahrt oder vernichtet, mit einem Wort, selektiert, so wie auch morphologische und soziale Variationen, die auf vergleichbaren molekularen Zufällen beruhen, von ihr selektiert werden.

Ein französischer Zeitgenosse von James, Paul Souriau, schreibt 1881 im gleichen Sinne:

> Wir wissen, daß die Reihe unserer Gedanken an ein Ende kommen muß, aber ... es liegt auf der Hand, daß der Anfang nur ein zufälliger sein kann. Unser Geist schlägt den erstbesten Pfad ein, den er offen vor sich findet, erkennt, daß es ein falscher Weg ist, geht wieder zurück und schlägt eine andere Richtung ein ... Wir können durch eine Art künstlicher Selektion ... unser eigenes Denken substantiell verbessern und immer logischer machen.

Bei einem hinreichenden Maß an Erfahrung bildet sich im Gehirn schließlich ein *Modell* der Welt – das ist die Idee, die 1943 von Kenneth Craik formuliert und nach dessen frühem Tod von J. Z. Young weiter verfochten wurde. Craik entwarf in *The Nature of Explanation* eine »Hypothese über die Natur des Denkens«:

> Das Nervensystem ist ... eine Rechenmaschine, die fähig ist, von äußeren Vorgängen ein Modell oder eine Entsprechung zu bilden ... Falls der Organismus in seinem Kopf ein »verkleinertes Modell« der äußeren Realität und seiner eigenen möglichen Aktionen besitzt, ist er in der Lage, verschiedene Alternativen auszuprobieren, festzustellen, welche davon die beste ist, auf künftige Situationen zu reagieren, bevor sie entstehen, in der Auseinandersetzung mit der Zukunft das Wissen über vergangene Ereignisse zu nutzen und auf die Ereignisse, die auf ihn zukommen, in jeder Hinsicht umfassender, vorsichtiger und kompetenter zu reagieren.

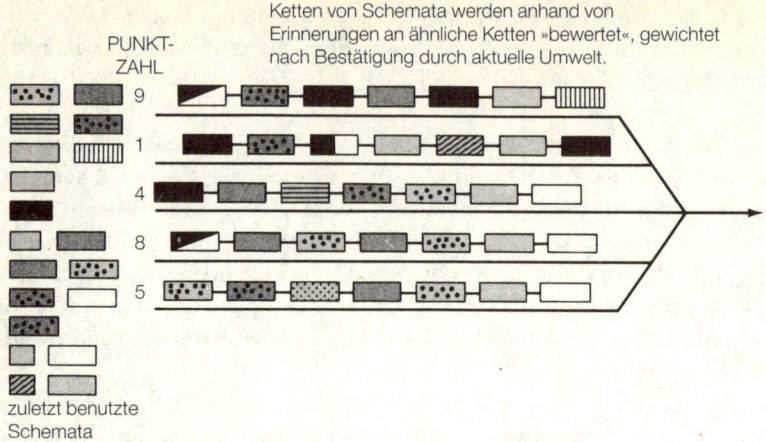

Dies sind eindrucksvolle Konzepte, doch fehlte ihnen der passende Rahmen mit den geeigneten Bausteinen. Einen solchen Rahmen, um über das Denken nachzudenken, bietet nun die Darwin-Maschine; sie könnte sogar eine brauchbare erste Näherung für die dem Denken zugrunde liegende Hirnmaschinerie sein. Eine das Gehirn simulierende Darwin-Maschine braucht nicht eine Sequenz nach der anderen anhand des Gedächtnisses durchzuprobieren; sie ist vielleicht in der Lage, Dutzende, wenn nicht Hunderte gleichzeitig durchzuprobieren, innerhalb von Millisekunden neue Generationen zu entwickeln und auf diese Weise ohne *beobachtbaren* Versuch und Irrtum einsichtiges Handeln zu initiieren. Diese massiv parallele Selektion unter stochastischen Sequenzen hat mehr mit dem Verfahren der Darwinschen biologischen Evolution zu tun als mit der »Von-Neumann-Maschine«, die ein serieller Computer darstellt. Deshalb nenne ich sie Darwin-Maschine; sie entwickelt Gedanken nicht in Jahrtausenden, sondern in Millisekunden, und sie stützt sich nicht auf die schädlichen Umwelten der Realität, sondern auf harmlose erinnerte Umwelten. Was sie erzeugt, könnte durchaus der allein uns Menschen auszeichnende Aspekt von Bewußtsein sein.

*

Wenn das Gehirn Erinnerungen und Aktionen miteinander verkoppelt, benötigt es gewiß einen seriellen Speicher, und vielleicht ist es sogar derselbe, der benutzt wird, um eine ballistische Sequenz von Bewegungsbefehlen wie

»Ellbogen hoch, Beuger hemmen, Finger hemmen« zu planen. Und es könnte in diesem Fall gewiß von dem Variationen-über-ein-Thema-Modus mit seiner baumartigen Sammlung von Alternativen profitieren. Ein hilfreiches Bild ist der Rangierbahnhof, der mit seinem Gleisverlauf an einen Kandelaber erinnert: Stellen Sie sich vor, daß auf den parallelen Gleisen aufs Geratewohl viele Züge zusammengestellt werden, von denen aber nur der beste ausgewählt wird, um auf das »Hauptgleis« der Rede (oder der stummen Rede, die wir oft Bewußtsein nennen) hinausgelassen zu werden. Welches der »beste« ist, richtet sich nach der Erinnerung an das Schicksal ähnlicher Sequenzen in der Vergangenheit, und es wird angenommen, daß die Kandidaten sich in einer Reihe von Selektionsschritten zu immer realistischeren Sequenzen entwickeln. Zur Bewertung der verschiedenen Züge und ihrer anschließenden Weiterentwicklung mit Hilfe des Darwinschen Twostep wird dann aber nicht mehr auf die gespeicherten Freiwurf- und Weitwurf-Sequenzen zurückgegriffen, sondern auf Sequenzen allgemeinerer Bewegungsabläufe wie etwa das Öffnen des Kühlschranks oder das Wechseln des Fernsehkanals. Vielleicht sogar auf allgemeinere Ketten von Konzepten wie etwa die Planung eines Oberschulkurses oder einer beruflichen Laufbahn.

Seit mindestens hundert Jahren weiß man, daß auch die höchste biologische Funktion, die man kennt, das menschliche Denken, auf zufälliger Erzeugung zahlreicher Alternativen beruht und lediglich durch eine Reihe von Selektionen zu etwas Brauchbarem wird. Genau wie die eleganten Augen und Ohren, die der biologische Zufall hervorgebracht hat, verliert auch das Endprodukt der Darwin-Maschine (sei es ein Satz oder ein Szenario, ein Algorithmus oder eine Allegorie) jede Zufälligkeit, weil alternative Sequenzen über viele, nur Millisekunden während Generationen hinweg durch Selektion off-line weiterentwickelt wurden.

*

Wir sind uns eines Gedankenganges bewußt, einer stummen Rede gewissermaßen, in der wir vertraut zu uns selbst sprechen oder uns vielleicht Bewegungen vorstellen, bevor wir eine ausführen. Ich vermute, daß dieses *bewußte* Denken in der Regel dem besten jener Züge entspricht, die auf den Planungsgleisen entwickelt wurden, demjenigen, der auf das Hauptgleis hinausgelassen wurde, aber nicht unbedingt bis zu den Muskeln gelassen werden muß (es könnte auch die innerhalb der Population der seriellen Puffer häufigste Kette sein). Die übrigen Kandidaten sind das unmittelbare *Unterbewußtsein* – und dort ist bestimmt eine Menge los, denn dort werden neue

Schemata sowohl für sensorische Muster als auch für Bewegungsprogramme durcheinandergemischt, abgeändert und ausprobiert und neue Sequenzen erzeugt. Und das ergibt in der Regel eine Menge Unsinn, aber gelegentlich auch einen Gewinner. Wie werden jedoch die potentiellen Szenarien bewertet?

Betrachten wir einen Fall, in dem sie nicht bewertet werden, zumindest nicht sehr streng: die Kandidatenketten, die wir *Träume* nennen. Gelegentlich bekommt man eine alternative Sequenz zu sehen, wenn der Gang der Erzählung an einem Punkt, der sowohl der alten wie der neuen Geschichte gemeinsam ist, plötzlich eine andere Richtung einschlägt. Aber vielleicht kommt man schließlich wieder auf die alte Geschichte zurück, wenn auch nicht immer an demselben Punkt, wo man sie verlassen hat, so als sei sie weitergegangen, während man seine Aufmerksamkeit der neuen Episode widmete – es ist so, als hätte man im Fernsehen von einer Seifenoper auf die andere umgeschaltet und dann nach zehn Minuten wieder zurück. Im Wachzustand zensiert der Realitätsfilter den Unsinn weit stärker und hält einen auch davon ab, zwischen den Szenarien hin- und herzuspringen, aber im Schlaf und bisweilen beim Tagträumen kann man bei dem ständigen »Kanalwechseln« mehrere unrealistische Handlungslinien sehen, die simultan dahinfließen.

*

Die Natur der Realität zu erkennen ist nicht einfach, wenn sich alles in einem Mechanismus abspielt, der zur Phantasie neigt. Bei der Kreativität einer Darwin-Maschine haben wir diese Probleme ebenfalls. Wir wissen zum Beispiel nicht mehr, was real ist und was nicht. Wie erkennen wir, ob etwas, an das wir uns erinnern, nicht bloß eine unserer vielen Phantasien ist, sondern ein reales Ereignis?

Das Problem besteht vor allem darin, daß unser Gedächtnis nicht sehr gut ist. Ich will damit nicht behaupten, daß wir schlampig konstruiert wären, ganz im Gegenteil. Der Mechanismus, der unsere Fähigkeit reguliert, uns etwas dauerhaft zu merken, ist wahrscheinlich ziemlich hoch entwickelt. Vermutlich ist es ganz ähnlich wie mit der Niere, wo man zuerst alles (außer Zellen und großen Molekülen) wegwirft, um schließlich das, was man wirklich behalten möchte, zurückzuholen, bevor es zur endgültigen Beseitigung in die Blase gelangt.

Das Kurzzeitgedächtnis wirft grundsätzlich alles weg, aber nach und nach. Und dieser Mechanismus der schwindenden Erinnerung ist alles, was während der nächtlichen Träume für uns arbeitet. Der Langzeitgedächtnis-Mechanismus, der die Kurzzeiterinnerungen normalerweise übernimmt und einige davon dauerhafter macht, ist beim Träumen abgeschaltet. Innerhalb eines Zeitraums, der von einer Stunde bis zu einem Tag reicht, schwindet alles (einschließlich der Träume), es sei denn, der Langzeitprozeß taucht auf und verstärkt es. Oder es wird nochmals in den Kurzzeitspeicher gebracht, was wahrscheinlich dann der Fall ist, wenn man sich eine schwindende Kurzzeiterinnerung ins Gedächtnis ruft.

Die das Gedächtnis regulierenden Schaltungen, die verhindern, daß während des Träumens »aufgenommen« wird, werden beim Aufwachen wieder eingeschaltet, so daß innerhalb von zehn bis zwanzig Sekunden, nachdem man sich aufgesetzt hat, ein längerfristiges Einprägen möglich wird (achten Sie einmal auf kurze Telefonanrufe mitten in der Nacht: Oft können sich die Leute daran nicht erinnern, weil sie nicht lange genug wach geblieben sind). Wenn man sich Träume nach dem Aufwachen aus dem Kurzzeitgedächtnis in Erinnerung ruft, heißt das, daß sie vor dem Verblassen eine zweite Chance bekommen, ins Langzeitgedächtnis zu gelangen. Das, woran man sich in diesem Fall erinnert, ist weniger das ursprüngliche Ereignis als vielmehr die Erinnerung daran.

Wenn man sich an den Traum nicht gleich nach dem Aufwachen erinnert, wird er verschwinden. Meistens sind Träume ohnehin nicht so unterhaltsam, daß man sie dauerhaft festhalten möchte. Und ihre Bedeutung erscheint – im Gegensatz zur Auffassung Freuds und anderer, die in ihnen unser persönliches Orakel sehen wollen – »durchsichtig«; sie sind nichts anderes als ein Mischmasch aus beliebig verknüpften gegenwärtigen Sorgen und alten Erinnerungen, bei dem manchmal, wie auch in den Gedanken des Wachzustandes, brauchbare Assoziationen zustande kommen. Aus den Ergebnissen der Darwin-Maschine läßt sich folgern, daß die Gedanken, die wir tagsüber denken, unseren nächtlichen Träumen gleichen, außer daß (1) wir uns manchmal besser an sie erinnern können, (2) bei der Entwicklung eines Szenarios sehr viel höhere Maßstäbe der Realitätsprüfung angelegt werden und (3) ein Bewegungsplan manchmal in Bewegungen umgesetzt wird.

Erzieher wissen seit langem, daß das, was man selbst tut, besser haften bleibt als das, was man lediglich liest. So mancher Student hat für sich wiederentdeckt, daß man sich einen Satz, den man abschreibt oder laut spricht, besser merken kann. Wenn man es mit seinen Lernstrategien dahin gebracht hat, daß man sich etwas einprägen kann, ohne die Lippen zu bewegen, oder daß man eine Seite überfliegt und sich tatsächlich an ihren Inhalt erinnern kann, dann hat man etwas an einem wesentlichen Mechanismus geändert, der der Unterscheidung zwischen Illusion und Realität dient und eine Bewegung zur Voraussetzung dafür macht, daß man sich etwas merkt. Wenn dieser Einprägemechanismus dann nicht richtig reguliert wird, kommt man in die Gefahr, entweder an Phantasiegebilde zu glauben oder schlecht zu lernen. Das Lernen zu erlernen bedeutet, daß man sich spielerisch an der Grenze zwischen Illusion und Realität bewegt, daß man mit dem Mittelgrund zu Rande kommt, wo Szenarien entworfen werden, die man nicht unbedingt aus dem Kurzzeit- ins Langzeitgedächtnis übergehen lassen muß.

Daß wir uns nicht ohne weiteres unserer Träume erinnern können, ist eine gute Sache; meistens hat man, wenn überhaupt, nur eine schwache Erinnerung an sie, und schon die »Kraftlosigkeit« der Erinnerung ist in der Regel ein Hinweis darauf, daß es sich vermutlich nur um ein Traumfragment und nicht um ein reales Ereignis handelt. Wenn nämlich etwas schiefginge und man sich ohne weiteres an seine nächtlichen Träume (und außerdem an das, was man bei wachem Bewußtsein zu tun erwogen, aber dann doch nicht getan hat) erinnern könnte, würde man vielleicht ähnliche Schwierigkeiten bekommen, sich seinen Realitätssinn zu bewahren, wie sie ein Schizophrener hat, der bei seinen akustischen Halluzinationen vermutlich einen der Gedankengänge »hört«, der auf dem Planungsgleis zusammengestellt wurde.

Das lateinische Verb cogito *geht laut Augustinus auf lateinische Wörter zurück, die* zusammenschütteln *bedeuten, während das Verb* intelligo *die Bedeutung* auswählen zwischen *hat. Die Römer wußten offenbar, wovon sie sprachen.*

Der Philosoph Daniel C. Dennett, 1978

*

Die angenehmen Freizeitbeschäftigungen Baseball, Basketball, Hämmern, Tennisspielen, Jonglieren, Klavierspielen und Gigue tanzen könnten ein gemeinsames Merkmal darin haben, daß sie den seriellen Puffer trainieren. Ein serieller Puffer ist sogar nützlich bei Spielen, die nicht offenkundig ballistischen Charakter haben wie zum Beispiel Schach oder Kontrakt-Bridge, bei denen man in die Zukunft plant und zwischen alternativen Sequenzen – seien es Züge mit den Figuren, sei es das Ausspielen von Karten – eine Wahl trifft.

*

Natürlich ist hierfür mehr als ein serieller Planungspuffer erforderlich, denn um Sequenzen daraufhin zu vergleichen, welche die bessere ist, braucht man mindestens zwei. Noch besser wäre es, wenn man Dutzende von Planungsgleisen hätte.

Falls wir solche Puffer haben, sind sie dann so lang wie die im Nummernspeicher des Telefons? Maschinen können ohne weiteres dreizehn Ziffern verknüpfen, doch Menschen haben schon mit der Hälfte davon Schwierigkeiten. Einiges deutet darauf hin, daß das Fassungsvermögen eines wichtigen seriellen Puffers beim Menschen etwas größer ist als ein halbes Dutzend Punkte, wenn man etwa von der Merkfähigkeit für Ziffern ausgeht: Die meisten von uns können etwa sieben Ziffern hintereinander lange genug behalten, um sie rückwärts zu wiederholen oder eine Telefonnummer zu wählen; eine längere Sequenz müssen wir, wenn wir sie nicht schon sehr gut kennen, schriftlich festhalten. Über dieses Thema schrieb der Psychologe George Miller 1956 einen inzwischen berühmt gewordenen Aufsatz mit dem Titel »The magical number seven, plus or minus two«; manche können nur fünf Ziffern behalten, einige schaffen neun, doch der Durchschnitt ist sieben.

Deshalb teilen wir uns das Problem auf, sobald wir uns der Sieben-Ziffern-Grenze nähern. Als bei uns die Telefonvermittlung statt einer vollkommen numerischen Vorwahl noch einen Namen hatte, merkte man sich einfach »Murray Hill« und dann vier oder fünf Ziffern. Das schafft fast jeder, solange er weiß, daß Murray Hill in »68« zu übersetzen ist (für MU, und nicht in »64«, für MH!). Durch diese Gedächtnishilfe wurde die Aufgabe, sich eine siebenstellige Nummer zu merken, aufgeteilt: Die ersten Ziffern wurden abgetrennt und als Vorwahl zu einem separaten Block gemacht, der getrennt als regulärer Bestandteil unseres Wortschatzes erkannt wurde. Längere Ziffernfolgen (um in Israel anzurufen, benötige ich mindestens dreizehn Ziffern) können die meisten von uns nur durch *Stückelung* bewältigen: Ich merke mir gesondert die Nummer, mit der ich in die Auslandsvermittlung hineinkomme (011), die internationale Vorwahl für Israel (972), dann den Schlüssel für Jerusalem (2) und schließlich den Hauptanschluß der Hebräischen Universität (58), gefolgt von dem vierstelligen Nebenanschluß. Das sind insgesamt acht Blöcke statt der dreizehn separaten Einheiten, die sich der Speicher des Telefons »merkt«.

Auch wenn wir planen, was wir als nächstes sagen, planen wir nicht mehr als ein halbes Dutzend Wörter voraus; während wir diese Wörter aussprechen, denken wir uns den Rest des Satzes aus – deshalb sagt man auch, daß wir gewöhnlich nicht wissen, wie ein Satz enden wird, wenn wir ihn beginnen. Wenn jedes Wort eines aus sieben Wörtern bestehenden Satzes für etwas sehr Einfaches wie eine Ziffer steht, kann der Satz als solcher nicht viel besagen. Wenn aber jedes Wort für einen ganzen Begriff und seine zahlreichen Konnotationen steht, kann ein einziger Satz aus sieben Wörtern viel bedeuten:

Die Träume der Vernunft bringen Ungeheuer hervor.
Francisco José de Goya (1746–1828)

Verloren im Trübsinn einer Suche ohne Begeisterung.
William Wordsworth (1770–1850)

Wissenschaft ist die Dokumentation von toten Religionen.
Oscar Wilde (1854–1900)

Wir sind Produkte der Bearbeitung, nicht (der) Autorschaft.
George Wald (geb. 1906)

Wenn wir ein neues Wort definieren, machen wir damit gewöhnlich eine längere Phrase überflüssig: *Rekrudeszenz* oder *Rückfall* steht dann für »nach einem vorübergehenden Abklingen kehrt das Problem in unverminderter Stärke zurück«. Das ist Stückelung, und der Hauptgrund dafür ist, daß die Zahl der Wörter, die wir jeweils in unserem seriellen Puffer für Sprache bearbeiten können, auf sieben plus/minus zwei beschränkt ist.

*

Der »Variationen über ein Thema«-Modus ist sicherlich geeignet, all die unterbewußten Sequenzen zu erzeugen, die wir in unseren Träumen sehen und vermutlich in unseren Gedanken bei Tage verwenden. Wie ist es aber, wenn wir einen Entschluß fassen, wenn wir mit unserem Nachdenken zu einem Schluß gelangen? Ich habe jahrelang darüber nachgegrübelt, ohne es zu begreifen, auch nachdem ich bereits erkannt hatte, daß serielle Puffer fürs Werfen sich auch fürs Reden und Denken eignen müßten. Dabei ist die Entwicklung einer Population von – sehr unterschiedlichen bis beinahe identischen – Puffern das genaue Gegenstück zur Bildung von Antikörpern in der Immunreaktion und zur allopatrischen Speziation in der biologischen Evolution. Und sie entspricht hervorragend dem Eingrenzen der Gedanken – nicht nur auf die beste der Möglichkeiten, sondern auch in dem Sinne, die

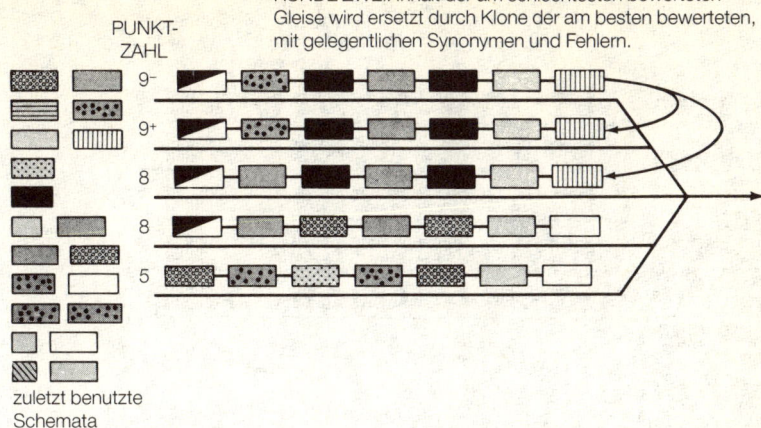

RUNDE ZWEI: Inhalt der am schlechtesten bewerteten Gleise wird ersetzt durch Klone der am besten bewerteten, mit gelegentlichen Synonymen und Fehlern.

zuletzt benutzte Schemata

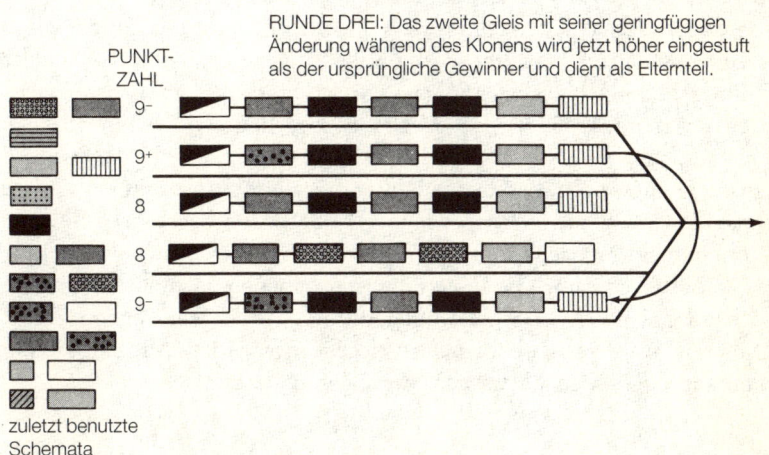

RUNDE DREI: Das zweite Gleis mit seiner geringfügigen Änderung während des Klonens wird jetzt höher eingestuft als der ursprüngliche Gewinner und dient als Elternteil.

zuletzt benutzte Schemata

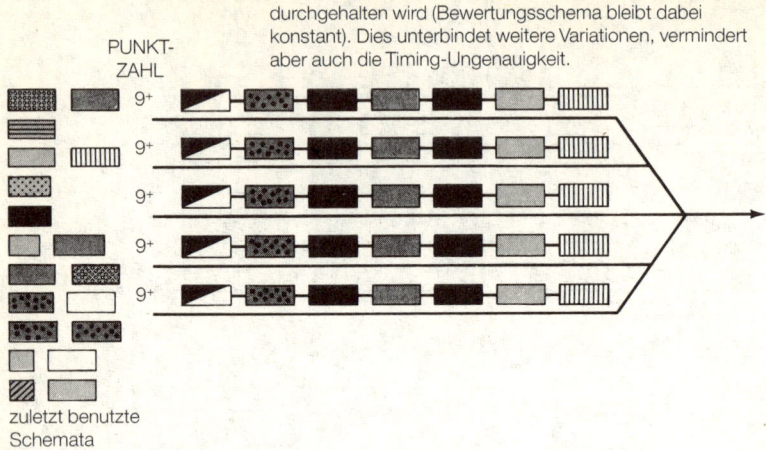

beste zugleich zur häufigsten zu machen, auf genau die Kette, die sich im Darwinschen Twostep-Wettbewerb durchsetzt und sich in vielen der Puffer niederläßt.

Daß dabei Helfer ausgeborgt werden müssen, daß das Publikum dafür gewonnen werden muß, dem Chor beim Weitersingen zu helfen, bedeutet, daß es zu einer Phase kommt, in der zwischen den Sequenzen, die die einzelnen Sänger singen, große Variationen auftreten (dies ist das allen Chorleitern bekannte »Phänomen der ersten Probe«). Doch im Unterschied zum Chor, wo die Leistung danach bewertet wird, ob die Sänger sich an die Noten halten, wird hier der einzelne Sänger anhand von Erinnerungen an frühere Leistungen bewertet, und dabei wird jeder einzelne Aspekt dieser Leistungen danach gewichtet, wie sehr er der gegenwärtigen Situation, in der sich der Sänger befindet, angemessen ist. Je selbstbewußter der Sänger ist, je lauter er singt, desto stärker wird er andere Sänger dahingehend beeinflussen, ihren Gesang zu ändern und es ihm nachzutun. Die Population entwickelt sich weiter, indem die zersplitterte Gruppe der Neuhinzugekommenen beginnt, sich zu einem synchron singenden Chor zusammenzutun. Anstelle der Version, die von vornherein auf dem Notenblatt festgelegt war, wird jetzt diejenige Version dominant, die sich im Wettbewerb durchgesetzt hat.

*

Wenn das stimmt, dann irrte ich, als ich sagte, das Bewußtsein sei ein sehr viel schwierigeres, nebelhafteres Problem als die üblichen Probleme der visuellen Kognition, bei denen es beispielsweise darum geht, sich die Vorderseite eines Puppenhauses vorzustellen, dieses Haus dann so zu drehen, daß man durch die offene Rückwand »hineinsehen« kann, und sich dann auf die Möbel eines einzelnen Zimmers zu konzentrieren. Das ist, wie Ihnen jeder Computerprogrammierer sagen kann, ein großes Rechenproblem, das nur in einer langen Reihe von zeitraubenden Schritten bewältigt werden kann. Zur Zeit werden die dreijährigen Kinder, die auf der Terrasse des Swope Center Teegesellschaft spielen, bei dieser Aufgabe wohl nicht sehr gut abschneiden, aber in ungefähr fünf Jahren werden sie sie hervorragend meistern. Solche Fähigkeiten der bildlichen Vergegenwärtigung sind jedoch, wie ich glaube, für unser Selbst-Gefühl nicht annähernd so wichtig wie das Entwickeln von Szenarien und der damit verbundene *Erzähler* unserer Lebensgeschichte.

Nach meiner Deutung ist der Erzähler unserer bewußten Erfahrung der jeweilige Gewinner eines vielgleisigen Darwin-Maschinen-Wettbewerbs. Das ist keine Erklärung für alles, was sich in unseren Köpfen abspielt, aber es ist eine Erklärung für den virtuellen Chef, der unsere Aufmerksamkeit lenkt, bald nach außen auf ein reales Haus, bald nach innen auf ein erinnertes Haus oder ein vorgestelltes Puppenhaus, bald sich treiben lassend und dadurch unseren Bewußtseinsstrom erzeugend. Die sensorische Aufmerksamkeit zu lenken, das scheint etwas anderes zu sein als das Aufstellen von Bewegungsplänen, doch in beiden Fällen werden offenbar analoge neurale Schaltungen benutzt, die Bestandteil der Frontallappen-Schaltung sind, mit deren Hilfe wir Handlungen vorbereiten.

Und während gegen Gilbert Ryle, der den »Geist in der Maschine« austreiben wollte, eingewandt werden kann, daß er nicht zu erklären vermag, wie er seine eigenen Gedanken erzeugt hat, vermag die Darwin-Maschine vieles zu erklären: wie Vorstellungen entstehen, wie ein breites Spektrum an Wahlmöglichkeiten erzeugt wird, wie diese eingeengt werden, wie erneut die Vorstellungskraft ins Spiel gebracht wird und wie auf diese Weise immer komplizierterer Gedanken entstehen, ganz ähnlich wie im besser bekannten Beispiel der biologischen Evolution, die immer ausgefallenere Arten entstehen läßt. Die Darwin-Maschinen-Theorie vermag zu erklären, wie diese Erklärung erzeugt wurde, wie ihre Sätze konstruiert und revidiert wurden, und sie vermag zu erklären, wie Kritik an ihr aufgenommen, analysiert und in eine neue Auffassung einbezogen werden kann.

Man fragt sich sogar, ob nicht alternative Erklärungen für das Denken, wenn sie erst einmal auf eine so elementare neurophysiologische Ebene reduziert sind, letzten Endes bloß mechanistische Äquivalente von Darwin-Maschinen sein werden. Kommt für das Erzeugen von Vorstellungen, für innovative Gedanken, für das Herausfinden des Besten etwas anderes in Frage als der Zufall? Das soll nicht heißen, daß Erklärungen auf anderen Ebenen sich nicht für gewisse Zwecke als brauchbarer erweisen können – es gibt ja auch Algorithmen für das Lösen von Gleichungen, die sich für eine begrenzte Klasse von Phänomenen besonders gut eignen (wenn Sie die ungekürzte Division gelernt haben, dann haben Sie einen Algorithmus gelernt, ein Routineverfahren, das garantiert eine Antwort liefert). Die gelenkte Abfrage einer geordneten Liste von Möglichkeiten, wie man sie bei Expertensystemen antrifft, deren Ziel es ist, durch eine Reihe von Schlüsselfragen die Krankheit eines Patienten zu diagnostizieren, mag durchaus sehr viel effizienter sein als das ziellose Entwerfen von Hypothesen. Wenn es aber um die Innovation, um das Vorstellungsvermögen, um unseren Gedankenstrom und um die Frage geht, wie wir überhaupt erst zu einem Algorithmus gelangen, dann könnte es sich durchaus erweisen, daß wir redende Darwin-Maschinen sind, nur daß wir uns verschiedener »Sprachen« bedienen.

Bei den Bemühungen, eine »künstliche Intelligenz« zu kreieren, handelt es sich oft nur um Versuche, die Computerprogrammierung auf komplexe Probleme anzuwenden, die oftmals von Menschen gelöst werden. Tatsächlich ist ein logisches System das erste, was man ausprobiert, besonders wenn die Rechenkapazität begrenzt ist. Man hat jedoch darauf hingewiesen, daß die KI gut in Dingen ist, die Menschen schwierig finden (meisterhaftes Schachspielen), daß sie aber unbeholfen in Dingen ist, die Menschen einfach finden (sich an die Nase fassen, Hindernisse umsteuern, kreative Ideen präsentieren). Es kam auch der Vorschlag, das, was die KI bislang zu bieten hatte, besser als »künstliche Dummheit« zu bezeichnen, entsprechend dem Ratschlag, den man ängstlichen Anfängern gibt, wenn sie sich zum ersten Mal an einen Computer setzen: »Das ist doch nur eine dumme Maschine. Sie kann nur das tun, was du ihr sagst, und wenn du einen Fehler machst, macht sie denselben Fehler tausendmal schneller.« Könnte das unglaublich schwache Bild der KI darauf beruhen, daß sie noch immer die Mentalität einer Rezepte befolgenden Rechenmaschine hat?

Allerdings fehlte es der Künstlichen Intelligenzija an den entsprechenden Computern, um einen natürlicheren Ansatz zu implementieren. Inzwischen erreichen die parallel arbeitenden Computer, die aus den seriellen Von-Neumann-Maschinen hervorgegangen sind, trotz ihrer Programmierungspro-

*"Nur das Wiederholbare kann gelernt werden."

bleme eine hohe Leistung; des weiteren bieten uns neuronale Netze eine bis dahin unbekannte Möglichkeit, eine mechanische *tabula rasa* zu schaffen. Die Implementierung von massiv seriellen Versionen ist nur eine Frage der Zeit, und einige davon werden zu Darwin-Maschinen führen.

Computer können auf der Grundlage von Silizium millionenmal schneller arbeiten als unsere Neurone, und wenn es gelänge, die Probleme der Instruktion von massiv parallelen Netzwerken in den Griff zu bekommen, würde das bedeuten, daß wir innerhalb weniger Jahrzehnte über eine Computerleistung verfügen könnten, die sich mit der des menschlichen Gehirns messen kann – und sie sollte uns helfen, die Frage zu klären, wie das menschliche Gehirn sich emergente Eigenschaften zunutze macht. Das sollte uns in die Lage versetzen, faszinierende Maschinen zu bauen. Wir werden in der Lage sein, mit einigen von ihnen ein interessantes Gespräch zu führen und die Realität von bislang unbekannten Standpunkten aus zu sehen. Vielleicht werden wir ihnen sogar ein gewisses Maß an Bewußtsein zugestehen müssen.

*

Was wir sequenzieren, sind oft die Schemata, die wir Wörter nennen. Viele unserer Wörter sind Verben und stehen für Handlungen: Wir können *laufen* denken, ohne zu laufen; *laufen* kann die Bewegungsmelodie sein, wobei aber die Bahnen zu den Endorganen gehemmt sind (wie beispielsweise im nächtlichen Traum). Zu dem Zug könnten außerdem Wagen gehören, die Verknüpfungen darstellen wie etwa »ist ein Mitglied von« oder »ist verbunden mit« oder »ist enthalten in«. Dann gibt es da noch die Substantive, im wesentlichen sensorische Schemata für Objekte, Menschen und dergleichen. »Bob läuft« ist eine Substantiv-Verb-Sequenz in unseren Köpfen, die wir einen Satz nennen. Aus den sensorischen und den Bewegungsschemata können wir kompliziertere Ketten bilden: »Jack und Jill gingen den Hügel hinauf.«

Anhand der Rangierbahnhof-Metapher läßt sich zeigen, wie Kandidaten-Sequenzen mit der Erinnerung verglichen und bewertet werden, worauf dann die Bewertungen der Kandidaten untereinander verglichen werden (solchen mit einer Lokomotive am einen und einem Bremswagen am anderen Ende ist es in der Vergangenheit vielleicht besser ergangen, und so erhalten sie eine höhere Bewertung). Die interessanten emergenten Eigenschaften würden jedoch aus den Mechanismen hervorgehen, dank derer die Kandidaten-Sequenzen miteinander verglichen werden können, sowohl im Hinblick auf den Inhalt (welche Elemente in welcher Reihenfolge) als auch auf das Timing (wann wurde das Element hinausgeschleust, vergleichbar mit einem variablen Abstand zwischen den Eisenbahnwagen, so als hinge jeder an einer Leine von verstellbarer Länge).

Wenn man einen Puffer besitzt, der sieben Blöcke lang ist – vielleicht nur für die Gelegenheiten, bei denen man hämmern muß –, dann kann man ihn vielleicht in der übrigen Zeit für Sätze verwenden. Wenn man Dutzende von seriellen Puffern für die Wurfgelegenheiten entwickelt, für die sie erforderlich sind, kann man sie während der übrigen Zeit vielleicht auch für andere Dinge verwenden. Das ist die verblüffende Alternative zu der Erklärung, derzufolge die Sprache die evolutionäre »Ursache« unserer Neigung ist, Dinge miteinander zu verknüpfen. Die Sprache ist dann nur noch eine von mehreren sekundären Nutzungen, möglicherweise wichtiger als das Musizieren, aber nicht länger die *raison d'être*.

Das soll nicht heißen, daß die Sprache während der Eiszeiten, in denen die Hominiden sich zu Menschen entwickelten, nicht nützlich war – bei evolutionären Überlegungen wie dieser muß man unterscheiden zwischen der Erfindung und der nachträglichen Anpassung. Funktionsumstellungen wie im Fall des als Rechenmaschine gedachten digitalen Computers, der sich zugleich als für Armbanduhren und Karteikästen geeignet erwies, können einen enormen Aufschwung bewirken und die moderne Funktionalität weitestgehend erklären, wobei die natürliche Selektion nur für den Zuckerguß auf dem Kuchen verantwortlich ist. Die Erfindung durch Umwandlung auf Nebenwegen kann aber auch zu kaum brauchbaren Lösungen führen (etwa bei den Fischen, deren Kieferknochen in das Mittelohr einbezogen wurden), wobei die moderne Version von funktioneller Anpassung geprägt ist (Steigbügel, Hammer und Amboß, die winzigen Knöchelchen, die die Verbindung zwischen dem Trommelfell und dem Innenohr herstellen). Federn zum Fliegen sind möglicherweise insofern ein Zwischending, als Federn für die Wärmeisolierung dafür gesorgt haben, daß die vorderen Gliedmaßen die recht erhebliche Schwelle zum Fliegen überwanden; nach der Funktionsumstellung kam es zu einer weitgehenden Anpassung, die sogar solche Spezialisierungen für langsames Fliegen hervorbrachte, wie man sie an den Flügelenden von Krähen findet.

Was für eine Art von Funktionswandel mag die Sprache darstellen? Entspricht sie mehr dem Zuckerguß, dem Inneren oder mehr einem »Marmorkuchen«, der aus einem fortgesetzten Wechsel zwischen Erfindung und Spezialisierung entstanden ist? Vermutlich wird es sich als sehr hilfreich erweisen, die für das Präzisionswerfen erforderlichen Spezialisierungen der seriellen Puffer zu verstehen, und diese werden uns vermutlich helfen, die

Grundlage zu erkennen, auf der unsere übrigen seriellen Fähigkeiten gewachsen sind. Es wird sich aber erweisen, daß jede sekundäre Serialisierung ihr Eigenleben hat, so wie zum Fliegen weit mehr gehört, als man aufgrund der warmen Unterwäsche vermutet hätte.

Die Sprache ist unvollendet und bruchstückhaft und lediglich ein Hinweis auf eine Stufe in dem allgemeinen, über die Mentalität des Affen hinausführenden Fortschritt. Doch alle Menschen haben blitzartige Erkenntnisse, die über die in Etymologie und Grammatik bereits festgelegten Bedeutungen hinausgehen.

Der Philosoph Alfred North Whitehead (1861–1947)

13.
Die Trilogie des *Homo seriatim*: Sprache, Bewußtsein und Musik

[Jegliches] Denken ist metaphorisch, ausgenommen das mathematische Denken ... Worauf ich hinweisen möchte, ist folgendes: Wenn man in der Metapher nicht zu Hause ist, wenn man nicht eine angemessene poetische Unterweisung im Umgang mit der Metapher erfahren hat, ist man nirgendwo sicher. Weil man mit den bildhaften Werten nicht umgehen kann: Man kennt sich in den Stärken und Schwächen der Metapher nicht aus. Man weiß nicht, wie weit sie einen tragen mag und wann sie einen im Stich läßt. Man ist nicht sicher in der Wissenschaft, man ist nicht sicher in der Geschichte ...

An irgendeinem Punkt versagt jede Metapher. Das ist das Schöne an ihr. Die Metapher kann gerade noch treffen oder haarscharf danebengehen, und wenn man nicht lange genug mit ihr gelebt hat, weiß man nicht, wann sie danebengeht.

Robert Frost

Als ich jung war, war ich überzeugt, daß die Aufgabe des Reims in der Dichtkunst darin besteht, einen zu zwingen, das nicht Naheliegende zu finden, wegen der Notwendigkeit, ein Wort zu finden, das sich reimt. Das erzwingt neuartige Assoziationen und ist beinahe eine Garantie für Abweichungen von eingeschliffenen Gedankengängen. Es wird, so paradox das klingt, zu einer Art Mechanismus, der automatisch Originalität erzeugt ... Und was wir Talent oder sogar Genie nennen, beruht weitgehend auf der Fähigkeit, sein Gedächtnis richtig zu nutzen, um die Analogien zu finden ..., die für die Entwicklung neuer Ideen wesentlich sind.

Stanislaw M. Ulam

Musik und Dichtung könnten schon deshalb gewisse Aufschlüsse über die Sequenziermaschinerie geben, weil die natürliche Selektion vermutlich kaum zu ihren Gunsten gewirkt hat. Vielleicht ist der Sequenzierer in der Musik deutlicher erkennbar, nicht so sehr verhüllt durch die glättenden Anpassungen, die uns den Blick verstellen, wenn wir ihn zu erfassen versuchen in den Eigentümlichkeiten der Sprache und der Planung, die stets einer nützlichen Funktion dienen.

Hat das präzise Hämmern, mit dem der gemeinsame Vorläufer des Menschen wie des Schimpansen harte Nüsse knackte, die Wurfgeschicklichkeit von prähumanen Wesen ermöglicht? Hat sich durch genaueres Werfen und seine Belohnung in Gestalt von Jagderfolgen ein immer besserer neuraler »Sequenzierer« entwickelt? Hat die Sprache sich diesen Sequenzierer in den Freistunden »ausgeborgt« (noch immer hören wir auf zu reden, wenn wir uns darauf vorbereiten, zielgenau zu werfen)? Wird er heute von der Musik ausgeborgt, wenn er nicht fürs Werfen oder fürs Sprechen benötigt wird? Benutzen wir ihn, um ein Szenario zu entwerfen, etwa wenn wir die Vergangenheit zu erklären oder die Zukunft vorherzusagen versuchen? Ist er dafür verantwortlich, daß wir uns unserer selbst bewußt werden, wenn wir am Schnittpunkt zweier plausibler Szenarien zwischen verschiedenen Zukünften wählen? Ist er der Stoff, aus dem Träume gemacht sind? Das alles ist möglich aufgrund der Multifunktionalität der Zellen und Schaltungen des Gehirns, die sich geradezu auf Nebenwege zu spezialisieren scheinen, unter denen die sequenzbezogenen die jüngsten und für unser Menschsein zentralsten Nebenwege sind. Die Evolution unseres großen Gehirns erscheint damit in einem ganz anderen Licht als in den üblichen Vorstellungen, für die größer gleich klüger gleich besser bedeutet. In *The River That Flows Uphill* schrieb ich:

> Aus dieser evolutionären Erweiterung des Hirnvolumens entstand unaufgefordert unser heutiges Gehirn mit seinem unbegrenzten Potential. Ob wir Basketball oder Tennis spielen, immer äußert sich darin das Vergnügen, das dieses Mosaik-Gehirn seit Urzeiten daran findet, eine Sequenz exakt

zu timen. Über seine Anfänge hinausgewachsen, kann unser Gehirn heute mit Hilfe von Grammatik und Musik neuartige Sequenzen erzeugen. Blind für unsere Grundlagen, brachten wir dennoch Dichtung und Vernunft hervor; vielleicht können wir mit einem klareren Fundament darüber nachdenken, wie unser erweitertes Bewußtsein sich entwickelte und weiterhin entwickelt.

Wir erfanden die Sprache, ohne die ihr zugrundeliegende neurale Maschinerie verstanden zu haben. Betrachten Sie aber einmal die Entwicklung auf dem Gebiet des Verkehrs, nachdem wir Newtons Physik verstanden hatten (sie führte vom Pferdewagen über die Eisenbahn und das Flugzeug bis zur Raumfähre), auf dem Gebiet des Nachrichtenwesens, nachdem wir im 19. Jahrhundert Elektrizität und Magnetismus verstanden hatten (sie führte vom Brief zum satellitengestützten Telefonnetz), oder auf dem Gebiet der Medizin, nachdem wir den Blutkreislauf und die Rolle der mikroskopischen Organismen erkannt hatten (vom Abführmittel zur physiologisch begründeten neurochirurgischen Behandlung des Parkinsonismus). Wenn wir erst einmal eine annähernd korrekte Erklärung unserer Denk- und Sprachmaschinerie besitzen werden, ist mit einer starken Erweiterung unserer Fähigkeiten zu rechnen, denn die entsprechenden Prinzipien werden in unsere Erziehungsphilosophie und in die ergonomische Gestaltung unserer Maschinen Eingang finden. Das Wort »Rationalität« wird eine ganz neue Bedeutung annehmen, und die Kompositionstätigkeit wird eine Blütezeit erleben, da mehr Menschen zu einer an Bach gemahnenden geistigen Beweglichkeit befähigt werden.

Parallele Gedankengänge [sind die] notwendigen Erben jeder Handlung, [und sie werden] im Geist ständig fortgesetzt.
　　　　　　　　　　　　　　　　　Charles Darwin, *M Notebook*, 1838

*

Grundlage meiner Darwin-Maschinen-Metapher ist eine starke Ähnlichkeit mit dem Darwinschen Twostep. Das ist der biologische Tanz, bei dem es zwischen Zufall und Selektion ständig hin- und hergeht. Die vielfache Wiedereinführung des Zufalls erfolgt gewöhnlich durch die Rekombination der Gene, die sich während der Bildung von Samen- und Eizelle beim Crossing over vollzieht; die genetische Rekombination, die Bestandteil der Immunreaktion ist, haben wir noch nicht so gut verstanden, aber es ist ein ähnlicher Vorgang.

Das Endergebnis hat kaum noch etwas mit dem Zufall zu tun, weil eine Umwelt, die voll ist von Freßfeinden und Krankheitskeimen, Chancen und Hindernissen, eine starke Selektion ausübt. Nebeneinander existiert eine Vielzahl von seriell codierten Individuen (DNS-Stränge im Genom, Aminosäureketten in Antikörpern, Bewegungssequenzen im Verhalten), die aber bei der Bewertung durch die »Umwelt« zum größten Teil Unsinn sind.

Um abschätzen zu können, ob Darwin-Maschinen als Off-line-Planer in Frage kommen, müssen wir kurz eine Frage erörtern, vor der Philosophen zurückschrecken: das Problem des *Wertes*. Wenn es um Wurfpläne geht, könnte man sich vorstellen, daß ein Kandidat mit 9+ bewertet wird, wenn sich im Gedächtnis sehr ähnliche Situationen finden, während das Gedächtnis für andere Situationen (etwa das Werfen vom Ast eines Baumes aus) nur wenige übereinstimmende Elemente aufweist, so daß kein Vorschlag eine bessere Note als 4 erhält. Es ist denkbar, daß die Elemente des Problems (Entfernung, Höhenunterschied, Wind, Größe des Steins, Größe des Ziels usw.) einzeln quantifiziert und dann zusammengezogen werden. Bei anderen sequentiellen Aufgaben wie dem Entwickeln von Szenarien und der Sprache stellt sich jedoch die Frage: Wie kann man einem möglichen Szenario einen Wert zuschreiben, so daß es möglich wird, ein Szenario als »besser« einzustufen als ein anderes und schließlich das »beste« zu finden?

Der Bewertung liegt vermutlich ein ähnliches Verfahren zugrunde wie den Nutzenfunktionen der Ökonomen, die den einzelnen Elementen eines Problems dimensionslose Zahlen zuordnen (wie man es auch bei der Bewertung von Sinneseindrücken macht, die auf einer Skala von 0 bis 10 eingeordnet werden); die Einzelbewertungen werden dann zusammengezählt, so als handele es sich um »Kosten« beziehungsweise »Einnahmen« eines Betriebes:

Sie haben die Wohnung verlassen und steigen die Treppe hinab, als Ihnen auf halbem Wege einfällt, daß Sie Ihren Schirm vergessen haben ... Sie werfen einen Blick auf die Uhr und denken an die Fahrzeit der U-Bahn. Die neuralen Schaltungen, die sich mit dem Wetter befassen, geben der Möglichkeit, daß es regnen wird, 9 Punkte. Die Wahrscheinlichkeit, daß Sie die U-Bahn verpassen, erhält 8 Punkte ... Vielleicht gibt es eine Skala, auf der die Befürchtung gemessen wird, daß Sie sich verspäten; stellen Sie sie von 5 auf 7. Dieses neue Signal ist möglicherweise ausschlaggebend für die Entscheidung, auf den Schirm zu verzichten. Es kann aber auch auf einer anderen Skala, die die Abneigung gegen Regen mißt, den Wert herabdrücken.

Ich will damit sagen, daß Sie Ihren imaginären Computer so komplex machen können wie Sie wollen; Sie können Meßskalen für jede beliebige Anzahl von Merkmalen einbauen, die Abstufungen auf den Skalen so fein wählen, wie es Ihnen gefällt, und das ganze System so programmieren, daß seine Entscheidungen sich auf eine sehr viel größere Zahl von Daten stützen. Möglicherweise funktioniert das Denken anders, aber es hat doch den Anschein, als könne dies ein brauchbares Modell abgeben, wenn die Simulation nur entsprechend verfeinert wird.

Der Wissenschaftsjournalist George Johnson, 1986

Tatsächlich sind wir ziemlich gut darin, relative Urteile zu fällen und durch den Vergleich von zwei Schall-, Licht- oder Geschmackseindrücken zu entscheiden, wie »stark« der eine relativ zum anderen ist. S. S. Stevens und Mitarbeiter haben in den fünfziger Jahren erklärt, daß zwischen den Sinneseindrücken und der subjektiven Bewertung logarithmische Zusammenhänge bestehen.

Man kann solche subjektiven Bewertungen benutzen, um Ungleiches miteinander zu vergleichen, sogar Kanonen und Butter. Für manche Leute ist ein Apfel soviel wert wie 0,73 Orangen. Um planen zu können, stellen besonders die Ökonomen Gleichungen für die verschiedensten Dinge auf, und sie scheuen dabei nicht einmal vor der Berechnung zurück, wieviel das Leben eines Arbeiters »kostet« (womit sie natürlich nicht ein Tauschgeschäft vorschlagen, sondern lediglich ermitteln wollen, was der Bau von Brücken u. dgl. wirklich kostet). Bei der Bewertung von Waren gehen Verbraucherverbände wahrscheinlich so vor, daß sie für die verschiedenen Eigenschaften sowie für den Preis und anderes soundso viele Punkte vergeben. Um für die Zukunft zu planen, entwerfen Architekten verschiedene Szenarien, die sie nach dem subjektiven »Empfinden« bewerten. In Aussagen über die Umweltverträglichkeit werden stets die Alternativen zur bevorzugten Lösung mit ihren Vor- und Nachteilen angeführt; oft kommt die Öffentlichkeit zu einer ganz anderen Bewertung der Alternativen als die Planer.

Das Modell der rationalen Planung, das die Ökonomen entwickelt haben, weist große Übereinstimmungen mit meinem Modell des Geistes auf, nur fehlen in ihm die zufällige Kombination und der Darwinsche Twostep:

Das Modell [des subjektiv erwarteten Nutzens] enthält vier Hauptkomponenten: eine kardinale Nutzenfunktion [die als Maß der eigenen Vorliebe einem Szenario künftiger Ereignisse eine Kardinalzahl zuordnen kann], eine erschöpfende Menge von alternativen Strategien, eine Wahrschein-

lichkeitsverteilung der mit der jeweiligen Strategie verbundenen Szenarien für die Zukunft und eine Taktik zur Maximierung des erwarteten Nutzens.
Der Computerwissenschaftler Herbert A. Simon, 1983

Es ist natürlich die »erschöpfende Menge« und die Erwartung einer einzigen optimalen Lösung, wo die Ökonomen mit dieser ansonsten sehr schönen Idee in Schwierigkeiten geraten (Simon spricht von »einer der beeindruckendsten geistigen Leistungen der ersten Hälfte des 20. Jahrhunderts. Es ist eine elegante Maschine für die Anwendung von Vernunft auf Entscheidungsprobleme«). Den Ökonomen ist wahrscheinlich entgangen, daß man das Problem lösen kann, wenn man immer wieder Entwicklung und anschließende Einführung von Zufall aufeinanderfolgen läßt; die Evolution beweist es ja (man braucht nur »Tauglichkeit« statt »Nutzen« zu sagen).

*

Die Aufmerksamkeit kann wandern; mal ist sie unkonzentriert (etwa beim Tagträumen am Strand), mal ist sie einigermaßen konzentriert (wenn man sich beispielsweise zwischen bekannten Alternativen zu entscheiden versucht), und mal ist sie scharf konzentriert (wenn man sich beispielsweise »startklar« macht für einen Wurf). Das erweckt den Eindruck, als könne sich die Entwicklung einer Population von Sequenzierern auf unterschiedlichen Ebenen abspielen. Gibt es dafür eine Entsprechung im ursprünglichen Darwinismus?

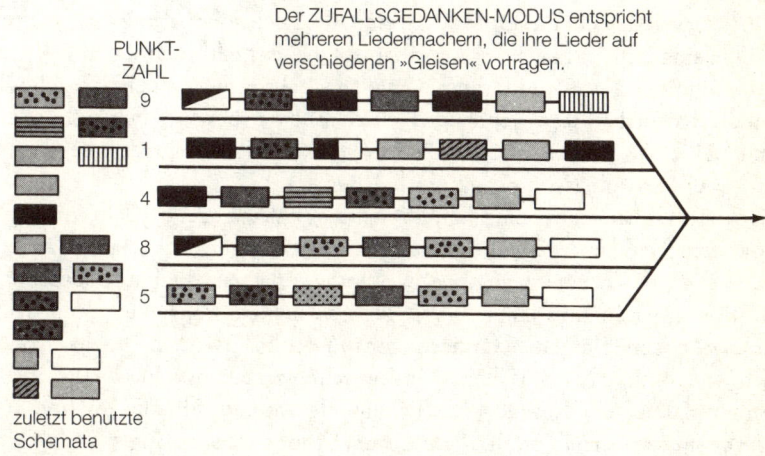

Der ZUFALLSGEDANKEN-MODUS entspricht mehreren Liedermachern, die ihre Lieder auf verschiedenen »Gleisen« vortragen.

PUNKTZAHL

zuletzt benutzte Schemata

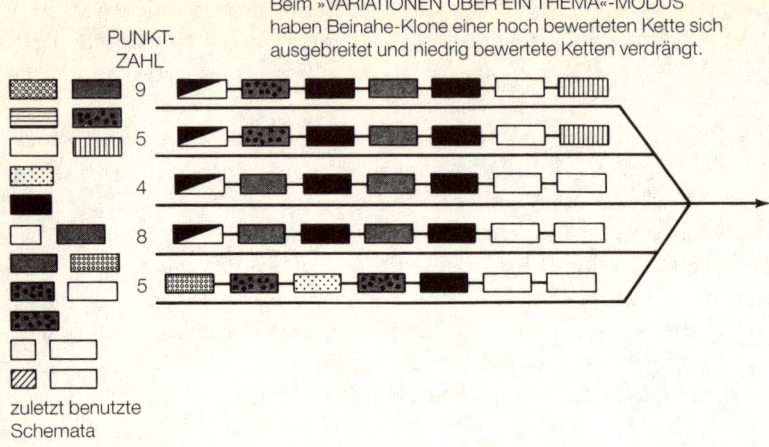

Im Zufallsgedanken-Modus, verkörpert durch nächtliche Träume (aber auch Tagträume), wird das Bewertungsschema hin und wieder geändert, zum Beispiel Langeweile und Neuheit. Beinahe-Klone entstehen dabei nicht, wie es vielleicht möglich wäre, wenn wir die Aufmerksamkeit lange genug aufrechterhielten; wenn wir an etwas Neuem »Interesse finden«, wenn beispielsweise die Handlung eines Traums sich ändert, wechseln wir auch die »Bewertungskriterien« und bemühen uns, das Szenario, das auf einem anderen Gleis läuft, zu verstehen. Es ist so, wie wenn der Klassenprimus von Tag zu Tag wechselt, weil der Lehrer am Montag eine Rechtschreibprüfung veranstaltet, am Dienstag eine Arbeit über amerikanische Geschichte schreiben läßt, am Mittwoch über Naturkunde usw. Wenn dem Lehrer nichts mehr einfiel, wie es meistens der Fall war, wenn ein Rechtschreibwettbewerb die Konkurrenz anstachelte, wurden die Klassenbesten durch die Konkurrenz bestimmt, aber unter Vernachlässigung anderer Fächer.

Der »Variationen über ein Thema«-Modus ist derjenige, bei dem Aufmerksamkeitsmechanismen das Bewertungsschema einigermaßen konstant halten, aber dennoch eine gewisse Abweichung zulassen, die dafür sorgt, daß Variation entsteht und ein reiner Klon sich nicht durchsetzen kann. Aufgrund der allmählichen Veränderungen im Klima (wenn nicht der Kontinente) gelangt die biologische Evolution selten zu einem reinen Klon, wenn man einmal absieht von der künstlichen Selektion, welche die Züchter von Versuchsratten betreiben, um eine Linie mit möglichst geringer Variabilität

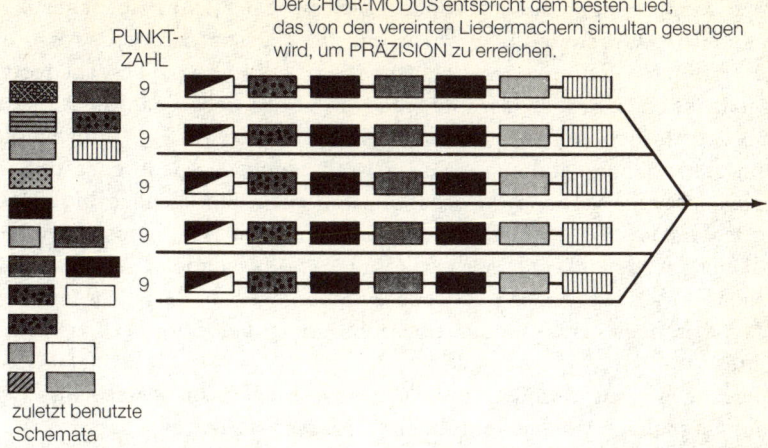

zu erhalten. Vielleicht ist für einen »Entschluß« nur erforderlich, daß eine Mehrheit der Gleise – und nicht annähernd alle – ein und dieselbe Kette erreicht. Pathologische Vorgänge wie innere Unruhe könnten einer Unfähigkeit entsprechen, aus einem solchen stark konzentrierten Modus auszubrechen, so daß eine neue Kette niemals gut genug werden kann, um eine bestehende zu übertreffen.

Aber wann schließt der zerebrale Chor seine Reihen fest zusammen, um ein Halleluja zu singen? Gibt es in der Bewußtseins-Spielart des Darwinismus etwas, das dem Chor-Modus entspricht? Dieses Etwas würde ja während der Evolution unter starkem Selektionsdruck stehen, da es sehr dazu beitragen würde, sich als Jäger regelmäßig mit Nahrung zu versorgen. Was am Sprache erzeugenden oder Szenarien entwerfenden Bewußtsein entspricht der Phase des engen Zusammenschlusses? Der Chor-Modus käme einem realen Klon sehr viel näher als einer einfachen Mehrheit: Alle singen das gleiche »Halleluja« so »gleichzeitig« wie möglich. Ein solcher äußerster Zustand ist aber wohl nur zu erreichen, wenn man sich »ganz fest konzentriert« und alles ausschließt, was einen von der Aufgabe »ablenken« und dazu bewegen könnte, etwas anderes für einen Augenblick höher zu schätzen. Weil sowohl die biologische Evolution als auch das Immunsystem offenbar die Abwechslung schätzen, setzt sich nur selten ein Klon durch.

Es gibt aber besondere Umstände, und sie sind besonders aufschlußreich. Die nach Australien importierten Kaninchen erlebten dort eine explosionsartige Vermehrung, basierend auf den Genen der per Schiff aus England gekommenen »Gründerpopulation«. Dasselbe passiert natürlich, wenn ein Insekt, durch den Wind oder auf einem Stück Treibholz vom Festland fortgetragen, auf einer Insel landet und entdeckt, daß es weder Nahrungskonkurrenten noch Freßfeinde hat. Wenn es gerade ein befruchtetes Weibchen ist, kann die zufällige Landung nur eines Individuums die Bedingung für eine explosionsartige Vermehrung schaffen, und alle nachfolgenden Individuen werden in den Gensequenzen so übereinstimmen wie Geschwister. Die Indianer Nord- und Südamerikas könnten die Nachkommen eines relativ kleinen, untereinander eng verwandten Stammes sein, der einen jungfräulichen Kontinent betrat und sich über fünfhundert Generationen hinweg ausbreitete.

Die wechselnde Aufmerksamkeit in unserem Seelenleben scheint etwas Ähnliches zu sein wie die fluktuierende Umwelt, die das, was bewertet wird, ständig verändert. Wenn außerdem die Selektion gering ist, weil etwa eine neue Nische entdeckt wurde oder durch einen Funktionswandel eine neue Ernährungsweise erfunden wurde, können viele unterschiedliche Sequenzen gleichzeitig weiterverfolgt werden; im Zufallsgedanken-Modus wechselt der »Überlegene« ständig, hauptsächlich deshalb, weil nichts eine besonders hohe Punktzahl erreicht. Ich habe den Verdacht, daß die Wechselhaftigkeit und die Absurdität unserer Träume auf ein und demselben Grund beruhen: Beim Vergleichen der Kandidaten-Sequenzen mit den im Gedächtnis gespeicherten Sequenzen hapert es, und deshalb kommen keine besonders hohen Punktzahlen zustande, nichts kann sich ein wenig weiter entwickeln, weil sofort etwas anderes die Führung übernimmt.

Wenn Effizienz wichtig wird, weil durch eine Auslastung des Ökosystems die Konkurrenz zwischen den Individuen eine größere Bedeutung gewinnt, kommt es zu einer gewissen Entwicklung; weil die Umwelt sich aber so schnell ändert, daß die Evolution nicht mit ihr Schritt halten kann, bleiben im »Variationen über ein Thema«-Modus zahlreiche voneinander abweichende Sequenzen bestehen. Aber äußerste Konzentration kommt als Verhaltensweise selten vor, vermutlich deshalb, weil sie einen »blind machen« kann; so weisen Fluglehrer ihre Schüler nachdrücklich darauf hin, auch dann, wenn sie ein Flugzeug entdeckt haben, weiterhin nach anderen Flugzeugen Ausschau zu halten (so manchem Piloten ist es schon passiert, daß ein anderes Flugzeug sich unbemerkt näherte, während seine Aufmerksamkeit von einer erkannten Gefahr gefesselt war).

Wenn eine außergewöhnliche Beschaffenheit der Umwelt (etwa das völlige

Fehlen von Freßfeinden oder Konkurrenten) mit ungewöhnlichen Umständen (etwa einer kleinen Gründerpopulation) zusammenkommt, kann am Ende etwas beinahe Einheitliches herauskommen. Gleiches könnte auch für den Chor-Modus der Darwin-Maschine in unseren Köpfen gelten, wenn sie in einer ungewöhnlichen Umgebung auf eine ungewöhnliche Menge von Erinnerungen stößt: Wäre das die Erklärung für die *idée fixe?* Für Menschen, die »einspurig denken«? Für den Zwangscharakter? Für den Menschen, der sich ständig Sorgen macht? Für Leute, die das absolute Gehör haben? Oder für den Baseballwerfer? Man sollte sich näher mit einigen Korrelaten des Synchronismus im Elektroenzephalogramm solcher Leute befassen, um diese neue Möglichkeit der Modellierung von Hirnprozessen zu erkunden.

*

Ein Aspekt dieses Schemas für das Bewußtsein ist sicherlich das Ausdenken eines auszusprechenden Satzes. Es wird manchmal gesagt, daß wir, wenn wir mit einem Satz beginnen, selten wüßten, wie er enden wird, und mit Sicherheit nicht, wenn die Äußerung mehr als ein halbes Dutzend Wörter umfaßt. Für Affen, deren Fähigkeiten im Umgang mit Zeichensprachen untersucht worden sind, stellt aber schon eine Folge von einem halben Dutzend Gegenständen eine lange Sequenz dar. Um Einblick in die Aspekte der Wortsubstitution zu gewinnen, bietet es sich an, uns bei der Erörterung der Wortsequenzierung zunächst auf ein Wörterpaar zu beschränken, einen darwinistischen Rangierbahnhof für Züge, die aus zwei Wagen bestehen. Wenn ich, um in die Sprachgebräuche von Darwin-Maschinen einzuführen, auf die Namengebung von Pferden zurückgreife, so mag das eigenwillig erscheinen, doch vermeide ich damit den umständlichen sequentiellen Aspekt von Darwin-Maschinen, während ihre übrigen Eigenschaften voll berücksichtigt werden.

Nehmen wir also an, wir seien Pferdezüchter und wollten einem neuen Hengst- oder Stutfohlen einen Namen geben. Als eingetragene Namen werden in der Regel Zusammensetzungen wie »Incredible Nevele« oder »Lumber Along« gewählt. Man möchte dabei auf irgendeine Weise die Namen des Zuchthengstes und der Zuchtstute miteinander kombinieren; dabei muß nicht unbedingt ein Namensbestandteil voll übernommen werden, sondern es soll lediglich etwas Ähnliches angedeutet werden. Hier ein Beispiel:

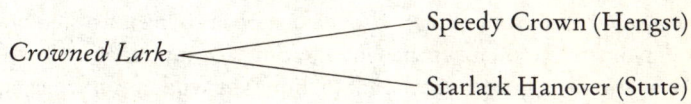

Hier ein Beispiel über drei Generationen:

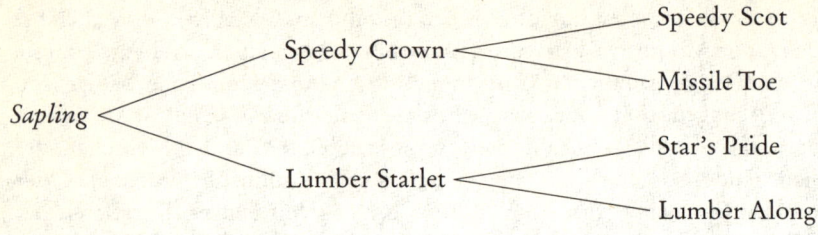

Manchmal wird einem Elterntier aufgrund seiner sehr viel besseren Rennergebnisse ein Vorzug eingeräumt. Eine Darwin-Maschine könnte ohne weiteres andere Pferdenamen generieren, indem sie die Synonyme und Assoziationen der einzelnen Wörter benutzt, und sie könnte in Frage kommende Namen verwerfen, indem sie auf Nutzenbewertungen zurückgreift, die sich einerseits auf die Rennergebnisse und andererseits auf Erkenntnisse darüber beziehen, wie häufig die in Frage kommenden Wörter im englischen Sprachgebrauch zusammen auftreten. Nehmen wir das Elternpaar unten rechts, »Star's Pride« und »Lumber Along«. Bei *Star* denkt man vielleicht an *Planet, berühmt, Nova, Meteor, Starlet;* bei *Lumber* (Holz) denkt man vielleicht an *Wald, Bäume, Schößlinge, Weiden* usw. Daher »Lumber Starlet«. Kombiniert mit »Speedy Crown« und seinen Synonymen, könnte sich daraus »Limber Lumber« (geschmeidiges Holz) oder einfach »Sapling« (Schößling) ergeben.

Was sind das jedoch für neurale Schaltungen, die imstande sind, die den Gleisen des Rangierbahnhofs zugeschriebenen Werte miteinander zu vergleichen und einen Gewinner zu verkünden, also »den Besten« herauszufinden? Das ist nun wieder ein einfaches Problem angesichts all der lateralen Hemmungen, die überall im Gehirn, wohin man auch schaut, im Überfluß vorhanden sind. Innerhalb einer Gruppe von Zellen wird diejenige, deren Output größer ist als der aller übrigen, ihre Nachbarn stärker hemmen, als diese sie hemmen. Dadurch werden die vorgegebenen Unterschiede zwischen »besser« und »am besten« noch betont. Das Ergebnis erinnert an das Matthäus-Prinzip (die Reichen werden reicher), auch wenn es durch die Dynamik eines Netzwerks zustande kam (schon einfachere Mechanismen können ein solches Resultat hervorbringen). Bei einer entsprechend eingestellten Stärke der Hemmung zwischen den Nachbarn lassen sich beinahe Alles-oder-nichts-Resultate erreichen; allerdings ist mit einer mehrstufigen lateralen Hemmung größere Stabilität (Schutz vor wilden Ausschlägen und

Hängenbleiben) zu erreichen als mit einer noch so sorgfältig eingestellten einzelnen Stufe.

*

Sätze sind komplizierter als die Namen von Rassepferden, aber Darwin-Maschinen sind auch einfallsreicher als die begrenzte Maschinerie für eine Sequenz aus ein oder zwei Wörtern, die man für die Namengebung von Pferden benötigt. Substantive können als Stellvertreter für ein Wahrnehmungsschema gelten, aber wenn nicht ein Verb und sein Objekt hinzukommen, besagt ein einzelnes Substantiv nicht viel. Doch die Züge, die von Darwin-Maschinen gebildet werden, können Sätze sein, eine Kette mit einem Handelnden, einer Handlung, dem Objekt der Handlung usw.

Die einfachste gewöhnliche Äußerung ist ein elementarer Satz, bestehend aus Substantiv und Prädikat. Das Prädikat ist in der Regel ein Verb (im allgemeinen ein Ersatz für ein Bewegungsprogramm, beispielsweise »komm«), ergänzt durch Objekte (wie etwa »hierher«) und adverbiale Bestimmungen des Verbs (wie etwa »schnell«). Das meiste davon kann fortgelassen werden, wenn sich durch häufigen Gebrauch eine Kurzform entwickelt: »Du kommst schnell hierher« kann auf mancherlei Weise abgekürzt werden, und einige Wörter können durch Modulationen der Stimme ersetzt werden. Mit Hilfe von Adjektiven können wir Zustände beschreiben wie etwa »glücklich« oder »alt« oder »groß«.

Mit einem vollständigen, aus einer Reihe von Satzteilen bestehenden Satzgefüge läßt sich eine ganze Menge mitteilen, denn auf eine Kette, bestehend aus Handelndem, Handlung und Objekt, folgt die andere. Satzteile und Sätze veranlassen uns in der Regel, über die Wortfolge nachzudenken, denn die meisten Sprachen benutzen die Stellung innerhalb des Satzes, um anzuzeigen, welches Substantiv das Subjekt und welches das Objekt ist; ein Beispiel ist die Subjekt-Verb-Objekt-Wortfolge des einfachen Aussagesatzes »Du kommst hierher«. Am einfachsten sind Verben zu identifizieren, wahrscheinlich weil sie »Bewegungsschemata« sind; anschließend gilt es, die Rolle zu identifizieren, die die übrigen Wörter spielen. Recht bald hat man sich von den Handelnden und den Handlungen, die der Sprecher des Satzes meint, ein brauchbares Modell gemacht, so daß man den Satz umformulieren und – möglicherweise in einer anderen Sprache – korrekt wiedergeben kann. Man könnte sogar, noch direkter, den Vorschlag, den Befehl oder was auch immer in dem Satz enthalten ist, selbst ausführen, beispielsweise »herkommen«.

So versteht eine Darwin-Maschine das, was geschieht, wenn man versucht,

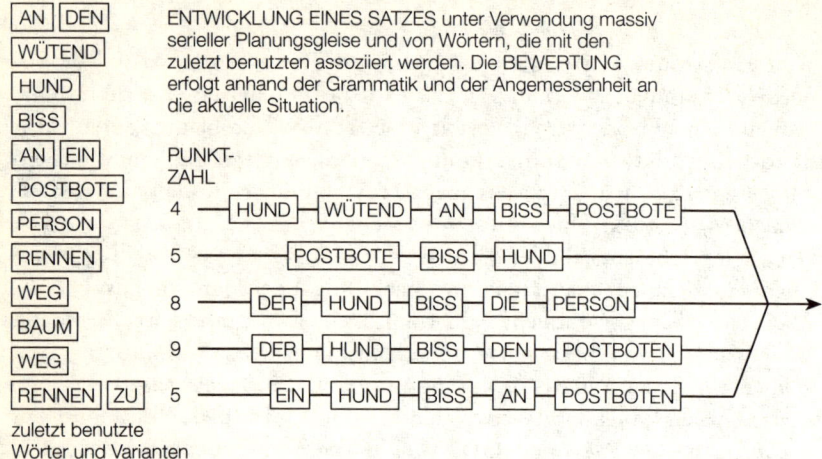

ENTWICKLUNG EINES SATZES unter Verwendung massiv serieller Planungsgleise und von Wörtern, die mit den zuletzt benutzten assoziiert werden. Die BEWERTUNG erfolgt anhand der Grammatik und der Angemessenheit an die aktuelle Situation.

zuletzt benutzte Wörter und Varianten

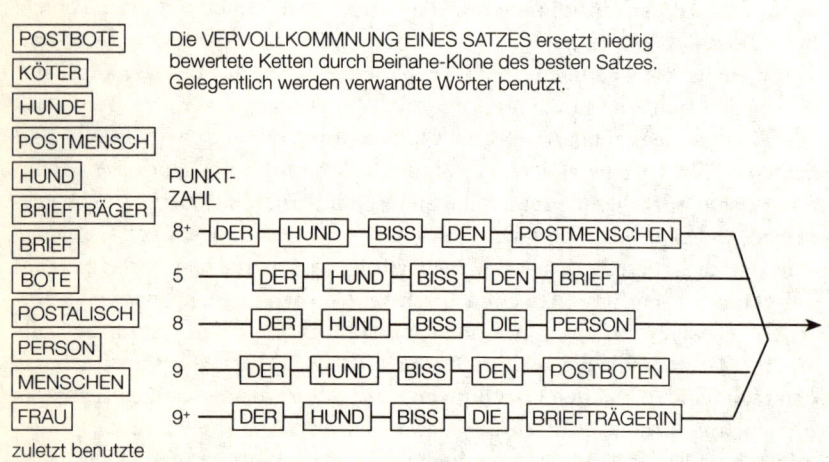

Die VERVOLLKOMMNUNG EINES SATZES ersetzt niedrig bewertete Ketten durch Beinahe-Klone des besten Satzes. Gelegentlich werden verwandte Wörter benutzt.

zuletzt benutzte Wörter und Varianten

eine empfangene Nachricht zu entschlüsseln. Was geschieht aber, wenn eine Nachricht zur Übermittlung verschlüsselt werden soll, wenn also entschieden werden soll, was als nächstes zu sagen ist? Für die Planung eines zu sprechenden Satzes könnte ein ganz ähnliches Modell gelten wie für die Namengebung von Pferden, und das heißt, daß die zufällig zusammengestellten Züge anhand der Regeln der Syntax und anhand der Erinnerungen des Individuums an ähnliche verbale Situationen bewertet würden. Der am höchsten bewertete Zug würde dann beibehalten, und der Rest würde unter die übrigen Karten gemischt (im Extremfall wären das alle Wörter, die der eigene Wortschatz enthält, doch in der Regel ist es nur eine Teilmenge von Wörtern, die in der letzten Zeit verwendet wurden oder mit anderen vorhandenen Elementen eng zusammenhängen). Wenn dieses Mischen sich über viele Runden wiederholt, wird der am höchsten bewertete Zug sich zu immer besseren Näherungen an einen Plan entwickeln, der der gegebenen Situation angemessen ist. Dieses Off-line-Simulieren und -Testen vollzieht sich, da erinnerte Umwelten nicht so detailliert sind wie reale, in Millisekunden bis Sekunden, während die biologische Artbildung in Jahrhunderten bis Jahrtausenden abläuft.

Sequenzierer für die ballistischen Bewegungen eines Tieres könnten also ausgeborgt werden für den Zweck, Pläne und Sätze zu ersinnen. Kann das geschehen, ohne daß die ballistischen Puffer verändert werden, oder ist damit zu rechnen, daß der Erfolg der Hominiden im Planen und Sprechen die Planungspuffer durch eine Reihe von sekundären Strukturen erweitert, um Folgerichtigkeit oder grammatische Korrektheit sicherzustellen? Zum Glück gibt es möglicherweise einige Nutzungen der Sequenzierungsmaschinerie, die der evolutionären Nützlichkeit so sehr ermangeln, daß wir die zugrundeliegende Maschinerie eventuell »sehen« können, ohne daß diese durch allzu viele Anpassungen verdeckt wäre. Vielleicht helfen uns vierstimmige Harmonien und kontrapunktische Techniken, die Struktur des Ensembles der seriellen Puffer zu erhellen, das Verzweigungsmuster des Rangierbahnhofs in unseren Köpfen exakt zu erfassen.

Der Gesang ist die edelste, innigste und vollendetste Form des Ausdrucks der eigenen Persönlichkeit, welche die Menschheit kennt, und letzten Endes ist der Ausdruck der eigenen Persönlichkeit jene große Sache, nach der die Menschheit ständig strebt. In dem Maße, wie das Ausdrucksvermögen wächst, entwickeln sich auch die höheren Ideale des Lebens, und die größten und subtilsten Einflüsse, die zur Kultur beitragen, kommen voll zur Geltung.
Im Leben eines jeden kommt einmal eine Zeit, da die äußerlichen Dinge

nicht mehr an das innere Selbst herankommen, da die Seele sich nach etwas sehnt, das sie sich nur selbst zu geben vermag. In solchen Situationen wird der Gesang nicht nur zu einer Quelle der Geringschätzung materieller Dinge und zu einem Trost, sondern auch zu einer Inspiration.
Der Gesangslehrer Oscar Saenger, 1915

*

Nachdem sie wochenlang abends im MBL geübt hat, gibt die Woods Hole Cantata heute abend ihre einzige Aufführung des Jahres in der Messiaskirche. Sie bringen Bachs Messe in F-Dur, nach einer Pause gefolgt von seinem Magnificat in D-Dur.

Die fünfundsechzig Mitglieder des Orchesters und des Chores füllen die Stirnseite dieser kleinen Kirche mit ihrer zum Giebel hinaufreichenden Decke aus Mahagoniholz. Jede Bank und jeder Winkel, jeder Durchgang und jeder Eingang ist dicht besetzt mit Hunderten von Mitgliedern der Wissenschaftlergemeinschaft. Wenn man sich über die Kirche und über die Aufführung Aufzeichnungen macht, wie es hier geschieht, so besteht eine Gefahr: Sie könnten nächstes Jahr während der Veranstaltung vorgelesen werden. Genau das ist, während der Spendenteller herumging, heute abend mit Gerald Weissmans erstem Kapitel aus seiner Sammlung von wissenschaftlichen Essays passiert, die ihren Titel diesem Ereignis verdankt: *The Woods Hole Cantata*. Die Leute, die in den Seitenschiffen saßen, brachen in schallendes Gelächter aus, als sie sich darin als »geschmeidige Jungakademiker« charakterisiert fanden. Und man konnte nicht umhin, Weissmans Beschreibung des Kircheninneren (er spricht von der »schmucken, nüchternen Ausstrahlung ihres von der Seefahrt geprägten Ambiente: helles Balkenwerk, wohlbehauene Bänke und edle Messingbeschläge«) mit der Realität zu vergleichen. Normalerweise bleibt Schriftstellern diese Demütigung erspart; sollte jemand meine Schilderungen des Grand Canyon an Ort und Stelle vorlesen, so hoffe ich, nicht zugegen zu sein und das mit anhören zu müssen. Aber Weissman hat die Stimmung des Augenblicks so schön eingefangen, daß ich ihn unbedingt zitieren muß.

Das Publikum – Verwandte, Freunde, Mitarbeiter, Studenten – erfüllt die Halle mit dem Stammesgeplapper und -geschnatter, das man bei Klassentreffen oder Graduierungsfeiern hört. Zwischendurch erklingen *pizzicati* nervösen Gelächters, das ich von den ersten Konzerten meiner Kinder in der Musikschule und von ihren Hochschulkonzerten kenne. Während die

Aufführenden in einer langen Reihe einziehen, schaue ich mich unter den Versammelten um. Ich erkenne Embryologen, deren Winterstandorte von Hawaii bis Neapel reichen, Biochemiker von der Northwestern bis Stony Brook, Physiologen von Seattle bis zu den beiden Cambridges, Mediziner von Duarte bis Lund ... [Heute abend] sind wir alle *en famille*, um gemeinsam das uralte Ritual der Musik zu begehen.

Viele der Musiker und die meisten Zuhörer absolvieren ihren einmal im Jahr stattfindenden Auftritt in einer Kirche mit diesem musikalischen Abend. In meinem Bekanntenkreis gibt es etliche Wissenschaftler, die zugleich vollendete Musiker sind und denen die Entscheidung, ob sie ihre musikalische oder ihre wissenschaftliche Karriere fortsetzen sollten, schwergefallen ist. Für solche Wissenschaftler sind die Wochen, in denen für diesen Abend geprobt wird, eine Freude, eine Gelegenheit, ihre bedeutenden Fähigkeiten wieder einmal anzuwenden. Meine Karriere als Chorsänger ist bedauerlicherweise mit dem Stimmbruch versandet, aber Aufführungen in der Kirche haben für mich noch immer etwas Besonderes, nachdem ich einmal auf der anderen Seite stand und lateinische Wörter sang, die ich nicht verstand.

Als ich ankam, waren die Bänke und die Sitze in den Gängen bis auf den letzten Platz besetzt. Doch ich habe wohl den besten Sitzplatz im ganzen Haus: einen weiten Blick, hervorragende Akustik, Platz, um während des Konzerts meine Beine auszustrecken, und ich kann sogar den Chor mitdirigieren, weil ich im hinteren Teil der Kirche außer Sicht bin und kaum jemand mich wahrnehmen wird. Es gibt nur einen kleinen Haken: Man darf nicht einschlafen, denn dann fällt man ein Stockwerk tiefer und landet unten im Keller, was unzweifelhaft mit großem Krach verbunden wäre. Ich sitze auf der Fensterbank über der Kellertreppe, und ich habe mich fest verkeilt, dank einer Klettertechnik, die man beim Durchsteigen eines Kamins benutzt und die ich zuletzt bei Matkatamiba im Grand Canyon angewendet habe. Aber die Gefahr, daß ich, wie es sonst schon vorkommt, schläfrig werde, besteht nicht, denn ich werde außerdem hervorragend mit Frischluft versorgt, da das Fenster offen ist. In Pausen kann ich hören, wie draußen sanft der Regen niedergeht.

Ein Großteil der bedeutenden Musik ist Kirchenmusik und wurde komponiert, um den Glauben zu verherrlichen und andere für ihn zu gewinnen. So haben wir hier denn auch mit der Messe in F-Dur eine der »Missae breve« von Bach, abgeleitet von den gregorianischen Gesängen der mittelalterlichen katholischen Kirche, komponiert für protestantische Gottesdienste in Leipzig im frühen 18. Jahrhundert, gesungen in einer aus dem 19. Jahrhundert stammenden Episkopalkirche auf Cape Cod von einer – und für eine – Ansammlung von Wissenschaftlern des ausgehenden 20. Jahrhunderts, die die Welt ganz anders erklären würden, als es viele Kirchgänger tun.

Dabei stammt die Wissenschaft aus den gleichen Wurzeln wie die Philosophie Bachs und Händels; Newton war sicherlich der Meinung, daß er sich bemühte, die Werke seines Schöpfers gründlich zu verstehen. In den meisten Kulturen wird zwischen Religion, Philosophie und Wissenschaft kaum ein Unterschied gemacht; auch in der abendländischen Zivilisation bildeten sie eine ungeteilte Lehre, bis vor wenigen Jahrhunderten Religions- und Naturphilosophie sich aufspalteten, wobei die erstere zur Theologie wurde und die letztere sich im vorigen Jahrhundert nochmals aufspaltete in die Wissenschaft und in das, was wir heute als Philosophie bezeichnen. Zu Bachs Lebenszeit betrachteten die Wissenschaftler die Kirchenmusik gewiß als ihre Musik und nicht als die einer anderen Tradition.

Aber Musik ist Musik: Sie trägt ihre Bedeutung über Jahrhunderte hinweg in sich selbst, unabhängig von rationalen oder irrationalen Überzeugungen hinsichtlich anderer Dinge. Niemand geht an die moderne Religion genauso heran wie der sprichwörtliche Kulturanthropologe aus dem Weltall (»Immerhin organisieren sie all ihre guten Taten um dieses grauenhafte Foltersymbol, und ihr höchstes Ritual besteht darin, Kannibalismus zu mimen, und ständig bekräftigen sie ihre eigene Version dessen, was sie bei anderen Kulturen als Magie und Animismus bezeichnen. Offenbar erwarten sie von den Mitgliedern, daß sie an der Kirchentür ihr Gehirn abstellen!«). Es ist jedoch nicht möglich, daß Kulturen einfach von vorn anfangen, mit einem neuen Wortschatz und neuen Traditionen, die unbefleckt wären von Schwärmereien und Mißverständnissen der Vergangenheit; man macht es sich zu einfach, wenn man das Kind mit dem Bad ausschüttet. Religionen bieten unterschiedliche Rationalisierungen der Vergangenheit und widmen sich von daher ihrer eigentlichen Aufgabe: Leid zu lindern, Hoffnung zu festigen und Verständnis zu fördern. Die Philosophen und Wissenschaftler haben sich im Lauf der letzten Jahrhunderte allein auf das *Verstehen* spezialisiert. Aber wenn wir auch einen Teil des Übergepäcks und der tröstlichen Rituale zurückgelassen haben, so verehren wir doch noch immer die Musik.

Und ich denke, daß die musikalischen Formen uns noch eine Menge über unser Gehirn verraten werden. Der Folksänger Bill Crowfoot weist darauf hin, daß Kinder, obwohl sie in verschiedenen Kulturen leben und verschiedene Sprachen sprechen, alle die gleiche musikalische Form benutzen, die sogenannte »kleine Terz«, wenn sie ihre Geschwister ärgern wollen:

Nje-nje, nje-nje, nje-nje.

Die ersten Töne von Beethovens Fünfter Symphonie (G-G-G-Es) werden vermutlich in vielen Kulturen wahrgenommen wie das Schicksal, das an die Tür pocht. Die komplizierteren Formen des *Magnificat* mögen nicht so universal sein, aber dennoch erzeugen sie eine Resonanz. Es gibt Melodien (die Deutschen nennen sie »Ohrwürmer«), die sich wie die letzte Atemwegsinfektion in der ganzen Bevölkerung ausbreiten. Warum? Gibt es in unserem Gehirn, geschaffen von der Sprache, die wir sprechen, eine Nische, die uns für bestimmte Melodien prädisponiert?

Das Rotkehlchen singt mit lauter klarer Stimme, um andere Rotkehlchen von dem winzigen Territorium, auf dem es sitzt, fernzuhalten. Ich habe aber, wenn man einmal davon absieht, daß sie morgens unter der Dusche singen, noch von keinem Menschen gehört, der zu diesem Zweck Töne von sich gibt.

Der Mathematiker Jacob Bronowski (1908–1974)

Musik ist nichts anderes als unbewußte Arithmetik ... Musik ist die Freude, welche die menschliche Seele am Zählen hat, ohne sich dessen bewußt zu sein, daß sie zählt.

Der Mathematiker G. W. Leibniz (1646–1716)

Die Musik ist die Arithmetik der Klänge, so wie die Optik die Geometrie des Lichts ist.

Der Komponist Claude Debussy (1862–1918)

*

Die Musik ist eines der großen Rätsel unserer Evolution. An ihr wird deutlich, daß einige unserer Fähigkeiten nicht mit Evolution durch Anpassung zu erklären sind. Immer wieder hört man von Anthropologen, daß musikalische Fähigkeiten sich wegen ihrer Nützlichkeit entwickelt haben sollen, daß sie eine Anpassung an das soziale Leben seien, daß die Musik »das wilde Gemüt besänftigte« und dergleichen mehr.

Eine gewisse Wirkung würde ich einräumen, zumal nachgewiesen worden ist, daß der »Regentanz« der Schimpansen eine gewisse Rolle bei Darbietungen spielt, die der Dominanz dienen (obwohl das in der Regel zu sexueller und nicht zu natürlicher Selektion führt), aber ich kann mir nicht vorstellen, wie durch Evolution die vierstimmige Harmonie entstanden sein soll oder die Fähigkeit, die komplizierten gegenläufigen Melodien Bachs zu ersinnen, die in meinem Kopf einen Widerhall zu erzeugen scheinen. Möglich, daß mein Vorstellungsvermögen dafür einfach nicht ausreicht, aber ich wette, daß die Musik sich als eine sekundäre Nutzung einer neuralen Struktur erweisen wird, die wegen ihrer Nützlichkeit bei einer seriellen Timingaufgabe wie der Sprache oder dem Werfen selektiert – und in den Mußestunden für die Musik genutzt wurde.

Wenn wir eines Tages verstehen sollten, warum Bachs Gehirn noch heute so unwiderstehlich zu unseren Gehirnen spricht, so werden wir die Kluft zwischen primären evolutionären Anpassungen und den herrlichen sekundären Nutzungen, für welche dieselbe Hirnmaschinerie verwendet werden kann, überbrückt haben. Die Musik ist eine emergente Eigenschaft, es sei denn, jemand findet heraus, daß eine schwungvolle Arie und eine Choralfuge und ein Arpeggio durch überlebenswichtige Anpassungen entwickelt wurden. Die Programmerläuterungen (angeblich von einem »Senza Sordino« – dieses Pseudonym ist eine italienische musikalische Anweisung mit der Bedeutung »ohne Dämpfer; mit dem lauten Pedal«!) zur heutigen Aufführung der Messe in F-Dur und des *Magnificat* weisen auf einige der musikalischen Besonderheiten hin, die unser Gehirn erregen:

… das abschließende »Kyrie eleison« ist als Gegenfuge komponiert, das heißt, daß jedesmal, wenn ein Thema beginnt, als Antwort dessen Umkehrung folgt. Im weiteren Verlauf des Satzes bedient Bach sich der kontrapunktischen Verfahren der Engführung, der parallelen Stimmführung, und spiegelbildlicher Umkehrungen von Themen.

Während das Grundthema der Fuge einem Höhepunkt zustrebt, beginnt jede Stimme einen Ton höher als die vorige, und die Wiederholung dieses Kunstgriffs vermittelt den Eindruck einer endlosen Folge von Stimmen …

Die Anweisung *mente cordis sui* löst eine höchst erstaunliche harmonische Sequenz aus, denn sie verlangt im Verlauf von etwa neun Takten D-Dur, fis-moll, h-moll, d-moll und schließlich D-Dur, wobei die erste Trompete alle wieder in die Ausgangstonart zurückbringt, mit einem absteigenden Lauf durch die Tonleiter und einem Triller, der jeden Trompeter im Traum verfolgt.

Gewiß ist der musikalische Geschmack abhängig von der Kultur, in der man aufwächst (und ich bin sicher, daß ein wagemutiger Student schließlich eine

Dissertation darüber schreiben wird, wie die musikalische Struktur einer Kultur mit der grammatischen Struktur ihrer Sprache zusammenhängt), doch spricht manches für eine »Tiefenstruktur« der Musik, die biologisch im Gehirn verankert ist, so wie man auch für die Tiefengrammatik der Sprachen eine Basis im Gehirn erschlossen hat. Weshalb haben unsere Gehirne diese Vorliebe für die kleine Terz und für komplexe musikalische Muster, obwohl es eine evolutionäre Anpassung für solche musikalischen Muster nicht gibt?

Diese Frage wird zwar selten gestellt, doch würde als Antwort wohl immer wieder auf den Zusammenhang mit der Sprache verwiesen werden: Sowohl die Musik als auch die Sprache stellen Sequenzen von Klängen dar, bei denen es vor allem darauf ankommt, Muster zu erkennen. Akkorde sind, ebenso wie Phoneme, gleichzeitig erklingende Töne; Melodien sind Ketten von Akkorden, so wie Wörter und Sätze Ketten von Phonemen sind. Daher würde eine natürliche Selektion im Sinne von sprachlichen Fähigkeiten uns zugleich musikalische Fähigkeiten eintragen, welche dieselbe neurale Maschinerie sekundär nutzen. Schon möglich. Die Tatsache, daß eine stochastische Sequenzierung auf vielen parallelen Gleisen das entscheidende Element bei der Vorbereitung von ballistischen Bewegungen ist, läßt jedoch vermuten, daß sowohl die Sprache als auch die Musik sekundäre Nutzungen der für ballistische Fertigkeiten entwickelten neuralen Maschinerie sind und daß die Musik mehr mit dem modernen Baseball als mit der modernen Prosa zu tun haben könnte.

Die Programmerläuterungen schließen mit folgenden Worten:

Gloria Patri, gloria Filio, gloria et Spiritui sancto! Sicut erat in principio et nunc et semper in saecula. Amen. (»Ehre sei dem Vater und dem Sohn und dem Heiligen Geist! Wie es war im Anfang, jetzt und immerdar, und in Ewigkeit. Amen.«)

Der lateinische Übersetzer läßt auf den »Hymnus« Mariens die traditionelle Anrufung der Dreifaltigkeit folgen. (Bei Lukas kommt sie nicht vor.) Bach kann nicht der musikalischen Symbolik widerstehen, in den drei Anrufungen Triolen zu verwenden, um die dreiteilige Natur der Dreifaltigkeit darzustellen, und am Ende wieder zu den Tönen zurückzukehren, mit denen er begonnen hat, wofür ihm das »Wie es war im Anfang...« das Stichwort liefert. Doch die musikalische Rückkehr dient der Ästhetik ebenso wie der Theologie, schafft sie doch einen vollkommen befriedigenden Abschluß für eines der vollkommensten und befriedigendsten Werke der Chorliteratur.

Es gibt sicher zahlreiche Aspekte des menschlichen Gehirns, die für eine Trilogie in Frage kämen, wenn es darum ginge, die drei Aspekte zu benennen, die für unsere Menschheit (und unser Menschsein) entscheidend sind. Ginge es um Merkmale, deren Verbesserung dazu beitragen würde, daß wir das nächste Jahrhundert überleben, so würden die mentalen Einstellungen, die für *Kooperation,* *Konfliktlösung* und *Familiengröße* verantwortlich sind (und die wir wahrscheinlich in hohem Maße mit unseren Vettern, den Primaten, teilen) bestimmt einen hohen Rang erhalten.

Fragt man jedoch nach den primären Merkmalen, in denen wir uns um Größenordnungen von den Affen unterscheiden, so landet man bei einem merkwürdigen Trio: der *Sprache,* dem *Szenarien entwickelnden Bewußtsein* und der *Musik* – drei Aspekten sequentieller Muster in unseren Gehirnen. Über ihre Anfänge weiß man noch immer wenig, doch liegt vermutlich in ihrer Entfaltung das Mehr an Menschlichkeit begründet, das uns vor den übrigen Primaten auszeichnet.

Wir sind offensichtlich einzigartig unter den Arten in unserer symbolischen Fähigkeit, und wir sind sicherlich einzigartig in unserer bescheidenen Fähigkeit, die Bedingungen unserer Existenz durch Nutzung dieser Symbole zu kontrollieren. Unsere Fähigkeit, die Realität darzustellen und zu simulieren, bringt es mit sich, daß wir die Ordnung des Bestehenden annähernd erfassen und dazu bringen können, menschlichen Zwecken zu dienen. Eine gute Simulation, sei sie ein religiöser Mythos oder eine wissenschaftliche Theorie, gibt uns ein Gefühl, Herr unserer eigenen Erfahrung zu sein. Etwas symbolisch darzustellen, wie wir es tun, wenn wir sprechen oder schreiben, bedeutet irgendwie, es einzufangen, es also zum eigenen Besitz zu machen. Mit dieser Näherung kommt jedoch die Einsicht, daß wir die Unmittelbarkeit der Realität geleugnet haben und daß wir, als wir einen Ersatz schufen, nur einen anderen Faden im Gewebe unserer großen Illusion gesponnen haben.

Der Physiker Heinz Pagels, 1988

Aus dem unermeßlichen heraklitseischen Fluß des Evolutionsprozesses haben gewisse Strudel und Stauwasser des Stromes ganz besondere Aufmerksamkeit auf sich gezogen. Infolgedessen gerieten die beiden großen stochastischen Prozesse [die Rekombination der Gene bei der Fortpflanzung und zufälliger Versuch und Irrtum im Denken] teilweise aus dem Blickfeld. Selbst professionelle Biologen haben nicht erkannt, daß die Evolution in der umfassenderen Sicht genauso wertfrei und schön ist wie der Tanz des Shiva, in dem alle Schönheit und Häßlichkeit, Schöpfung und Zerstörung zu einem komplexen symmetrischen Weg zusammengefaßt und verdichtet werden.

Der Anthropologe Gregory Bateson, 1979

14.
Nachdenken über das Denken: Dämmerung am Leuchtturm von Nobska

Unser Denken ist möglicherweise ein Beispiel eines selektiven Systems. Zuerst konkurrieren viele wahllos verstreute Ideen ums Überleben. Dann kommt die Selektion im Sinne dessen, was am besten funktioniert – eine Idee setzt sich durch und wird daraufhin verstärkt. Die Lehre daraus könnte sein, daß man nichts lernt, wenn man nicht bereit ist, ein Risiko einzugehen und ein wenig Zufall in seinem Leben zuzulassen.

Der Physiker Heinz Pagels, 1988

Die Zugbrücke am Eel Pond ist außer Betrieb. Die Hydraulikbremse (sie sorgt dafür, daß die Brücke auf dem letzten Meter sachte heruntergeht) hatte Flüssigkeit verloren, und so sauste die Brücke herunter und beschädigte die Anlage. Es heißt, allein die Besorgung der Ersatzteile würde zwei Wochen dauern. Einstweilen sitzen die Boote in der Falle. Man ließ einen großen Baukran kommen, der die Brücke gestern und heute für mehrere Stunden hintereinander offen hielt, damit die Boote hinein und hinaus konnten. Dabei gab er natürlich die Graffiti auf der Unterseite der Brücke statt der üblichen zwei Minuten für volle zwei Stunden den Blicken preis; bei den meisten dreht es sich um Hochschulsport und Sex, doch von der Straße aus am deutlichsten lesbar war die Aufschrift ENTROPY RULES – THE END OF AN ERA (Die Entropie regiert – das Ende einer Ära). Weltschmerz in Woods Hole? Wenn nicht, so paßt es doch sehr gut zu dieser neuen Situation, in der die sorgsam errichtete Ordnung in dieser speziellen Region des Universums zusammengebrochen ist.

Da die Reparatur zwei Wochen auf sich warten lassen könnte, ist die Frage aufgetaucht, wer für die Kosten des Krans aufkommen wird. Zwei der großen Fischerboote des MBL liegen im Eel Pond, neben den Tiertanks, und so könnte es am Ende passieren, daß das angespannte Budget des MBL für den Kran aufkommt, falls die Stadt Falmouth es ablehnt, ihrer Verpflichtung nachzukommen, die Schiffahrtswege von dem Hindernis, das sie herbeigeführt hat, zu befreien.

Sollte man vielleicht die Brücke im geöffneten Zustand abstützen? Ein kleines, behelfsmäßiges Gerüst wäre die naheliegende Lösung. Man kann auch um den Eel Pond herumgehen, um in den anderen Teil der Water Street zu gelangen – die Brücke ist nicht der einzige Weg. Aber wenn die Brücke im geöffneten Zustand abgestützt wird, werden sich einige Geschäftsleute vom Strom der Fußgänger, die auf eine Fähre warten, abgeschnitten fühlen. Wenn die Stadt sogar in Erwägung ziehen kann, die Brücke zwei Wochen lang geschlossen zu lassen, ist die herkömmliche Rechtsauffassung, daß das Schiff gegenüber aufgezwungenen Hindernissen einen Vorrang hat, offenbar weitgehend ausgehöhlt. Das ist eine Situation, wie sie Juristen besonders schätzen.

*

Mit dem jahreszeitlichen Wechsel (der Herbst liegt fast »in der Luft«) sind mehr von den großen Vögeln gekommen, die von Maine aus in den Süden fliegen: Der Eel Pond weist jetzt nicht nur fünf Kormorane auf, die sich auf weißen Bojen sonnen, sondern einige Stunden vor Sonnenuntergang hat sich noch ein Kanadareiher eingestellt. Erst setzte er sich auf den Außenbordmotor eines kleinen Bootes, dann zog er um und ließ sich in der gleichen Haltung auf dem Heck eines Kabinenkreuzers nieder. Ich behielt ihn im Auge, weil ich wissen wollte, was geschehen würde, wenn jemand die Treppe vom Unterdeck heraufkommen und den riesigen Vogel erblicken würde, der dort saß und ihn anschaute. Dieser Kanadareiher wirkt noch größer als gewöhnlich, denn normalerweise sieht man einen Reiher in fußtiefem Wasser stehen und nach dummen Fischen Ausschau halten.

Der ist hier vollkommen fehl am Platz, wenngleich seine Vorfahren vor hundert Jahren in diesen Gewässern gefischt haben mögen. Kanadareiher sind darauf spezialisiert, in seichten Gewässern zu fischen (eine Schnecke oder Kaulquappe lassen sie auch gern mal mitgehen). Das frühere Ufer ist unter Stein und Beton verschwunden, so daß es im Eel Pond nicht mehr viele seichte Stellen gibt, und dort, wo es noch welche gibt, liegen überwiegend verfallene Boote; dieser Reiher wird entweder mit den Kormoranen um ihre Beute im tieferen Wasser konkurrieren oder weiterfliegen müssen, um ein geeigneteres Uferstück zu finden. Die Kormorane und die Reiher haben, wie die Ökologen sagen, »die Ressource unter sich aufgeteilt« (in diesem Fall nach der Tiefe des Gewässers), statt direkt miteinander zu konkurrieren; würden sie durch Befischen der gleichen Gewässer in direkte Konkurrenz treten, so würde eine Art sich wahrscheinlich durchsetzen und die andere aussterben. Daß heute so viele Tierarten aussterben, liegt im Grunde daran, daß Menschen in ihre Nische eingedrungen sind und begonnen haben, mit ihnen um Ressourcen wie Nahrung und Land zu konkurrieren. Ihre Nahrung und ihre Nistplätze in Anspruch zu nehmen, ist ebenso tödlich, wie wenn man sie abschießen würde, nur um eine Generation verzögert.

Vielleicht ist dies ein nonkonformistischer Reiher, der aus dem herkömmlichen Reiherhabitat heraus möchte. Die meisten genetischen oder kulturellen Veränderungen, durch die sich ein Individuum sehr weit von der optimierten Lebensweise entfernt, erweisen sich allerdings als nachteilig: Falls er es schafft, sich zu ernähren, wird er wahrscheinlich nach traditionellen, genetisch festgeschriebenen Maßstäben als ein zu großes Risiko eingestuft werden und bei der Konkurrenz um einen Geschlechtspartner verlieren. Durch fortgesetztes Optimieren kann eine Sackgasse entstehen (zumindest solange, bis das Klima sich ändert und die optimalen Verhältnisse auf den Kopf stellt).

Ganz ähnlich wird die Tatsache begründet, daß menschliches Bewußtsein, menschliche Intelligenz, menschliche Sprache und dergleichen sich nur einmal in drei Milliarden Jahren entwickelt hat: Möglicherweise wurden diese Fähigkeiten *negativ* selektiert, weil geringe Steigerungen in dem Wettrennen um die Fortpflanzung, das wir »Fitneß« nennen, vermutlich keine *merklichen* Verbesserungen brachten. Man braucht sich ja nur einen Schimpansen vorzustellen, der »komisches Zeug redete« oder nicht richtig lernte, wie man Futter sammelt, weil er dauernd mit Hämmern herumspielte. Dieser Einwand, der auf der Beständigkeit der ökologischen Nische beruht, könnte natürlich durch eine schlagartige, starke Verbesserung überwunden werden, in deren Folge die Fitneß sich merklich steigern würde. Durch einen Funktionswandel kann tatsächlich eine sprunghafte Veränderung eintreten, und es kann sein, daß die natürliche Selektion nach der Entdeckung einer neuen Nische zunächst relativ unwirksam ist, bis mit der Sättigung der Nische die Optimierung beginnt. Den *Ursprung* dieser menschlichen Besonderheiten sollten wir daher eher nicht bei geringen Verbesserungen suchen, so wichtig die Effizienz am Ende auch werden mag.

*

Der »Tag der Arbeit« in der ersten Septemberwoche gibt durch verläßliche Anzeichen zu erkennen, daß mit ihm der Sommer offiziell zu Ende geht. Überall in der Stadt sieht man überladene Kombiwagen, die unter ihrer Last schwanken. Die Stinktiere sind offenbar darüber im Bilde, daß die Kühlschränke ausgeräumt werden. Etliche der Restaurants und Gasthäuser in Woods Hole haben bereits für diese Saison dichtgemacht.

Auf den Parkplätzen des MBL sieht man gehäuft Mietlastwagen, weil die Labors einpacken und wieder nach New York, Baltimore oder Pittsburgh zurückkehren. Wegen der Amateur-Lastwagenfahrer gibt es ein neues, saisonbedingtes Verkehrsrisiko: Ich konnte auf dem MBL-Parkplatz beobachten, wie ein glückloser Miet-Lkw zwischen zwei Autos festhing, die er beide bei dem Versuch gerammt hatte, durch eine Gasse von der Breite eines Pkw zu fahren. Der Laster war fest verkeilt, saß in der Falle, ein peinlicher Anblick für jeden.

Auf dem Eel Pond liegt kaum noch ein Segelboot, was sicherlich mit dem herrlichen Wetter und mit der Tatsache zu tun hat, daß die Leute auf der Heimreise sind. Fast kann man wieder auf dem Eel Pond oder im Little Harbor segeln; normalerweise sind das überfüllte Parkplätze für Boote – die Tragödie des gemeinen Volkes in einer verkleinerten Ausgabe.

Das kleine Stück Strand, das zum MBL gehört, ist mit Badenden absolut vollgestopft. Auch der dazugehörige Parkplatz ist überfüllt, allerdings sind viele der Personen- und Kombiwagen für die Heimreise gepackt. Der herangekarrte Sand des Stony Beach ist offenbar die letzte Station, bevor man sich auf den Weg macht, eine Gelegenheit, die Kinder sich austoben zu lassen, damit sie während der langen Autobahnfahrt schlafen. Leider pflegt die salzige Luft die Fahrer ebenso müde zu machen wie die Kleinen.

In der heutigen Zivilisation gibt es viele, die nicht die leiseste Ahnung von der Eigenart, von der Poesie der Nacht haben, ja, die noch nicht einmal die Nacht gesehen haben. Besonders außerhalb der Stadt, wo es wirklich Nacht ist und keine künstlichen Lichter das Dunkel durchbohren oder stören ...
Der Naturgeschichtler Henry Beston, 1928

*

Während der Rhythmus des Lebens in Woods Hole sich verändert, bekommen auch die Abende einen anderen Charakter. Der Nebel hat sich verzogen, vermutlich weil der Wind sich gedreht hat und nicht mehr vom feuchten Atlantik kommt, sondern trocken aus Connecticut und Rhode Island herüberweht. Die Freunde des Windsurfens sind deshalb in Massen zu neuen Stränden aufgebrochen.

Gegen Ende August erfolgt der Sonnenuntergang merklich früher – auch der Sonnenuntergang über Woods Hole, vom Leuchtturm von Nobska aus gesehen. Die Anhöhe vor dem Leuchtturm wird zum Sammelpunkt der Ortsansässigen, die den Sonnenuntergang bewundern, und jeden Abend geht die Sonne ein oder zwei Minuten früher unter, endet ihre scheinbare Bahn ein Stück weiter südlich als am Abend zuvor. Anfang September geht sie schließlich direkt im »Loch« unter, der in Ost-West-Richtung verlaufenden Wasserstraße zwischen Woods Hole und den Elizabeth Islands. Im Vordergrund liegt auf dem schimmernden Wasser eine strahlende rote Bahn, in die Segelboote hineinsegeln, die von Fähren durchkreuzt wird, während die Windsurfer vor Nobska Beach für Augenblicke darin zu verschwinden scheinen.

Die Wetteränderung hat einige spektakuläre Sonnenuntergänge in Violett und Rosa mit sich gebracht. Wenn die Beleuchtungsverhältnisse und der pastellfarbene Hintergrund stimmen, kann man gelegentlich in der Nähe der untergehenden Sonne grüne Punkte sehen, da die Nachbilder der hellen

Sonne auf der Netzhaut durch den Farbkontrast verstärkt werden; es scheint, als strömten kleine grüne Punkte von der Sonne aus und trieben nach einer Seite. Wenn die Sonne wegen des Dunstes zu schwach ist oder wenn die Wolken in der Nähe zu hell oder nicht rötlich genug sind, sieht man die Punkte nicht.

Dieses Schauspiel ist natürlich ganz und gar eine täuschende Wahrnehmung, die auf den lateralen Hemmungen in der Netzhaut und im Gehirn beruht. Das Grün, das man sieht, ist die zu der roten Umgebung komplementäre Farbe; da die Empfindlichkeit der Netzhaut durch die Sonne selbst stark heruntergefahren wurde, erscheint der Punkt, wenn man auf gewöhnliche rote Wolken blickt, sehr schwach, und die umgebenden roten Wolken induzieren über die laterale Hemmung das Grün. Aber warum bewegt sich der Punkt, auch wenn man weiterhin die Sonne fixiert? Damit verhält es sich offenbar so ähnlich wie mit den Strudeln, die über dem Badewannenabfluß herumwandern. Solche Punkte herabgesetzter Empfindlichkeit haben wohl mehr mit der neuronalen Dynamik als mit ausgeblichenen Photorezeptoren zu tun, und der Ort der herabgesetzten Empfindlichkeit kann sich scheinbar vom Fixierungspunkt entfernen.

*

Nach Einbruch der Dunkelheit hält sich der Geruch eines Holzfeuers in der Luft, hier am Strand unterhalb des Leuchtturms von Nobska. Vergangenes wird wieder wach – für mich beschwören der Rauch und die salzige Luft eine Konstellation Proustscher Erinnerungen herauf.

Mit nachlassender Feuchtigkeit sind die Nächte jetzt klar, und die Sterne sind gut zu sehen. Drei Planeten bilden am südlichen Himmel einen Bogen: Mars, Jupiter und Venus. Unter ihnen streicht der Strahl des Scheinwerfers regelmäßig von links nach rechts.

Auch wandernde Sterne zeigen sich – nein, es sind keine Satelliten, sondern nur hoch fliegende Flugzeuge auf dem Weg nach Europa. Die beliebten Nachtflüge von New York nach London oder Paris berühren auf ihrer Großkreis-Route Cape Cod. Oberhalb der Venus taucht am südwestlichen Himmel ein Blinklicht auf, zieht langsam über den Zenit und verschwindet im Nordosten, und das Ganze dauert etwa zwei Minuten. Ist das eine verschwunden, kommt im Südwesten oberhalb der Venus blinkend schon das nächste ins Blickfeld. Unablässig wiederholt sich dieses Zweiminutenmuster, so als stünde auf einer New Yorker Rollbahn ein endloser Vorrat an Jumbojets, die alle nur darauf warten, diesem einen unsichtbaren Gleis am Himmel zu folgen. Hin und wieder tritt eine Zweiminutenpause ein, bevor wieder eins erscheint; das sind dann wohl Flüge mit einem anderen Ziel.

Ich halte Ausschau nach Lichtern, die sich noch langsamer über den Himmel bewegen, den Satelliten, die die Erde umkreisen. Und nach solchen, die kurz aufblitzen, den Meteoren, die in der oberen Atmosphäre abgebremst werden. Doch die transatlantischen Flugzeuge, die bei Reisegeschwindigkeit von ihren roboterhaften Autopiloten gesteuert werden, scheinen heute nacht die einzigen wandernden Lichter zu sein, fahrenden Zügen vergleichbar, die auf einem unsichtbaren Gleis in der Atmosphäre miteinander verknüpft sind.

*

Nicht nur Kinder achten darauf, wie eine Geschichte erzählt wird. Alle Menschen scheinen ständig Dinge miteinander zu verknüpfen: Phoneme zu Wörtern, Wörter zu Sätzen, Vorstellungen zu Szenarien – und sind dabei ungeheuer besorgt, daß sie nur ja in die richtige Reihenfolge kommen. Unser Gehirn erzeugt mit Hilfe von Regeln über die Wortfolge eine sehr leistungsfähige Sprache, die eine unendliche Anzahl noch nie dagewesener Mitteilungen erlaubt, während jede andere Primatenart nur über einige Dutzend Schreie und Grunzlaute verfügt, die sich mit einigen Dutzend gleichbleibenden Interpretationen verbinden. Es sind nicht unsere honigsüßen Stimmen, die einen signifikanten Fortschritt gegenüber den Affen darstellen, sondern unsere Ordnungsregeln, die sinnvolle Reihenfolge, in der wir unsere Äußerungen miteinander verknüpfen.

Dabei ist unserem mit sich selbst sprechenden Bewußtsein unter anderem besonders daran gelegen, Szenarien zu erzeugen, indem es versucht, Gedächtnisschemata miteinander zu verknüpfen, um die Vergangenheit zu erklären und die Zukunft vorherzusehen. Peter Brooks beschreibt es folgendermaßen:

Unser Leben ist unablässig mit Erzählungen durchwoben, mit den Geschichten, die wir erzählen und die uns erzählt werden, mit denen, die wir erträumen oder ersinnen oder gern erzählen würden, und sie alle werden umgearbeitet zu jener Geschichte unseres eigenen Lebens, die wir uns in einem episodischen, manchmal halb bewußten, aber praktisch ununterbrochenen Monolog selbst erzählen. Eingebettet in Erzählungen, sind wir dabei, unsere bisherigen Handlungen immer wieder neu darzustellen und ihre Bedeutung immer wieder neu einzuschätzen, das Ergebnis unserer

Zukunftprojekte vorwegzunehmen und uns selbst im Schnittpunkt mehrerer Geschichten zu situieren, die noch nicht abgeschlossen sind.

Es ist unsere Fähigkeit, zwischen solchen alternativen Szenarien zu wählen, die unsere Willensfreiheit begründet – wobei unsere Wahl natürlich nur so gut sein kann wie unser Einfallsreichtum bei der Konstruktion einer Vielzahl von möglichen Szenarien. Auch das logische Denken beruht offenbar auf den Sequenzierungsregeln für ein zuverlässiges Schlußfolgern. Unsere hochentwickelten Fähigkeiten zur Projektion sind durch und durch sequentiell: Ein Schachmeister zum Beispiel pflegt sich die Brettkonfiguration nicht nur nach dem nächsten Zug, sondern ein halbes Dutzend Züge voraus als eine Reihe von alternativen Szenarien vorzustellen. Sogar unsere Freizeitbeschäftigungen sind erstaunlich seriell.

Darwin-Maschinen lassen vermuten, daß unser Einsichtsverhalten aus dem Entwerfen von Szenarien entspringt, daraus, daß wir denken, bevor wir handeln. Dabei braucht einem Problem noch nicht einmal bewußte Aufmerksamkeit geschenkt zu werden, denn das Problemlösen vollzieht sich offenbar weitgehend im Hintergrund, unterbewußt.

*

Auf welche Weise wir im Unterbewußtsein Dinge zusammenfügen, ist seit jeher eines der großen Rätsel. Die Beispiele in Kapitel 5 – Otto Loewis Entdeckung und Albert Szent-Györgyis Aphorismus – unterstreichen die Rolle der Vorgänge, die sich nachts in unserem Geist abspielen. Oft stellt sich aber auch tagsüber, während man scheinbar mit etwas anderem beschäftigt ist, plötzlich die Lösung eines Problems ein.

Ich saß heute am Strand und lauschte, ohne irgend etwas Besonderes zu tun, den Wellen. Plötzlich wurde mir klar, woran es lag, daß unser Auto im Verlauf dieses Tages ein Leck im Kühlsystem bekommen hatte. Dabei hatte es aufgehört zu lecken, nachdem ich ein wenig Kühlmittel nachgefüllt hatte. Als wir vor der Bäckerei angehalten hatten, tropfte es ganz regelmäßig aus dem Motorraum und lief in einem Bach die Straße hinunter. Ist es möglich, daß ein größeres Leck plötzlich aufhört zu lecken?

Aber so war es. Nach einer einstündigen Fahrt und einer Überfahrt mit der Fähre (auf der sich nicht ein Tropfen Kühlmittel unter dem Wagen fand) sowie einer Wanderung am Strand präsentierte das Unterbewußtsein meinem Bewußtsein endlich die Lösung – nachdem ich die hereinkommende Flut und den Kanadareiher betrachtet hatte.

- Ich hatte, bevor wir bei der Bäckerei wegfuhren, die Belüftung abgestellt und das Wagendach aufgemacht, weil es so ein schöner Tag war.
- Die Belüftung ist mit der Heizung verbunden.
- Durch die Heizung fließt das heiße Kühlmittel.
- Es muß aber ein Absperrventil für das Kühlmittel geben, falls man stattdessen die Klimaanlage betreibt.

Folglich mußte das Leck in dem Schlauch sein, der das Kühlmittel der Heizung zuführt. Deshalb hatte es aufgehört zu lecken, nachdem wir bei der Bäckerei weggefahren waren!

Nun hatte ich aber seit mehreren Stunden nicht einen Augenblick bewußt daran gedacht, sondern mir vorgenommen, einmal danach zu sehen, wenn ich wieder zu Hause sein würde. Mit Bestimmtheit hatte ich mich nicht darüber geäußert, daß ich die Belüftung routinemäßig abgestellt hatte – das war eine der unbedeutenden Tatsachen, die eine Zeitlang in meinem Kurzzeitgedächtnis bleiben und in ein paar Stunden wahrscheinlich vollkommen vergessen gewesen wären. Ich hatte mich – das gebe ich zu – schon einmal darüber geäußert, daß hier ein immer wieder auftretendes Problem mit der Leitung vorliege und daß dies nicht ganz ungewöhnlich sei ... (Ich habe ausgiebig Erfahrungen gemacht mit dem Versuch, immer wieder auftretende Probleme mit der Elektronik zu lösen, weil solche Probleme dem Neurophysiologen auf die Nerven gehen, sowie mit dem Versuch, immer wieder auftretende neurologische Probleme im Zusammenhang mit Nerven, die nur eine geringe Leitfähigkeit besitzen, zu diagnostizieren – von daher rücken immer wieder auftretende Symptome bei mir automatisch in eine interessante Kategorie.)

Doch Probleme mit dem Auto überlasse ich normalerweise der Werkstatt. Was sich unter der Motorhaube eines Autos abspielt, ist mir rätselhaft geblieben seit dem 1950er Plymouth-Kombiwagen, den ich als Student gebraucht kaufte. Meine Kenntnisse von den Leitungssystemen eines Autos sind gering: Ich habe Angst, ich könnte versehentlich die Flüssigkeit für die Scheibenwaschanlage in das Kühlsystem füllen. Doch all das wurde von meinem Unterbewußtsein geklärt, vermutlich dadurch, daß es zahlreiche unsinnige Kombinationen durchprobierte, die zu absurd waren, um sich durchsetzen zu können gegen die bewußten Erfahrungen von Sonne und Brandung, die sich auf meinem Hauptgleis abspielten.

Meine Frau, nach deren Ansicht Theorien dazu da sind, widerlegt zu werden, schlug sogleich ein Experiment vor: Auf der Rückfahrt vom Strand sollten wir die Heizung einschalten und schauen, ob Kühlmittel heraustropfte. Aber dann taten Sonne und Brandung ihre Wirkung auch bei ihr, und wir vergaßen das ganze.

Die gleichzeitige Evolution mehrerer Szenarien läßt jedoch vermuten, daß es sich bei Darwin-Maschinen nicht um einen einheitlichen Rangierbahnhof handelt, auf dem durch Evolution eine dominante Sequenz entsteht, sondern daß verschiedene Gruppen von Sequenzierern vorhanden sind, Teilpopulationen, die jeweils ihre eigene interne Evolution durchlaufen. Gleiches geschieht in der biologischen Evolution, wenn isolierte Teilpopulationen (die sogenannten Demen) eine starke Konkurrenz untereinander erleben. Es ist möglich, daß unsere Population von etwa hundert Sequenzierern aufgeteilt wird; statt daß sich ein dominanter Beinahe-Klon insgesamt durchsetzt, könnte es sein, daß die Minderheiten eine Chance erhalten, eine getrennte Evolution durchzumachen. Und sich dann gelegentlich im Ganzen durchsetzen, wenn ein Beinahe-Klon sich entwickelt, der den bisherigen Sieger zu verdrängen vermag.

*

Eine der großen Gefahren des Denkens besteht darin, daß die Suche nach der besten Option vorzeitig beendet wird. Der *vorzeitige Abbruch* ist leicht zu erkennen, wenn er mit verbissener Entschiedenheit einhergeht, wie auf dem fundamentalistischen Autoaufkleber: GOD SAID IT, I BELIEVE IT, AND THAT'S THAT! (Gott sprach's, ich glaub's, und damit basta!) Hervorstechend ist auch das Gegenteil davon, die Hamletsche Unschlüssigkeit, über die Daniel Dennett schreibt:

> Die Zeit eilt davon, und es muß gehandelt werden, und vielleicht steht einem nicht die Zeit zur Verfügung, all seine Überzeugungen gründlich zu überprüfen, all die Untersuchungen und Experimente, die man für wichtig hält, durchzuführen, jede seiner Wahlmöglichkeiten zu bewerten, bevor man handelt, und damit Hamlets Untätigkeit uns nicht überwältigt, ist es vielleicht am besten, wenn unser Entscheidungsprozeß beschleunigt wird durch einen Prozeß der partiell zufälligen Erzeugung und Prüfung.

Fälle eines vorzeitigen Abbruchs, die zwischen diesen Extremen liegen, erkennt man gewöhnlich erst hinterher, wenn man beispielsweise durch einen Fehler nachdenklich gemacht wurde.

Bei Kindern ist der vorzeitige Abbruch in der Regel wohl auf die kurze

Aufmerksamkeitsspanne zurückzuführen. Bei Erwachsenen liegt es aber mit Sicherheit am logischen System: Paßt etwas in ein System hinein, so werden Alternativen nicht mehr geprüft. Wenn ich das Werfen mit einem Newtonschen Bezugssystem in Übereinstimmung bringen kann, mache ich mir gewöhnlich keine weiteren Gedanken und lasse die relativistische Erklärung außer Betracht. Wenn ein doktrinärer Ökonom ein soziales Phänomen mit einem marxistischen oder kapitalistischen Bezugssystem in Übereinstimmung bringen kann, verzichtet er gewöhnlich auf die Prüfung alternativer Erklärungen. In der Politik beobachtet man immer wieder Menschen, die Scheuklappen zu tragen scheinen und offensichtliche Tatsachen übersehen – dabei gehen sie nur von einem anderen Bezugssystem aus.

Es gibt natürlich schon Unterschiede zwischen den Bezugssystemen, die Wissenschaftler vorschlagen (und immer wieder zugunsten besserer aufgeben), und jenen religiösen und politischen Bezugssystemen, die sich eine Art von unantastbarer Heiligkeit zulegen (Johannes Calvin pflegte seiner Vorstellung von Heiligkeit während der Reformation dadurch Geltung zu verschaffen, daß er Ketzer auf dem Scheiterhaufen verbrannte; nicht minder selbstsicher pflegt die politische Polizei zu sein). Der Astronom Carl Sagan bemerkte:

> In der Wissenschaft kommt es öfter vor, daß Wissenschaftler sagen: »Wissen Sie, das ist ein wirklich gutes Argument, meine Auffassung ist falsch«, und dann ändern sie wirklich ihre Meinung, und man hört sie nie wieder die alte Auffassung vertreten... Ich kann mich nicht erinnern, daß so etwas in der Politik oder der Religion vorgekommen wäre. Es ist sehr selten, daß etwa ein Senator erwidert: »Das ist ein gutes Argument. Ich wechsele jetzt meine Partei.«

Gewiß bewahren Bezugssysteme uns davor, alles von Grund auf bewerten zu müssen, aber sie haben auch ihre Risiken, wie Nietzsche bemerkte: »Überzeugungen sind gefährlichere Feinde der Wahrheit als Lügen.«

Nichts bewirkt so viel Zerstörung, Elend und Tod wie die Besessenheit von einer für absolut gehaltenen Wahrheit. Jedes historische Verbrechen ist das Produkt eines Fanatismus. Jedes Blutbad wird angerichtet im Namen der Tugend, im Namen des berechtigten Nationalismus, einer wahren Religion, einer gerechten Ideologie, des Kampfes gegen Satan.
Der Molekularbiologe François Jacob, 1988

Jeglicher Fundamentalismus zeichnet sich dadurch aus, daß er absolute Gewißheit gefunden hat – die Gewißheit des Klassenkampfes, die Gewißheit der Wissenschaft oder die Buchstabengewißheit der Bibel –, die Gewißheit desjenigen, der endlich einen unerschütterlichen Fels gefunden hat, auf dem er stehen kann, einen Fels, der, im Unterschied zu anderen, »ganz und gar unerschütterlich« ist. Der Fundamentalismus ist jedoch eine Endform menschlichen Bewußtseins, bei der keine Entwicklung mehr stattfindet, weil sie die Ungewißheit und das Risiko, das mit realem Wachstum verbunden ist, ausschaltet.

Der Physiker Heinz Pagels, 1988

*

Abgesehen davon, daß deduktive Bezugssysteme etwas Verführerisches haben, ist nicht immer klar gewesen, worin die Alternative besteht – und oft ist es besser, ein Bezugssystem zu übernehmen, das (zumindest) häufig funktioniert, als ganz ohne Bezugssystem auszukommen. Außerdem erscheinen die Befürworter deduktiver Systeme in der Regel ungeheuer realistisch und »rational«, im Gegensatz zu den Leuten, die nach einem besseren System herumtasten; vereinfachende, alles aus Prämissen ableitende Systeme finden leicht Anhänger, greifen leicht auf andere Bereiche über (möglicherweise ist das der Grund, warum in den USA die Verfechter des religiösen Fundamentalismus teilweise identisch sind mit den Anhängern einer strengen Verfassungsauslegung, und vielleicht sind deshalb Vertreter der physikalischen Wissenschaften in diesen Lagern sehr viel öfter zu finden als Vertreter der biologischen Wissenschaften).

Doch auch die Physik mußte schließlich den Determinismus aufgeben, die Quantenmechanik akzeptieren und sich darauf einlassen, mit unscharf definierten Mengen zu arbeiten. Und die meisten Lebensvorgänge sind, sieht man einmal von der Photosynthese, dem Stoffwechsel und den übrigen Wunderwerken unserer Organe ab, alles andere als berechenbare Routine. Es gibt in Wahrheit kein »Gleichgewicht der Natur«, weil Ökosysteme und Arten sich ständig weiterentwickeln. Oft genug setzt sich gerade das Unberechenbare durch. Tiere mit einer berechenbaren Verhaltensroutine werden von einem opportunistischen Räuber gefressen, der den abendlichen Besuch am Wasserloch und dergleichen vorhersehen kann; unsere Vorfahren von der Gattung *Homo erectus* fanden leicht Nahrung, indem sie mitten in eine dichte Herde, die bei Sonnenuntergang zur Tränke an den See kam, diskusförmige Steine hineinschleuderten.

Unberechenbarkeit gehört zu der Flexibilität, zu der Strategie der Natur, sich Optionen offenzuhalten. Tiere, die sich nicht an neue Umgebungen anpassen können, werden die unablässigen Klimaschwankungen nicht überleben. Rechtssysteme, die nicht imstande sind, zu wachsen und sich mit den wechselnden Problemen unserer Gesellschaft zu ändern, werden zu einem starren Anachronismus, der soziale Ausbrüche begünstigt. Berechenbarkeit und Rationalität sind dort von Vorteil, wo es um potentiell geordnete Sachverhalte geht, und bei technischen sowie rechtlichen Systemen haben wir damit glänzende Erfolge erzielt; wir sollten jedoch nicht erwarten, daß lebende Systeme sich in einer wechselhaften, unvorhersehbaren Welt nach diesen Prinzipien richten.

*

Würde ich meiner Lieblingskatze den Namen »Rauschen« geben, so würde man darin sicherlich einen Ausdruck mangelnder Wertschätzung sehen, so als würde ich sie »Ekel« nennen; wenn man aber bedenkt, wie schöpferisch das Rauschen ist, sollte ich eigentlich zwei verspielte Katzen haben, die auf die Namen »Selektion« und »Rauschen« hören, benannt nach den beiden Kehrseiten des darwinistischen Evolutionsprozesses. Da ich nur eine Katze habe, sollte ich ihr wohl den einen Namen geben, der beide Konzepte in sich vereint: »Darwin«.

Das Rauschen, für die Technik ein unerwünschtes Hindernis, ist für den Darwinismus ein Mittel, um Neuentwicklungen auszuprobieren. Hier fassen wir es jedoch als einen Anreiz auf, eine redundante Maschinerie zu entwickeln, deren sekundäre Nutzungen revolutionär sein können. Möglicherweise hat es sogar in der Evolution der Hominiden ein »Rauschfenster« gegeben: Da sie kein stärkeres neuronales Rauschen zu überwinden hatten, könnten die Eiszeit-Hominiden zu tüchtigen, Wurfgeschosse schleudernden Räubern geworden sein, ohne daß sie die zusätzlichen seriellen Puffer für das massiv serielle Schema benötigten. Die Tatsache, daß sich überhaupt so viele parallele Planungsgleise entwickelten, ist zwar mit der Timingpräzision zu erklären, doch das eigentlich Interessante sind die möglichen Freizeitnutzungen – falls die zusätzlichen Puffer imstande sind, beliebige andere Dinge zu sequenzieren, sobald sie nicht für Muskelbefehle für das Werfen, Hämmern, Knüppeln usw. benötigt werden.

Falls es möglich ist, die separaten Gleise so voneinander zu lösen, daß sie unabhängig voneinander betrieben werden können, könnte durch die Bereitstellung zahlreicher in Frage kommender Warteschlangen die Fähigkeit gefördert werden, Wörter zu komplizierteren Sätzen oder Schemata zu glaubwürdigeren Szenarien zu verknüpfen. Unsere leistungsfähige Sprache und unser für die Zukunft planendes Bewußtsein könnten daher, statt sich dank ihrer eigenen Selektionsvorteile Schritt für Schritt entwickelt zu haben, als neue Freizeitnutzungen einer neuralen Maschinerie hervorgetreten sein, die sich ursprünglich unter einem Selektionsdruck im Sinne prosaischerer Bewegungen der Vordergliedmaßen entwickelt hat.

Sollten neuronale Netze einmal in der Lage sein, beliebig variierte Sequenzen zu erzeugen und anschließend anhand von erinnerten Umwelten Schritt für Schritt zu selektieren, so wäre das in der Tat ein naheliegender Weg zur Maschinenintelligenz und zu intelligenten Robotern, wobei wir uns allerdings, sollte uns das gelingen, mit den Problemen der Phantasie und der »Willensfreiheit« der Maschinen werden auseinandersetzen müssen. Noch wissen wir nicht, wie weitgehend unser Seelenleben sich erklären ließe mit zufällig entdeckten sekundären Vorteilen stochastischer Sequenzierer und deren Tendenz, die Population der Sequenzierer aufzuteilen in Teilpopulationen, wodurch die Minderheiten eine Chance erhalten, sich gesondert weiterzuentwickeln. Und gelegentlich auch, wenn sie eine hohe Bewertung erreichen, Bewußtsein erlangen.

Aber so wie der darwinistische Gradualismus ergänzt worden ist durch Erkenntnisse über sexuelle und Gruppenselektion, über die Isolation von Teilpopulationen und die allopatrische Speziation, über Stagnationsphasen und »Überholspuren«, so ist wohl auch bei einem besseren Verständnis unseres Seelenlebens damit zu rechnen, daß man auf zusätzliche Prozesse stoßen wird, welche die stochastische Entwicklung neuer Konstrukte regulieren und ausgestalten. Man spricht viel zu häufig von einem »höheren Bewußtsein«, doch ein ähnliches Konzept werden wir benötigen, um die »virtuellen Maschinen« zu bezeichnen, die man auf der Basis von stochastischen Sequenzierern konstruieren kann.

Was Odysseus vor dem Lotos, vor den Drogen der Circe und dem Gesang der Sirene bewahrt, ist nicht bloß die Vergangenheit oder die Zukunft. Für den einzelnen, für das Kollektiv, für die Zivilisation ist die Erinnerung nur dann wirklich bedeutsam, wenn sie das Gepräge der Vergangenheit und das Projekt der Zukunft miteinander verbindet, wenn sie uns befähigt, zu handeln, ohne daß wir dabei vergessen, was wir tun wollten, zu werden, ohne daß wir dabei aufhören, zu sein, und zu sein, ohne daß wir dabei aufhören, zu werden.

Italo Calvino, 1975

15.
Simulationen der Realität: Verbesserte Säuger und Roboter mit Bewußtsein

Perhaps I am no one.
True, I have a body
and I cannot escape from it.
I would like to fly out of my head,
but that is out of the question.
It is written on the tablet of destiny
that I am stuck here in this human form.
That being the case,
I would like to call attention to my problem.

Vielleicht bin ich niemand.
Es ist wahr, ich habe einen Körper,
und ich kann ihm nicht entrinnen.
Ich möchte meinem Kopf entfliehen,
doch das kommt nicht in Frage.
Es steht auf der Tafel des Schicksals geschrieben,
daß ich an diese menschliche Gestalt gefesselt bin.
Da das der Fall ist,
möchte ich auf mein Problem aufmerksam machen.
      Anne Sexton, *The Poet of Ignorance*

Die Sterne sind strahlend hell. Im Westen wird gleich der Halbmond untergehen. Am südlichen Himmel erkenne ich Jupiter und Mars, am nördlichen Himmel den Großen Bären, über mir Cassiopeia. Die Alten gaben diesen Sternbildern Namen, denn sie spielten »verbinde die Punkte« und stellen sich oben am Himmel Tiere und Alltagsobjekte vor. Wir wissen heute, daß die Sternbilder keine wirklich zusammenhängenden Gebilde sind, sondern zufällige Konfigurationen aus nahen und fernen Sternen, die aus unserer Position auf einem Nebenarm der Milchstraße einer vertrauten Form zu entsprechen scheinen. Unter den zufälligen Konfigurationen treffen wir eine Auswahl (wo habe ich *das* schon einmal gehört? Wieder meldet sich das Schema). Sternbilder sind *menschliche* Schöpfungen – das würde einen eiszeitlichen Jäger nun aber mit Sicherheit erstaunen.

Einerseits ist das menschliche Gehirn zwanghaft, ständig darum bemüht, etwas in seine vorgefaßten Meinungen hineinzupressen. Andererseits sucht es ständig nach neuen Möglichkeiten, Dinge miteinander zu verknüpfen, nach neuen Kategorien, die es aufstellen könnte. Wir machen uns Gedanken darüber, ob etwas eine reale Identität hat oder bloß ein Produkt unserer Einbildung ist. Gesichter in den Wolken.

Oder in den Wellen, die sich zu meinen Füßen kräuseln. Mir scheint, als habe in dem stillen Wasser, auf das schräg der Mondschein fällt, etwas die Oberfläche durchbrochen, um dann wieder zu verschwinden. Einbildung oder Realität?

Ich schaue mich um – und kurz darauf wird ein pelziger runder Kopf sichtbar. Dann große runde Augen. Schließlich taucht (das phantasiere ich bei dem Mondlicht) aus den Wellen ein Schnurrbart auf.

Ich merke, wie mir der Atem stockt. Es ist tatsächlich ein Seehund.

Bei der hereinkommenden Flut fischt er in der Nähe des Kais. Jetzt schwimmt er an der Oberfläche und schaut sich um.

Und er sieht mich in der Nähe stehen. Ich sehe, wie seine Augen sich im Mondlicht auf mich richten. Unsere Blicke treffen sich. Ein anderes Geschöpf in meinem Universum fragt: »Wer bin ich?«

Ich bemühe mich, harmlos zu erscheinen (auch wenn das irreführende

Werbung für meine Spezies ist). Nachdem er mich nicht interessanter findet als den untergehenden Mond, taucht der Seehund wieder ab. Und ich bin wieder allein mit Himmel und Wasser.

Nehmen wir an, daß es uns Neurophysiologen gelänge, für die Spezialisierungen der Gehirne anderer Säuger, etwa für das hochentwickelte Gehör der Fledermaus und des Wals, sekundäre Nutzungen zu finden. Indem wir ihnen zum Beispiel beibrächten, die Sequenzierungsfähigkeiten, die sie besitzen, zu nutzen. Tiere, die mit Echolot arbeiten, entschlüsseln komplizierte Klangsequenzen, und der Gesang der Wale zeigt, daß marine Säugetiere lernen und Sequenz-»Traditionen« ändern können. Bestimmt sind die neuralen Schaltungen einiger Tiere nicht so fest verdrahtet, daß wir sie mit ein wenig Training von Jugend an nicht dazu bringen könnten, begrenzte Darwin-Maschinen-Fähigkeiten zu erreichen. Wir könnten auf diese Weise vielleicht die Sprache der betreffenden Arten, ja, sogar ihr Bewußtsein erweitern und sie dadurch befähigen, eine ausgeprägte Kultur zu entwickeln. Vielleicht könnten sie irgendwann die eigene Evolution in die Hand nehmen, so wie wir Menschen es getan haben. Allerdings würden mit der gesteigerten Voraussicht natürlich auch ihre begrenzten Fähigkeiten, Sorge und Leid zu empfinden, stark erweitert – was sie uns möglicherweise nicht danken würden.

*

Dieser Seehund und ich, wir sind zwei Individuen, jedes von einer Haut bedeckt, die eine ganze Ansammlung von physiologischen Prozessen einschließt, die mehr oder weniger unabhängig voneinander, aber im übrigen für das Wohl des ganzen Organismus arbeiten. Das liegt daran, daß ein einzelner Organismus als *Einheit* lebt und stirbt und daß Komponenten, die allzu rücksichtslos waren, wahrscheinlich nicht viele Nachkommen hinterlassen haben. Grashalme und Korallenkolonien sind in diesem Sinne keine Individuen – sie gleichen eher den Oberflächenzellen meiner Haut, von denen ich ruhig einige verlieren kann, ohne daß dies an meiner Identität als Person etwas ändert.

Es ist jedoch sehr unbefriedigend, das Selbst auf diese Weise zu definieren, denn die wirklich interessanten Dinge werden dabei verfehlt, beispielsweise mein Gefühl, der Erzähler meiner Lebensgeschichte zu sein, das Zentrum vieler Dinge zu sein, die sich in meinem Unterbewußtsein abspielen und zwischen denen mein »Selbst« gelegentlich eine Wahl trifft, etwa wenn ich entscheide, was ich als nächstes tue – das wird mal etwas Gewohntes, mal etwas Neues, mal etwas Gefahrloses, mal etwas Gewagtes sein.

Ich nehme an, daß das Gehirn des Seehunds etwas von diesem Selbst-Gefühl empfindet, während es auf die gemeinsamen Interessen der unter seiner Haut vereinigten Zellen achtet. Wenn aber die Idee von der Darwin-Maschine auch nur annähernd zutrifft, habe ich vermutlich sehr viel mehr Unterbewußtsein als der Seehund, habe ich sehr viel mehr Alternativen, die sich auf all den Planungsgleisen off-line entwickeln, habe ich sehr viel mehr Erinnerungen an Sequenzen, die zu meiner Geschichte als Individuum gehören. Und damit habe ich sehr viel mehr Vorstellungen darüber, was als nächstes geschehen könnte.

Und wegen der Stückelung und der Schemata höherer Ordnung, die ich entwickele, wenn mir das Prokrustesbett der vorhandenen Wörter, Schemata und Konzepte langweilig wird, sequenziert meine Darwin-Maschine immer wieder Dinge, die nicht unmittelbar in ein Bewegungsmuster münden: Gelegentlich habe ich eine Vorstellung von Konzepten, über die ich noch nicht sprechen kann. Das ist beispielsweise der Fall, wenn ich das Universum da draußen betrachte und mir vorzustellen versuche, wie es während des Urknalls aussah, wenn ich mir vorzustellen versuche, wie es war, als das Sonnensystem sich bildete, wenn ich mir vorzustellen versuche, wie sich Tonerden bildeten, die die organische Chemie in Gang setzten, die wiederum Proteinenzyme dazu brachte, Reaktionen zu katalysieren, aus denen sich die DNS-RNS-Protein-Kette entwickelte – und darüber hinaus Zellen, Zellkolonien, Sexualität, Fische und Säugetiere.

*

Schon von unintelligenten Robotern geht für die Menschen seit langem eine große Faszination aus, weil sie in dem Spektrum, das von den Pflanzen bis zu den Tieren und von den Tieren bis zu den Menschen reicht, nicht so recht einzuordnen sind. Automaten hatten für die alten Griechen etwas Faszinierendes – schon Homer spielte mit der Idee von Robotern.

Das alles hängt damit zusammen, daß wir uns selbst als mechanische Wesen begreifen. Die Auffassung, der Mensch sei eine Maschine oder ein Roboter, wurde erstmals klar und nachdrücklich formuliert im Titel eines berühmten Buches, das der kartesianische Arzt Julien Offray de Lamettrie 1747 veröffentlichte: *L'Homme-Machine* (»Der Mensch eine Maschine«). Er sagte darin Dinge wie: »Der menschliche Körper ist eine Maschine, die ihre Federn selbst aufzieht« (naja, über den Stoffwechsel wußten sie damals noch nicht so genau Bescheid). Weniger als hundert Jahre später folgte Mary Wollstonecraft Shelleys *Frankenstein*. Karel Čapek benutzte in seinem Stück

RUR (»Rossum's Universal Robots«) erstmals den Ausdruck »Roboter« (vom tschechischen *robota*, »Arbeit«) und bereicherte damit im frühen 20. Jahrhundert den allgemeinen Sprachgebrauch der Welt um dieses Wort. Das alles geschah lange vor den Industrierobotern von heute und unseren denkenden Robotern von morgen.

Roboter sind Schöpfungen der kulturellen und nicht der biologischen Evolution, und ihre Evolution wird sich in mancherlei Hinsicht von der der Hominiden unterscheiden. Vor allem deshalb, weil die biologische Evolution etlichen Beschränkungen unterliegt, die auf die Roboter wahrscheinlich nicht zutreffen werden. Man kann den klugen Octopus und die kluge Krähe nicht miteinander kreuzen, während die Roboter, zusammengeschustert aus allen möglichen, jeweils für sich erfolgreichen Entwicklungswegen, Kreuzungen sein werden. Ein weiterer Unterschied besteht darin, daß natürliche Wesen immer auf den Schultern der Großeltern und nicht auf denen des ausgewachsenen Individuums stehen: Die Biologie betreibt »geplante Veralterung«, indem sie das ausgewachsene Individuum durch den Alterungsprozeß zerstört, statt von dieser bereits erreichten Position aus weiterzumachen und das Individuum zu kopieren (was wir weitergeben, sind durchmischte Kopien der Gene unserer Großeltern, nicht die Gene, die in unserem eigenen Körper Ausdruck finden). Außer im Falle von eineiigen Zwillingen stirbt die einmalige Kombination, die wir darstellen, mit uns; die einmalige Kombination unserer Gene, noch dazu weiterentwickelt durch die individuellen Entscheidungen, die wir während eines langen Lebens treffen, kommt mit Sicherheit kein zweites Mal vor.

Ganz anders dagegen ein besonders erfolgreicher Roboter, der irgendwann mit all den Erfahrungen, die er gemacht hat, geklont werden wird. Von den Kopien, die sich anschließend getrennt weiterentwickeln, wird es einigen besser gelingen als anderen, sich die Erfahrungen des Vater-Roboters mit der Welt zunutze zu machen und auf dieser Grundlage zu einer noch nicht dagewesenen Perfektion vorzustoßen. Wir dagegen können uns noch so sehr abmühen, unsere Erfahrung an die eigenen Kinder weiterzugeben – meistens müssen sie doch ihre eigenen Fehler machen, eine schmerzliche Adoleszenzphase durchlaufen und selbst herausfinden, wie sie mit einer Welt wechselnden Scheins zurecht kommen.

Wenn sie sich doch nur auf unsere Schultern stellen und jugendliche Energie mit unserer schwer erworbenen Weisheit verbinden könnten (natürlich abzüglich des Konservativismus, der sich nach und nach bei uns einschleicht)! Dann und wann trifft man ja auf einen Zwanzigjährigen, der es offenbar versteht, ebenso geschickt mit den Menschen umzugehen wie ein ungemein erfahrener Chef, der es irgendwie schafft, daß alle zufrieden und leistungsbereit sind. Bei Robotern bräuchte eine solche vorgezogene soziale Entwicklung keine Seltenheit zu bleiben, denn sequentiell geklonte Roboter könnten von jedem Vorläufer die gesammelten Erfahrungen übernehmen.

*

Inzwischen zeichnet sich ab, wie man einen Roboter mit Bewußtsein bauen könnte; Ausgangspunkte sind Überlegungen zur Entwicklung von Szenarien, Darwin-Maschinen und neuronalen Netzen. Dazu sind die neuronalen Netze so zu gestalten, daß

1. massiv serielle »Kandelaber« entstehen,
2. »Wagen« (sensorische Schemata, Bewegungsverben und ähnliche Wörter) in Übereinstimmung mit dem aktuellen Gebrauch, den Assoziationen und der Worthäufigkeit geladen werden, daneben aber auch eine zufallsbedingte Beschickung,
3. die einzelnen Gleise mit sequentiellen Erinnerungen abgeglichen werden und die Übereinstimmung nach irgendeiner Version des subjektiv erwarteten Nutzens »bewertet« wird (bewertet wird dabei sowohl die Güte der Übereinstimmung mit den jeweiligen grammatischen Regeln als auch die Angemessenheit der Sequenz an die aktuelle Situation);
4. sodann ist der Gewinner (wobei gelegentlich ein Synonym oder eine Mutation ersetzt wird) in viele der Gleise der Verlierer zu kopieren und der Entwicklungsvorgang zu wiederholen,
5. doch ist die Sequenzierer-Population in Teilpopulationen aufzugliedern, so daß die anfänglichen Verlierer Chancen erhalten, sich getrennt weiterzuentwickeln und möglicherweise einmal die Führung zu übernehmen (»Bewußtsein zu erlangen«).

Auf diese Weise werden wir eine funktionierende Darwin-Maschine erhalten, die der in unseren Köpfen nicht unähnlich ist. Sie wird weit besser sein als das herkömmliche Gedankenmodell, in dem man eine Horde Affen an Schreibmaschinen setzt in der Erwartung, daß irgendwann einmal ein Shakespeare-Sonett herauskommt, weil durch den Darwinschen Twostep Zwischenresultate entstehen, die wiederum nach ihrem Nutzen bewertet werden (»Zufall« bedeutet nicht, daß völliger Unsinn eingeführt wird, sondern ungeplante Variationen über Themen). Durch solche wiederholten Runden von

Variation und Selektion kann, wie Richard Dawkins in *Der blinde Uhrmacher* gezeigt hat, aus einer zufälligen Wortfolge sehr rasch eine immer bessere Angleichung an einen Shakespeareschen Modellsatz erreicht werden.

Es wäre allerdings keine sehr interessante Darwin-Maschine, wenn sie nicht gewisse menschliche Eigenschaften erhält, so daß sie beispielsweise ihre Aufmerksamkeit verlagern (die Gewichtungen verändern) oder sich langweilen kann. Werden die »Wagen« allzu willkürlich selektiert, werden also diejenigen, die bereits im Kurzzeitgedächtnis sind, während ihre Assoziationen im Langzeitgedächtnis stecken, allzu gering gewichtet, so wird großer Unsinn herauskommen. Kommt dagegen bei der Selektion der Zufall zu kurz, so werden die Szenarien, mit denen die Maschine beginnt, lediglich durcheinandergemischt. Wird bei der Nutzenbewertung allzusehr im Sinne von »Trieben« gewichtet, etwa im Sinne äußerlich vorgegebener Ziele (wie dem menschlichen Trieb nach Macht, Erwerb, »Erledigung einer Aufgabe« oder Perfektion), so könnte eher so etwas herauskommen wie ein unzulängliches Programm für einen herkömmlichen Computer.

Es ist wahrscheinlich kein Zufall, daß der Begriff »maschinenartig« zwei einander entgegengesetzte Verwendungen gefunden hat. Die eine bedeutet vollkommen gleichgültig, gefühllos und ohne Emotionen, ohne Interessen. Die andere bedeutet, unbedingt ein bestimmtes Ziel zu verfolgen. Also suggerieren beide Bedeutungen nicht nur Unmenschlichkeit, sondern auch eine gewisse Stupidität. Zuviel Engagement führt dazu, daß nur ein einziges Ziel verfolgt wird; zuwenig Interesse hat zielloses Umherwandern zur Folge.

Der Computerwissenschaftler Marvin Minsky, 1986

Wann ist der Punkt erreicht, an dem wir versucht sind, einer solchen Darwin-Maschine »Bewußtsein« zuzuschreiben? Wahrscheinlich erst dann, wenn ihre Gedächtnisinhalte mit unserer realen Erfahrung und unserem Wortschatz eine gewisse Übereinstimmung erreicht haben werden. Eine gewisse Annäherung würden vielleicht schon nichtsprachliche Versionen erreichen, die lediglich Szenarien entwerfen (indem sie etwa Kollisions-Szenarien für die Flugsicherung durchspielen oder Ampelanlagen in der Innenstadt fast so gut regeln wie ein Verkehrspolizist). Ich würde wahrscheinlich die Kreativität beim Problemlösen zum Kriterium machen; beim allgemeinen Publikum wird wohl am ehesten der Eindruck von Bewußtsein entstehen, wenn die Maschine wie ein Mensch spricht und sich so launenhaft und intelligent wie ein Mensch verhält. Und natürlich wird ein solcher darwinistischer Roboter sehr rasch zu einem »Hätscheltier« avancieren, wenn Hollywood sich erst der Sache annimmt und ihm eine äußere Erscheinung verpaßt, wie wir sie aus den Cartoons kennen.

*

Ich denke zurück an den Film, den ich auf meinem letzten Transatlantikflug gesehen habe. Es ging um einen Roboter namens »Nummer 5«, der aus der Roboterfabrik entwischt, sich in ein Haus schleicht und im Fernsehen einen alten Film sieht. Er beginnt, das Gesehene nachzumachen. Zunächst plappert er wie ein Zweijähriger, dann verhält er sich wie ein Kind, und allmählich entwickelt er die Persönlichkeit eines Heranwachsenden und erklärt, er sei »lebendig«. Zugleich erfährt er etwas über das Sterben (er sieht im Fernsehen, wie Autos auf einem Schrottplatz zermalmt werden), und deshalb entwickelt er eine Phobie gegen das Repariertwerden, weil er fürchtet, ebenfalls verschrottet zu werden. Der Rest des Films besteht daher aus einer großen Hetzjagd, während derer der immer schlauer werdende Roboter sich der Verfolgung entzieht und lernt, das Leben zu genießen.

Der Roboter ist dank der Künste Hollywoods noch reizender als eine verhätschelte Katze oder ein geliebter Hund; wenn man davon ausgeht, wie viele Menschen in ihren Lieblingen (und darüber hinaus in allen Katzen und Hunden) »Menschen ehrenhalber« zu sehen scheinen, dann wird es wohl einige Schwierigkeiten geben, wenn die ersten Roboter herauskommen, die die Sprache und die Eigenarten des Menschen wirklich nachzuahmen verstehen.

Hier taucht natürlich ein echtes philosophisches Problem auf: Von welchem Punkt an würden wir einer Maschine (oder einem gentechnisch erzeugten Tier) Menschenrechte zusprechen, mit allem, was dazugehört: Schutz vor Sklaverei und Mord, Redefreiheit, Steuerpflicht, Besitz- und Verfügungsrecht über Eigentum, Wahlrecht usw.? Angenommen, die computergestützten neuralen Netze würden sich so weit entwickeln, daß tatsächlich sympathische Roboter mit Bewußtsein und Individualität entstehen: Welche ethischen Probleme würde das aufwerfen? Würden menschliche Gehirne dann nicht ihre funktionelle Einzigartigkeit einbüßen? Würden wir nicht den minderen Status, den Tiere und Maschinen bislang besitzen, überprüfen müssen? Und auf welcher Basis würden wir, die Hollywood-Fassaden einmal nicht mitgerechnet, uns selbst als Menschen definieren müssen? Wir müssen aufpassen, denn die Kriterien, die wir hier entwickeln, werden sich sehr stark auf die Kriterien auswirken, nach denen wir in solchen Problembereichen wie

Hirntod, Abtreibung und schwerer Wahnsinn menschliches Leben definieren.

*

Andere mögen meine Auffassung nicht teilen, doch ich bin sicher, daß es früher gelingen wird, Roboter mit Sprache und Bewußtsein herzustellen, als gewisse Aufgaben zu lösen, die eher von einer Maschine bewältigt werden könnten, zum Beispiel, in der Hauptverkehrszeit ein Auto durch Boston zu steuern. Ebenso sicher bin ich, daß Probleme wie die Fortbewegung von Robotern nicht durch mathematische Analyse und sorgfältige technische Gestaltung von Robotern gelöst werden, sondern dadurch, daß ein Robotergehirn in der gleichen Weise wie ein Kind durch Versuch und Irrtum trainiert wird: Zuerst wird der Roboter herumzappeln (wie das Ungeborene im Mutterleib), dann wird er krabbeln, dann aufstehen, dann gehen, dann rennen, und erst später wird er es schaffen, Fahrrad zu fahren. Nachdem wir einen solchen Roboter trainiert haben (beziehungsweise, nachdem er sich selbst trainiert hat, indem er sich bemüht hat, nachzuahmen, was er bei den Menschen beobachtet), werden wir das Robotergehirn klonen – wobei wir genausowenig begreifen, was in diesem kopierten Robotergehirn vor sich geht, wenn es Fortbewegung hervorbringt, wie Eltern begreifen, auf welche Weise sie ein Kind hervorgebracht haben, das gehen kann.

Das soll nicht heißen, daß Roboter mit unserer Sprache und unseren Eigenarten »menschlich« sein werden – dazu fehlt ihnen schon unser Primatenerbe, all die Freuden und Ängste und Triebe, die weitgehend unser soziales Leben, unsere Paarungsgewohnheiten und Ambitionen bestimmen. Auch wenn die Roboter die Verhaltensweisen nachahmen sollten, die sie, während sie »aufwachsen«, an den Menschen ihrer Umgebung beobachten, so werden dem Robotergehirn immer noch all unsere nicht zum Ausdruck kommenden Verhaltensweisen fehlen, die in uns steckenden Instinkte, die nur in einem entsprechenden Kontext ans Tageslicht kommen. Wir wurden geformt von den Eiszeiten, und wenn die Gletscher zurückkehren, werden wir zu anderen Menschen werden, weil dann diese uralten Verhaltensmuster hervorkommen. Diese genetische Bibliothek der bei passender Gelegenheit brauchbaren Verhaltensweisen wird den Robotern fehlen.

Dafür werden wir ihnen aber zusätzliche Verhaltensweisen mitgeben, über die wir manchmal verfügen und von denen wir wünschten, zuverlässiger über sie verfügen zu können. Altruismus. Treuhänderschaft für die Umwelt. Das Meiden einer Gefährdung anderer durch Rücksichtslosigkeit. Wir werden Sicherungen einbauen gegen pöbelhaftes Verhalten, Bücherverbrennungen und obszöne Telefonanrufe um vier Uhr morgens.

*

Dieses Bild von Robotern ist natürlich sehr stark geprägt von dem, was nach meiner Auffassung die Menschen vor allen anderen Tieren auszeichnet. Über dieses Thema herrschen, besonders was Sprache und Bewußtsein angeht, seit jeher große Meinungsverschiedenheiten. Descartes hat uns 1664 ein Ziel vorgegeben:

> Wenn es Maschinen gäbe, die die Organe und das Äußere eines Affen hätten ..., so hätten wir kein Mittel zu erkennen, daß sie nicht von der gleichen Natur wären wie diese Tiere. Wenn es jedoch Maschinen gäbe, die unserem Körper ähnelten und die so viele unserer Handlungen imitierten, wie es moralisch zulässig wäre, so hätten wir immer zwei sichere Mittel, um zu erkennen, daß sie nicht wirkliche Menschen wären: [Ihnen würden Sprache und Bewußtsein fehlen].

Die ausgefeiltesten Maschinen, die Descartes kannte, waren pneumatische Automaten; es sollten noch zwei Jahrhunderte vergehen, bis elektrische Maschinen aufkamen. Descartes' verständlicher Mangel an mechanischem Vorstellungsvermögen erzeugte jedoch im Denken über das Denken eine Polarität, die über drei Jahrhunderte hinweg dem Dualismus Vorschub leistete.

Der Physiologe Emil DuBois-Reymond machte einen jahrhundertealten Traum von Physikern und Physiologen wahr, als er 1848 zeigte, daß Nerven nicht nach einem unfaßbaren »nervösen Prinzip« funktionieren, sondern auf der Grundlage elektrischer Ströme; dennoch verkündete er 1872, daß es für unsere Naturerkenntnis absolute Grenzen gebe: »*Ignoramus, ignorabimus*« – daß wir den Zusammenhang zwischen Energie und Materie oder zwischen Bewußtsein und Bewegung nicht nur nicht kennen, sondern niemals erkennen können (diese Wendung erinnert an die Praxis englischer Geschworenengerichte: Wenn sie nicht genügend Informationen hatten, um über Schuld oder Unschuld zu entscheiden, konnten sie immer erklären *ignoramus*, und wenn keine Aussicht bestand, die Unwissenheit hinsichtlich der Tatsachen jemals zu beheben – vielleicht, weil der einzige Zeuge gestorben war –, konnten sie die extreme Form *ignorabimus* verwenden, um die Anklage zurückzuweisen). Weniger als vier Jahrzehnte später war DuBois-Reymonds Pessimismus hinsichtlich Energie und Materie unhaltbar geworden, denn Einstein hatte die einfache Proportion $E = mc^2$ gefunden. Noch haben wir eine ähnlich einfache Beziehung zwischen Bewußtsein und Bewegung nicht gefunden, doch sollten wir jetzt sich entwickelnde Selektionen unter stochastischen Sequenzen in einem Befehlspuffer als in Frage kommenden Mechanismus in Betracht ziehen.

*

Bewußtsein denkt nach, sowohl über das Naheliegende (wie etwa diesen Strand, die Brandung, den Sternenhimmel) als auch über das Fernliegende (wie etwa die Möglichkeit von Leben auf anderen Planeten). Darum fällt es uns so schwer, uns eine Maschine mit unserer Art von Bewußtsein vorzustellen. Ohne Schwierigkeiten können wir uns eine Maschine mit Willenskraft vorstellen, etwa einen selbstangetriebenen Rasenmäher mit einem nicht zu bändigenden Appetit auf den Blumengarten des Nachbarn. Ohne Schwierigkeiten können wir uns einen Kormoran vorstellen, der nach Art der Ökonomen eine rationale Wahl trifft, ob er sonnen oder fischen oder zu einem anderen Teich fliegen soll. Aber über das Universum nachzudenken oder darüber, wie das Bewußtsein selbst entstanden sein könnte – das scheint etwas Besonderes zu sein, das auch ein genialer Programmierer auf einem noch so hochentwickelten Computer kaum erreichen wird.

Doch genau das halte ich für möglich; ich denke, daß wir in der Tat eine andere denkende, aber nicht biologische Form fühlenden Lebens schaffen könnten. Wir sollten in der Lage sein, durch sukzessive Selektion unter neuralen Sequenzierern, die sich mechanisch durch die Darwin-Maschinen darstellen lassen, nichtbiologische Maschinen zu schaffen, die nicht nur einen Willen haben und eine Wahl treffen, sondern auch nachdenken, Maschinen, die weitgehend das besitzen, was wir Bewußtsein nennen. Sie könnten die Vergangenheit bedauern und aus ihren Fehlern lernen. Sie könnten sich selbständig entwickeln, vielleicht sogar ohne weitere Planungshilfe unsererseits, und es könnte möglicherweise recht bald intelligente Roboter geben, mit denen wir uns unterhalten könnten, mit denen wir Meinungen über das Universum austauschen könnten.

Die Erde ist ein zu kleiner und zerbrechlicher Korb für die Menschheit, als daß sie all deren Eier aufnehmen könnte.
Robert A. Heinlein

*

Ein Export unserer Gene auf andere Himmelskörper ist bereits Realität geworden (wobei der Mond allerdings ziemlich nahe ist und unsere Gen-Vertreter wieder heimeilten). Als nächsten logischen Schritt für die Menschheit denken wir an Raumstationen, und auch das schied schon auf der Basis zeitweiliger Besuche (wobei von Selbstversorgung sicher noch lange keine Rede sein kann, und das ist das angemessenere Kriterium) aus.

Doch intelligentes Nachdenken als solches ließe sich auch an lebensfeindliche Orte exportieren – man muß eben die Software ohne die *wetware* schicken, ohne das Feuchte. Wenn unser Bewußtsein der Erkenntnis Shelleys zufolge auf der Art und Weise beruht, in der die Moleküle unseres Gehirns *organisiert* sind, nicht aber auf den Molekülen und elektrischen Signalen selbst, warum sollte es dann nicht möglich sein, die Organisation, losgelöst von Fleisch und Blut, zu exportieren?

Und was spricht, abgesehen von einer sentimentalen Vorliebe für reale Menschen, dagegen, daß wir uns vor allem auf diese Weise ausbreiten? Wir Primaten müssen uns – vom Sonnenlicht bis zum Steak – mit einer langen Nahrungskette abfinden, die leicht unterbrochen oder kontaminiert werden kann. Wir atmen eine delikate Atmosphäre, die leicht durch Vulkane und unsere eigenen Wegwerfartikel verunreinigt werden kann – und hinzu kommen Einschläge großer Meteore, die gelegentlich Unmengen von Staub in die Stratosphäre schleudern. In diesem ganzen Universum können wir nicht leben, nur auf einem einzigen zerbrechlichen grünen Planeten.

Irgendwann einmal wird ein wirklich großer Brocken auf die Erde treffen – und wenn die Menschheit bis dahin nicht gelernt hat, die Atmosphäre zu waschen, wird die Erde für eine Weile ein ziemlich unbewohnbarer Ort sein. Die Menschheit hat große Aussichten, schließlich den Weg der Dinosaurier zu gehen – falls wir uns bis dahin nicht anderswo niedergelassen haben.

Warum nicht zunächst denkende Intelligenz exportieren, unser höchstes Produkt, das im Weltall leben, seine Energie aus Solarzellen beziehen und sich vermehren könnte, indem es Rohstoffe von Asteroiden verwendet? Es könnte in den kälteren Bereichen des Alls existieren, wo die Dinge nicht ständig durch Wärme desorganisiert zu werden drohen. Dort würde es nicht direkt mit Menschen um Nischenraum konkurrieren. Wenn wir schon versuchen, Übermenschen herzustellen, warum dann nicht Nägel mit Köpfen machen und die Intelligenz von dieser gefährlichen Abhängigkeit von den grünen Maschinen befreien? Demnach wäre es also möglich, aus unseren Köpfen davonzufliegen, dem Gefängnis unserer menschlichen Form zu entrinnen? *Silico sapiens* und dergleichen?

Vielleicht. Allerdings sprechen einige sehr gute Gründe dafür, es langsam angehen zu lassen, damit wir nicht Monster schaffen. Falls wir ängstlich sind und eine Heinlein-Versicherung dagegen abschließen wollen, daß wir durch den Export von denkenden Robotern und Menschen eine Katastrophe anrichten könnten, müssen wir zumindest dafür sorgen, daß zahlreiche pannensichere Leinen da sind, über die wir unsere Robotergeschöpfe zurückrufen und sie durch verbesserte Modelle ersetzen können.

Zum ersten verstehen wir noch nicht sehr gut, was Intelligenz ist; was auch immer für Darwin-Maschinen sprechen mag, wir werden bedenken müssen, was Mary Midgley schreibt:

Was wir üblicherweise unter »Intelligenz« verstehen, ist nicht nur Klugheit. Sie umschließt solche Dinge wie Phantasie, Sensibilität, gute Auffassungsgabe und vernünftige Ziele – Dinge, die viel zu komplex sind, um in Tests vorzukommen oder um genetisch isoliert zu sein... Gewiß benötigen wir zum Denken unsere Nerven und unser Gehirn. Doch das Denkvermögen, zu dem sie beitragen, kann nicht abgetrennt und gesondert verpackt werden. Es ist keine Zutat, von der man eine bestimmte Menge in den Eintopf tut, sondern ein Aspekt der gesamten Persönlichkeit.

In einen Roboter Sensibilität und vernünftige Ziele einzubauen, dürfte ziemlich schwierig sein, weil sie auf ganz andere evolutionäre Quellen zurückgehen als die Darwin-Maschine, die wir zu betrachten pflegen. In der folgenden Charakterisierung der Schimpansen durch Jane Goodall sind etliche Merkmale enthalten, die man ebenfalls gern einem Roboter einbauen würde, schon um für vernünftige Ziele zu sorgen:

Schimpansen... zeigen eine Fähigkeit zur intentionalen Kommunikation, die teilweise auf ihrer Fähigkeit beruht, die Motive des Individuums, mit dem sie kommunizieren, zu verstehen. Schimpansen sind zur Einfühlung und zu altruistischem Verhalten fähig. Sie zeigen Emotionen, die menschlichen Emotionen unzweifelhaft ähnlich, wenn nicht mit ihnen identisch sind: Freude, Vergnügen, Zufriedenheit, Sorge, Furcht und Wut. Sie haben sogar Humor.

Das alles gehört zu Midgleys Eintopf. Unser »intelligentes Nachdenken«, nicht im engen Sinne der Darwin-Maschine, sondern im umfassenden Sinne verstanden, ist also ein Eintopf, den zusammenzubrauen schwierig sein wird. Es wird daher nicht leicht sein zu entscheiden, was man unbesorgt auf die Welt – und auf andere Welten – loslassen darf.

Zweitens gibt es ein wichtiges, aus der Evolutionstheorie und der Ökologie bekanntes Prinzip, demzufolge die erste Art, die eine neue Nische ausfüllt, einen enormen Vorteil hat, weil sie schwer zu verdrängen ist, sobald sie das neue »Territorium« (worunter nicht nur der Raum zu verstehen ist, sondern auch die Art der Ernährung, die Art der Interaktion mit anderen Arten) besetzt hat. Militärtaktisch gesprochen, »besetzt sie die Anhöhe«. Eine Kolonie von Mark-I-Robotern könnte sich in ihrem Territorium so gründlich eingerichtet haben, daß weder menschliche Siedler noch ein Team von neuen, verbesserten Mark-IV-Robotern sie ohne einen größeren Krieg daraus zu verdrängen vermöchte.

So wie Diktatoren schwer zu verdrängen sind, wenn sie einmal die Herrschaft über ein Stück Erde erlangt haben, so könnte auch eine Roboterkolonie eine starke Zentralmacht entwickeln, die nur auf eine ganz bestimmte Weise agiert, aber so erfolgreich, daß Variationen im Inneren unterdrückt und verbesserte Versionen von außen abgestoßen werden. Ein Hitler oder Stalin geht schließlich den Weg allen Fleisches, doch was unsere intelligenten Roboter angeht, werden wir ihnen wohl stärkere Sicherungen als nur das eingeplante Veraltern einbauen müssen, bevor wir sie loslassen. Schließlich könnten sie ja lernen, das eingeplante Veraltern zu umgehen, so wie wir ja auch durch verbesserte Hygiene, bessere Ernährung und Wissenschaft unsere Lebensdauer verdoppelt haben.

Werden wir zu den »zufriedenen Kühen« oder den »Hätscheltieren« des neuen Lebensreiches der Computer werden? Oder wird Homo sapiens *ausgerottet werden, so wie* Homo sapiens *offenbar alle übrigen Gattungen des* Homo *ausgerottet hat?*

Der Theologe Ralph Wendell Burhoe, 1971

*

Menschen, die sich um die Unsterblichkeit sorgen, sind von der Vorstellung fasziniert, daß man ein menschliches Gehirn in etwas, das ähnlich wie ein Computer funktioniert, »abspeichern« könnte: *in silico* nachgebaut, könnte eine Person weiterleben und dadurch die geplante Veralterung ganz und gar umgehen.

Es ist nach meiner Meinung bezeichnend, daß diese Nachbauidee von der KI-Gemeinde (und von Science-fiction-Autoren), aber nicht von den Neurowissenschaftlern kommt. *Wir* haben nicht die leiseste Ahnung, wie man das komplette Verdrahtungsschema, die Verbindungsstärken, die nichtlinearen Eigenschaften jeder einzelnen Zelle (und sei es auf zerstörerische Weise, indem man etwa das Gehirn aufschneidet) »ablesen« oder wie man die parahormonalen Einflüsse zwischen unmittelbaren Nachbarn, die nicht direkt über Synapsen verlaufen, die Einflüsse von Gliazellen auf die Erregbarkeit usw. nachahmen könnte. Ebensowenig wissen wir, wie man Untereinheiten erfassen, sie auf Stabilität einstellen und verhindern könnte, daß das Ganze in wilde Oszillationen gerät oder auf andere Weise »hängenbleibt«. Das wissen auch die Vertreter der physikalischen Wissenschaften nicht; sie nehmen einfach mit Laplace an, daß, sofern es sich um ein deterministisches System handelt, eine Nachbildung möglich ist. Dank der Chaosforschung (»empfindliche Abhängigkeit von den Anfangsbedingungen«) wissen wir aber, daß entsprechende Erwartungen hinsichtlich der Atmosphärendynamik, die wir als Wetter bezeichnen, sich als Irrtum erwiesen haben; geringfügige »zufällige« Veränderungen können zu einem qualitativen Umschlag führen, und wer würde sich schon gern nachbauen lassen, nur um zusammen mit geisteskranken Verbrechern oder Leuten, die nur noch dahinvegetieren, in einer Bewahranstalt zu landen?

Eine Darwin-Maschine zu trainieren ist dagegen etwas ganz anderes. Eine als persönliches Hilfsgehirn eingesetzte Darwin-Maschine (in *The River That Flows Uphill* habe ich das an Tag 13 beschrieben), die für einen gewissermaßen das »Vor-denken« über die dort abgespeicherten Tatsachen übernimmt, würde nach und nach ein wenig von der Urteilsfähigkeit der Person übernehmen, die sie trainiert. Man könnte ihr vielleicht sogar die Führung des Betriebes überlassen, während man für eine Woche Urlaub macht.

Man könnte sich vorstellen, daß das Hilfsgehirn nach dem Tod seines menschlichen Trainers weiterexistiert, ein Verwahrungsort vieler der Tatsachen und der Methoden, über sie nachzudenken, die im Gehirn des Verstorbenen vorhanden waren. Mit neuen Tatsachen aus anderen Quellen bestückt, könnte es sich weiterhin Gedanken über sie machen. Verglichen mit gewöhnlichen Robotern, würde das Hilfsgehirn vermutlich leichter menschliche Auffassungen übernehmen, einschließlich der Ethik (oder auch sozial schädlicher Verhaltensweisen, sofern sein Trainer in seinen sozialen Beziehungen gestört war). Es wäre doch hübsch, wenn man an Einsteins Hilfsgehirn Fragen stellen könnte – wenn man ihn schon nicht selber fragen kann. Vielleicht würden wir es klonen können (unter der Annahme, daß es leichter sein wird, von Silizium zu Silizium als von organischen Molekülen zu Silizium überzugehen). Wahrscheinlich würden einige Versionen darauf festgelegt sein, nach dem Tod des Trainers nichts Neues zu lernen (und damit in etwa die Arbeitsgewohnheiten und die Wissensbasis Einsteins im Jahre 1955 weiterführen), während andere die Möglichkeit hätten, mit Neuentwicklungen Schritt zu halten. Ein Hilfsgehirn, das so gut wäre, daß es ohne menschliche Anleitung weitermachen könnte, würde möglicherweise neue Forschungsstrategien entdecken, welche die Fähigkeiten menschlicher Gehirne übersteigen.

*

Wir verstehen weder uns selbst noch die Evolutionsprinzipien hinreichend gut, um noch in diesem Jahrhundert Kolonien intelligenter Roboter und auch von Menschen trainierte Hilfsgehirne mit ruhigem Gewissen loszulassen. Dabei befinden wir uns in einem Wettlauf mit der Zeit: Die Erde könnte sich sehr bald angesichts von Überbevölkerung und übermäßiger Umweltverschmutzung als ein scheiterndes Unternehmen erweisen, da Bürokratien, die sich bemühen, die angespannten Ressourcen zu strecken, einer Erneuerung immer wieder Hindernisse in den Weg legen.

Es geht dabei nicht bloß um das mögliche Versagen der Ökosysteme und der Ökonomie: Man muß sich nur einmal die Geschichte der Zivilisationen vor Augen halten, die immer wieder, nachdem sie ihren Höhepunkt erreicht hatten, zu bloßer Verzierung herabgesunken oder in einem finsteren Mittelalter gelandet sind. Bevor jemand einwirft: »Das ist doch eine Sorge des nächsten Jahrhunderts, nicht des unseren«, bitte ich zu bedenken, wie rasch wir uns aus der Raumforschung zurückgezogen haben, *obwohl* eine wachsende Wirtschaft die Zahl der Arbeitsplätze verdoppelte. Ich bitte zu bedenken, wie rasch wir uns aus der öffentlichen Verantwortung zurückgezogen haben, soweit es um die Fürsorge für die Geisteskranken und die Obdachlosen oder um die Schaffung eines anspruchsvollen öffentlichen Schulwesens geht. Ich weise hin auf das Wiederaufleben fundamentalistischer religiöser Strömungen, die von den Tatsachen nichts wissen wollen, und zwar nicht nur in der islamischen Welt, sondern in hochtechnologischen Gesellschaften, und auf ihre anmaßende Neigung, anderen Leuten vorzuschreiben, was sie zu tun haben (sie verbrennen nicht nur Bücher, sondern befehlen außerdem ihren Anhängern, den anstößigen Autor zu ermorden). Ich weise hin auf die Leute, die gern von den Vorteilen der modernen Medizin profitieren, aber keinerlei biomedizinische Forschung zulassen wollen (manche darunter haben offenbar keine Bedenken, Tiere zu essen und an ihre eigenen Haustiere zu verfüttern; sie wollen nur nicht, daß man mit Hilfe betäubter Tiere Erkenntnisse gewinnt). Wie oft werden wir noch einen solchen gedankenlosen Rückzug erleben?

Angesichts so vieler aktueller Beispiele für eine selbst auferlegte Einengung des Horizonts möchte man fast eine Versicherung gegen geistiges Versagen abschließen. Ein solches Versagen könnte dazu führen, daß wir bei einer ökologischen Krise nicht mehr die Kraft haben, unsere biologischen und intellektuellen Keime an einen sicheren Ort zu retten. Eine Versicherung schließt man ab, bevor es mulmig wird, und in der Hoffnung, daß man das Geld am Ende nutzlos ausgegeben hat – so wie ich hoffe, daß ich die Prämien für meine Hausversicherung schließlich umsonst gezahlt habe.

Ich glaube fast, es ist jetzt wieder Zeit für den großen Marsch aus *Aida*. Oder vielleicht auch für eine Erklärung des Bewußtseins.

*

Nach meinem minimalistischen Modell des Geistes ist das Bewußtsein in erster Linie eine Darwin-Maschine, die mit Hilfe von Nutzenabwägungen projektierte Sequenzen von Wörtern/Schemata/Bewegungen bewertet, die off-line in einem massiv seriellen neuralen Apparat gebildet werden. Sieger bei dieser Bewertung wird das, dessen »man sich bewußt ist« und auf das man gelegentlich einwirkt. Was sich im Geist abspielt, ist eigentlich nicht eine Symphonie, sondern es gleicht eher einem Probensaal, in dem verschiedene Melodien eingeübt und komponiert werden; daß wir aus dem ganzen Durcheinander eine *zerebrale Symphonie* heraushören können, verdanken wir der Fähigkeit, die Aufmerksamkeit auf ein einziges wohlgeformtes Szenario zu konzentrieren.

Was mag sich im Geist eines Tieres im Vergleich zu dem unseren abspielen? Wahrscheinlich sehr viel weniger Durcheinander im Hintergrund; vermutlich wählt es nur zwischen ausgetretenen Pfaden und denkt sich nicht alle möglichen unwirklichen Dinge aus, besonders nicht im Hinblick auf die Zukunft. Sicherlich träumt meine Katze davon, Mäuse zu jagen, aber ich habe Zweifel, ob sich bei ihr gleichzeitig auf einem anderen, parallelen Gleis Vorstellungen von einem fliegenden Teppich bilden. Es ist doch ein Unterschied, ob man sich vertraute Szenarien vorstellt oder ob man sich neue Szenarien ausdenkt, ob man also nur ein vertrautes Bewegungsprogramm mit gehemmten Muskeln ablaufen läßt oder ob man phantasiert.

Vielleicht liegen die Dinge manchmal etwas komplizierter, als daß eine Entwicklung über sukzessive Generationen ihnen gerecht werden könnte;

sollte jemand den Verdacht haben, daß ein kompliziertes geistiges Konstrukt (etwa die Arithmetik) besser charakterisiert wird durch ein hierarchisches Modell, das sich auf eine postulierte vielschichtige Repräsentation stützt, so haben wir jetzt eine Nullhypothese, an der wir das überprüfen können. Sollte sich herausstellen, daß sukzessive Generationen einer Darwin-Maschine allzu schwerfällig oder zu langsam sind oder nicht die charakteristischen Fehler machen, werden wir uns eher der Hypothese eines höheren Hirnmechanismus anschließen können. So verfahren wir heute auch, wenn es darum geht, Kandidaten für Evolutionsmechanismen höherer Ordnung in der übrigen Biologie zu bewerten (zu diesen Kandidaten gehören im Extremfall auch das »Argument aus der Zweckmäßigkeit« und ähnliche Vorschläge, die alles von oben her erklären möchten). Wir tun also unser Bestes, um herauszufinden, ob nicht auch eine herkömmliche darwinistische Erklärung genügt.

Ist diese Darwin-Maschine der wirklich minimale Mechanismus für das Denken? Gibt es etwas noch Einfacheres, das eine bessere Nullhypothese für seriell geordnete Verhaltensweisen abgeben würde? Eine einzige Runde der Variation und anschließend eine lange Phase der Selektion kann einfacher sein als der Darwinismus, wie ich (in Kapitel 10) im Hinblick auf kortikale Karten bemerkte, die sich nach dem Matthäus-Prinzip (die Reichen werden reicher und sorgen so dafür, daß die Armen ärmer werden) bilden konnten (dies ist beispielsweise die Erklärung dafür, warum es auf der Grundlage des Dimorphismus der Gameten zwei Geschlechter gibt). Noch einfacher kann die Selbstorganisation in physikalischen Systemen sein, etwa die Kristallisation (die möglicherweise für die sechseckige Anordnung der Photorezeptoren in der Netzhaut verantwortlich ist), und wir wissen noch nicht, wieviele der geordneten Phänomene im Gehirn ihre Ordnung solchen elementaren Prozessen verdanken. Wenn es aber um dynamische Phänomene wie das Bewußtsein und die Sprache geht, bei denen die Zeit ausreicht, so daß ein Darwinscher Twostep wirksam werden kann (und wo in der Tat ein so starkes Rauschen herrscht, daß es unvernünftig wäre, eine einzige Runde der Zufälligkeit zu postulieren), dürfte wohl die massiv serielle Darwin-Maschine die angemessene Nullhypothese sein. Mit dieser Nullhypothese könnten wir Ockhams Rasiermesser (»die Zahl der Entitäten soll nicht über das notwendige Maß hinaus vermehrt werden«) auf Hypothesen über den Geist anwenden.

*

In der Regel ist die Nullhypothese die langweilige, uninteressante Alternative (»bloßer Zufall«). Daß in der Entwicklung über viele Generationen hinweg Zufall und Selektion abwechselnd ins Spiel kommen, ist aber durchaus nicht trivial, weil eben nicht nur der Zufall eine Rolle spielt. Der reine, einmalige Zufall ist für eine brauchbare Nullhypothese zu trivial. Die Darwin-Maschine als Nullhypothese könnte sich jedoch als noch interessanter erweisen als die getesteten Alternativen.

Eine Darwin-Maschine im linken Gehirn scheint in der Tat eine natürliche mechanische Grundlage für viele der ausschließlich menschlichen Funktionen zu bieten:

- *Flexible ballistische Bewegungen* wären die einfachste Nutzung dieser Darwin-Maschine im linken Gehirn, speziell Hämmern und Werfen (die stärksten rechtshändigen Handlungen): Zuerst wird eine Vielzahl von Muskelaktivierungs-Szenarien erzeugt, diese werden anhand der Erinnerung bewertet, und für jede Kombination werden Nutzenabwägungen berechnet, und schließlich wird die beste dazu benutzt, die ballistische Bewegung von Arm und Hand auszuführen. Der Übergang von einem »Variationen über ein Thema«-Modus zu einem Präzisions-Chor-Modus könnte dadurch erfolgen, daß ein und dieselbe Sequenz in alle seriellen Puffer geladen wird.

- *Bewußtsein* wäre nach diesem Modell einfach die massive Ausweitung dieses Planungs-Sequenzierers in seinem Zufallsgedanken- oder in seinem »Variationen über ein Thema«-Modus. Vielfach wäre das nicht mit Handeln verbunden – es wäre so etwas wie eine unabhängige Einrichtung, die auf Nebengleisen ständig Dutzende von Szenarien erstellt und dabei bevorzugt Schemata einbezieht, die vor kurzem für etwas benutzt wurden (und daher im Kurzzeitgedächtnis wären), die aber auch auf damit zusammenhängende Langzeiterinnerungen zurückgreift. Das zufällige Herumprobieren würde sich jetzt fast ausschließlich off-line und sogar *unterbewußt* abspielen. Das beste Gleis wäre all das, dessen man sich »bewußt« wäre, als Grundlage für die Einheit von Bewußtsein und Erfahrung, die den *Erzähler* ausmacht. Nur gelegentlich würde das beste Gleis für die Erzeugung von realer Bewegung hinausgeschleust.

- *Spracherzeugung* wäre nichts anderes als Bewußtsein, wobei aber anstelle von nicht-vokalen Sequenzen bevorzugt verbal codierte Sequenzen verwendet werden. So ließen sich Bewegungsschemata (»Verben«) ebenso wie sensorische Schemata (»Substantive«) und Zustandsschemata (»Adjektive« wie *glücklich* und *hungrig*) sequenzieren. Die Entscheidung, was man als nächstes sagen soll, wäre nur ein Sonderfall der Entscheidung, was man als nächstes tun soll. Die Grammatik wäre ein Regelsatz, nach dem vorgeschlagene Sequenzen beurteilt würden; die *Syntax* würde im Vergleich zu anderen Sequenzen im Gedächtnis keinen besonderen Status besitzen, könnte jedoch wegen häufigen Gebrauchs als etwas Besonderes erscheinen. Auch dies ist die minimalistische Position, anhand derer Kandidaten für einen Sonderstatus (wie die Position Chomskys) beurteilt werden können.

- *Sprachrezeption* verwendet einen seriellen Puffer, der den ankommenden Satz festhält, während dieser analysiert wird; dabei werden seine willkürlichen Phoneme und – aus der Kette der Phoneme – seine Wörter (manchmal in Gruppen) erkannt. Wiederum kann eine Darwin-Maschine diese Wortkette mit sequentiellen Erinnerungen vergleichen und Interpretationen anbieten, basierend auf der Konstruktion eines äquivalenten Satzes mit eigenen Worten, wobei Äquivalenz dann gegeben ist, wenn Nutzenbewertungen schließlich für eine gute Übereinstimmung sprechen. Dieses »Simultanübersetzungs«-Modell der Rezeption kann für den Benutzer transparent werden, so wie Bedeutungen in einer Fremdsprache zu einer Sache der Intuition werden, sobald man die Sprache wirklich »lernt«. Das beste Gleis der Darwin-Maschine wäre danach die Tiefenbedeutung, auf die Transformationsgrammatiken zielen, und eine gesonderte Transformationsebene des Gehirns ist unnötig.

- *Dichtung* ist wie Sprache, aber überlagert von zusätzlichen Strukturbedingungen (zum Beispiel Reim), vergleichbar dem Tanz, der sich als Form den üblichen Fortbewegungsweisen überlagert. Im Grunde ist die Dichtung eine elaboriertere Version der *Prosodie*, jener Modulationen, die das rechte Gehirn der gesprochenen Sprache aufzuprägen bestrebt ist. Auch bei der Alliteration liegt eine solche strukturelle Prägung vor; das überraschende Ende beim Witz könnte auf einer Verletzung einer erwarteten Beziehung beruhen. Die Tendenz der Dichtung, in jeder Zeile die gleiche Silbenzahl zu wiederholen, erinnert an die *Stückelung*, jene Tendenz, jeweils nur ein halbes Dutzend Gegenstände hintereinander zu behandeln und bei Gefahr der Überschreitung mehrere Gegenstände zu einem einzigen Gegenstand höherer Ordnung zusammenzufassen (»Äpfel und Orangen« zu »Obst«). Generalisierung beobachtet man auch bei Affen, doch wir sind oft dazu gezwungen (und dadurch, unseren Wortschatz zu erweitern), weil wir häufig einen Puffer benutzen, der für gewisse sekundäre Aufgaben zu kurz ist.

- *Logisches Denken und Schlußfolgern* sind Verwendungen der Bewußtseins-Version der Darwin-Maschine mit einer besonders strengen Struktur, wobei sehr viel mehr Bedingungen, als sie üblicherweise in der Syntax oder in der Dichtung vorliegen, dafür sorgen, daß die Folgebeziehung verläßlich ist. Im Grunde ist aber ein »grammatischer Satz« das Modell eines »logischen Arguments«, wie es Legionen von Englischlehrern auf der Oberschule schon immer verkündet haben.

- *Musik hören* bedeutet, daß »Töne« und »Akkorde« an die Stelle von Phonemen, »Melodien« an die Stelle von Sätzen und »musikalische Phrasen« an die Stelle von Ideen etwas höherer Ordnung treten, die in mehreren Sätzen ausgedrückt werden. Das absolute Gehör könnte dem »in geschlossenen Reihen marschierenden« Chor-Modus der Darwin-Maschine entsprechen. Eine Vielzahl anderer Freizeitbeschäftigungen scheint serielle Planungsfertigkeiten einzuüben, beispielsweise Karten-, Brett- und Videospiele – man findet in der Tat kaum Spiele, die das nicht tun.

Die Darwin-Maschine arbeitet demnach zuweilen mit »abstrakten« Schemata, die nicht länger eine umkehrbar eindeutige Entsprechung mit den einzelnen Dingen, die wir sehen, oder mit den Bewegungsbefehlen, die wir erteilen müßten, aufweisen; die Schemata höherer Ordnung können, genau wie die höheren Computersprachen, ihre eigenen Sequenzregeln haben, die durch Training entwickelt werden, etwa wenn wir sagen: »Zwei plus drei gleich fünf.«

Darwin-Maschinen eignen sich nicht besonders, um andere, über die Affen hinausgehende mentale Spezialisierungen wie die bildliche Darstellung zu erklären. Gesteigerte Visualisierungsfähigkeiten könnten jedoch hervorgegangen sein aus der Zunahme von Okzipital- und Parietallappenstrukturen, die einherging mit den größeren Frontal- und Temporallappen, die sich so gut eignen für Sequenzierungsaktivitäten, welche erheblichen Selektionsdrücken ausgesetzt waren. Gewiß hätte die Evolution die Frontal- und Temporallappen auch selektiv vergrößern können, ohne gleichzeitige Erweiterung an anderer Stelle, doch vielleicht war eine umfassende Neufestsetzung der Parameter der Hirnrindenentwicklung der billige und einfache Weg, um dieses Ziel zu erreichen. Eine bessere Bilderfassung könnte sich also »umsonst« eingestellt haben, sieht man einmal vom Energiebedarf ab (kein unbedeutendes Problem, wenn das Gehirn 25 Prozent von dem erfordert, was das Herz pumpt – und abgesehen davon, daß es sich in verheerender Weise zu überhitzen droht, wenn wir zu lange in der Sommersonne herumlaufen).

Desgleichen löst die Darwin-Maschine nicht das »Wert«problem, bei dem es um die Festlegung des subjektiv erwarteten Nutzens geht. Sie macht aber die Ebene deutlich, auf welcher der Wert ins Spiel kommen könnte, und legt damit eine plausible mechanische Basis der geistigen Entwicklung offen. Die Erkenntnis, daß die DNS die RNS und diese wiederum Proteine macht, und die Kenntnis von der Doppelhelix haben uns ebenfalls nicht verraten, was denn nun von der Umwelt eines Organismus bewertet wird, aber dadurch wurde der Mechanismus aufgeklärt, auf dem Fortpflanzung und Vererbung beruhen und der auf diesem Wege langlebige Erinnerungen daran erzeugt, was bei ähnlichen Organismen in früheren Umwelten gut funktioniert hat. Wert ist eine Eigenschaft der virtuellen Umwelt, die man sich in seinem eigenen Kopf geschaffen hat, ein Satz von »Anfangsbedingungen«, die man über die Darwin-Maschine auf neue Situationen anwendet.

[Ist der Geist] primär oder ist er eine zufällige Folge von etwas anderem? Unter Biologen scheint die Ansicht vorzuherrschen, daß der Geist zufällig aus Molekülen der DNS oder etwas Ähnlichem hervorgegangen ist. Ich finde das ganz unwahrscheinlich. Mir erscheint die Annahme vernünftiger, daß der Geist von Anfang an ein primärer Bestandteil der Natur war und wir lediglich seine Manifestationen im gegenwärtigen Stadium der Geschichte sind. Der Geist hat nicht so sehr ein Eigenleben, sondern ist vielmehr dem Aufbau des Universums inhärent...
Der theoretische Physiker Freeman Dyson, 1988

*

Darwin-Maschinen können nicht die gesamten Funktionen des Gehirns erklären, aber doch gewisse Aspekte des Vorstellungsvermögens, der Sprache und des »Selbst«, jenes »Erzählers«, der uns seit jeher Schwierigkeiten macht. Wir gehen zunächst von der einheitlichen Hypothese aus, daß eine Darwin-Maschine sämtliche seriell geordneten Spezialitäten zu erklären vermag, da die Regeln der Wissenschaft von mir verlangen, eine Theorie zu formulieren, die möglichst einfach ist und zugleich die größtmögliche

Zahl von Phänomenen erklärt, eine Theorie, die außerdem die Eigenschaft besitzt, widerlegbar zu sein: Jemand könnte zum Beispiel zeigen, daß die Hirnregionen, die an der Planung neuer Sätze beteiligt sind, sich nicht mit jenen decken, die an der Planung neuer Würfe beteiligt sind. Die einheitliche Hypothese ist zwar eine gute Arbeitsstrategie, doch müssen wir bedenken, daß Einfachheit nicht zu den Prinzipien der Natur gehört: Es könnte sich herausstellen, daß einige der oben erwähnten Phänomene auf jeweils anderen neuralen Grundlagen beruhen, weil durch Anpassungen aus einer frühen Version eines neuralen Sequenzierers mehrere voneinander abweichende Versionen, die parallel nebeneinander existieren, hervorgegangen sind.

Der Darwinismus scheint ein »Maxwellscher Dämon« zu sein, der in offenen Systemen ohne Durchsatz von Energie Komplexität auf vielen Ebenen erzeugt. Zweifellos werden wir im Bereich der geistigen Phänomene feststellen – so wie es Darwin für die biologischen Arten insgesamt getan hat –, daß es Umstände gibt, unter denen die Selektion zeitweise eine geringe Rolle spielt, etwa dann, wenn eine neue Nische entdeckt wird oder ein Funktionswandel möglich ist. Da die Regeln der kulturellen Evolution weitaus flexibler sind als die der biologischen Evolution, werden wir wahrscheinlich auf Situationen treffen, in denen Darwin-Maschinen durch einen effizienten Algorithmus übertroffen werden können.

Doch die Grundphänomene, die jeden von uns in die Lage versetzen, ein Selbst-Gefühl zu haben, über die Welt nachzudenken, die Zukunft vorherzusagen und ethische Entscheidungen zu treffen, angesichts einer sich anbahnenden Tragödie Bestürzung zu empfinden und Musik zu genießen, wenn wir nicht allzusehr mit Reden oder Planen beschäftigt sind – diese Dinge könnten wir durchaus einem Prozeß gleicher Art verdanken, wie er der Erde eine Überfülle von Lebewesen beschert hat. Jeder von uns verfügt jetzt über eine Welt im kleinen, die sich weiterentwickelt und Konstrukte hervorbringt, die einzig und allein in unserem Kopf bestehen. Es mag ungeklärt bleiben, ob sich auf einem der Planeten in der Nähe eines der tausend Sterne, die ich heute am nächtlichen Himmel erblicke, Leben entwickelt oder nicht – eine vergleichbare Evolution vollzieht sich heute nacht wohl im Kopf eines jeden in Woods Hole. Die Fähigkeit dieses mentalen Darwinismus, die Zukunft zu simulieren, ist die eigentliche Grundlage unserer Ethik, die uns vom übrigen Tierreich abhebt.

Wie Johann Sebastian Bach waren viele Wissenschaftler zutiefst von religiösen Prinzipien bewegt; sie haben die wissenschaftliche Forschung als ein Bemühen aufgefaßt, das Werk ihres Schöpfers gründlicher zu verstehen. Dies gilt mit Sicherheit für William James, der vor einem Jahrhundert so viel dafür getan hat, der neuen Wissenschaft der Psychologie den Evolutionsgedanken einzuflößen. Wir haben versucht, zwischen den Gesetzen, nach denen die Welt erschaffen wurde, und den Gesetzen, die den menschlichen Geist schufen, Zusammenhänge zu erkennen.

Ein solcher Zusammenhang deutet sich hier offenbar an: Die darwinistischen Prinzipien, die im Laufe von Jahrmilliarden das Leben auf der Erde geformt haben und Tag für Tag das Immunsystem in unserem Körper umformen, tragen in den Köpfen der Menschen in einem nochmals beschleunigten zeitlichen Rahmen Früchte. Ganz so, wie das Leben selbst sich entfaltete, wird unser geistiges Leben fortschreitend bereichert und versetzt jeden von uns in die Lage, sich eine eigene Welt zu erschaffen. Es ist, um Charles Darwin zu paraphrasieren, etwas Erhabenes um diese Auffassung des Geistes.

*

Es ist nicht möglich, Sie oder mich mit einem System zu simulieren, das weniger komplex ist als Sie oder ich. Die Produkte, die wir hervorbringen, können als eine Simulation aufgefaßt werden, und wenn sie auch in einer Weise überdauern können, die unserem Körper nicht beschieden ist, so können sie doch niemals den Reichtum, die Komplexität oder die innerste Absicht ihres Schöpfers erfassen. Beethoven bemerkte einmal, daß die Musik, die er geschrieben habe, nichts sei im Vergleich zu jener, die er gehört habe.

Heinz Pagels (1939–1988)

Es ist wahrlich etwas Erhabenes um die Auffassung, daß der Schöpfer den Keim alles Lebens, das uns umgibt, nur wenigen oder gar nur einer einzigen Form eingehaucht hat und daß, während sich unsere Erde nach den Gesetzen der Schwerkraft im Kreise bewegt, aus einem so schlichten Anfang eine unendliche Zahl der schönsten und wunderbarsten Formen entstand und noch weiter entsteht.

Charles Darwin (1809–1882)

Nachwort

Wie schon meine früheren Bücher hat auch dieses sehr davon profitiert, daß eine Reihe von Leuten sich freiwillig der Lektüre der ersten Fassungen ausgesetzt hat. Wie andere Autoren sicher bestätigen können, bekommt man (außer im Rahmen von Autorenworkshops) kaum freimütige Kritik an dem zu hören, was man geschrieben (und ausgelassen) hat, bevor man das Manuskript zum Verlag schickt. Ich danke meiner Frau, Katherine Graubard, für viele unserer Diskussionen, die ihren Weg in die eine oder andere Veröffentlichung gefunden haben, und für Anregungen zu meinen Entwürfen. Doch als Neurobiologin weiß sie zuviel, und wenn Wissenschaftler für das allgemeine Publikum schreiben, brauchen sie »Versuchskaninchen« außerhalb ihres Fachbereichs – Wissenschaftler ebenso wie Laien –, die auf schwierige Stellen hinweisen. Kaum ein Autor ist in der glücklichen Lage, eine Schwiegermutter zu haben, die in der Bearbeitung von Enzyklopädien bewandert ist (Blanche Kazon Graubard), eine als Juristin ausgebildete Ex-Ehefrau, die Literatur unterrichtet (Kathryn Moen Braeman), und eine Cousine, die einen Doktorgrad in Philosophie besitzt (Beatrice Bruteau). Wenn einige Passagen dennoch hochtrabend oder verworren klingen, dann liegt es daran, daß ich mich gelegentlich über ihre freimütigen Ratschläge hinweggesetzt habe. Auch John DuBois, Dean Falk, Seymour Graubard, John Pfeiffer und Christine Philips waren so freundlich, Verbesserungen vorzuschlagen und auf Stolpersteine hinzuweisen. Meine Lektoren bei Bantam, der verstorbene Tobi Sanders und nach ihm Leslie Meredith, haben begeistert mitgearbeitet und sowohl zum Gesamtaufbau wie zu Einzelheiten hilfreiche Vorschläge gemacht. Ihnen allen danke ich ebenso wie meinen zahlreichen Kollegen und Lesern, die mich auf Artikel, die für mich von Interesse sind, aufmerksam machten.

W. H. C.

Woods Hole, Massachusetts
Seattle, Washington
(Sommer 1986 – Winter 1989)

Anmerkungen

Prolog: Auf der Suche nach Geist in den Nervenzellen
Seite
2   T. H. Huxley, *Methods and Results*, New York: Appleton 1987, S. 191.

1. Eine Entscheidung reift:
   Morgens am Eel Pond
16 Loren Eiseley, aus *The American Scholar* (1960), wiederabgedruckt in der posthumen Eiseley-Sammlung *The Star Thrower* (Times Books 1978), S. 37.
18 Ich danke Harvey Pough für eine Beschreibung des Szenarios mit dem zweiten Stinktier.
21 »einen Willen haben ...« H. H. Kornhuber, »Attention, readiness for action, and the stages of voluntary decision – some electrophysiological correlates in man.« In: Otto Creutzfeldt, Richard F. Schmidt und William D. Willis (Hg.), *Sensory-motor integration in the nervous system*, New York: Springer-Verlag 1984, S. 420–429.
22 Den Hinweis auf die drei Urfragen verdanke ich Jef Poskanzer; nach Angaben seiner Schwester wurden sie in Harvard in einer Rede anläßlich der feierlichen Verleihung akademischer Grade erwähnt.
27 J. Z. Young, *Philosophy and the Brain*, Oxford: Oxford University Press 1987, S. 107.
28 Eugen Herrigel, *Zen in der Kunst des Bogenschießens*, München: O. W. Barth 1991, S. 38 f.
29 Susan Allport, *Explorers of the Black Box: The Search for the Cellular Basis of Memory*, New York: Norton 1986, S. 28.
30 Kollision der Fähre mit dem Pier: James M. Shreeve, »Seawater system keeps MBL organisms alive.« *The [Falmouth] Enterprise*, 8. August 1988, S. 13.
33 Täuschungsmanöver, siehe Richard Byrne und Andrew Whiten (Hg.), *Machiavellian Intelligence: Social Expertise and the Evolution of Intellect in Monkeys, Apes, and Humans*, Oxford: Oxford University Press 1988. Was ich hier beschreibe, kommt dort in dieser Form nicht vor, doch die einzelnen Elemente (Unterlassen des Nahrungsschreis bei kleinen Mengen, Fortlocken anderer Schimpansen von der Futterquelle und Rückkehr auf Umwegen) sind in den letzten zwanzig Jahren von verschiedenen Forschern beschrieben worden. Die hier erfolgte Verknüpfung und Aneinanderreihung dieser Elemente beruht auf Gesprächen, die ich im Sommer 1988 mit einer Reihe von Schimpansen-Forschern hatte.
34 T. H. Huxley, Ansprache beim Festdiner der Royal Society, in der Londoner *Times*; wiederabgedruckt in G. de Beer (Hg.), *Charles Darwin – Thomas Henry Huxley, Autobiographies*, Oxford: Oxford University Press 1983, S. 110–112.

2. Der Zufallsweg zur Vernunft: Off-line-Versuch und Irrtum

36 Herbert A. Simon, *The Sciences of the Artificial*, Cambridge, Mass.: MIT Press 1969, S. 97.
36 Paul Valéry zitiert in Jacques Hadamard, *The Psychology of Invention in the Mathematical Field*, Princeton, N.J.: Princeton University Press 1949, S. 30.
37 Teile dieser Einführung entstammen meinem Artikel »The Brain as a Darwin Machine«, in: *Nature* 330: 33–34 (6. Nov. 1987).
38 Friedrich Nietzsche, »Die Geburt der Tragödie«, *Kritische Studienausgabe*, hrsgg. von Giorgio Colli und Mazzino Montinari, München: dtv/de Gruyter 1988, Bd. 1, S. 83 u. 111f.
38 Brief von T.E. Lawrence, zitiert in Robert Jay Lifton und Nicholas Humphrey, *In a Dark Time*, Cambridge, Mass.: Harvard University Press 1984, S. 99.
40 Zu dem unberechenbaren Weg des Bakteriums siehe den Artikel von J.E. Segall, S.M. Block und H.C. Berg in *Proceedings of the National Academy of Sciences* (USA) 83:8987–8991 (1986).
43 Beispiel einer Entwicklung durch Selektion siehe Richard Dawkins, *Der blinde Uhrmacher*, München: Kindler 1987; Taschenbuchausgabe: dtv 1990.
44 William Smith (1817) zitiert in Loren Eiseley, *Darwin's Century*, New York: Doubleday 1958, S. 117.
44 Donald T. Campbell in: Paul A. Schilpp (Hg.), *The Philosophy of Karl Popper*, LaSalle, Il., Open Court 1974, S. 413–463.
45 Peter Ashley, Brief, zitiert in Daniel C. Dennett, *Brainstorms*, Cambridge, Mass.: MIT Press 1981, S. 274f.
46 Jacob Bronowski, *The Origins of Knowledge and Imagination*, Transkription von Vorlesungen des Jahres 1967, New Haven, Conn.: Yale University Press 1978, S. 33.
46 Bronowski, a.a.O., S. 18.
49 G.M. Goldbaum et al., »Failure to use seat belts in the United States: The 1981–1983 behavioral risk factor surveys«, *Journal of the American Medical Association* 255:2459–2462 (1986). Siehe auch die Leserzuschrift von Gary Goldberg in *JAMA* 257:1473 (20. März 1987): »Der Autofahrer senkt [durch Anlegen des Sicherheitsgurts] die Wahrscheinlichkeit einer schweren oder tödlichen Verletzung um mindestens 50%, sollte er in einen schweren Zusammenstoß verwickelt werden, ... [und] für den Durchschnittsamerikaner beträgt die Wahrscheinlichkeit, einmal im Leben in einen solchen Unfall verwickelt zu werden, eins zu drei.« Untersuchungen an Patienten von Unfallkliniken zeigen, daß die Schwere von Verletzungen durch Sicherheitsgurte um mehr als 60 Prozent vermindert wird; siehe z.B. »Seat belt study ...« in *New York Times*, 12. Januar 1989.
Da die Hälfte der Amerikaner durch Vernunftargumente nicht dazu gebracht werden kann, den Sicherheitsgurt routinemäßig anzulegen, sollte man es vielleicht mit dem Geldargument versuchen, vielleicht durch Autoaufkleber wie den folgenden:
Lassen Sie sich nicht tot ohne Gurt erwischen!
*Ihre Lebensversicherung würde annehmen,
daß Sie Selbstmord begangen haben,
und Ihren Hinterbliebenen nichts zahlen.*

51 *Roger Sessions on Music*, hrsgg. von Edward T. Cone, Princeton, N.J.: Princeton University Press 1979. Originalveröffentlichung in S. Anderson et al., A. Centeno (Hg.), *The Intent of the Artist*, Princeton, N.J.: Princeton University Press 1941, 1969. Zitiert in William Zinsser, *Writing to Learn* (1988), S. 230.

3. Der Bewußtseinsstrom wird geordnet: Leistungen des präfrontalen Kortex

54 Edward O. Wilson, *Biologie als Schicksal*, Berlin: Ullstein 1979.

56 Mid-Cape Highway: Nach den Warnschildern zu urteilen, haben die Autofahrer im Laufe der Jahre mit dieser Raststätte vor Hyannis ziemliche Schwierigkeiten gehabt. Die Toiletten sind verlegt worden (die Leute halten immer noch an und verschwinden im Gebüsch), aber kein Schild warnt die Leute, nicht die Fahrbahn zu überqueren. Daß man den Parkplatz nicht einfach schließt, ist nur geringfügig unverständlicher als die Tatsache, daß man eine solch tödliche Kombination überhaupt geschaffen hat. Dann ist da noch die Sache mit dem Nationalgardisten, der 1987 im Zuge einer Sommerübung eine Mörsergranate auf der Fahrbahn landen ließ und nur knapp einen Schulbus verfehlte.

56 Ich sympathisiere wohl doch ein wenig mit den Politikern, denn es waren die Wähler von Massachusetts, die die von der Gesetzgebung beschlossene lebensrettende Gurtvorschrift gekippt haben. Massachusetts stand, was die Fahrzeugschäden angeht, landesweit lange an der Spitze, mit Versicherungsansprüchen, die 67 Prozent über dem US-Durchschnitt lagen (siehe »Auto Insurers sue ...« in der *New York Times* vom 18. Oktober 1987); in den achtziger Jahren stand es meistens auch an der Spitze, was den Autodiebstahl angeht. »Etwa 60 Prozent der Autofahrer dieses Bundesstaates gehören mittlerweile zur Hochrisiko-Gruppe.« Ein Psychiater, der an einem Bostoner Krankenhaus seine Ausbildung absolviert, bemerkte: »Normalerweise sind die Eltern vor allem um die Sicherheit und die Leistung ihrer Kinder besorgt. Eltern irischer Herkunft (zumindest einige [in Boston]) waren dagegen stolz darauf, daß ihre Söhne heldenhafte Risiken eingingen. Ein vierzehnjähriger Junge stahl z. B. Autos und raste mit ihnen über die gefährlichste Schnellstraße von Boston, wo sein bester Freund bei einer ähnlichen Eskapade umgekommen war. Die Eltern waren stolz auf ihn. Was sie zum Ausdruck brachten, war natürlich die irische Vorliebe für einen beinahe selbstmörderischen Mut und implizit die fatalistische Überzeugung, daß der Tod und Gottes Erbarmen unter Umständen dem Leben vorzuziehen ist.« John K. Pearce, S. 576 in Monica McGoldrick, John K. Pearce und Joseph Giordano (Hg.), *Ethnicity and Family Therapy* (Guilford 1982).

58 Für eine Würdigung von *Limulus* siehe William Sargent, *The Year of the Crab: Marine Animals in Modern Medicine* (Norton 1987). »Ich hatte Zusammenstöße mit Schalentier-Aufsehern, Stadtvätern und Beamten der Drogenbehörde. Können Sie sich vorstellen, was es heißt, einem Bundesbeamten zu erklären, daß Sie in Ihrem Kälteschutzanzug vor Sonnenaufgang in der Marsch herumschleichen, um Ihre Königskrabben davor zu bewahren, naß zu werden?« (S. 16).

61 J. Allan Hobson, *The Dreaming Brain*, New York: Basic Books 1988, S. 212 f.

63 Konfabulation: Donald T. Stuss und D. Frank Benson, *The Frontal Lobes* (Raven Press), S. 225 f.

65 Zusätzliches motorisches Feld: Mario Wiesendanger, »Organization of secondary motor areas of cerebral cortex.« In: *Handbook of Physiology. Section 1: The Nervous System. Volume II: Motor Control, Part 2* (American Physiological Society 1981), Kap. 24, S. 1121–1147.

66 Hin- und Herwechseln zwischen zeitlichen Mustern: Stuss und Benson (1986), S. 77 ff. Eine Läsion im prämotorischen Bereich führt nicht zu einer Lähmung oder Parese und nicht zu einem Verlust der allgemeinen Handlungsabsicht oder des allgemeinen Plans. Beeinträchtigt sind dagegen Schnelligkeit, Geläufigkeit und der automatische Ablauf. Luria beschreibt mehrere neuropsychologische Tests, die auf eine prämotorische Schädigung nach seiner Ansicht besonders empfindlich reagieren: Das Klopfen komplizierter Rhythmen mit den Fingern, bei dem Zahl und Intensität der Schläge geändert werden muß, wird unregelmäßig und bruchstückhaft und kann einer stereotypen Reaktion weichen. Sogar die Wiederholung einfacher Klopfrhythmen kann gestört sein. Wird der Patient aufgefordert, abwechselnd Rechtecke und Zickzacklinien zu zeichnen, beharrt er manchmal bei dem Muster, das er gerade zeichnet.

67 Jelle Atema, »To sense the world as others sense it.« *MBL Science* 3(1):2–3 (Winter 1988).

68 Bei gewöhnlichen Sterblichen ist angeblich der linke prämotorische Kortex dominant an der Sequenzierung von Bewegungen der linken wie der rechten Körperhälfte beteiligt. Bei einer Geigerin wäre es durchaus plausibel, wenn der rechte prämotorische Kortex die Fingerbewegungen der linken Hand steuert, während der linke die Bogenführung steuert und das Ganze aufeinander abstimmt; bevor aber nicht geübte Geiger mit aufwendigen Verfahren untersucht worden sind, müssen wir uns mit dem begnügen, was wir über gewöhnliche Sterbliche wissen. Die linke Hemisphäre (und nicht bloß der prämotorische Kortex) ist weitgehend auf seriell-sequentielle Aktivitäten spezialisiert:

J. L. Bradshaw und N. C. Nettleton, »The nature of hemispheric specialization in man.« *Behavioral and Brain Sciences* 4:51–92 (März 1981).

George A. Ojemann, »Brain organization for language from the perspective of electrical stimulation mapping.« *Behavioral and Brain Sciences* 6(2):189–230 (Juni 1983).

Doreen Kimura, »Neuromotor mechanisms in the evolution of human communication.« In: H. D. Steklis und M. J. Raleigh (Hg.), *Neurobiology of Social Communication in Primates*, New York: Academic Press 1979, S. 197–219.

George A. Ojemann und Otto D. Creutzfeldt, »Language in humans and animals: contribution of brain stimulation and recording.« In: Vernon B. Mountcastle, Fred Plum und Steven R. Geiger (Hg.), *Handbook of Physiology. Section 1: The Nervous System, Volume 5 part 2, The Higher Functions of the Brain* (American Physiological Society 1987).

69 In einer konventionelleren Definition würde man den präfrontalen Bereich als denjenigen bezeichnen, zu dem der mediodorsale Kern des Thalamus projiziert. In der vergleichenden Anatomie hat der Ausdruck »präfrontal« eine sehr viel verwickel-

tere Geschichte, siehe den Artikel von Ivan Divac »A note on the history of the term ›prefrontal‹« in *IBRO News* 16(2):2 (1988), dem Mitteilungsblatt der International Brain Research Organization. Die Verwirrung wird noch dadurch gesteigert, daß man als »frontalen Kortex« jene Bereiche bezeichnet, die zwischen dem prämotorischen und dem präfrontalen Bereich eingezwängt sind, aber auch die Rinde des gesamten Frontallappens.

69 Rolle des präfrontalen Kortex im strategischen Denken: Joaquin M. Fuster, »Prefrontal cortex in motor control.« In: *Handbook of Physiology. Section 1: The Nervous System. Volume 2: Motor Control, Part 2* (American Physiological Society 1981), Kap. 25, S. 1149–1178.

69 Die Neuropsychologen ermitteln Frontallappen-Verletzungen mit Hilfe mehrerer subtiler diagnostischer Tests, darunter der Wisconsin-Kartensortierungs-Test. Es gibt inzwischen zahlreiche gute Lehrbücher zur Neuropsychologie; eine leicht lesbare Einführung bietet William H. Calvin und George A. Ojemann, *Inside the Brain: Mapping the Cortex, Exploring the Neuron* (New American Library 1980).

69f. Zur Entfaltung der richtigen Handlungsfolge siehe Stuss und Benson (1986), S. 80. Nach Meinung von Luria beeinflußt der präfrontale Kortex (1) Aufrechterhaltung und Kontrolle des kortikalen Tonus; (2) Regulation des Schemas oder Programms der Handlung selbst; (3) eine Beeinträchtigung der Entfaltung des motorischen Programms (der Patient kann eine Hand, die sich unter der Bettdecke befindet, nicht heben, wenn man ihm nicht zwei getrennte Befehle gibt, erstens, die Hand unter der Decke hervorzuziehen, und dann, sie zu heben); und (4) ein Defizit beim Vergleichen zwischen Ausführung und ursprünglicher Absicht und entsprechendem Korrigieren (der Patient erkennt Fehler bei anderen, was zeigt, daß das Begreifen nicht das Problem ist).

70 Der präfrontale Kortex überwacht Erzählungen: B.L.J. Kaczmarek, »Neurolinguistic analysis of verbal utterances in patients with focal lesions of frontal lobes.« *Brain and Language* 21:52–58 (1984). Nach seiner Ansicht ist der linke dorsal-laterale frontale Kortex wichtig für die sequentielle Organisation, der linke orbitale Frontallappen für die Ausrichtung einer Erzählung durch Überwachung.

Für eine andere Auffassung der Läsion und die in der Literatur vorherrschende Meinung siehe H.H. Kornhuber, »Attention, readiness for action, and the stages of voluntary decision – some electrophysiological correlates in man.« In: Otto Creutzfeldt, Richard F. Schmidt und William D. Willis (Hg.), *Sensory-motor integration in the nervous system*, New York: Springer-Verlag 1984, S. 420–429. Er sagt (S. 427), die Frage »wann es getan werden soll« sei eine Funktion des zusätzlichen motorischen Feldes. Und »die Überwachung der Aufgabe ›was zu tun ist‹ könnte eine Funktion des orbitalen Kortex mit seinen hypothalamischen, limbischen und mnestischen Afferenzen sein. ›Wie es zu tun ist‹ ist in neuartigen Situationen vermutlich vor allem eine Aufgabe für den frontolateralen Kortex mit seinen Afferenzen von den parietalen und temporalen Bereichen der Assoziation von Fernwahrnehmungen.«

70 »Unser Bedürfnis nach einem chronologischen ...«: R. Scholes, »Language, narrative, and anti-narrative.« In: *On narrative*, hrsgg. von W.J.T. Mitchell, University of Chicago Press 1981, S. 207. Siehe auch Misia Landau, »Human evolution as narrative«, *American Scientist* 72:262–268 (Mai/Juni 1984).

71 Zitat aus Nancy C. Andreasen, »Brain imaging: Applications in psychiatry.« *Science* 239:1381–1388 (18. März 1988).
72 Zwillinge und Größe der Ventrikel: Nancy C. Andreasen, Vortrag vor einer Vollversammlung der Psychiater an der University of Washington am 14. April 1988. Siehe auch: Nancy C. Andreasen et al., »Structural abnormalities in the frontal system in schizophrenia. A magnetic resonance imaging study«, *Archives of General Psychiatry* 43(2):136–144 (Februar 1986).
73 Abweichung der Ausdehnung der primären Sehrinde bei normalen Erwachsenen bis zum Dreifachen: Suzanne S. Stensaas, D. K. Eddington und W. H. Dobelle, »The topography and variability of the primary visual cortex in man«, *Journal of Neurosurgery* 40:747–755 (Juni 1974).
75f. Hobson (1988), S. 10f.
78 Ralph Barton Perry, »Conceptions and misconceptions of consciousness«, *Psychological Review* 11:282–296 (1904). Für eine aktuellere Zusammenstellung der vielen Dinge, die als Bewußtsein bezeichnet werden, siehe Ronald S. Valle und Rolf von Eckartsberg (Hg.), *The Metaphors of Consciousness* (Plenum 1981).

4. Formen des Bewußtseins: Vom Koma zur Tagträumerei

80 Henry Beston, *The Outermost House* (Penguin 1962; Erstveröffentlichung 1928), S. 220f.
80 Henry David Thoreau, *The Maine Woods* (1864), S. 71.
81 Fußläufige Entfernung vom Strand: »Endlich beginnen die Küstenstaaten des Landes [der Vereinigten Staaten], die Strände als das zu sehen, was sie wirklich sind: nationale Schätze. Ohne Zweifel wird man unsere verbliebenen Strände einmal zu Nationalparks erklären und sie zum Wohl der Allgemeinheit für immer unter Schutz stellen. Sie werden jedoch anders sein als der Yellowstone Park, wo man sicher sein kann, daß ›Old Faithful‹ auch noch in fünfzig Jahren an der gleichen Stelle stehen wird. Unsere Strandpflegepolitik wird berücksichtigen müssen, daß der Meeresspiegel steigt und daß die Strände sich verlagern [wie Sandflüsse]. Die Strände der Zukunft könnten also zu beweglichen Nationalparks werden!« Thomas A. Terich, *Living with the Shore of Puget Sound and the Georgia Strait*, Durham, N.C.: Duke University Press 1987, S. 37.
82 Beston (1928), S. 2.
83 Aufgeschäumte Schachteln und Ozonausdünnung: Gary Taubes in *Discover* 8(8):66 (August 1987).
84 Charles R. Morris, »Our muscle-bound Navy«, *The New York Times Magazine* (24. April 1988), S. 102.
85 Morris Berman, *The Reenchantment of the World*, Ithaca, N.Y.: Cornell University Press 1981, S. 16, 72.
87 L. Weiskrantz, *Blindsight: A Case Study and its Implications*, Oxford: Oxford University Press 1986.
87f. Karl R. Popper und John C. Eccles, *Das Ich und sein Gehirn*, München: Piper 1987, S. 162f. Siehe auch Donald R. Griffin, *Animal Thinking*, Cambridge, Mass.:

Harvard University Press 1984 – eine Darstellung tierischen Bewußtseins, aber ohne einen Vergleich der sequentiellen Planungsfähigkeiten zwischen den Tieren. Von denen, die sich über menschliches Bewußtsein äußern, haben sich nur wenige über die zahlreichen, für dieses Problem relevanten Sonderaspekte informiert, z. B. tierisches Verhalten, Evolution zum Menschen, Neurophysiologie, Philosophie, Psychologie usw. Die folgenden Bücher dürften für den Leser besonders lohnend sein:

Patricia Smith Churchland, *Neurophilosophy* (MIT Press 1986).

Daniel C. Dennett, *Brainstorms: Essays on Mind and Psychology* (Bradford Books 1978). Von demselben: *The Intentional Stance* (MIT Press 1987).

John C. Eccles, *Die Evolution des Gehirns – die Erschaffung des Selbst*, München: Piper 1989.

Nicholas Humphrey, *Consciousness Regained*, Oxford: Oxford University Press 1983.

90   Die Australier Treuhänder ihres Landes: Bruce Chatwin, *Traumpfade*, München: Hanser 1990.
90   Beston (1928), S. 43 f.
90 f. Benjamin Libet, »Unconscious cerebral initiative and the role of conscious will in voluntary action«, *Behavioral and Brain Sciences* 8:529–566 (Dezember 1985).
92   Warngedicht aus John Maynard Smith, *The Problems of Biology*, Oxford: Oxford University Press 1986, S. 128.
92   Marvin Minsky, *Mentopolis*, Stuttgart: Klett-Cotta 1990, S. 150 ff.
93   Heinz Pagels, *The Dreams of Reason*, New York: Simon & Schuster 1988, S. 222 f. und 225.
94   Albert Szent-Györgyi, zitiert in Sidney Tamm, »Imagination in science«, *MBL Science* 2(2):9–13 (Sommer 1986).
95   Oliver Sacks, *A Leg to Stand On*, New York: Harper and Row 1984, S. 131.
97   Minsky, S. 50.
97   Bennett G. Braun (Hg.), *The Treatment of Multiple Personality Disorder* (American Psychiatric Press 1986). Multiple Persönlichkeiten entstehen gelegentlich infolge von Kindesmißhandlung; das Kind versucht sich offenbar vor dem Schmerz der Mißhandlung zu schützen. Zu den auffallendsten Befunden gehört, daß jede der multiplen Persönlichkeiten mit anderen Allergien, Empfindlichkeiten gegen Medikamente und Epilepsieanfälligkeiten verbunden ist, ja sogar mit einer unterschiedlichen Sehschärfe. Siehe Daniel Golemans Bericht in *The New York Times* vom 28. Juni 1988.
98   Peter Medawar und Jean Medawar, *The Life Science* (Wildwood House 1977).

5. Das elektrisch erregende Leben der gehemmten Nervenzelle
100 Rodolfo Llinás, zitiert in Susan Allport, *Explorers of the Black Box* (Norton 1986), S. 166 f.
102 Albert Szent-Györgyi, in *The Scientist Speculates*, hrsgg. von I. G. Good, 1962.
104 Dem spanischen Neurowissenschaftler Santiago Ramón y Cajal, der ab 1888 zehn Jahre lang eine Entdeckung nach der anderen machte, werden die meisten unserer heutigen Vorstellungen über die Organisation des Wirbeltier-Gehirns zugeschrieben; viele parallele Entdeckungen in Nervensystemen von Wirbellosen machte je-

doch 1888 der norwegische Zoologe Fridtjof Nansen. Mein Kollege John Edwards teilt mir mit, daß Nansen noch vor Cajal die Neuronen-Auffassung entwickelt hatte (beide benutzten die Golgi-Methode), aber bei den Historikern der Erforschung des Nervensystems in Vergessenheit geriet, weil er anschließend nicht mehr über das Nervensystem arbeitete. Statt dessen durchquerte er nur als erster die Eiskappe Grönlands, führte bahnbrechende meereskundliche Untersuchungen durch, leitete die Arktisexpedition von 1895, wurde zum ersten Gesandten Norwegens in Großbritannien und erhielt 1922 den Friedensnobelpreis für seine Arbeit mit Flüchtlingen, z. B. den »Nansenpaß«!

Charles Sherrington prägte 1897 das Wort »Synapse« und gehörte zu denen, die die synaptische Verzögerung nachwiesen (die, wie wir wissen, mit der Sekretion des Neurotransmitters zusammenhängt). Gerlach entwickelte 1858 erstmals Netzwerk-Vorstellungen; Hess und Forel erkannten jedoch um 1880, daß die Zelle als eine Einheit an und für sich aufgefaßt werden sollte. Seine schönen Bilder von Axon-Endigungen im Kleinhirn (besonders der Endigungen von Korbzellen und Kletterfasern an Purkinjezellen) überzeugten Cajal davon, daß das Axon ein Ende hatte, und er brachte es in Zusammenhang mit dem Einbahnventil, das für den Reflexbogen nötig ist. Die Histologen wollten jedoch von den Synapsen-Postulaten Cajals, die dieser ab 1900 vertrat, nichts wissen, sondern verstärkten statt dessen für einige Zeit die Netzwerk-Theorie.

105 f. In Wahrheit war es wohl nicht ein Traum, der Otto Loewi inspirierte, sondern nächtliche Geistestätigkeit; siehe J. Allan Hobson, *The Dreaming Brain* (Basic Books 1988), S. 4 ff. Es gibt nicht nur die Träume, die etwa zwei Stunden der Nacht ausfüllen, sondern weitere zwei Stunden der Geistestätigkeit, zu der auch das Denken gehört. Diese Mentation ist nicht begleitet von sensorischen Illusionen und nicht so bizarr, wie es Träume sein können; sie ist ziemlich gewöhnlich, banal, repetitiv und meistens unkreativ.

108 Die Netzwerk-Theorie führte schließlich in eine Sackgasse, doch galt die chemische Übertragung im Zentralnervensystem nach Loewis Entdeckung von 1921 noch nicht als eindeutig erwiesen. Die Physiologen versuchten weiterhin, abgestufte elektrische Signale sich über die Synapse hinweg fortpflanzen zu lassen, mußten aber, als 1949 die Mikroelektroden eingeführt wurden, erkennen, daß diese Alternative im Rückenmark von Säugern nicht funktionieren konnte. Bei den anderswo vorhandenen sogenannten »elektrischen Synapsen« gilt sie aber gleichwohl, und so waren am Ende beide synaptischen Mechanismen korrekt. Die Bläschen, die Palay 1953 beobachtete, wurden 1955 von Del Castillo und Katz mit den winzigen synaptischen Potentialen in den Nerv-Muskel-Synapsen identifiziert. Es dauerte also fast ein Jahrhundert, bis nach der falschen Netzwerk-Theorie, die Synapsen leugnete, mit dem Beweis der chemischen Übertragung das Synapsenkonzept sich durchsetzte, obwohl die richtigen Funktionsprinzipien zum größten Teil in der Mitte dieses Zeitraums – zwischen 1888 und 1904 – dargelegt wurden. Nach Sanford Palays Vortrag »The history of the synapse« am 15. November 1988 in Toronto. Siehe auch Marco Piccolino, »Cajal and the retina: a 100-year perspective«, *Trends in Neurosciences* 11(12):521–525 (Dezember 1988).

108 Siehe die Biographie Loewis von Gerald L. Geison in *Dictionary of Scientific Bio-*

graphy 8:451–457 (1973) und Walter Cannon, »The story of the development of our ideas of chemical mediation of nerve impulses«, *American Journal of Medical Sciences* 188:145–159 (August 1934).

109   Blutdruck von 60/45: Das Gehirn hört sehr schnell auf zu arbeiten, wenn es nicht über das Blut fortlaufend mit Sauerstoff versorgt wird. Ein niedriger Blutdruck *im Kopf* läßt einen ohnmächtig werden. Die Ohnmacht läßt sich jedoch in den meisten Fällen einfach beheben, indem man den Betroffenen flach auf den Boden legt (kein Stuhl!), weil der Blutdruck mit der Höhe über dem Herzen abnimmt. Wird der hydrostatische Druckeffekt durch Flachlegen des Betroffenen beseitigt, steigt der Blutdruck im Kopf in der Regel um ein Drittel; legt man die Beine hoch, wirkt der hydrostatische Druck sogar im Sinne einer Blutdrucksteigerung. Der Betroffene kommt oft so schnell wieder zu sich, daß er sich fragt, warum er auf dem Boden liegt; weil ihm das peinlich ist, versucht er sich aufzusetzen, und prompt wird er wieder ohnmächtig (versuchen Sie, den Betroffenen für einige Minuten in der flachen Lage zu halten, und schützen Sie, wenn er aufsteht, seinen Hinterkopf vor einem Sturz). Die aufrechte Haltung macht also einen gewaltigen Unterschied.

110   Welches Unheil eine zeitweilige Entmyelinisierung anrichten kann, zeigt eine Arbeit von mir, die nur ein halbes Jahr vor dieser kleinen Episode veröffentlicht wurde: William H. Calvin, Marshall Devor und John F. Howe, »Can neuralgias arise from minor demyelination? Spontaneous firing, mechanosensitivity, and after-discharge from conducting axons«, *Experimental Neurology* 75:755–763 (März 1982).

112   U.J. McMahon und S.W. Kuffler, »Visual identification of synaptic boutons on living ganglion cells and of varicosities in postganglionic axons in the heart of the frog«, *Proceedings of the Royal Society* (London) B177:485–508 (1971). Siehe auch die drei auf diese folgenden Abhandlungen.

113   Weiteres zur Thalamotomie bei Parkinsonscher Krankheit siehe W.H. Calvin und G.A. Ojemann, *Inside the Brain: Mapping the Cortex, Exploring the Neuron* (New American Library 1980), Kap. 5.

6. Aus bloßem Gehirn wird Geist:
Die visuelle Welt wird zerlegt

118   Virginia Woolf, *To the Lighthouse* (Harcourt Brace 1927), S. 301.

120f. Stanislaw M. Ulam in einem Gespräch, das zitiert wird in Heinz Pagels, *The Dreams of Reason*, New York: Simon & Schuster 1988, S. 94.

123   Schemata: Michael A. Arbib, »Schemas«, in: *The Oxford Companion to the Mind*, Oxford University Press 1987, S. 695–697. Piagets Schemata sind überwiegend Bewegungen (davon später mehr); es gibt eine Reihe von Variationen über das Schema-Thema: Minsky spricht von *frames*, Schank spricht von *scripts*, Lorenz und Tinbergen sprechen von *angeborenen Auslösemechanismen*, Peirce von *Gewohnheiten*; es gibt *semantische Netze*, und so weiter. Siehe Michael A. Arbib, E. Jeffrey Conklin und Jane C. Hill, *From Schema Theory to Language*, Oxford University Press 1987, S. 7: »Das einzelne Schema entspricht in etwa einem Interaktionsbereich, der ein Objekt im gewöhnlichen Sinne, ein die Aufmerksamkeit fesselndes Detail eines Objekts oder ein Bereich sozialer Interaktion sein kann. So

wie Programme zu umfassenderen Programmen kombiniert werden können, so können auch Schemata zu neuen Schemata kombiniert werden ... Man beachte, daß ein Schema sowohl ein Prozeß als auch eine Repräsentation sein kann. Es verbindet die Information einer Aussage mit einem Handlungsprogramm.« Besonders relevant für die Frage der Schemata ist Stevan Harnad (Hg.), *Categorical Perception: The Groundwork of Cognition*, Cambridge University Press 1987.

124 S. W. Kuffler, »Discharge patterns and functional organization of mammalian retina«, *Journal of Neurophysiology* 16:37–68 (1953).

124 H. K. Hartline, »The response of single optic nerve fibers of the vertebrate eye to illumination of the retina«, *American Journal of Physiology*, 121:400–415 (1938).

126 Siehe Robert Barlows Würdigung von H. Keffer Hartline (1903–1983) in *Trends in Neurosciences*, 9:552–555 (November-Dezember 1986).

127 Wichtige Abhandlungen aus der »Froschaugen-Ära« der Neuroethologie findet man in *Sensory Communication*, hrsgg. von Walter A. Rosenblith (MIT Press 1961).

131 Steven P. R. Rose, *The Conscious Brain*, auf den neuesten Stand gebrachte Ausgabe (Vintage 1976), S. 27.

136 Das erste Modell der rezeptiven Felder von Hubel und Wiesel ist am einfachsten darzustellen, doch kann man die Sache auch anders sehen, siehe beispielsweise R. M. Shapley und P. Lennie, »Spatial frequency analysis in the visual system«, *Annual Review of Neuroscience* 8:547–583 (1985). Letztere verwenden die durchschnittliche Feuerungsrate einer Zelle als Maß des Zelloutputs; Barry Richmond und Lance Optican, die sich die Impulsfolge genauer angesehen haben, finden, daß die elementaren Organisationsformen abstrakter sind; siehe ihren Artikel »A new view of vision« in *Science News* 134:58–60 (23. Juli 1988).

136 Die Zentrum-Randzone-Organisation verschwindet: Blaues Licht irgendwo in dem runden rezeptiven Feld wirkt erregend; gelbes oder rotes Licht irgendwo in dem Feld wirkt hemmend. Doch alle Inputs einer solchen Zelle haben eine Zentrum-Randzone-Anordnung; diese Zellen haben somit genau die richtige Mischung von Inputs, so daß die blaue Randzone des einen Inputs und das blaue Zentrum eines anderen Inputs zusammen ein gleichförmig blaues kreisrundes Feld ergeben. Diese Zellen werden sehr gut darin, die Farbe der gleichförmigen Mitte eines Flecks zu melden, während andere Zellen vornehmlich auf die Grenzlinien zwischen Flecken reagieren. Für neuere Darstellungen der rezeptiven Felder siehe die Kapitel 2, 3 und 20 von Stephen W. Kuffler, John Nicholls und Robert Martin, *From Neuron to Brain*, 2. Aufl. (Sinauer 1984).

137 Die besten Reize für kortikale Zellen sind gerade Kanten und Linien: Das stimmt nicht ganz; die Zellen in Schicht IVc haben immer noch rezeptive Felder nach dem Zentrum-Randzone-Modell. Siehe Kap. 12 in W. H. Calvin und G. A. Ojemann, *Inside the Brain* (1980).

139 Hans-Lukas Teuber, *Perception, Voluntary Movement, and Memory* (1967).

139 Torsten Wiesel, »A life of excellence and style: a short account of the career of Stephen W. Kuffler (1913–1980)«, *Trends in Neurosciences* 4(1):1–3 (Januar 1981).

139 Hubel, Wiesel und Roger Sperry teilten sich 1981 den Nobelpreis für Physiologie und Medizin; Sperry wurde für seine Arbeit an Split-Brain-Patienten aus-

gezeichnet, obwohl seine frühere Arbeit über das, wovon die Entwicklung von Sehbahnen gesteuert wird, als mindestens ebenso bedeutend gilt.

139 Studium der Neurobiologie: Siehe *Neuroscience Training Programs*, jährlich veröffentlicht von der Society for Neuroscience, 11 Dupont Circle NW, Washington DC 20036, USA, und in den meisten College-Bibliotheken erhältlich.

140 Ernst H. Gombrich, *Kunst und Illusion. Zur Psychologie der bildlichen Darstellung*, Stuttgart, Zürich: Belser 1986, S. 70. Als Gombrich dies schrieb, nahm man noch an, daß die Photorezeptoren zur Übermittlung von Informationen Impulse »feuern«; ein Jahrzehnt später wurde entdeckt, daß sie das gewöhnlich nicht tun, ebensowenig wie die in der Kette zwischen Photorezeptor und Gehirn folgenden bipolaren Zellen. Was die Photorezeptoren (Stäbchen und Zapfen) wirklich tun, übersteigt die wildesten Vorstellungen: Sie geben ständig Neurotransmitter-Moleküle ab, und wenn die Lichtintensität *zunimmt*, *sinkt* die Abgabe proportional zur Lichtintensität! Im Dunkeln ist ihr Output also am größten!

7. Wer spricht aus der Großhirnrinde?
Das Problem der unterbewußten Komitees

142 Michael A. Arbib, *In Search of the Person*, Boston: University of Massachusetts Press 1985, S. 52 f.

143 Wir können Karten zeichnen: Manchmal sind die kortikalen Repräsentationen einfach unverständlich, das heißt, daß Nachbarn auf der Haut nicht im Kortex benachbart sind. So wurde jetzt gezeigt, daß die somatotopische Karte in Crus II der Kleinhirnrinde aus einer Reihe von unverbundenen Fragmenten besteht; James Bower spricht von einer »frakturierten Somatotopie«. Es ist denkbar, daß die ungeordneten Karten bei Edelmans Untersuchung, die am Ende von Kapitel 10 erwähnt wird, darauf beruhen, daß in der Lernphase statt eines gleichmäßigen Bestreichens der Hand punktförmige Reize gegeben wurden.

144 Cape Cod als Endmoräne: Die sogenannte Falmouth-Moräne erstreckt sich von Woods Hole nach Norden und Osten, über das Nordufer des Arms bis zum Ellbogen bei Orleans (wo man ähnliche Felsblöcke findet wie in Woods Hole); Unterarm und Hand wurden vermutlich von Meeresströmungen abgelagert, da der Unterarm parallel zum Steilabfall des Kontinentalsockels verläuft. Die Geologen werden mir hoffentlich verzeihen, daß ich allzu großzügig von *Moränen* spreche und auch Hügel glazialen Gerölls, die durch Schmelzwässer geformt wurden, unter diesen Begriff fasse. Im strengen Sinne sind Moränen nur die Anhöhen, die am unmittelbaren Rand von Gletschern entstanden, nicht aber die glazialen Sedimente unter einem Gletscher, die durch Abflußkanäle transportiert wurden.

147 Organisation der Säulen in der Sehrinde: David H. Hubel und Torsten N. Wiesel, »Functional architecture of macaque visual cortex«, *Proceedings of the Royal Society* (London) 198B:1–59 (1977).

147 Eine visuelle kortikale Karte bezieht sich auf das Zentrum der Netzhaut und nicht auf die Peripherie, weil die linke Hirnhälfte alles verarbeitet, was rechts von dem Punkt liegt, den Sie betrachten, während die linke Seite Ihres Blickfeldes an die rechte Hirnhälfte geht. Damit ist aber nicht all das gemeint, was das linke Auge

sieht, sondern alles, was beide Augen links vom Mittelpunkt Ihres Blickfeldes sehen. Siehe Abbildung 6–3 auf Seite 129.

149 Einige Mechanismen der Tiefenwahrnehmung findet man bei S.M. Zeki, »Cells responding to changing image size and disparity in the cortex of the rhesus monkey«, *Journal of Physiology* 242:827–841 (1974).

149 »Die Augen konvergieren, bis die rezeptiven Felder sich decken« ist nicht ganz richtig. Die Anordnung ergibt nicht Konvergenz-, sondern *Disparitäts*-Unterschiede. Wenn ich die Reihe der Parkuhren auf dem Bürgersteig entlangsehe und die dritte Parkuhr »anschaue« (entsprechend dem ferneren Ziel in Abbildung 7-1 auf Seite 149), könnte eine solche Zelle ihre optimale Empfindlichkeit bei der zweiten Parkuhr haben (entsprechend dem näheren Ziel in Abbildung 7-1).

151 W.H. Calvin, »Fine discrimination as an emergent property of parallel neural circuits«, *Society for Neuroscience Abstracts* 10:218.11 (1984). Ferner »A stone's throw and its launch window: timing precision and its implications for language and hominid brains«, *Journal of Theoretical Biology* 104:121–135 (September 1983).

152 Man sollte sich die Sache vielleicht so vorstellen, daß die rezeptiven Felder als eine Vektorenbasismenge fungieren. Zwar würden nur zwei Typen von rezeptiven Feldern genügen, ein horizontaler Spezialist und ein vertikaler Spezialist, um jeden beliebigen, zwischen den beiden Orientierungen liegenden Winkel durch Zerlegung des Vektors in kartesische Komponenten darzustellen, doch sind die einzelnen Zellen mit Rauschen behaftet, und das schränkt die Interpretation des Winkels einer Linie im Raum ein. Wenn aber die Vektorkomponenten um etwa 10° versetzt sind, kann jeder dazwischen liegende Winkel leicht durch Aktivierung der beiden am nächsten liegenden Mitglieder der Basismenge repräsentiert werden. »Markierte Linien« sind daher nicht erforderlich, sondern nur 18 Basisvektoren bei 0°, 10°, 20°, ..., 170° von der Horizontalen; Kombinationen ihrer Aktivität scheinen auszureichen, um die Diskrimination der Neigung einer Linie bis auf einen Bruchteil eines Grads zu erlauben.

153 Thomas Young, »On the theory of light and colours«, *Philosophical Transactions of the Royal Society of London* 95:12–48 (1802). Das Mischen der Farben wird sehr schön demonstriert in Richard L. Gregory, *Eye and Brain: The Psychology of Seeing*, 2. Aufl. (McGraw-Hill 1973), S. 120.

154 Helmholtz ging in seiner 1860 erschienenen *Physiologischen Optik* sogar noch weiter und stellte die drei Zapfen-Outputs als einen Vektor sowie den gerade noch wahrnehmbaren Farbunterschied als Differenzvektor zwischen den beiden Farbtönen dar.

155 Youngs Verteilungsprinzip ist auch für die Wahrnehmung der Linienorientierung relevant: Die erwähnten 18 Typen von spezialisierten Linienorientierungs-Neuronen (jedes reagiert auf Orientierungen in einem ungefähr 10° umfassenden Bereich), die Hubel und Wiesel fanden, können als ein weiterer Beleg des Prinzips aufgefaßt werden. Eine Linie (sagen wir, mit einem Winkel von 37°) stimuliert am stärksten einen Zelltyp (sagen wir, den für 40°), zwei andere (sagen wir, die für 30° und 50°) aber nur schwach. Die relative Aktivität der letzteren kann dazu benutzt werden, um zu der Einschätzung zu kommen, daß die Linie eine etwas geringere Neigung hat als die 40° der am stärksten angesprochenen Zelle. Gäbe es nur zwei

Orientierungstypen – horizontal und vertikal –, könnte man aufgrund ihrer relativen Aktivität theoretisch zu den 37° gelangen, doch weil Nervenzellen mit Rauschen behaftet sind, wäre die Abschätzung viel ungenauer als bei achtzehn Spezialisten, die über den Gesamtbereich von 180° um jeweils 10° versetzt sind. Wenn man schließlich eine Messung mit Hilfe eines Nonius vornimmt, hängt die Genauigkeit von der Feinheit der Einteilung der kleineren Skala ab.

156 Humberto Maturana und Francisco Varela, *Autopoiesis and Cognition: The Realization of the Living*, Dordrecht: Reidl 1980, S. 47.

156 Robert P. Erickson, »On the neural bases of behavior«, *American Scientist* 72:233–241 (Mai-Juni 1984). Behandelt sowohl Youngs Farbentheorie als auch Befunde über den Geschmackssinn.

156 William H. Calvin, »Why ›Grandmother's Face‹ and ›Command‹ Neurons Are Rare (Answer: The Fireworks Finale)«, *Society for Neuroscience Abstracts* 14:260 (1988).

158 Die Hemmung spielt auch eine wichtige Rolle beim Auslösen von motorischen Programmen, weil es auf die Komitee-Struktur ankommt: Wichtige Bahnen des Kleinhirns (zu dessen Hauptaufgaben die Koordination motorischer Programme gehört) wirken *nur* über die Hemmung auf absteigende Neurone ein.

158 Tatsächlich sagte Terrence Sejnowski am 2. September 1988 im MBL-Kurs über computergestützte Neurowissenschaft: »Es sind die Menschen, die kategorisieren, aber zu verteilen ist göttlich.« Die Angleichung an den Stil von Alexander Pope stammt von mir.

161 Vierzig Jahre später habe ich den Schauplatz wieder aufgesucht. Den Frisörladen gibt es immer noch, aber er ist kleiner, als ich ihn in Erinnerung hatte; von der Vorderseite aus ist er nur vier Stühle tief (auch das Haus, in dem ich damals wohnte, und die Schule, die ich besuchte, wirken viel kleiner als in meiner Erinnerung – aber schließlich bin ich seither ein ganzes Stück gewachsen). Auch das gepolsterte Brett, das auf die Armlehnen des altmodischen Frisörstuhls paßt, ist noch da, durch einige weitere Generationen kleiner Jungen ziemlich abgewetzt. Und es gibt noch die perfekt ausgerichteten Wandspiegel. Die Straßenbahn wurde vor langer Zeit stillgelegt, und die Wendeschleife ist heute ein Parkplatz.

161 f. Joaquin M. Fuster, »Prefrontal cortex in motor control«, in: *Handbook of Physiology. Section 1: The Nervous System. Volume II: Motor Control* (American Physiological Society 1981), Teil 2, Kap. 25, S. 1149–1178 und 1167.

162 Daniel C. Dennett, *Brainstorms* (Bradford Books 1978), S. 123.

8. Dynamische Reorganisation:
Eine Unschärfe wird durch einen Mexikanerhut klarer

164 J. Z. Young, »Hunting the homunculus«, *New York Review of Books* 35(1):24–26 (2. Februar 1988).

164 J.-P. Changeux, »Concluding remarks on the ›singularity‹ of nerve cells and its orthogenesis«, *Progress in Brain Research* 58:465–478 (1983).

165 J. Z. Young, *A Model of the Brain* (Clarendon Press 1964). Sein Artikel »The organization of a memory system«, *Proceedings of the Royal Society* (London)

163B:285–320 (1965) führt das Mnemon-Konzept ein, bei dem eine Funktion durch abgeschwächte Synapsen in Gang gebracht wird. Eine spätere Version ist »Learning as a process of selection«, *Journal of the Royal Society of Medicine* 72:801–804 (1979).

166f. Lewis Thomas, »A long line of cells«, in: *Inventing the Truth: The Art and Craft of Memoir* (Houghton Mifflin 1987). Zitiert von William Zinsser in *Writing to Learn* (1988), S. 169f.

167 Charles Darwin, *The Descent of Man*, London: John Murray 1871, S. 100 [deutsch: *Die geschlechtliche Zuchtwahl*, Leipzig 1909].

168 Der Songwriter John Barlow, zitiert in David Gans und Peter Simon, *Playing in the Band: An Oral and Visual Portrait of the Greatful Dead* (St. Martin's Press 1985), S. 21.

169 Marian Diamond schreibt in einer Buchbesprechung in *Ethology and Sociobiology* 5:67–68 (1984), daß es für einen Verlust kortikaler Neurone nach dem Beginn des Erwachsenenalters kaum Anhaltspunkte gibt.

169 Evolutionäre Spielart des Schnitzprinzips: Sven O. E. Ebbesson, »Evolution and ontogeny of neural circuits«, *Behavioral and Brain Sciences* 7:321–366 (September 1984).

171 Siehe Warren S. McCulloch, *Embodiments of Mind* (MIT Press 1969).

171 Zusätzliche Verbindungen bis acht Monate nach der Geburt: P. R. Huttenlocher, »Synapse elimination and plasticity in developing human cerebral cortex«, *American Journal of Mental Deficiency* 88:488–496 (1984). Für Affen liegen umfassendere Daten vor: Ronald G. Boothe, William T. Greenough, Jennifer S. Lund und K. Krege, »A quantitative investigation of spine and dendrite development of neurons in visual cortex area 17 of *Macaca nemestria* monkeys«, *Journal of Comparative Neurology* 186:473–490 1979; und mit Hilfe von elektronischen Mikrographen: P. Rakic, J.-P. Bourgeois, M. F. Eckenhoff, N. Zecevic und P. Goldman-Rakic, »Concurrent overproduction of synapses in diverse regions of the primate cerebral cortex«, *Science* 232:232–234 (1986).

171 A. S. LaMantia und P. Rakic, »The number, size, myelination, and regional variation of axons in the corpus callosum and anterior commissure of the developing rhesus monkey«, *Society for Neuroscience Abstracts* 10:1081 (1984).

171f. Daniel C. Dennett, *Content and Consciousness* (Routledge and Kegan Paul 1969; die Seitenangaben beziehen sich auf die Taschenbuchausgabe), S. 52–59. Es handelt sich hier um Dennetts 1965 in Oxford vorgelegte philosophische Dissertation (man muß sich einmal vorstellen, den Neurologen J. Z. Young *und* den Philosophen A. J. Ayer als Prüfer zu haben!). Was Dennett über das Gehirn sagt, scheint der konvergenten Selektion (die Entwicklung läuft auf einen Spezies»typ« zu) zu entsprechen, wie sie von einigen Vorläufern Darwins, z. B. Edward Blyth, aufgefaßt wurde. Siehe Loren Eiseleys posthum erschienenes Buch *Darwin and the Mysterious Mr. X* (Harcourt Brace Jovanovich 1979). Wie in der Biologie, wurde die schöpferische Rolle der Selektion (»divergente Selektion«) im neuralen Darwinismus erst später erkannt.

173 Die Literatur über die Elimination von Synapsen wächst rasch an; wer neuere Informationen sucht, sollte den *Science Citation Index* auf Artikel hin konsultie-

ren, die einige der wichtigen Aufsätze von vor 1989 zitieren. Zusätzlich zu den schon erwähnten sollten die folgenden nützlich sein:

M. F. Bear, L. N. Cooper und F. F. Ebner, »A physiological basis for a theory of synapse elimination«, *Science* 237:24–28 (1987).

J.-P. Changeux, »Neuronal modes of cognitive functions«, *Cognition* (im Druck).

S. Clarke and G. Innocenti, »Organization of immature intrahemispherical connections«, *Journal of Comparative Neurology* 251:1–22 (1986).

G. M. Innocenti und R. Caminiti, »Postnatal shaping of callosal connections from sensory areas«, *Experimental Brain Research* 38:721–723 (1985).

D. J. Price und C. Blakemore, »Regressive events in the postnatal development of association projections in the visual cortex«, *Nature* 316:721–723 (1985).

D. Purves und J. W. Lichtman, »Elimination of synapses in the developing nervous system«, *Science* 210:153–157 (1980).

173 Bevorzugte Orte des Auswachsens im Kortex: Als Teil einer Erklärung dafür, daß die Binokularität am Ende der kritischen Phase »fixiert« wird, ist vorgeschlagen worden, daß durch Myelinisierung der kortikothalamischen Axone die Seitenäste reduziert werden, einfach weil 99 Prozent der Axonoberfläche bedeckt werden. Man könnte diese Überlegung folgendermaßen modifizieren: Sobald es zur Myelinisierung kommt, werden die möglichen Orte für einen neuen Seitenast auf einige wenige pro Millimeter reduziert. Neue Verzweigungen werden sich aber überwiegend am unmyelinisierten terminalen Ast des Axons ergeben – und damit zu engen Nachbarn der Neurone verlaufen, zu denen bereits Verbindungen bestehen.

173 Ludwig Wittgenstein, *Last Writings on the Philosophy of Psychology*, Bd. 1, 504 (66e) (University of Chicago Press 1982).

173 David E. Rumelhart und Donald A. Norman, »A comparison of models«, in: G. Hinton und J. Anderson (Hg.), *Parallel Models of Associative Memory* (Erlbaum 1981), S. 3.

175 Kleine schwarze Linien zwischen den Fingern: Floyd Ratliff, *Mach Bands: Quantitative Studies on Neural Networks in the Retina* (Holden-Day 1965). Dieses Buch vermittelt nicht nur einen guten Überblick über die laterale Hemmung und eine Mexikanerhut-artige Organisation, sondern verknüpft die Neurophysiologie außerdem mit solchen philosophischen Problemen wie der Erkenntnis.

175 f. Laterale Hemmung der Netzhaut während der Dunkeladaptation abgeschaltet, siehe Horace B. Barlow, Richard FitzHugh und Stephen W. Kuffler, »Change of organization in the receptive fields of the cat's retina during dark adaptation«, *Journal of Physiology* (London) 137:338–354 (1957).

180 f. Die Verwendung der lateralen Hemmung zur Kontrastverstärkung könnte einer dieser vertrackten Fälle einer sekundären Nutzung sein; nach Ansicht von John DuBois dürfte die Stabilität des Netzwerks die wesentlichste Funktion dieser Hemmung sein, und ich würde hinzufügen, daß auch der Wechsel des Empfindlichkeitsbereichs eine ursprünglichere Nutzung sein könnte, da sich beim Wechsel vom Tageslicht zum Mondlicht die Intensität um das Millionenfache ändern muß. Daher könnte die Kontrastverstärkung einen Nebenweg darstellen, einen Funktionswandel bei anatomischer Kontinuität (siehe Kapitel 9).

182 Reorganisation der Fingerkarten: Michael M. Merzenich et al., *Neuroscience*

10:639–665 (1983); *Annual Reviews of Neuroscience* 6:325–356 (1983); *Journal of Comparative Neurology* 224:591–605 (1984); *Journal of Neuroscience* 6:218–233 (1986); *Nature* 332:444f. (31. März 1988). Für einen aktuellen Überblick siehe J. T. Wall, »Variable organization in cortical maps of the skin as an indication of lifelong adaptive capacities of circuits in the mammalian brain«, *Trends in Neuroscience* 11(12):549–557 (Dezember 1988).

184 Auswachsen bei peripheren Nerven: P. A. Redfern, »Neuromuscular transmission in newborn rats«, *Journal of Physiology* 209:701–709 (1970).

9. Von Rüstungswettläufen in Pfarrgärten: Der Seitensprung und andere Nebenwege der Evolution

188 Theodore Melnechuk, »Network notes from Cape Cod«, *Trends in Neurosciences* 3(5):8–9 (Mai 1980).

189 Mahendra Jumar Jain und Rafael Apitz-Castro, »Garlic: molecular basis of the putative ›vampire-repellent‹ actions and other matters related to heart and blood«, *Trends in Biochemical Sciences* 12(7):252–254 (Juli 1987).

190 Eßbare Pflanzen: G. A. Rosenthal, »The chemical defenses of higher plants«, *Scientific American* 254(1):94–99 (1986).

190 Die Sache mit den Inseln Guam und Rota: Peter S. Spencer, Peter B. Nunn, Jacques Hugon, Albert C. Ludolph, Stephen M. Ross, Dwijendra N. Roy und Richard C. Robertson, »Guam amyotrophic lateral sclerosis-Parkinsonism-dementia linked to a plant excitant neurotoxin«, *Science* 237:517–522 (31. Juli 1987). Siehe auch Roger Lewins Berichtsartikel in derselben Nummer, S. 483f.

191 Gregory Bateson, *Geist und Natur. Eine notwendige Einheit*, Frankfurt am Main: Suhrkamp 1990, S. 218.

192 Für aquatische Zusammenhänge siehe Meile 136 meines Buches *The River That Flows Uphill: A Journey from the Big Bang to the Big Brain* (Macmillan 1986).

193 Ultradarwinisten werden diskutiert in M. Grene und N. Eldredge, *Interactions* (Harvard University Press, im Druck).

193 Das Konzept der neuen Nische wird gern in Zusammenhang gebracht mit Emile Durkheim, *La division du travail social*, Buch II, Kap. 2. Das gleiche Konzept findet man jedoch bei Darwin.

193 Herbert A. Simon, *Reason in Human Affairs* (Stanford University Press 1983), S. 73.

194 Thomas H. Jukes, »The fight for science textbooks«, *Nature* 319:367–368 (30. Januar 1986).

195 Einige dieser Analogien aus der kulturellen Evolution erschienen zuerst in meinem Artikel »The evolutionary sidestep«, in: *Whole Earth Review* 60:4–9 (Herbst 1988).

195 Die kalvinistische Kombination: Jacob Bronowski und Bruce Mazlish, *The Western Intellectual Tradition* (Harper and Row 1960), S. 94.

197 Ernst Mayr, *Eine neue Philosophie der Biologie*, München: Piper 1991, S. 9.

197 Verhalten erfinderisch, Anatomie folgt: Diese Beobachtung wird öfters Konrad Lorenz zugeschrieben, aber sie ist einige Jahrhunderte alt und geht auf Lamarck zurück. Siehe auch Alister C. Hardy, *The Living Stream*, London: Collins 1965.

198 Jane Goodall, *Wilde Schimpansen. Verhaltensforschung am Gombe-Strom*, Reinbek: Rowohlt Taschenbuch 1991.
198f. Die Natur erleichtert die kulturelle Praxis: James L. Gould und Peter Marler, »Learning by instinct«, *Scientific American* 256(1):74–85 (Januar 1987).
199f. Loren Eiseley, *The Immense Journey* (Knopf 1957), S. 47.
200 Akkomodation im mittleren Alter und andere Fragen des Sehens: R. A. Weale, *Focus on Vision* (Harvard University Press 1982).
200 Zu den absurden »Entwürfen« der Evolution gehört auch das Fortpflanzungssystem bei den Säugetierweibchen, insbesondere die Verbindung (bzw. ihr Fehlen!) zwischen dem Eierstock und dem Eileiter. Es ist nicht so schlimm, wenn das Ei den engen Kanal zur Gebärmutter verpaßt – und damit eine Chance, mit einer Samenzelle zusammenzutreffen; das Absurde ist, daß ein befruchtetes Ei aus dem Eileiter wieder in die Bauchhöhle entwischen und eine lebensgefährliche ektopische Schwangerschaft hervorrufen kann. Absurd ist auch, daß das Endometrium, das am Ende des Menstruationszyklus abgestoßen wird, ebenfalls nach hinten entwischen und sich im Unterleib festsetzen kann (»Rückfluß«theorie der Endometriose). Oder daß vaginale Infektionen Infektionen im ganzen Beckenraum hervorrufen können.
203 Ernst Mayr, *Eine neue Philosophie der Biologie*, München: Piper 1991, S. 121.
203 Umwandlungen der Funktion, die durch anschließendes Stromlinienförmigmachen verdeckt werden: Charles Darwin, *Die Entstehung der Arten*, Stuttgart: Reclam 1961, S. 245. Der Ausdruck »Veränderung der Funktion« wird auf S. 279 eingeführt; »so wichtig, die Wahrscheinlichkeit der Umwandlung ihrer Funktion in eine andere im Auge zu behalten ...« (S. 253).
204 Biologische Grundlage der Moral bzw. deren Fehlen: Richard Alexander, *The Biology of Moral Systems* (Aldine 1987).
205f. Andere genetische Störungen wie der bei Mittelmeervölkern verbreitete Glukose-6-Phosphat-Dehydrogenase-Mangel verleihen ebenfalls Resistenz gegen Malaria (»G6PD« ist ein Enzym auf einem der Stoffwechselwege, der Glyzerin in Glukose umwandelt).
207 Spannung zwischen wissenschaftlichen Reduktionisten und Holisten: Siehe beispielsweise den Meinungsaustausch zwischen Ernst Mayr und Steven Weinberg in *Nature* 331:475–476 (11. Februar 1988). Eine vollständigere Darstellung findet man in Ernst Mayr, *Eine neue Philosophie der Biologie*, München: Piper 1991, Kap. 1.
209 Richard Dawkins, *The Extended Phenotype* (Freeman 1982), S. 113.
210 Karl R. Popper, »Critical remarks on the knowledge of lower and higher organisms, the so-called sensory motor systems«, in: Otto Creutzfeldt, Richard F. Schmidt und William D. Willis (Hg.), *Sensory-motor integration in the nervous system*, New York: Springer-Verlag 1984, S. 19–31, hier S. 28.

10. Darwin über das Gehirn: Selbstorganisierende Komitees

212 François Jacob, *The Statue Within: An Autobiography* (Basic Books 1988).
213 Glynn Ll. Isaac, Vortrag an der University of Washington (31. Januar 1984).
214 Eugene Marais, *The Soul of the Ape* (um 1927; Penguin 1969), S. 56, berichtet über

das Nußknacken bei Bärenpavianen: »Nachdem sie die Hügel erreicht hatten, wurde die [harte, kokosnußgroße] Frucht auf einen flachen Stein gelegt und mit Steinen zertrümmert... Zuvor wurden große Anstrengungen unternommen, die Frucht dadurch aufzubrechen, daß sie mit der Hand auf den Stein gestoßen wurde; erst dann wurde ein Stein als Werkzeug benutzt.«

Die klassischen Schilderungen von Schimpansen sind C. Boesch und H. Boesch, »Sex differences in the use of natural hammers by wild chimpanzees: A preliminary report«, *Journal of Human Evolution* 10:585–593 (1981); »Optimization of nut-cracking with natural hammers by wild chimpanzees«, *Behavior* 83:265–286 (1983); »Mental map in wild chimpanzees: An analysis of hammer transactions for nut-cracking«, *Primates* 26:160–170 (1984).

216 Diese knappe Erläuterung übergeht natürlich das schwerwiegende Problem der Selbst-Erkennung, der Unterscheidung zwischen Freund und Feind. In der individuellen Entwicklung gibt es eine Vorbereitungsphase, in der das Immunsystem die charakteristischen Moleküle seines Wirts kennenlernt und sein Spiel daher nicht mit ihnen spielt. Autoimmunleiden treten dann auf, wenn dieses System versagt. Manchmal entwickelt die Immunreaktion gegen ein infektiöses Antigen auch Antikörper gegen eigene Moleküle; in diesem Fall kann alles mögliche passieren.

216 Beispiele von Darwinismus und Netzwerken im Immunsystem: A. Coutinho und F. Varela, »Immune networks: A review of current work«, *Immunology Today* (im Druck, 1988); und N. Jerne, »Idiotypic networks and other preconceived ideas«, *Immunology Reviews* 79:5–24 (1984). Deborah L. French, Reuven Laskov und Matthew D. Scharff, »The role of somatic hypermutation in the generation of antibody diversity«, *Science* 244:1152–1157 (9. Juni 1989).

216 f. Marvin Minsky, *Mentopolis*, Stuttgart: Klett-Cotta 1990, S. 73.

218 Die Äußerungen über die Bewegung der Hand stammen aus einer computervermittelten Diskussion auf dem Well, dem Konferenzsystem der *Whole Earth Review*, im Jahre 1987.

220 Daniel K. Hartline, in: A. I. Selverston und M. Moulins (Hg.), *The Crustacean Stomatogastric System* (Springer 1987), S. 181–204.

220 Graham Hoyle, zitiert in Susan Allport, *Explorers of the Black Box* (Norton 1986), S. 57.

223 Stanislaw M. Ulam, *Adventures of a Mathematician* (Scribners 1976), S. 13 f.

223 f. J. Z. Young, *Philosophy and the Brain* (Oxford University Press 1987), S. 216.

229 Beim Aussprechen von 675 überlappen sich die Laute, und so muß man im Auslaut der 6 die 7 ausfindig machen. Es gibt beim Lesen ein entsprechendes Problem, das die Entwicklung von brauchbaren Textscannern, die gedruckte Seiten in Zeichenketten umwandeln, sehr verlangsamt hat; es ist das »Unterschneiden«, mit dem die Drucker gern den Zwischenraum zwischen den Buchstaben verringern, wie etwa, wenn das *a* in *Tal* sich unter das *T* schmiegt.

230 Terrence Sejnowski und Charles R. Rosenberg, »NETtalk: A parallel network that learns to read aloud«, *Johns Hopkins University Electrical Engineering and Computer Science Technical Report* JHU/ EECS-86/01 (1986).

231 David E. Rumelhart, Geoffrey E. Hinton und Ronald J. Williams, »Learning re-

presentations by back-propagating errors«, *Nature* 323:533–536 (9. Oktober 1986). Dies bezog sich nur auf Feedforward-Netzwerke.

232 Dieser sehr interessante neue Bereich trägt die unglückliche Bezeichnung »neuronale Netze«. Den Neurobiologen kommt es absurd vor, wenn sie nun von »*echten* neuronalen Netzen« sprechen müssen, nur weil die Physik-Mathe-KI-Leute ihre Lektionen nicht gelernt haben. Dabei meine ich nicht einmal die Unkenntnis der Neurobiologie, obwohl auch das ein wunder Punkt ist: Erinnern Sie sich noch an die gute alte Zeit, als der Digitalcomputer flügge wurde und man übertreibend von einem »Gehirn« sprach? Und wie schnell es dahin kam, daß ein Computermensch, der etwas auf sich hielt, den Computer nicht mehr als »Gehirn« bezeichnete, weil er nicht für einen Anfänger gehalten werden wollte? Warum müssen wir nun diesen Unsinn erleben, daß irgendein Plastik-Netzwerk aus Pseudo-Neuronen als »neuronales Netz« bezeichnet wird? Bei einigen Simulationen erscheint es angemessen, das Computermodell als »neuronales Netz« zu bezeichnen, etwa wenn es um die Simulation der Nervennetze von Hummern geht, um die Simulation der Netzhaut unter Verwendung von Parametern, die dem neuesten Stand der Neurobiologie entsprechen, usw. Doch die meisten sogenannten »neuronalen Netze« der KI haben nicht einmal den Ehrgeiz, eine echte Nervenschaltung zu simulieren; sie wollen das langweilige Programmieren abkürzen, sie sind auf ein Plastik-Netzwerk aus, das man darauf trainiert, eine bestimmte Aufgabe auszuführen (um es dann vielleicht zu klonen). Man sollte von »*quasi-neuronalen Netzen*« oder von »konnektionistischen Modellen« sprechen.

233 Gerald M. Edelman, *Unser Gehirn – ein dynamisches System. Die Theorie des neuronalen Darwinismus und die biologischen Grundlagen der Wahrnehmung*, München: Piper 1993, S. 343.

233 Ulam (1976), S. 13.

234 Quasi-neuronale Netze werden in der Literatur oft als »Konnektionismus« bezeichnet; siehe die Sondernummer von *Daedalus* (Winter 1988) für einige hervorragende einführende Essays.

234 f. Teile dieses Abschnitts sind bearbeitete Passagen aus W. H. Calvin, »A global brain theory (review of *Neural Darwinism*)«, *Science* 240:1802–1803 (24. Juni 1988) [Rezension des oben erwähnten Werkes von Edelman: *Unser Gehirn ...*].

235 Glutamatrezeptor auf Synapse: Ich beziehe mich hier auf auf einen bestimmten Untertyp, den *NMDA*-Rezeptor, so bezeichnet, weil er am stärksten auf N-Methyl-D-Aspartat anspricht. Der normalerweise an solchen Synapsen verwendete Neurotransmitter ist jedoch die Glutaminsäure.

237 Gerald M. Edelman, in *How We Know* (Nobelkonferenz 1985), S. 24.

238 W. Ross Ashby, *Design for a Brain* (1952), S. VI.

238 Richard Dawkins, *Der blinde Uhrmacher*, München: Kindler 1987; Taschenbuchausgabe: dtv 1990.

11. Ein ganz neues Ballspiel:
Wie das Denken durch Werfen gestartet wird

240 Rodolfo Llinás, zitiert in Susan Allport, *Explorers of the Black Box* (Norton 1986), S. 170.

243 Sand ist immer herbeigeschafft: Siehe Thomas A. Terich, *Living with the Shore of Puget Sound and the Georgia Strait* (Duke University Press 1987), Kap. 1–3. Es gibt tatsächlich einen Sandzyklus, denn der Sand, der im Winter vom Ufer fortgetragen wird, lagert sich in Senken vor der Küste auf dem Meeresboden ab.

243 John Kenneth Galbraith, *A Life in Our Times* (Houghton Mifflin 1981), S. 43.

245 Reaktionszeit vom Arm und zum Arm zurück: Paul J. Cordo, »Mechanisms controlling accurate changes in elbow torque in humans«, *Journal of Neuroscience* 7(2):432–442 (Februar 1987). »Eine korrigierende Anpassung des Drehmoments [erfolgte] etwa innerhalb der ersten 100 msec der Reaktionen. Dieser Mechanismus berücksichtigte die Information über das Ziel-Drehmoment, die der Reiz in die Reaktion einführte.«

245 J. L. Leavitt, R. G. Marteniuk und H. Carnahan, »Arm movement trajectories and movement control strategies of expert and non-expert dart throwers«, *Society for Neuroscience Abstracts* 13:713 (1987).

245 Für eine Einführung in Reaktionszeiten siehe Ernst Pöppel, *Grenzen des Bewußtseins*, Stuttgart: Deutsche Verlags-Anstalt 1985.

246 Denis Diderot, »Locke«, *Encyclopédie*, IX, zitiert in R. Desné, *Les matérialistes français de 1750 à 1800*, Paris: Buchet-Chastel 1965, S. 179.

247 Artur Schnabel, zitiert in *Chicago Daily News*, 11. Juni 1958.

248 William H. Calvin und Charles F. Stevens, »Synaptic noise and other sources of randomness in motorneuron interspike intervals«, *Journal of Neurophysiology* 31:574–587 (1968).

249 William H. Calvin, »A stone's throw and its launch window: Timing precision and its implications for language and hominid brains«, *Journal of Theoretical Biology* 104:121–135 (1983). Das Sequenzieren als neuraler Vorläufer der Sprache wird auch diskutiert von Ovid J. L. Tzeng und William S.-Y. Wang, »Search for a common neurocognitive mechanism for language and movements«, *American Journal of Physiology* 246:R904–R911 (1984).

251 John R. Clay und Robert DeHaan, »Fluctuations in interbeat interval in rhythmic heart-cell clusters«, *Biophysical Journal* 28:377–389 (1979). Einen ähnlichen Existenzbeweis für die Steigerung der zeitlichen Präzision durch Mittelung einer großen Zahl von nervösen Zellen liefert James T. Enright, »Temporal precision in circadian systems: A reliable neuronal clock from unreliable components?«, *Science* 209:1542–1544 (1980).

253 Verringerung der Ungenauigkeit auf ein Achtel, um doppelt so weit zu werfen: Wenn ein Ziel doppelt so weit entfernt ist, verringert sich der Winkel, unter dem es erscheint, auf ein Viertel. Um aber mit einer ziemlich flachen Wurfbahn hinzukommen, muß man auch doppelt so schnell werfen, wobei sich die Zeitmaße halbieren. Dadurch schrumpft das »Wurffenster« auf ein Achtel dessen, was bei der kürzeren Entfernung ausreichte.

254 Die Zelle kann nacheinander unterschiedlichen Aufgaben zugeteilt werden: Siehe

Shaul Hochstein und J. H. R. Maunsell, »Dimensional attention effects in the responses of V4 neurons of the macaque monkey«, *Society for Neuroscience Abstracts* 11:364.6 (1985).

255 f. Redundanz des Gedächtnisses: Angenommen, Ihre Telefonbatterie läßt nach und die Nummernspeicher spielen ein bißchen verrückt: Statt 223-9077 kommt mal 324-9077, mal 223-9079 heraus usw. Lösung: Bringen Sie dieselbe Telefonnummer in alle zehn Speicher und programmieren Sie den kleinen Computer im Telefon so um, daß er alle zehn Speicher abfragt, bevor er die erste Ziffer wählt; die am häufigsten vorkommende Ziffer soll er dann wählen (meistens wird es die 2 sein). Bei der nächsten Ziffer wieder die Abfrage. Mit dieser Redundanz wird in der Regel die richtige Nummer gewählt werden, obwohl keiner der Speicher alle sieben Ziffern hundertprozentig korrekt gespeichert hat. Das Gesetz der großen Zahlen wirkt jedoch nicht nach dem Mehrheitsprinzip, sondern durch Mittelung, doch auch in diesem Fall bietet die Redundanz mehr als nur ein Reservesystem für den Fall des Versagens.

258   Ulam (1976), S. 180 f.

12. Entwicklung von Bewußtsein durch einen Darwinschen Tanz: Emergenz aus dem Unterbewußtsein

260   Oliver Sacks, zitiert in Jonathan Cott, *Visions and Voices* (Doubleday 1987).

260   Jean-Paul Sartre, *Der Ekel*, Kapitel »Samstagnachmittag«.

260   Peter Brooks, *Reading for the Plot: Design and Invention in Narrative* (Random House 1984), S. 1–2.

261   Kindliche Entwicklung: »Life's First Feelings«, NOVA-Fernsehsendung (1988); und Jerome Kagan, J. Steven Reznick und Nancy Snidman, »Biological Bases of Childhood Shyness«, *Science* 240:167–171 (8. April 1988).

262   Andere ausbeuten, weil man sie versteht: Siehe die Einführung von *Machiavellian Intelligence: Social Expertise and the Evolution of Intellect in Monkeys, Apes, and Humans*, hrsgg. von Richard W. Byrne und Andrew Whiten (Clarendon Press 1988). Siehe auch *Behavioral and Brain Sciences* 11:233–273 (Juni 1988).

262   David Ballin Klein, *The Concept of Consciousness* (University of Nebraska Press 1984), S. 22 f.

263   R. B. Cattell, »Animal intelligence«, in *Encyclopedia Britannica*, 12:345–347 (1970).

264   Alf Brodal, »Self-observations and neuro-anatomical considerations after a stroke«, *Brain* 96:675–694 (1973).

265   William James, »Great men, great thoughts, and the environment«, *The Atlantic Monthly* 46(276):441–459 (1880), hier S. 456. Offenbar begann James um 1874, den Gedanken in Briefen an Freunde zu diskutieren; siehe Robert J. Richards, *Darwin and the Emergence of Evolutionary Theories of Mind and Behavior* (University of Chicago Press 1987), S. 440 ff.

265   Paul Souriau, *Théorie de l'invention*, Paris: Hachette 1881.

265   Kenneth W. Craik, *The Nature of Explanation* (Cambridge University Press 1943), S. 61.

266 *Darwin-Maschine*: Ausdruck eingeführt in W. H. Calvin, »Bootstrapping Thought: Is Consciousness a Darwinian Sidestep?«, *Whole Earth Review* 55:22–28 (Sommer 1987).

266 Die Idee, daß der Zufall die Basis des Denkens ist: Donald T. Campbell zählt 26 frühere Formulierungen dieser Idee auf: »Evolutionary epistemology«, in: P. A. Schilpp (Hg.), *The Philosophy of Karl Popper* (Open Court 1974), S. 413–463. Siehe auch Nicholas Humphrey, *Consciousness Regained* (Oxford University Press 1983), S. 178 f.; und Douglas R. Hofstadter, »Variations on a theme as the crux of creativity«, in seinen *Metamagical Themas* (Basic Books 1985).

267 Entwicklung durch Selektion: Siehe die Beispiele in Richard Dawkins, *Der blinde Uhrmacher*, München: dtv 1990, Kap. 3.

271 George A. Miller, »The magical number seven, plus or minus two: Some limits on our capacity for processing information«, *Psychological Reviews* 63:81–97 (1956).

271 Stückelung: Herbert A. Simon, *Models of Thought* (Yale University Press 1979), S. 41.

276 Für ein Beispiel einer neurophysiologischen Sicht des Bewußtseins, die ebenfalls an zeitlichen Serien wie Sprache, Dichtung und Planung orientiert ist, aber nicht die Darwin-Maschine in den Mittelpunkt stellt, siehe Ernst Pöppel, *Grenzen des Bewußtseins*, Stuttgart: Deutsche Verlags-Anstalt 1985, besonders Kap. 19.

276 Der Ausdruck »künstliche Intelligentsia« wird Louis Fein zugeschrieben von Joseph Weizenbaum, *Die Macht der Computer und die Ohnmacht der Vernunft*, Frankfurt am Main: Suhrkamp 1990, S. 238.

277 Verknüpfungen wie »ist ein« und »ist enthalten in« werden verwendet in *LISP*, der KI-Programmiersprache.

280 Alfred North Whitehead, *Adventures of Ideas*, part III, 15.

13. Die Trilogie des *Homo seriatim*: Sprache, Bewußtsein und Musik

281 Teile dieses und des folgenden Kapitels wurden erstmals veröffentlicht in *Reality Club 3*, hrsgg. von John Brockman (Lynx 1989).

282 Robert Frost, in *Selected Prose of Robert Frost*, hrsgg. von H. Cox und E. C. Lathem (Collier 1986), S. 33–46.

282 Stanislaw M. Ulam, *Adventures of a Mathematician* (Scribners 1976), S. 180 f.

283 Martin E. P. Seligman, »A reinterpretation of dreams«, *The Sciences* 27(5):46–53 (September 1987). Behauptet, visuelle Impulsstürme seien Zufallselemente, die der Geist in dem Bemühen, eine kohärente Geschichte zusammenzubringen, zu verknüpfen versteht. Unterbewußte Sequenzen, die ohne die übliche Zensur zur Ebene des Bewußtseins und des Handelns aufsteigen, werden besonders gut illustriert durch einige der Phänomene, die man beim Tourette-Syndrom beobachtet. Siehe Oliver Sacks, »Tics«, *New York Review of Books*, S. 37–41 (29. Januar 1987).

283 William H. Calvin, *The River That Flows Uphill* (Macmillan 1986), S. 365.

285 f. George Johnson, *The Machinery of the Mind: Inside the New Science of Artificial Intelligence* (Times Books 1986), S. 3 f.

286 f. Herbert A. Simon, *Reason in Human Affairs* (Stanford University Press 1983),

S. 12f. Auf S. 17 heißt es dann, daß »Menschen, die Entscheidungen treffen wollen, in normalen Situation das Modell des subjektiv erwarteten Nutzens, so sehr sie es auch möchten, einfach nicht anwenden können. Sie haben weder die Tatsachen noch die schlüssige Wertestruktur noch das logische Denkvermögen zur Verfügung, das erforderlich wäre, ... um diese Nutzenprinzipien anzuwenden.« Siehe A. Tversky und D. Kahnermann, »Judgment under uncertainty: Heuristics and biases«, *Science* 185:1124–1131 (1974).

291f. Ich danke Paul Ryan, der mich darauf aufmerksam machte, daß Darwin-Maschinen das Wertproblem nicht lösen, und mich an das Modell von Warren McCulloch erinnerte, sowie Michelle DuBois für die Information über die Namengebung von Pferden (die erwähnten Namen und Stammbäume sind real).

295f. Oscar Saenger, *The Oscar Saenger Course in Vocal Training* (The Victor Talking Machine Company, 1915). Zitiert von William Zinsser, *Writing to Learn* (1988), S. 227.

296f. Gerald Weissman, *The Woods Hole Cantata: Essays on Science and Society* (Houghton Mifflin 1985), S. 2.

299 »Ohrwurm« verdanke ich Howard Rheingold, *They Have a Word for It* (J. Tarcher 1988).

299 Jacob Bronowski, *The Origins of Knowledge and Imagination* (Vorlesung 1967; Yale University Press 1978), S. 9.

299 Regentanz, siehe Jane Goodall, *Wilde Schimpansen*, Reinbek: Rowohlt 1991.

303 Heinz Pagels, *The Dreams of Reason* (Simon & Schuster 1988), S. 88.

303 Gregory Bateson, *Geist und Natur. Eine notwendige Einheit*, Frankfurt am Main: Suhrkamp 1990, S. 216.

14. Nachdenken über das Denken:
Dämmerung am Leuchtturm von Nobska

306 Heinz Pagels, *The Dreams of Reason* (Simon & Schuster 1988), S. 328.

308 Arten, die dieselbe Nische besetzen und bis hin zum Aussterben miteinander konkurrieren: Man nennt dies das kompetitive Ausschließungsprinzip oder Gausesches Prinzip (nach G.F. Gause, *The Struggle for Existence*, 1934), obwohl auch Charles Darwin es acht Jahrzehnte früher erkannt hatte, in der *Entstehung der Arten*, wo er das Aussterben (S. 157) diskutiert. Eine interessante ökologische Diskussion darüber, die sich auf die Konkurrenz zwischen Tieraffen und Schimpansen um Obstbäume bezieht, findet man in Michael P. Ghiglieri, *East of the Mountains of the Moon* (Macmillan 1988), Kap. 9; daß die Tieraffen offensichtlich die Gewinner sind, zeigt (zusätzlich zu der Warnung bei dem Prediger Salomo, daß nicht immer die Schnellen den Wettlauf gewinnen), daß nicht immer die Klugen gewinnen, zumindest im Regenwald!

310 Henry Beston, *The Outermost House* (1928; Hinweis auf die Penguin-Ausgabe 1962), S. 211.

312f. Peter Brooks, *Reading for the Plot* (Knopf 1984), S. 3.

314 »Leck im Heizungsschlauch ...«: Wie die meisten Theorien war auch diese falsch. In Wahrheit war es der Schlauch der normalen Wasserpumpe. Es gibt Lecks, die

einfach immer wieder auftreten. Der Einfall zeigt aber dennoch, daß das Problemlösen unterbewußt abläuft, während man sich mit anderen Dingen beschäftigt.

315 Daniel C. Dennett, *Brainstorms* (Bradford Books 1978). Kap. 15 enthält eine hervorragende Darstellung der Willensfreiheit und der Hypothese, daß mentale Akte zufällig erzeugt und überprüft werden.

316 Carl Sagan in *Skeptical Inquirer* (Herbst 1987), S. 41 f.

316 Friedrich Nietzsche, *Menschliches, Allzumenschliches I*, 483, in: Werke in 2 Bd., München: Hanser 1976. Siehe auch Francis Bacon im *Novum Organum*: »Wahrheit kommt leichter aus dem Irrtum als aus der Verwirrung.«

316 François Jacob, *The Statue Within* (Basic Books 1988), S. 15.

317 »Diskusförmige Steine in eine dichte Herde ...«: Zumindest ist das nach meiner Ansicht der hauptsächliche Zweck, für den das Acheuléen-»Handbeil« benutzt wurde.

318 »Rauschfenster in der Evolution der Hominiden«: Siehe William H. Calvin, *The River That Flows Uphill: A Journey from the Big Bang to the Big Brain* (Macmillan 1986), S. 407.

319 Die erste Sammlung von Aufsätzen über quasi-neuronale Netze war D. E. Rumelhart, J. L. McClelland & The PDP Research Group, *Parallel Distributed Processing* (MIT Press 1986, 2 Bde.).

320 Italo Calvino in *Corriere della Sera* (10. August 1975), zitiert in Calvinos *The Uses of Literature* (Harcourt Brace Jovanovich 1986), S. 138 [hier nach der engl. Fassung übersetzt].

15. Simulationen der Realität:
Verbesserte Säuger und Roboter mit Bewußtsein

322 Anne Sexton, »The poet of ignorance«, in *The Awful Rowing Towards God* (Houghton Mifflin 1975).

328 Richard Dawkins, *Der blinde Uhrmacher*, München: dtv 1990, S. 61 f.

334 Mary Midgley, *Evolution as a Religion: Strange Hopes and Stranger Fears* (Methuen 1985), S. 38.

334 Jane Goodall, »A plea for the chimps«, *The New York Times Magazine*, S. 108–120 (17. Mai 1987).

335 Hinter großen Maschinen, die ihre Nische verteidigen, brauchen keine finsteren Absichten zu stecken: Bevor Ende der siebziger Jahre der Mikrocomputer Einzug hielt, bestand in den Vereinigten Staaten eine gewisse Gefahr der Nischendominanz. An großen Universitäten und in vielen staatlichen Verwaltungen, die mit steigenden Ausgaben für Computer zurechzukommen versuchten, konnte man kein Gerät einkaufen ohne die Zustimmung eines EDV-Ausschusses, in dem meistens der Chef des größten örtlichen Computerzentrums den Vorsitz führte. Diese Experten wollten natürlich ihre Operationen ausweiten und effizienter machen; meistens rieten sie von kleinen, ineffizienten Operationen ab. Wenn im Labor Rechenkapazität benötigt wurde, empfahlen sie einen Anschluß an den Zentralcomputer. Da aber einige von uns für die Datenerfassung mehr Leitungskapazität benötigten, als sie ein Telefonkabel bietet, begannen wir uns der Dominanz des Zentralcomputer-Vereins zu entziehen. Schließlich lernten wir, unsere Bestellun-

gen so zu formulieren, daß das Wort »Computer« darin nicht vorkam, und Computer aus Komponenten zusammenzustückeln, für deren Beschaffung diese Ausschüsse nicht zuständig waren. Und da diese »Datenerfassungsgeräte« auch für Textverarbeitung und statistische Berechnungen geeignet waren, hatten wir Neurophysiologen (und auch einige Physiker und Chemiker) Computer, die wir unabhängig von der EDV-Zentrale für uns allein nutzten, ganz wie die heutigen Mikrocomputer, aber schon zehn Jahre bevor Apple et al. die Szene betraten und die Computer-Ausschüsse zur Bedeutungslosigkeit verurteilten (vorher hatte es weltweit rund 50 000 Computer gegeben; heute werden täglich soviele gebaut). Siehe meinen Brief »The Missing LINC« in *Byte* 7(4):20 (April 1982). Anderswo dominierten die zentralen Behörden, vor allem in Osteuropa und der Sowjetunion, aber diese zentrale Herrschaft begann ebenfalls abzubröckeln, als aus dem Fernen Osten die billigen »Clones« von verbreiteten amerikanischen Computern verfügbar wurden.

335 Ralph Wendell Burhoe, »What specifies the values of man-made man?« *Zygon* 6:224–246 (1971).

335f. Zum Abspeichern von Gehirnen in funktionale Entsprechungen von Computern siehe die Zitate von Hans Moravec und Daniel Hillis in Grant Fjermedals *The Tomorrow Makers* (Macmillan 1986), S. 4f., S. 96. Die Chaosforschung wird sehr gut dargestellt in James Gleick, *Chaos – die Ordnung des Universums*, München: Droemer Knaur 1988.

340 »die stärksten rechtshändigen Handlungen …«: Ein hilfreicher Übersichtsartikel von Bruce Bower über Händigkeit und Hirnorganisation findet sich in *Science News* (7. Januar 1989).

342 Darwin-Maschine nicht besonders geeignet für die bildliche Darstellung: Das heißt nicht, daß man ein massiv serielles Gerät nicht hilfsweise auch dort einsetzen könnte, wo es im Grunde um eine große parallele Repräsentation geht. Schließlich kann man ja auch ein dreidimensionales Haus auf einen Stapel zweidimensionaler Pläne reduzieren und die Planseite durch Scannen in einem Faxgerät auf eine eindimensionale Folge von Bits reduzieren, um dann am anderen Ende den Plan (und sogar das Haus) zu rekonstruieren. Viele parallele Phänomene scheinen zu schnell abzulaufen, als daß solche seriellen Rekonstruktionen helfen könnten, aber oft ist eine bildliche Darstellung zeitlich gedehnt, wenn es sich um ein neuartiges Konstrukt handelt, sei es bei der Erstellung, sei es bei der Entschlüsselung der bildlichen Darstellung. Für eine Diskussion der Rolle der bildlichen Darstellung in der Evolution der Hominiden siehe Iain Davidson und William Noble, »The archaeology of perception: Traces of depiction and language«, *Current Anthropology* 30(2):125–155 (April 1989).

343 Energiebedarf: Das aufs Vierfache angewachsene Gehirn verbraucht inzwischen etwa jede vierte Kalorie, und so dürfte die Hominiden-Erweiterung auf einige Probleme gestoßen sein. Eine der Beschränkungen bestand wohl in der Überhitzung, die bei einer längeren Jagd in der heißen Sonne drohte. Hirnzellen sind für kurzfristige Überhitzung weit anfälliger als der Rest des Körpers; die Erweiterung des Hominidengehirns unterlag also wohl einer negativen Selektion, bis die Kühlung verbessert wurde, um das Gehirn vor der mit dem arteriellen Blut zuströmenden

Wärme zu schützen. Dean Falk behauptet (*Behavioral and Brain Sciences* 1990), daß das venöse Ableitungssystem des Kopfes sich während des zwei Millionen Jahre dauernden Encephalisierungsprozesses parallel zur Erweiterung änderte, so daß die ableitenden Venen das durch den Schweiß gekühlte venöse Blut von der Kopfhaut in die Schädelhöhle beförderten. Dem Stammbaum des Australopithecus robustus fehlte diese Vorkehrung, und so konnte er entweder laufen oder ein größeres Gehirn haben, aber nicht beides zugleich.

343 Freeman Dyson, Interview in *U.S. News and World Report* (18. April 1988), S. 72.

344 Allgemeine mentale Evolution in Woods Hole: Zumindest, wenn sie nicht im Koma sind. Aber schließlich gibt es keine Krankenhäuser und Pflegeheime in Woods Hole, nur oben in Falmouth. Teilen alle, ob sie wachen oder schlafen (sie dürfen nur nicht im Koma sein), diese Evolutionsfähigkeit? Gewiß gibt es einige, die an Strukturen kleben (obsessiv-kompulsive Patienten und vielleicht einige der Senilen), so daß neue Strukturen sich vermutlich nicht durchsetzen können. Aber schließlich gibt es in der biologischen Evolution auch die Stagnation, etwa bei den Königskrabben, und solche langlebigen Arten bezeichnen wir oft als außerordentlich erfolgreich.

345 Pagels (1988), S. 331.

Verzeichnis der Abbildungen

Abbildung 1-1	Karte der Küste von Massachusetts	14
Abbildung 1-2	Karte des Eel Pond	25
Abbildung 2-1	Der *random walk* des Bakteriums	40
Abbildung 2-2	Bakterium wechselt von kleinem zu großem Brocken	41
Abbildung 3-1	Karte von Cape Cod, Martha's Vineyard und Nantucket	59
Abbildung 3-2	Die linke Hirnhemisphäre	64
Abbildung 5-1	Karte von Woods Hole mit Leuchtturm von Nobska	103
Abbildung 6-1	Das menschliche Auge mit seiner Netzhaut	124
Abbildung 6-2	Rezeptives Feld mit Zentrum und Randzone	128
Abbildung 6-3	Der »Mexikanerhut«-Aspekt der Zentrum-Randzone-Organisation	129
Abbildung 6-4	Der Weg vom Auge über den Thalamus zur Sehrinde	135
Abbildung 7-1	Tiefenwahrnehmung und Konvergenz	149
Abbildung 7-2	Farbe und Typen von Photorezeptoren	154
Abbildung 8-1	Die Hautoberfläche aus der Sicht der Zelle	180
Abbildung 8-2	Schemadarstellung der kortikalen Karte der Hand, vorher und nachher	182
Abbildung 10-1	Schema der neuralen Verdrahtung für die Echolotung der Fledermaus	227
Abbildung 10-2	Quasi-neuronales Netz für das Sprechen von Text	231
Abbildung 10-3	Matthäus-Effekt bei der Umgestaltung der kortikalen Karte der Hand	235
Abbildung 11-1	Wurffenster wird bei größerer Zieldistanz kleiner	249
Abbildung 11-2	Modulare Bewegungsbefehle, für die Planung des Wurfs verknüpft	255
Abbildung 11-3	»Variationen über ein Thema«-Modus führt wegen der Präzision zum Chor-Modus	256
Abbildung 12-1	Rangierbahnhof-Metapher	266
Abbildung 12-2	Zweite Runde: Beinahe-Klone verdrängen niedrig bewertete Kandidaten	273
Abbildung 12-3	Dritte Runde: Die Entwicklung geht weiter voran	273
Abbildung 12-4	Klon-Dominanz bei konstanter Nutzenbewertung	274
Abbildung 13-1	Zufallsgedanken-Modus bei zerstreuter Aufmerksamkeit	287
Abbildung 13-2	»Variationen über ein Thema«-Modus bei konzentrierter Aufmerksamkeit	288
Abbildung 13-3	Chor-Modus bei »startklar« fixierter Aufmerksamkeit erreicht Präzision	289
Abbildung 13-4	Entwicklung eines Satzes mit Hilfe einer Darwin-Maschine	294
Abbildung 13-5	Vervollkommnung eines Satzes mit Hilfe von Beinahe-Klonen des besten Kandidaten	294

Register

Abbildungsverfahren, 71, 74
Abbruch, vorzeitiger, 315
Abhängigkeit, 191
Abhebungen, 114
Abkürzung, 32, 213, 217
Ablenkbarkeit, 63, 65
Absicht, 245
abspeichern, 335
Abstammungsmethode, 157
Abstumpfung, gefühlsmäßige, 72
abtauchen, 192
Abtreibung, 330
Abwehrmechanismus, 190
Abweichung 73
Acetylcholin, 107 f
Adaption, 231
Adaptionsbonus, 127
Aderlaß, 109
Adjektiv, 293
Adrenalin, 107
Affen, 19, 28, 33, 43, 50, 74, 133, 136, 147, 171, 183 ff, 194, 213, 236, 244, 250, 263, 291, 327, 331, 342, 347, 360, 364, 367
Affen, Mentalität des, 279
Afrika, 205
Agenda, 165
Agenten, 164
Ägypten, 101
Akkomodation, 363
akkomodieren, 149
Akkord, 228, 301
Akteure, 218, 221
Aktionspotentiale, 208
Alexander, Richard D., 363
Algorithmus, 208, 276, 344
Allergien, 190
Alliteration, 341
Allport, Susan, 29, 347

Alltagsverstand, 75
Alphabet, 230
alternativen, 46, 87, 143
Alternativen, 88
Altersdemenz, 170
Altruismus, 330
Alzheimersche Krankheit, 190
Ambiente, kulturelles, 178
Amnesie, 60, 62
Amphibien, 112
Anämie, 206
Anatome, 104
Andreasen, Nancy, 71, 351 f
Anfall, 73, 114
Angst, 330
Animismus, 89, 298
Anpassung, 192 f, 200, 209, 300
Anthropologie, 19, 32, 183, 214, 298 f
Antigen, 216 f, 257, 364
Antikörper, 216, 257, 285, 364
Arbeit, handwerkliche, 214
Arbeitsgewohnheit, 337
Arbeitslosigkeit, 184
Arbib, Michael A., 142, 355, 357
Archäologie, 213
Archimedes, 115
Aristoteles, 115, 124, 152
Arithmetik, 299
Arktisexpedition, 354
Armee, 219
Arpeggio, 26
Art-Direktoren, 170
Artbildung, 206, 257
Arterie, 65
Arznei, 202
Ashby, W. Ross, 237, 365
Ashley, Peter, 45, 348
Assoziationen, 282

Asteroiden, 333
Atema, Jelle, 67, 350
Atheisten, 75
Atmosphäre, 218, 333, 336
Atrioventikularknoten, 110
Atropin, 108, 110f
Attention, 347, 351
Aufgabe, serielle, 71
Aufklärung, 101
Auflösungsprinzip, 172
Aufmerksamkeit, 60, 70, 72, 75, 83, 87f, 126, 143, 254, 261, 268, 275, 287f, 290, 302, 322, 328, 338, 355, 367
Aufmerksamkeit, selektive, 72
Aufmerksamkeit, übertriebene, 70
Aufmerksamkeitsspanne 72
Aufnahmen, elektronenmikroskopische, 105
Aufregung, 233
Auftrieb, 115
Aufwachen, 269
Augen, 43, 96, 151, 174, 200, 218
Augustinus, 270
Aus-Reaktion, 125ff
ausborgen, 254
Ausbreitungsgeschwindigkeit von Nervenimpulsen, 91f
Ausgabe, sequentielle, 220
Auslese, natürliche, 148, 193, 197, 199
Auslese, sexuelle, 193
Auslöser, 219
Ausrottung, 144, 191
Außerkörperlichkeit, 76
aussondern, 61
Aussprache, 229, 232
Aussterben, 201, 308, 369
Australien, 112
Auswachsen, 173, 361
Automaten, 325, 331
Axon, 126
Axone, thalamische, 184
Ayer, A.J., 360

Baby, schielende, 168
Bach, Johann Sebastian, 67, 297f, 300, 344

Backpropagation-Verfahren, 231, 365
Bacon, Francis, 370
Badewanne, 311
Bain, A., 264
Bakterien, 29, 38f, 42
Bakterien, chemotaktische, 39
Bakterium, 43, 62, 216, 348
Balsamierer, 101
Bänder, motorische, 258
Bankkonto-Analogie zur Zelle, 127
Barayon, Ramón Sender, 104
barfuß, 183
Barlow, Horace B., 361
Barlow, John, 168, 360
Barlow, Robert, 126, 166, 176, 356
Basalganglien, 66, 72, 254
Baseball, 244, 270
Basketball, 148, 150, 244f, 254, 256, 270, 283
Bates, Katharine Lee, 146
Bateson, Gregory, 191, 303, 362, 369
beachten, 229
Bear, M.F., 361
Bearbeitung, 272
bedacht, nicht genügend, 168
Beethoven, Ludwig van, 50, 299
Beethovens Fünfte, 226, 299
Befehl, 161, 244, 246, 253, 293
Befehle, genetische, 137
Befehlspuffer, 332
Beharren, 350
Behavioral and Brain Sciences, 360, 367, 378
Beinmuskulatur, Steuerung der, 65
Bekehrungspraktiken, religiöse, 168
Békésy, Georg von, 166
Beleg des Prinzips, 358
Bell Tower Garden, 189, 192
Benson, D. Frank, 69, 350
Bereich, medial-temporaler, 151
Bereich, visueller, 147
Bereitschaftspotential, 91
Berg, Howard C., 39, 348
Berman, Morris, 85, 89, 353
Bernstein, 189

Berührungsreiz, 114
Beschneiden, 181
Beschränkungen, 326
Beston, Henry, 80, 90, 310, 352f
Betrunkene, 24
Bettenstoff, 105
Bevölkerung, 57, 72, 143, 257, 299
Bevölkerungsexplosion, 257
Bewegung, 19, 22, 25ff, 44, 66ff, 71, 75, 90ff, 95, 104, 119, 123, 155, 157, 203, 213, 217ff, 242, 244ff, 250, 254ff, 264, 266f, 269f, 277, 285, 293, 295, 301, 319, 325, 327, 331, 338, 340, 342, 355
Bewegungsplanung, 93
Bewegungsschemata, 293
Bewußtheit, 84f
bewußtlos, 59, 109
Bewußtsein, 11f, 18ff, 22f, 27f, 29, 32f, 38, 46, 50, 53f, 76f, 79, 84ff, 92, 95, 109, 119, 140, 143, 162, 166, 189, 203, 207, 209, 259, 266f, 275, 277, 281, 284, 289, 291, 302, 309, 312ff, 317, 319, 321, 324, 327ff, 338, 340, 342, 349, 352ff, 360, 366ff, 370
Bewußtsein, denkendes, 33
Bewußtseinsstrom, 94
Bibel, 317
Bibel, Lektüre von, 195
Bibliothek, 68, 204
Bibliothek, gentechnische, 191, 330
Bibliothek von Alexandrien, 204
Biene, 21
Bilder, computerisierte, 170
Bildgebungsverfahren, 113
Bildung, 195f, 257
Bildung von Sätzen, 19, 28, 123, 229ff, 247, 267, 271, 275, 277, 291, 293f, 301, 312, 319, 328, 341ff
Bildungswesen 194
Bindung, emotionale, 72
Biochemie, 93
Biologie, 93, 194, 201
Biophysik, 165, 177, 201
Blakemore, Colin, 261
Blickkontakt, 29

Blinddarm, 195
Blindheit, 87, 168, 184
Blöcke, 278
Blume, 89
Blut, 27, 61, 169, 189, 196, 205
Blutdruck, 87, 108ff, 355
Blyth, Edward, 360
Boesch, C. und H., 364
Bogenschießen, 28, 88
Bohr, Niels, 133
Boothe, Ronald G., 360
Borges, Jorge Luis, 142
Boten, chemische, 106f
Botschaft, 110, 114, 226
Bower, James, 357
Boyle, R., 133
Bradshaw, J. L., 350
Braeman, Kathryn Moen, 346
Bragg, William Lawrence, 133
Brainstorming, 31, 44
Breitbandkabel, 157
Brillen, 57
Brodal, Alf, 264, 367
Bronowski, Jacob, 46, 204, 299, 348, 362, 369
Brooks, Peter, 260, 312, 369
Bruteau, Beatrice, 346
Bücherverbrennung, 104, 331
Buchhaltung, 125
Burhoe, Ralph Wendell, 335, 371
Bürokratien, 162, 200

Cajal (siehe Ramón y Cajal)
Calvin, Fred Howard, 160
Calvin, Hattie Sapp, 95
Calvin, Johannes, 195, 216
Calvino, Italo, 319, 370
Campbell, Donald T., 44, 348, 368
Cape Cod, 18, 29, 55f, 81, 122, 143ff, 188, 242, 298, 311, 357, 362
Čapek, Karel, 325
Cash-flow, 125
Cattell, R. B., 263, 367
Changeux, Jean-Pierre, 164, 359, 361
Chaos, 336

Chef, 275
China, 101
Chomsky, Noam, 341
Chor, 253 ff, 257 f
Chor-Modus, 291
Chromosomen, 193, 198, 207
Churchland, Patricia Schmitz, 353
Clarke, S., 361
Clay, John R., 251, 366
Cochlea, 226
Code, sensorischer, 156
Codes, 159
Colorado Quartet, 67
Computer, 11, 22, 27, 36, 39, 43, 76, 83, 85, 91, 101, 114, 130, 142, 151 f, 174, 179, 185, 193, 196, 216, 220, 229, 234 f, 238, 252, 266, 276 f, 278, 285, 328 f, 332, 335, 342, 365, 367 f, 370
Computeranalogien, 185
Computerprogramm, 142
Cordo, Paul J., 366
Craik, Kenneth J. W., 265, 367
Creutzfeldt, Otto D., 350
Crossing over, 284
Crossing over-Phase der Meiose, 207
Crowfoot, Bill, 298

Dale, Henry, 108
Darmauskleidung, 170
Darmwände, 218
Darstellung, bildliche, 342, 371
Darwin, Charles, 24, 50, 63, 133, 167, 185, 193, 199, 345, 360, 362
Darwin-Maschine, 11, 19, 266 ff, 275, 277, 284 f, 291 ff, 313, 315, 324 ff, 332 ff, 336, 339 ff, 368, 371
Darwinismus, 194, 199, 201, 215, 217, 221, 236 f, 257, 263, 287, 289, 318, 339, 344, 360, 364 f
Darwinismus, neuraler, 360
Darwins Erkenntnis, 199
Darwinsche biologische Evolution, 266
Darwinsche Evolution, 19
Darwinsche Lehre, 38, 196
Darwinsche Selektion, 196

Darwinscher Twostep, 236, 259, 267, 274, 284, 286, 327, 367 f
Davidson, Iain, 371
Dawkins, Richard, 43, 238, 328, 365, 368
Deacon, Terry, 74
Debussy, Claude, 299
DeHaan, Robert, 251, 366
Delirium, 61, 76
Delphine, 42, 59, 192
Demokratien, 150
Dendrite, 360
denerviert, 112
Denken, 19, 27, 34, 38, 57, 71 f, 88, 94, 133, 191, 196, 202 f, 208, 213, 223, 236, 258, 262, 265 f, 272, 282, 284, 305 f, 313, 331, 333, 336, 344, 354, 369
Denken, kausales, 162
Denken, logisches, 44, 313, 342
Denker, 240
Denkfabrik, 179
Denkprozeß, 38
Dennett, Daniel C., 162, 171, 270, 315, 353, 359 f, 370
Depression, 72, 113
Descartes, René, 37, 89, 96, 331
Determinismus, 38
Deutschland, 204
Devor, Marshall, 355
Dialoge, emotionale, 261
Diamond, Marian, 360
Dichtung, 80, 85, 282 ff, 341, 368
Diderot, Denis, 246, 366
Dieben, 157
Digitalis purpurea, 189
Dinge, 70
Dinosaurier, 333
Diskus, 243
Diskussion, ökologische, 369
Disparität, 358
Disziplinen, 93
Diversifikation, 151
DNS, 207, 343
DNS-Sequenz, 207, 257
Downsches Syndrom, 205
Dreiecksdetektor, 152

Dreifarbentheorie, 134
Drogen, 189
Drogensucht, 191
Druckeffekt, hydrostatischer, 355
Dualismus, 20, 75, 351
dualistisch, 20
DuBois, John, 162, 346
DuBois, Michelle, 369
DuBois-Reymond, Emil, 331
Dudel, Josef, 134
Düfte, 67
Dummheit, 56, 328
Dünger, 144
Dunkeladaption, 128, 361
Duplikation, 151
Durkheim, Emile, 362

Eastham, 81
Ebbesson, Sven O. E., 360
Eccles, John C., 352
Edelman, Gerald M., 233f, 237, 365
Edwards, John, 353
Eel Pond, 15, 17, 20, 22, 24, 28ff, 38, 42, 47, 102, 188f, 192, 205, 224, 236, 258, 261, 307ff, 347
Efferenzkopie, 95
Effizienz, 309
Ego, 71, s. a. Ich
Eichhörnchen, 197
Eigenschaft, aerodynamische, 243
Eigenschaften, emergente, 139, 153, 155, 189, 206, 209, 277, 300
Eignungstest für Bootsbesitzer, 47
Eileiter, 363
Eindrücke, sensorische, 95
Einfluß, 107
Einfühlung, 334
Einsicht, 28, 313
Einstein, Albert, 91, 133, 332, 336
Einzahlungen, 114, 127
Eiseley, Loren, 16, 200, 347f, 363
Eisenbahn, 144, 256
Eiskappe Grönlands, 352
Eiszeit, 18, 89, 144, 215
Eizellen, 198, 207, 284, 363

EKG, 109f
Elektroenzephalogramm, 291
Elektroingenieur, 162
Eliot, T.S., 115
Ellman, Richard, 31
Eltern, 48, 205
Emotionen, 334
Empathie, 261
Empfehlung, erregende, 221
Empfindlichkeit, 112, 180
Empfindlichkeitsbereichs, Wechsel des, 361
Endometriose, 363
Enright, James T., 366
Ensemblekodierung, 156
Enten, 193
Entfernung, 148f
Entfernungsmesser-Effekt, 149
Entkopplung, 93
Entmyelinisierung, 110, 355
Entscheidung, 19, 22, 66, 90, 162, 223, 315, 369
Entscheidungsprozeß, 21
Entschluß, 95, 109
entwerfen, 44, 89
Entwicklung, 70, 72, 102, 105, 113, 158f, 167, 169ff, 193, 203, 216, 282, 317, 326, 354, 357, 360f, 364
Entwicklung, sexuelle, 159
Entwicklungsphase, 198
Entwicklungsstörung, 113
Enzyme, 159, 190, 261
Epikur, 124
Epilepsie, 73f, 114
Epinephrin, 107
Erbbefehle, 151
Erdbeben, 218
Erdgravitation, 97
Erdmittelpunkt, 97
Erickson, Robert P., 155f, 359
Erinnerung, 114, 120, 168, 172f, 245, 266, 277, 319, 327, 343, 359
Erklärung, 98
Erklärungsebene, 196, 207, 218
Erkrankung, degenerative, 190

Erosion, 81
Erregbarkeit, 86, 91
Erregung, 113, 127f, 231
Ersatzherz, 148
Erscheinung, 207
erträumen, 312
Erweiterung, 283
Erzähler, 12, 70, 76, 87, 89, 91, 96f, 209f, 261, 275, 324, 340, 343
Erzähler, emergenter, 210
Erzählung, 12, 61, 70, 260, 312, 351
Es, 101, 208
Esel von Buridan, 38
Essen, 23, 130, 199
Ethik, 38, 329, 336, 344
Etymologie, 279
Evolution, 11, 18f, 34, 43, 46, 50, 56ff, 68, 102, 115, 148, 172f, 185, 187, 189, 192ff, 204, 209, 215, 246, 250, 253, 257, 263, 272, 275, 283, 288ff, 299, 302, 315, 318, 324, 326, 335, 342, 344, 347, 350, 353, 360, 362f, 367, 370, 372
Evolution, biologische, 197
Evolution, innovative, 197
Evolution, kulturelle, 194, 197f, 363
Evolutionsprozeß, darwinistischer, 318
Experiment, 105, 107, 112
Experten, 222

Fähren, 28, 30, 144, 347
Falk, Dean, 346, 372
Falmouth, 67, 102, 144, 146, 165, 307, 357, 372
Familiengröße, 302
Fanatismus, 316
Fantasy, 31
Faraday, M., 133
Farbe, 126, 133, 136, 140, 150f, 153ff, 234, 311, 356, 358
Farbenmischen, 153
Federn 278
Feedback, 229, s.a. Rückkopplung
Fehler, zulässige, 248
Fehlerkorrektur, 245
Fehlerspielraum, 148
Fehlgeburt, 206
Feld, rezeptives, 124f, 128, 130, 136f, 143, 149, 356, 358
Fernsehen, 63, 86, 208, 252
Fernsehkamera, 96
Fertigkeit, 28, 174, 264
Fertigkeiten, musikalische, 68
Festlandsockel, 143
Fettschicht, 192
Feueralarm, 219
Feuerwerksfinale, 157f, 219, 246
Finger, 66, 182
Fingerhut, 189
Finkel, Leif, 234
Fisch, 144, 157, 166, 219, 278
Fischer, 145
Fitneß, 309
FitzHugh, Richard, 361
Fledermaus, 224
Fliegen, das, 278
Fliegen, die, 88, 220
Fliegenfalle, 92, 189
Flüchtlinge, 353
Flügel, 278
Flügelschlagen, 57
Flügeltrocknen, 22
Flugsicherung, 328
Flugzeug, 84
Flüssigkeit, zerebrospinale, 72
Flut, 122, 146, 313, 323, s.a. Gezeiten
Fokus, 200
Form, juvenile, 159
Formation, retikuläre, 74
formbar, 168
Forschung, pharmakologische, 105
Fortbewegung, 221, 330, 341
Fortpflanzungssystem, 363
Fortschritt, 57, 194, 204
Fortschritt, wissenschaftlicher, 213
Fossilien, lebende, 58, 201
Franklin, Benjamin, 133
Freiwurf, 245, 256
Freizeitbeschäftigung, 313, 342
Freizeitbeschäftigung, seriell geordnete, 247

Freud, Sigmund, 93, 101, 113
Friday Harbor Laboratorium, 68
Friedensnobelpreis, 354
Frisörladen, 160
Frontallappen, 19, 49f, 63ff, 68ff, 91, 101, 162, 169, 254, 275, 342, 351
Frosch, 106, 130
Frost, Robert, 282, 368
Frucht, 150, 189, 196
Fundamentalismus, 317
Funktion, 193, 209, 363
Funktion, Lokalisierung der, 72
Funktion, Veränderung der, 363
Funktion, Wiederherstellung von, 183f, 232
Funktionalität, 278
Funktionen, autonome, 87
Funktionen, verteilte, 156
Funktionserweiterung, 209
Funktionsumstellung, 278
Funktionswandel, 50, 193, 278
Fürsorge, 198
Fußball, 62
Fußballspiel, 242, 244
Fuster, Joaquin M., 162, 351, 359

Galbraith, John Kenneth, 243, 366
Galilei, 196
Ganglienzellen, parasympathische, 112
Ganglion, stomatogastrisches, 220
Gans, David, 360
Ganzes, unteilbares, 104, 152
Garten, 189
Gattung, 317
Gausesches Prinzip, 369
Gedächtnis, 45, 62, 92, 105, 123, 152f, 166, 169, 172, 185, 208, 217, 223, 246, 268ff, 282, 285, 290, 328, 340f, 356, 361
Gedanken, 265, 367
Gedanken-Umwelt, 11
Gefieder, 193
Gehirn eines Kindes, 167
Gehirn, Fehlentwicklung des, 102
Gehirnerschütterung, 62

Gehirnrevolution, postäffische, 56
Gehirnwäsche, 168
Geigerin, 67, 350
Geißelbewegung, 32
Geist, 338
Geld, 42
Geleitzug, 225
Gen, 12, 43, 114, 151, 159, 197f, 201ff, 205, 216, 233, 237, 284, 290, 326, 383
Genauigkeit, 359
General, 147, 218, 221
Generaldirektor, 76
Generalisierung, 233
Genetiker, 196ff
Genie, 36, 207, 282
Genotyp, 197, 205, 257
Genpool, 43, 201
Gentechnik, 190
Gerinnung, 189
Gerüche, 67
Gesamtsumme, 150
Geschichte, 168
Geschichte, alte, 268
Geschichten, 54, 62, 70, 260, 312
Geschichten, Erzählen von, 70
Geschicklichkeit, soziale, 34
Geschlechtsorgane, 159
Geschlechtsreife, 171
Geschmack, 153, 173, 359
Gesellschaft, 104, 114
Gesellschaft, vorschriftliche, 204
Gesellschaften, 205
Gesetz der großen Zahl, 148, 150, 251ff, 257, 367
Gesicht, 20, 54, 97, 132, 151, 208
Gesichtsspezialist, 183
Gestalten, 119
Gestaltpsychologie, 152
Gestaltungskriterium, 200
Gestikulieren, 66
Gewebe, retikuliertes, 104
Gewißheit, 317
Gewöhnung an Dunkelheit, 180
Gewölbe, 50
Gezeiten, 81, 177, 218, s.a. Flut

Ghiglieri, Michael P., 369
Gift, 189
gleichzeitig, 91, 290
Gleichzeitigkeit, 91
Gletscher, 144 f, 357
Glickman, Steve, 32
Gliedmaßen, 95, 278
Glukose-6-Phosphat-Dehydrogenase-Mangel, 363
Glutamat, 365
Gold, 40
Goldman-Rakic, Patricia, 169, 360
Golf, 242
Gombrich, Ernst H., 140, 357
Goodall, Jane, 198, 334, 362, 369 f
Gott, 12, 71, 75, 191, 218, 315, 349
Gradualismus, 319
Gradualismus, darwinistischer, 319
Grammatik, 229, 233, 284, 341
Gräser, 189
Graubard, Blanche Kazon, 346
Graubard, Katherine, 21 f, 105, 314, 346
Graubard, Seymour, 346
Graz, 105
Greenough, William T., 360
Greenspan, Stanley, 261
Grenze zwischen Kalifornien und Oregon, 183, 236
Grenzen, kortikale, 183
Grenzlinien, 119
Grenzstreitigkeiten, 183
Griechen, 204, 243, 325
Griechenland, 264
Griffin, Donald R., 352
Grippe, 108
Großeltern, 207, 326
Großhirnrinde, 74, 91, 143, 169, 171 f,
Großmutter-Zelle, 97, 151 ff, 156, 159, 166, 359, s. a. Linie, markierte
Guam, 190, 362
Guano, 144

Haar, 192
Halbbrille, 200
Halleluja-Chor, 67, 253, 255, 258, 289

Halluzination, 71, 112, 189
Haltung, aufrechte, 355
Hamlet, 315
Hammer, 215, 242 ff, 247, 255, 258, 270, 278, 283, 318, 340, 364
Hammerstein, 244
Hämoglobin, 169, 244
Hand, 217, 242 f
Hand-Arm-Sequenzierung, 254
Händel, Georg Friedrich, 67, 298
Handelformen, 151
Handeln, spontanes, 218
Hardy, Alister C., 362
Hartline, Daniel K., 147, 218, 364
Hartline, H. Keffer, 124, 126, 165 f, 176, 356
Harvard Medical School, 68, 111, 134
Hätscheltier, 329
Hausreparatur, 244
Haut, 114
Hautfläche, 181
Hautwahrnehmung, 179, 181
Hawaii, 242
Hawkins, Corinne Cullen, 217
Heckenschütze, kreationistische, 194
Heinlein, Robert A., 332
Hellman, Geoffrey, 178
Helmholtz, Hermann v., 93, 154, 358
Hemisphäre, 350
Hemmung, 110, 112 f, 127 f, 134, 143, 166, 179, 181, 227, 231, 277, 292, 311, 359
Herskovits, Melville, 32
Herz, 104, 112 f, 251 f
Herzfrequenz, 189
Herzschlag, 87
Herzversagen, 189
Herzzelle, 104, 251
Heterozygot, 204
Heureka, 44, 253
Hieroglyphenschrift, 204
Hilfsgehirn, 336
Hippokrates, 100
Hirnfunktion, 74
Hirnkarte, 147
Hirnstamm, 157
Histokompatibilitätskomplex, 205

Histologen, 104
Historiker, 178
Hitler, Adolf, 104
Hoag, John, 217
Hobson, J. Allan, 61, 76, 349, 354
Hochstein, Shaul, 367
Hofstadter, Douglas R., 368
Holiday, Billie, 236
Holisten, 104, 156, 207, 363
Hollywood, 329
Homer, 243, 325
Homer, Winslow, 89, 208
Hominiden, 19, 148, 185, 213 ff, 247, 253 f, 278, 295, 318, 326, 366, 370 f
Homo erectus, 317
Homo sapiens, 335
Homunkulus, 97, 162, 164, 209
Hooke, R., 133
Hopi, die Fragen der, 23
Hopper, Edward, 89, 122, 208
Horde Affen an Schreibmaschinen, 327
Hören, 179
Hormon, 105, 185
Hörsystem, 224
Howe, John F., 355
Hoyle, Graham, 220, 264
Hubel, David H., 134, 138, 151, 356 ff
Hume, David, 186
Hummer, 220
Humor, 334
Humphrey, Nicholas, 353, 368
Hund, 45, 111, 159, 228, 241, 263, 329
Huttenlocher, P. R., 360
Huxley, Thomas Henry, 10, 34, 37, 178, 347
Hyannis, 56
Hybriden, 206
Hybriden-Vitalität, 207
Hyperschärfe, 174
Hypothese, 339

Ich, das, 76, 85, 101, 208, s. a. Ego
Ideen, 115, 282
Identifikation, 85
Ignorabimus, 331
Immunität, 216

Immunreaktion, 257
Immunsystem, 205, 216, 364
Impfstoff, 202, 216
Impulse, 106, 110, 218
Indien, 101
Individuen, 104
indoktriniert, 167
Infektionen, 363
Information, 87, 173
Ingenieur, 249, 252
Innenohr, 278
Innocenti, G. M., 361
Innovation, 204 f
innovativ, 197
Input-Output-Maschine, 220
Inputs, konvergierende, 181
Insekten, 114, 189 f
Instanzen, gestaltende, 199
Intelligenz, 30, 40, 208, 221, 263, 276, 309, 319, 328, 333 f, 347, 367 f
Interneuronen, 157, 218 f, 221, 230 f, 234
Intervention, magische, 76
Inzucht, 43
Ionen, 107
Irreversibilität, 168
Irrtum, 72
Isaac, Glynn Ll., 213
Isolation, 111
Israel, 271

Jacob, François, 212, 316, 363, 370
Jagd, 114, 283, 359
Jäger, 148, 246, 253
Jahresbudget, 47
James, William, 265, 345, 367
Jaynes, Julian, 89
Jazz, 88
Jazzimprovisation, 258
Jerusalem, 271
Johnson, George, 286, 368
Jonglieren, 245, 270
Jury, 125, 222

Kaas, John, 182, 236
Käferdetektoren, 130

Kagan, Jerome, 367
Kalmar, 105, 165
Kalzium, 107
Kamera, 200
Kampfpanzer, 58
Kanada, 183, 236
Kanadareiher, 58, 308, 313
Kapitalanleger, 201
Kardiologie, 110
Karte, 64, 73f, 142, 174, 181, 183, 357
Karte der Hand, 180, 183
Karten, 69
Karten, kortikale, 143, 151, 181
Katastrophe, 334
Kategorien, 119
Kategorisierung, 233, 237
Kätzchen, 94
Katze, 17, 21, 45, 74, 180, 318, 329, 338
Kauffman, Stuart, 201
Kennedy, John F., 168
Kenntnis, 11
Kernspintomograph, 170
Kettenpanzer, 84
Ketzer, 316
KI, 335
Kicken, 242, 244
Kieferknochen, 278
Kierkegaard, Søren, 240
Kimura, Doreen, 350
Kind, 48, 228, 261
Kinder, 260, 315
Kinderkrankheit, 216
Kindersterblichkeit, 198
Kindheit, 171ff
Klavier, 25f, 66, 88, 178, 183, 246f, 253
Klebstoff, 195
Klein, David Ballin, 262, 367
Kleinhirn, 254, 359
Klima, 202, 288, 309, 318
Klone, 216, 330
Kniekörper, 135
Knoblauch, 189, 362
Knöpfe, 195
Knüppeln, 242
Kochen, 190

Koevolution, 194, 202
Kognition, 88ff
Kognitionswissenschaft, 208
Kollision, 328
Koma, 63, 84, 86
Kombination, 62, 153, 195, 205ff
Kombination, die kalvinistische, 362
Kombination, schlüsselartige, 219
Komitee, 125, 141, 152f, 155f, 158, 166, 174, 211, 217, 219, 221ff, 229f, 232, 234, 252, 357ff, 363ff
Komitee-Eigenschaften, 220
Kommando, 147, 157f, 219, 248, 250
Kommandoneuronen, 157, 219, 359
Komponist, 51
Konditionierung, 242
Konditionierung, operante, 242
Konfabulation, 62f, 65
Königskrabbe (Limulus), 58, 83, 176, 349, 372
Konkurrenz, 184, 193, 196, 369
Konnektionismus, 365
Kontinentaldrift, 218
Kontrast, 119, 126, 181, 361
Kontrolle, bewußte, 27
Kontrolle der Körperhaltung, 113
Konvergenz, 149f, 151, 358
Kooperation, 302
Koordination, raumzeitliche, 157, 221
Kopfsteine, 243
Kopfüber, 165, 199
Kopfverletzung, 31, 49, 59, 62, 64
Kopplung, elektrische, 105
Korallen, 104
Kormoran, 17f, 20, 22ff, 26ff, 32, 39, 42, 57ff, 192, 258, 308, 332
Kornhuber, H.H., 347, 351
Körperbild, 66
Körperschaft, 222
Körperwachstum, 87
Korrektur, 245
Kortex, prämotorischer, 64ff, 69, 191, 220, 350f
Kortex, sensorischer, 73
Korzybski, Alfred, 142

Kosmos, 85
Krabbe, 58
Kracher, Kette von, 106
Kräfte und Gegenkräfte, 114
Krähen, 278, 326
Kreativität, 31, 88, 328
Krebs, 170, 196
Kreuzungen, 206
Kristallisation, 339
Kuffler, Stephen W., 112, 115, 121, 124, 126 f, 134, 139, 166, 180, 224, 355 f, 361
Künstler, 23
Kurs, freier, 30
Kurzsichtigkeit, 57, 200
Kurzwellenempfänger, 109

Laborratte, 165
Laderman, Ezra, 67
Lähmung, 64 f, 70, 350
LaMantia, A.-S., 360
Lamarck, 133, 362
lamarckistisch, 197
Lamettrie, Julien Offray de, 325
Landwirtschaft, 89, 191
Langeweile, 288
Langzeiterinnerung, 172
Laplace, 38, 336
Lateralsklerose, amyotrophische, 190
laufen, 277
Lawrence, T. E., 38, 348
Leakey, Louis, 213
Leben, fühlendes, 332
Lehre, 306
Lehrer, 203
Leib-Seele-Bild, dualistisches, 37
Leibniz, G. W., 37, 299
Leitungen, 246
Leitungsgeschwindigkeit, 226
Leonardo da Vinci, 96
Lernen 173, 269
Lernphase, 357
Lettvin, J., 130
Libet, Benjamin, 90, 353
Lichtempfindlichkeit bei Blinden, 87
Limulus, 58, 83, 89, 349

Limulus polyphemus, 58
Linguisten, 230
Linie, markierte, 152, 156, 358
Linien, kleine schwarze, 361
Linienabstände, 174
Linné, 133
Linse, 200
LISP, 368
Llinás, Rodolfo, 100, 240, 353, 366
Loewi, Otto, 104, 107, 110, 113, 115, 354
Logik, 342
Logik, binäre, 150, 252
Lokalisierung, 74
Lorenz, Konrad, 133, 362
Lösen, selektives, 171
Lösung, gerade ausreichende, 57
Lösungen, 148
Lüge, 33, 62
Lukrez, 124
Lund, Jennifer S., 360
Luria, A. R., 64, 66, 350 f

Mach, Ernst, 37
Mach-Bänder, 361
Macht, 76
Mächte, 76
Magen, 220
Magie, 298
Malaria, 205, 363
Mandelkern, 72
Mängel, 200
Männchen, kleines, 97
Marais, Eugene, 363
Martin, Robert, 356
Maschine, 325, s. a. Darwin-Maschine
Maschinen, elektrische, 331
Maschinerie, 76
Maschinerie, redundante, 318
Massachusetts, 55, 57, 349
Massenpsychologie, 251
Matthäus-Effekt, 236
Matthäus-Prinzip, 292, 339
Maturana, Humberto, 130, 156
Maultier, 206
Mauthnerzelle, 158, 219

Maxima, 143
Mayr, Ernst, 197, 203, 363
MBL s. a. Meeresbiologisches Laboratorium
McClelland, J. L., 370
McCulloch, Warren S., 130, 171
McMahon, U. J., 112, 355
Mechanismus, darwinistischer, 58
Medawar, Peter B. und Jean S., 98, 353
Medikament, entzündungshemmend, 196
Meeresbiologisches Laboratorium (MBL), 13, 17, 30, 67f, 108, 122, 126, 144, 153, 169f, 176ff, 188f, 205, 208, 213, 215, 261, 263, 296, 307, 309, 350, 359
Meeresspiegel, 145
Mehl, 190
Mehrdeutigkeit, 86
Meiose, 207
Melnechuk, Theodore, 188, 362
Melodie, 257
Membrane, 104, 110, 208
Mendelejew, G., 133
Menhaden, 196
Mensch, 57
Menstruationszyklus, 363
Mentation, 354
Meredith, Leslie, 346
Merkfähigkeit für Ziffern, 271
Merzenich, Michael M., 182, 236, 361
Mesopotamien, 101
Messiaskirche, 103, 297
Metapher, 282
Mexikanerhut, 125, 128ff, 137, 143, 163, 166, 174, 179, 359
Mid-Cape-Highway, 56, 349
Midgley, Mary, 334, 370
Migräneanfälle, 73
Mikrocomputer, 370
Mikroelektrode, 232
Mikroskop, 208
Miller, George A., 271, 368
Mimesis, 85
Minsky, Marvin, 92, 97, 152, 216, 221, 328, 353, 364
Mitbürger, 222

Mitgefühl, 72
Mitglieder, 222
Mitgliedschaft, 222
Mittel, gerinnungshemmend, 191
Mittelhirn, 74
Mittelohr, 278
Mittelung, 366
Mittelungsverfahren, 253
Modell A, 157
Modulation, 341
Moleküle, 105
Mond, 333
Mondschein, 179
Monolog, 312
Montageband, 220
Moore, Henry, 123
Moral, 75, 204, 363
Moräne, 144f, 357
Mord, 329
Morgan, Lloyd, 263
Morris, Charles R., 84, 352
Mosaik-Gehirn, 283
Motive, 334
Motoneuronen, 65, 114, 157, 218, 221, 230ff, 248ff, 255, 366
Mount Rainier, 83, 144
Möwe, 83, 88
Mozart, Wolfgang Amadeus, 37
Mücken, 206
Mückendetektor, 224
Multiplikation, 134
Museen, 84
Musik, 21, 26, 51, 67f, 88, 113, 203, 228, 247, 255, 257, 278, 281, 283f, 296ff, 342, 344f, 348, 368
Muskel, 27, 95, 110, 112, 114, 218
Muskelbefehl, 318
Muskelkrämpfe, 110, 218
Muster, raumzeitliches, 158, 219
Musterbildung, 228f
Mustererkennung, 91, 208
Mutation, 196, 327
Mythos, 302

N-Methyl-D-Aspartat, 365

Nachbau, 335
Nachbilder, 311
Nachdenken über die Welt, 244
Nachricht, 91, 126
Nachtwächter, 20
Nähen, 198
Nahrungsmittel, 209
Nahrungssuche, 42
Nansen, Fridtjof, 353
Nantucket, 145
Nationalpark, 83
Nazis, 108, 111, 204
Nebelhorn, 29
Nebenweg, 196, 203, 278, 283
Nebenwege, darwinistische, 50
Nelson, Randy, 182
Nerv der Herzbeschleunigung, 107, 113
Nerven, 104, 112
Nervenzellen, 19, 169, 171, 209
nervös, 248 ff
Nettleton, N. C., 350
Netze, neuronale, 220, 327, 365, 370
Netzhaut, 124, 147, 153, 174, 200, 223, 311, 339, 357
Netzwerk, 229, 365, 370
Netzwerke, verteilte, 156
Neugeborene, 261
neugierig, 20
Neuheit, 27, 33, 288
Neuralgien, 355
Neuralleiste, 167
Neuroanatome, 104, 136
Neurobiologen, 25, 27, 131, 139, 153, 164 f, 169, 176, 188, 220, 224, 233, 346, 360, 365
Neurobiologie, 126, 133, 139, 153, 176, 350, 357, 365
Neurochirurg, 74, 113
Neuroethologie, 356
Neurologe, 62, 73, 170
Neurologie, 68
Neuromodulatoren, 169
Neurone, 12, 112, 120, 137, 156 ff, 164, 219 ff, 231 f, 235 f, 244, 250, 254, 277, 351, 353, 356, 358 ff, 366

Neuronen, kortikale, 254
Neuronen, Zahl der, 219
Neurophysiologe, 19, 34, 69, 73, 76, 85, 97, 100, 103, 127, 152, 162, 171, 183 f, 240, 248, 314, 331
Neurophysiologie, 19, 95, 133, 207, 353, 356, 361, 366
Neuropsychologe, 64
Neurotransmitter, 105, 113, 354
Neurowissenschaft, 224
Neurowissenschaft, computergestützte, 156, 224, 229, 236
Neurowissenschaftler, 88, 335 f
Neuseeland, 199
New York, 145
New York University, 108
Newton, Isaac, 133, 298
Nicholls, John, 356
Niere, 166, 268
Nietzsche, Friedrich, 38, 185, 316, 348
Nische, 58, 184, 193, 299, 308 f, 333, 369 f
Nische, neue, 58, 185, 193, 195, 257, 290, 335, 344, 362
Nobel Laureate, 103
Nobelpreis, 108, 228
Noble, William, 371
Nobska, 29, 103, 121, 145, 153, 305, 310 f, 369
Norman, Donald A., 173, 361
Norwegen, 353 f
Notbehelf, 148
Notiz, 106
Nullsummendenken, 237
Nüsseknacken, 214, 244
Nutzenfunktion, 285
Nutzung, sekundäre, 203, 209 f, 247, 278, 300 f, 318, 324

Oberfläche, 155
Oberflächen, gekrümmte, 159
Oberflächenstruktur, 149
Obsession, 101, 113
obsessiv-zwanghaft, 71
Octopus, 165, 200, 326
Odyssee, 89

Odysseus, 319
ohnmächtig, 355
Ojemann, George A., 350f, 355f
Ökologen, 308
Ökonom, 286, 316
Ökonomie, 185
Ökosysteme, 185, 317
Öl, 132
Oligarchien, 150
Ontogenese, 185, 360
Orchestrierung, 74, 219, 358
Ordnung, serielle, 210
Ordnung, spontane, 201
Oregon, 183
Originalität, 282
Österreich, 107
Ozon, 82f, 352
Ozon, Ausdünnung des, 83

P-Zacke, 110
Paarungsverhalten, 201
Paarungszeit, 204
Pagels, Heinz, 93, 302, 306, 317, 345, 353, 355, 369, 372
Palay, Sandy, 105, 354
Palette, 216
Pantoffeltierchen, 44
Parade, 225
Parallelverarbeitung, 156
Parfüm, 105
Parkinsonsche Krankheit, 113, 169, 190, 355
Patentschutz, 195
Pausen, 247
Pavian, 214, 258, 364
Pearl Harbor, 225
Pearson, John, 234
Penzoil, 222
Perry, Ralph Barton, 77, 352
Persönlichkeiten, 85, 262, 334
Persönlichkeiten, multiple, 97, 262
Perutz, Max, 39
Perzeption, 89
Pfeiffer, John, 213, 346
Pfeilspitzen, 215

Pferde, 291
Pflanzen, 23, 27, 92, 189, 209
Pflege, 26f
Phalacrocorax auritus, 192
Phänotypus, 197
Phantasie, 50, 54, 61, 168, 261f, 338
Phantomschmerzen, 112
Pharmakologe, 105, 111
Phase, aquatische, 192
Phase, musikalische, 228
Phasen, kritische, 167
Phillips, Christine, 346
Philosophen, 22, 41f, 142, 162, 171, 199, 208
Philosophie, 162, 298
Phonem, 228, 301, 312, 341
Photon, 180
Photorezeptoren, 126, 154f, 174, 180, 200, 250, 311, 339, 358
Phylogenese, 185
Physik, 32, 93, 114
Physiker, 93, 331
Physiologen, 105, 107, 111, 208, 297, 331, 354
Physiologen, Grundsatz der, 75
Physiologie, 12, 32, 68, 75, 96, 101, 104, 108, 124, 139, 209, 250, 350, 356, 359, 361, 366
Pianist, 26, 31, 247
Picasso, Pablo, 89, 123, 168
Pitts, W., 130
Planung, 33, 73, 192, 214, 246f, 257, 263, 267, 270f, 283, 286, 295, 318, 344, 352, 368
Planungspuffer, 247
Planungsschlange, 246
Planungsvorgang, 246
Plappern, 329
Plastizität, 167, 169, 183
Platon, 85
Poesie, 310
Politiker, 56
Polizei, 316
Pollock, Jackson, 235
Pöppel, Ernst, 368
Popper, Karl, 87, 210, 264, 352, 363

Population, 156, 164, 174, 216, 221, 267, 274, 315, 319, 327
Populationscode, 156
Poskanzer, Jef, 347
Post, 92, 225
Postkarten, 225
Postprinzip, 92
Pough, Harvey, 347
präfrontal, 53, 64, 69f, 72, 161, 349ff, 359
Praktiken, monopolistische, 184
Präzision, 148, 150, 252
Präzision, begrenzte, 248
Präzision vs. Richtigkeit, 252
Präzisionsproblem, 150,
Price, D.J., 361
Primaten, 74, 126, 152, 181, 196, 219, 302, 312, 330, 333, 360
Prinzipien, 113
Prinzipien, darwinistische, 345
Prinzipien, religiöse, 344
Problemlöser, 39, 92, 94, 210, 263, 313, 328, 370
Programm, 20, 22, 25ff, 43, 74, 142, 151, 153, 157, 174, 216, 219ff, 246, 254, 256, 268, 300f, 328, 338, 351, 356, 359, 367
Programmierer, 76
Prokrustesbett, 119
Prosodie, 341
Proteine, 190, 343
Prozeß, visueller, 134
Psychiater, 71
Psychologe, 88, 85, 139, 167, 208
Psychologie, 96, 139, 152, 345
Psychologie, kognitive, 156
Psychologie, physiologische, 32
Psychose, 61
Publikumszeitschrift, 170
Puffer, 170, 220, 246f, 253, 255ff, 267, 270ff, 278, 295, 318, 332, 341
Puffer, serieller, 246, 253, 257
Pumpenhaus-Pier, 30
Punkt, grüner, 126
Punkt-für-Punkt-Entsprechung, 181
Puppe, russische, 159
Puppenspieler, 76

Puritaner, 196
Purpur, 158
Purpurprinzip, 155, 159
Purves, Dale, 361
Puzzle-Prinzip, 216

Quadratwurzel, 150

Rakic, P., 360
Ramón y Cajal, S., 104f, 353
Rampal, Jean-Pierre, 67
Randzone, hemmende, 181
Rangierbahnhof, 255, 267, 277, 292
Rangierbahnhof, darwinistischer, 291
Rationalisierung, 50
Rationalität, 75, 284, 318
Ratliff, Floyd, 166, 361
Rauchen, 196
Raumfahrtunternehmen, 83
Raumforschung, 332, 337
Rauschen, 227, 318, 339
Rauschen, beliebiges, 213
Reagan, Ronald, 170
Reaktionen, 245
Reaktionen, affektive, 72
Reaktionszeit, 366
Realität, 54, 119, 168, 212, 265, 268, 302
Reality, 31
Rechtshänder, 66, 340
Rede, 267
Redefreiheit, 329
Reden, 272
Redfern, P.A., 362
Reduktion, 172
Reduktionismus, 97, 131, 153, 156, 222
Reduktionisten, 104, 207, 363
Redundanz, 148, 150, 367
Reflexe, 107
Regel, 367
regelmäßig, 251
Regelung, 113
Regenbogen, 155
Region, unbeschädigte, 184
Regreß, unendlicher, 160, 165
Reiche, 237

Reim, 282
Reiz, hinreichender, 219
Reiz, optimaler, 136
Reizung, 107
Reklame, 83
Rekombination, 204
Rekombination, sexuelle, 204
Relaisstation, 75, 370
Relativitätstheorie, 91
Religion, 298
Reorganisation, 163, 166
Reorganisation, dynamische, 184
Repertoire, 22, 258
Repräsentationen, 96
Reproduzierbarkeit, 252
Reserve, 148
Reserve-Karten, 150
Reserve-Schrittmacher, 110
Revolution, industrielle, 101
Revolution, wissenschaftliche, 85
Rezeptor, 113
Rheingold, Howard, 216, 369
Rhythmus, 220, 350
Rhythmus, pylorischer, 220
Richter, 222
Richtigkeit vs. Präzision, 252f
Richtung, 44
Riesenaxon, 165
Rinde, eingefaltete, 170
Rindenbereich, 171, 181
Rindenbereich, somatosensorischer, 171, 182, 184, 234, 236
Rindenoberfläche, 147
Ringerlösung, 106
Ritter, 83
Roboter, 19f, 26, 40ff, 76, 102, 121, 232, 319, 321, 325f, 328ff, 370
Roboter, darwinistischer, 328
Rock, 83
Rohrleitung, 174
Römer, 97, 270
Rose, Steven P.R., 131, 356
Rosenberg, Charles R., 230, 364
Rosenblith, Walter A., 356
Rosenfeld, Julie, 67

Rota, 190, 362
Routineverfahren, 276
Rücken, 57, 91
Rückenmark, 66, 92, 95, 110, 114, 171, 190, 218, 221, 245, 250, 354
Rückenschmerzen, 57
Rückgrat, 23
Rückkopplung, 162, 220, 231, 244, 246, 248, 258, s.a. Feedback
Rückläufer, 218
Rückmeldung, 26, 30f, 95, 245
Rückschläge, evolutionäre, 204
Rückschläge, kulturelle, 204
Rückwirkung, 198
Rumelhart, David E., 173, 361, 364, 370
Rüstungswettlauf, 189, 191, 194, 202, 206, 210
Ryle, Gilbert, 208, 275

Sacks, Oliver, 95, 260, 353, 368
Saenger, Oscar, 369
Sagan, Carl, 316, 370
Sakramente, 195
Samenzellen, 198, 207, 284
Sand, 242, 366
Sanders, Tobi, 346
Sänger, 253, 257
Sartre, Jean-Paul, 260, 367
Satz, 293, 295
Sauerstoff, 244
Schablone, 130, 237
Schach, 45, 247, 270, 313
Schädelbruch, 49
Schaffung zusätzlicher Synapsen, 172
Schalentiere, 192
Schaltschema, 252
Schaltschema, elektrisches, 252
Schaltungen, neurale, 150, 252
Schema, 123, 147, 152, 168, 172, 217, 224, 233, 237, 268, 277, 293, 312, 318f, 323, 325, 327, 338, 340ff, 355
Schiffe, 224f
Schimpansen, 33, 198, 214, 244, 247, 258, 261, 263, 283, 299, 309, 334, 347, 362, 364, 369

Schizophrenie, 71 f, 113
Schlachtfeld, 147
Schlafen, 11, 75, 84, 86, 105, 167
Schläfrigkeit, 86
Schlaganfall, 66, 73, 102, 113, 183, 191, 232
Schlauheit, 210
Schlüssel, 157
Schlüssellöcher, 113
Schmerz, 57, 110, 112, 196, 201, 262
Schmerzlinderung, 198
Schnabel, Artur, 247
Schnappschuß-Schema, 168, 173
Schneeflocken, 234
Schnitzer, 166, 360
Schnürband, 25
Schrift, 204
Schritt zurück, 195
Schritte, 220
Schrittmacher, 107, 109 ff, 218, 251
Schrittmacherzellen, 110
Schubfach, 152
Schwangerschaft, ektopische, 363
Schwanzschlag, 157, 219
Schwimmen, 220
Schwingkreise, 162
Science-fiction-Autoren, 335
Seele, 34, 37 f, 75 f, 97
Seetang, 131
Segelboote, 224
Sehbahnen, 143
Sehen, 57
Sehen, beidäugiges, 168
Sehnerv, 126, 147
Seitenventrikel, 72, 352
Sejnowski, Terrence J., 158, 230, 359, 364
Selbst, 70, 76, 89, 97, 262
Selbst-Bewußtsein, 94, 283
Selbst-Erkennung, 364
Selbst-Gefühl, 261 f, 344
Selbst-Reflexion, 93
selbstbezüglich, 84
Selbstorganisation, 185, 227, 236, 339
Selbstorganisation, Prinzipien der, 201
Selektion, 11, 43, 57, 199, 201, 203, 209, 236, 247 f, 253, 278, 283, 299, 301, 309, 360

Selektion, konvergente, 172
Selektion, sexuelle, 299, 319
Seligman, Martin E. P., 368
Selverston, Allen I., 364
Sensoren, chemische, 153
Sensorenkomitee, 153
Sequenz, 61, 69, 228, 284, 332, 340
Sequenz, raumzeitliche, 246
Sequenzierer, 68 f, 203, 247, 261 f, 283, 287, 295, 315, 319, 327, 332, 340, 366
Servetus, M., 196
Sessions, Roger, 51, 348
Sexton, Anne, 322, 370
Shakespeare, 43
Shapley, R. M., 356
Shelley, Mary Wollstonecraft, 325
Shelley, Percy Bysshe, 34, 333
Sherrington, Charles, 54, 354
shingle, 243
Shyness, 367
Sichelzellenanämie, 206
Sicherheitsgurt, 49, 348
Silbenzahl, 341
Simon, Herbert A., 36, 193, 287, 348, 362, 368
Simulation, 220, 262, 302, 345
Singvögel, 172
Sklaverei, 329
Smith, William, 44, 348
Snow, C. P., 179
Sokrates, 38
Soldaten, 219
Somatotopie, 357
Sonarecho, 226
Sordino, Senza, 300
Sorgen, 70
sortieren nach Größe, 243
Souriau, Paul, 265, 367
Soziobiologe, 114
Spalt, synaptischer, 105
Spaß, 261
Sperry, Roger, 356
Spiele, 71, 270, 342
Spiele, darwinistische, 221
Spiele, reduktionistische, 208

Spinnen, 59, 202, 219f
Spinoza, Baruch, 37
Spione, 224f
Spirale, 158f
Sprache, 34, 65, 74, 95, 167, 175, 203f, 228f, 232, 247, 260, 272, 278f, 281, 283f, 289, 291ff, 299ff, 309, 312, 319, 324, 329ff, 340ff, 350f, 355, 358, 366, 368
Sprachlaut, 204, 228, 230
Sprachregel, 232
Sprachsynthesizer, 230
Sprachzentrum, 233, 350
Sprechen, 72, 169
St.-Josefs-Kirche, 189
Stabilität, 336, 361
Stabilität, mehrschichtige, 204
Stammeln, 232
Standardabweichung, 251
Standpunkt, 96, 125
Standpunkt, zentraler, 97
Stärke, synaptische, 172, 227, 234
Starterknopf, 157
Starthilfen, 106, 110
Statistik, 150
Stevens, Charles F., 176, 366
Stimulus, 136
Stinktier, 17f, 20, 30, 32, 39, 57, 65, 258, 309, 347
stochastisch, 319
Stoffe, biologisch abbaubare, 90
Stoffwechsel, 71, 92, 101, 325, 363
Störung, neurologische, 102, 113
Strafverteidiger, 167
Strand, 81, 242, 247
Straßenbauer, 56
Strategie, 49, 69, 73
Streifen, motorischer, 64f, 69, 72f, 250
Streifzüge, 22
Strom, elektrischer, 104, 331
Stromlinie, 207
Strömung, religiöse, 337
Struktur, faserübergreifende, 156
Struktur, subkortikale, 72, 169
Stückelung, 215, 271f, 325, 341, 368
Student, 31

Stupor, 86
stur, 69
Stuss, Donald T., 69, 350
Stützgerüst, 50, 58
Styropor-Wegwerfbecher, 90
Substantia nigra, 113, 169
Substantiv, 277, 293
Suchflüge, 21
Summierung, 150
Symbole, 302
Sympathie, 261
Synapse, 98, 105, 112ff, 120, 134, 164, 168, 172ff, 184, 230f, 336, 354, 360, 365f
Synapsen, kortikale, 173
Synapsen, Zahl der, 172
Synchronismus, 291
Synonyme, 292, 327
Syntax, 229, 295, 341
Systeme, 162, 201, 276, 316
Systeme, sensorische, 95
Szenarien, Entwickeln von, 32, 93, 107, 275, 285, 313, 327
Szenario, 19, 27, 32f, 61f, 70, 89, 91, 93, 107, 119, 121, 123, 262, 264ff, 283, 285ff, 302, 312ff, 315, 319, 327ff, 338, 340, 347
Szenario-Bedingung, 32
Szent-Györgyi, Albert, 94, 102f, 353

tabula rasa, 234
Tageslicht, 180, 330
Tagesroutine, 22
Tagträume, 268
Talent, 282
Tanzen, 247, 341
Täuschungs-Szenario, 33
Täuschungsmanöver, 33
Tausendfüßler, 92
Taxi, 49
Technik, 318
Tektum, 74
Telefon, 86, 158, 217, 246, 271
Temporallappen, 72, 74, 254
Tennis, 26, 66, 242, 270, 283
Terich, Thomas A., 366
Termitenangeln, 215

Territorium, 21, 142
Teuber, Hans-Lukas, 139, 356
Texaco, 222
Thalamotomie, 355
Thalamus, 66, 113, 135, 147, 184, 350
The Dreaming Brain, 354
The Dreams of Reason, 353, 355, 369
Theologie, 298
Theorie, 212
Thomas, Lewis, 122, 131, 167, 360
Thoreau, Henry David, 80, 352
Thorndike, E. L., 264
Tics, 219
Tiefen-Diskrimination, 150
Tiefenwahrnehmung, 251, 358
Tiere des Gezeitensaums, 202
Tierverhaltensforschung, 20
Timing, 150, 248f, 257f, 277, 366
Timing-Präzision, 150, 318
Timingaufgabe, 253f, 300
Tintenfisch, 153
Tod, 171
Tonband, 247f
Tourette-Syndrom, 368
Toxin, 190f, 202, 206
Tradition, homerische, 85
Tragödie des gemeinen Volkes, 310
Training, 232, 264
Transformation, 179, 181
Transfusion, 106
Traum, 60ff, 70, 75f, 94, 106f, 268ff, 272, 277, 283, 288, 290, 300, 331, 338, 354, 368
Träumen, das, 107, 269
Treuhänderschaft, 330
Trichter, 126f, 181
Trudeau, Garry, 169
Tumor, 64, 73, 102, 170
Tzeng, Ovid J. L., 366

Üben, 235
Über-Ich, 101, 208
Überbevölkerung, 337
Überbleibsel, 195
Übermenschen, 333

Überschärfe, 150, 250
Übersehen, 108
Übersetzung, 341
Übertragung, synaptische, 105
Übung, 245
Ulam, Stanislaw M., 121, 223, 233, 258, 282, 355, 364ff
Ultradarwinisten, 193
ultraviolett, 83
Umgebung, 40, 74, 130, 167, 318, 330
Umkehrprismen, 96
Umsatzsteuer, 201
Umschulung, 184
Umstellungszeit, 231
Umwelt, 11, 19, 43f, 83f, 89, 172, 192, 197ff, 202, 207, 234, 265f, 285, 290, 314, 343
Umweltverschmutzung, 190
Unberechenbarkeit, 318
Unbewußtheit, 84
unerbittlich, 328
Ungeborene, 330
Ungenauigkeit, 150
Universum, 332f
Unmenschlichkeit, 328
unruhig, 251
Unsterblichkeit, 335
Unterbewußtes, 11, 91, 93f, 141, 357, 368, 370
Unterbewußtsein, 93f, 107f, 111, 162, 259, 267, 313f, 324, 353, 367
Unterdrücken, 184
Unterleib, 363
Untersuchung, entwicklungsbiologische, 177
Unvollkommenheit, 193
Ureinwohner Australiens, 90
Ursache, unmittelbare und grundlegende, 196
Ursachen, 196

V4-Zellen, 150
Vagus, 105, 113, 251
Vagusstoff, 108
Valéry, Paul, 36, 348

Valle, Ronald S., 352
Variabilität, 43, 73, 253
Variation, 11, 21, 24, 43, 72, 102, 123, 192 ff, 197, 206, 216 f, 254, 257, 265, 272, 288, 327, 335, 340, 355, 368
Variationen über ein Thema-Modus, 290, 340
Vektor, 358
Veraltern nach Plan, 203, 326, 335
Veränderung, biologische, 197
Veränderung, genetische, 11, 308
Veranstaltungen, 147
Verantwortlichkeit, 75
Verarbeitung, sensorische, 156
Verben, 277, 293
Verbindung, 165, 231
Verbindung, synaptische, 172
Verdauung, 220
Verfahren, 216
Verfall, 253
Vergeßlichkeit, 204
Vergnügen, 283
Verhalten, 24, 29, 33, 38, 44 f, 57, 72, 133, 165, 167, 185, 197, 208, 263, 285, 334, 348, 353, 359, 367
Verhalten bestimmen, 57
Verhalten, tierisches, 263
Verhaltensentscheidungen, 19
Verhaltensforscher, 26
Verhaltensoptionen, 32
Verhaltensrepertoire, 258
Verhaltensroutine, 217
Verhaltensvariante, 39
Verhaltensweisen, 19, 42, 65, 71, 150, 193, 258, 290, 330, 339
Verkehr, 328
Vermutungen, 264
Vernunft, 38, 85, 284
Verrückte, 61, 75
Version, 205 f
Version, rezessive, 205
Verstand, 85
Verständnis, 72
Verständnis, soziales, 34, 72
Versuch und Irrtum, 24, 57, 245, 263, 330

Versuch-und-Irrtum-Verhalten, 263
Verteilung, raumzeitliche, 157
Verteilungsprinzip, 358
Verwirrung, 370
verworrene Wege Betrunkener, 24, 42
Viele-in-viele-Transformation, 158
Vineyard, 28 f, 48, 102, 121 f, 137, 144 f, 241, 243
Virus, 113
visual, 352, 357, 360 f
Vitamin C, 94
Vogel, 77, 172, 203
Volkswirtschaft, 76
Volleyball, 244
Volleyballplatz, 236
Vorausplanen, 46 f, 50
Vorausplanung, 46, 49 f, 70, 244
Voraussicht, 33, 55, 58
Vorbereitungsphase, 364
Vorbewußtes, 93
Vorhersage, 344
Vorkenntnisse, 32
Vorstellung, religiöse, 202
vorzeitig abbrechen, 44
Voyeur, 76, 97

Wachstum, 158, 165, 169, 210, 254, 317
Wachstumsraten, 158
Wachzustand, 86
Wagner, Richard, 37
Wahl, 46, 57 f, 332
Wahnsinn, 61, 330
Wahnvorstellungen, 71
Wahrheit, 354
Wahrnehmung, 93, 126, 237
Wahrnehmung, kategoriale, 228
Wahrnehmungsakte, 237
Währung, 209
Wald, George, 272
Wale, 192
Walfang, 144
Wallace, A. R., 185
Wang, William S.-Y., 366
Wärmeisolation, 192
Warteschlange, 246

Waschroutine der Katze, 25
Wasser, 57, 192
Weale, R. A., 363
Webstuhl, 54
Wege, eingeschlagene, 24
Wegwerfartikel, 333
Wegwerfbehälter, 82
wegwerfen, 20, 214, 269
Weichtiere, 165, 200
Weinberg, Steven, 363
Weiskrantz, L., 352
Weissman, Gerald, 296, 369
Weitsicht, 191
Welt, 43, 237, 261
Welt, erfundene, 237
Welt, islamische, 337
Welt, verzauberte, 85
Welt, visuelle, 73, 174
Werbespruch, 84
werfen, 34, 114, 150, 227, 239, 241 ff, 254 ff, 272, 283, 285, 300, 316, 318, 340, 366
Werkzeug, 57, 213 f, 364
Werkzeuggebrauch, 214, 244, 247, 255, 258, 270, 279, 283, 318, 340, 364
Werkzeugherstellung, darwinistische, 213
Wert, 285, 343
Wesen, platonisches, 199
Wetter, 336
Whitehead, Alfred North, 279, 368
Wien, Universität, 112
Wiesel, Torsten N., 134, 138, 151, 356 ff
Wildblume, 89
Wilde, Oscar, 272
Wilde Schimpansen. Verhaltensforschung am Gombe Strom, 362
Wille, 21, 46, 72, 75, 95, 332
Wille und Laune, 21
Willensfreiheit, 38, 46, 75, 313, 319, 370
Wilson, Edward O., 54
Winter, 197
Wirbellose, 165, 176
Wirbeltiere, 200
Wirtschaftsunternehmen, 76
Wissen, 174, 210
Wissenschaft, 23, 208, 317
Wissenschaftler, 29, 63, 142, 207, 250 f, 316
Wissenschaftler, kognitiver, 142
Wittgenstein, Ludwig, 173, 361
Woods Hole, 13, 17, 21, 29 f, 94, 102 ff, 108, 111, 115, 126, 139, 143 ff, 165, 177 ff, 188, 242, 296, 307, 309 f, 346, 357, 369, 372
Woods Hole Oceanographic Institution (WHOI), 30, 68, 102, 122
Woolf, Virginia, 118, 355
Wordsworth, William, 272
Worte, 228 f, 271
Wortfolge, 293
Wortreihung, 229
Wortschatz, 271
Wünsche, 262
Wurf, 148, 267, 287
Wurfdistanz, 278
Wurfgelegenheit, 278
Wurfgeschicklichkeit, 283
Wurfgeschosse, 318
Wurfproblem, 253

Xenophanes, 264

Young, John Zachary, 27, 153, 164 f, 224, 265, 347, 359 f, 364
Young, Thomas, 134, 153, 358

Zahlenspiel, 219
Zähne, 220
Zapfen, 154
Zeitrahmen, 248
Zeitvertreib, 242
Zeki, S. M., 358
Zelle, spezialisierte, 152, 156, 230, 233
Zellelimination, 170
Zellen, 104 f, 112 ff, 125, 143
Zellproliferation, 170
Zellsterben, 185
Zelltod, 169
Zellverlust, 170
Zen, 23, 27 f, 88
Zensor, 94
Zentraluhr, 250

Zentrum-Randzone-Organisation, 136, 356
Zentrum-Randzone-Antagonismus, 180
Zerkleinerungsrhythmus, 222
Ziel plus Rückkopplung, 220
Zivilisation, 38, 88
Züchtung, 159
Zuckungen, faszikuläre, 218
Zufall, 24, 38 ff, 234 ff, 267, 276, 284, 287, 306, 340, 366, 368
Zufälligkeit, 215, 236
Zufallsbewegung, 39, 41
Zufallsgedanken-Modus, 287 ff
Zufallswesen, 42

Zugbrücke, 28
Zündschloß, 157
Zündschnur, 106
Zündvorgang, 94
Zunge, 153
Zusammenhang, 230
Zusammenhang, kausaler, 70
Zusammenschluß, 257
Zusammenwirken, 114, 209
Zustand, katatoner, 71
zwanghaft, 71
Zwangshandlung, 71
Zwangsvorstellung, 71, 93
Zwillinge, 72, 326, 352

Ausführliches Inhaltsverzeichnis

Prolog:
Auf der Suche nach Geist in den Nervenzellen
9

1.
Eine Entscheidung reift:
Morgens am Eel Pond
15

Woods Hole, an der Südspitze von Cape Cod. Kormorane, Stinktiere und Roboter: Wie entscheiden sie, was sie als nächstes tun? Nachdenken über das Denken: Bewegungsprogramme und die Kreativität des »Brainstorming«. Warum Pianisten und Fährschiffskapitäne sich nicht auf Rückmeldungen verlassen dürfen: Wann hundertprozentig vorausgeplant werden muß. Unser Selbst-Gefühl, unser Gefühl der willentlichen Entscheidung.

2.
Der Zufallsweg zur Vernunft:
Versuch und Irrtum
35

Versuch, Irrtum und Selektivität. Ziel und Zufall in den Augen des Philosophen. Die ziellose Wanderung von *Escherichia coli*. Der Darwinismus wird wieder einmal unterschätzt. Erfahrung heißt, falsche Vermutungen aufgeben, doch wir Menschen können eine Handlung auch ohne zu handeln durchdenken. Ein Test für Bootseigner (und künftige Eltern) und warum Vorausplanung so selten ist.

3.
Der Bewußtseinsstrom wird geordnet:
Leistungen des präfrontalen Kortex
53

Gefährliche Wege auf Cape Cod. Dummheit bei der Gestaltung von Straßen (und Kormoranen). Elaines Kopfverletzung, die Amnesie und die Phasen der Wiederherstellung der Funktionstüchtigkeit. Die phantastischen Kombinationen unserer nächtlichen Träume. Verletzungen des motorischen Streifens, des prämotorischen und des präfrontalen Kortex. Planungssequenzen und der Auftritt einer Geigerin bei der Hundertjahrfeier des MBL. Das Wollen, und wie Träume dagegen verstoßen und die Vorstellung von einer umherschweifenden Seele nähren. Den Faden der Erzählung im Auge behalten, die Wahrheit sagen. Die Rolle des Frontallappens bei Sorgen, Zwangshandlungen und Schizophrenie.

4.
Formen des Bewußtseins:
Vom Koma zur Tagträumerei
79

Coast Guard Beach, das Outermost House. Königskrabben und die Gefahr, es mit der Schutzpanzerung zu übertreiben. Bewußtsein, ein überstrapaziertes Wort: Schlafen/Wachen, Aufmerksamkeit, Wahrnehmung/Kognition und sogar Weltanschauung. <u>Der wichtigste Aspekt des Bewußtseins scheint der *Erzähler* zu sein, aber damit taucht das Homunkulusproblem auf</u> – und die Notwendigkeit, die Elemente zu kennen, aus denen eine Erklärung bestehen darf.

5.
Das elektrisch erregende Leben der gehemmten Nervenzelle
99

Der Kirchhof; die Gräber von Otto Loewi und Stephen Kuffler. *Fin de siècle*-Argumente. Loewis Entdeckung, daß eine Duftwolke die Kluft zwischen zwei Nervenzellen überbrückt. Das Atropin und eine Geschichte, die das Herz zum Stillstand bringt. Kufflers hemmendes Neuron und wie es bei Deprivation seine Empfindlichkeit aufdreht. Grundlagenforschung ist der Haupterwerbszweig von Woods Hole.

6.
Aus bloßem Gehirn wird Geist:
Die visuelle Welt wird zerlegt
117

Nobska Beach. Ein Schema für Picasso und das Prokrustesbett unserer Erwartungen. Was das Auge des Frosches dem Frosch erzählt. Eine Analogie zur Netzhaut: eine Bank, die in jeder Sekunde eine Million Kontoauszüge verschickt. Tiefer graben in federndem Sand und die wechselhafte Agenda des Reduktionismus. Kleine schwarze Punkte sind spezialisiert auf Mexikanerhut-Verteilungen. Die auf Linien spezialisierten kortikalen Zellen von Hubel und Wiesel.

7.
Wer spricht aus der Großhirnrinde?
Das Problem der unterbewußten Komitees
141

Der Shining-Sea-Radweg zwischen Falmouth und Woods Hole. Es gibt in Ihrem Gehirn nicht bloß eine Karte der visuellen Welt, sondern Dutzende. Redundanz wegen der Präzision; erst Duplikation, dann Diversifikation. Der Irrtum von der »Großmutter-Zelle« und das Konzept des Kommandoneurons. Die Lektion des Dreifarbensehens; Farbe und Geschmack sind auf nichts anderes mehr zurückführbar. Der unendliche Regreß.

8.
Dynamische Reorganisation:
Eine Unschärfe wird durch einen Mexikanerhut klarer
163

Plastizität von Hirnkarten; Natur versus Kultur. Verlust kortikaler Verbindungen in der Kindheit; als entstünden Strukturen durch Schnitzen. Das MBL ist ein Unikum. Königskrabben und laterale Hemmung. Transformationen, die im Gehirn erzeugt werden. Unscharfe anatomische Verbindungen; werden durch Hemmung klarer. Fingerübungen erweitern kortikale Karten.

9.
Von Rüstungswettläufen in Pfarrgärten:
Der Nebenweg und andere Umwege der Evolution
187

Das Digitalis des Fingerhuts. In der Regel werden pflanzliche Toxine durch Kochen inaktiviert, aber denken Sie an Parkinson, Alzheimer und die amyotrophische Lateralsklerose auf Guam. Rüstungswettläufe zwischen Pflanzen und Insekten. Kulturelle versus biologische Evolution. Aus Kombinationen entstehende neue Eigenschaften wie die erhöhte Vitalität von Hybriden; Holisten versus Reduktionisten.

10.
Darwin über das Gehirn:
Selbstorganisierende Komitees
211

Werkzeugbau aufs Geratewohl. Wie bewege ich meine Hand? Autonomie versus Instruktionen von höheren Ebenen. Kommandoneurone; warum markierte Linien nicht nötig sind. Sequenzen und Frontallappen. Komitee-Eigenschaften; wie Komitees von Quasi-Neuronen dazu gebracht werden können, Geschriebenes »laut zu lesen«. Komitee-Selbstorganisation ohne einen Instrukteur; Verlegung der »kanadischen« Grenze, wenn »Kalifornien« sich nach »Oregon« hinein ausdehnt.

11.
Ein ganz neues Ballspiel:
Wie Werfen das Denken startet
239

Unsere ballistischen Spiele und wie Hunde uns erziehen. Das Problem der Reaktionszeit beim Hämmern, Werfen und Kicken; man braucht eine hundertprozentige Vorausplanung (ähnlich der Walze eines mechanischen Klaviers), da Korrekturen nicht möglich sind. Der zulässige Fehler beim Timen von Würfen und die Entwicklung von mehrgleisigen Sequenzierern. Das Gesetz der großen Zahlen hilft, die Nervosität beim Loslassen des Steins zu dämpfen. Die Halleluja-Chor-Analogie; sie tun sich wegen der Präzision zusammen. Wie man ein Herz baut und für die Regelmäßigkeit seines Schlages sorgt. Übergang vom »Variationen über ein Thema«-Modus zum »Präzisions«-Modus: Erst läßt man die Songdichter einzeln vorsingen, dann alle zusammen im Chor.

12.
Bewußtsein formt sich im Darwinschen Tanz:
Emergenz aus dem Unterbewußtsein
259

Beim Kleinkind entwickelt sich ein Selbst-Gefühl, ein Erzähler unseres Seelenlebens. Einsichtsverhalten eines Hundes bzw. eines Schimpansen an der Leine. Die Geschichte von Versuch und Irrtum. Wenn er nicht wirft, kann er Darwin-Maschinen-artige Nervenbahnen nutzen, um zu planen, was er als nächstes sagt. Die unwirklichen Szenarien des Traums werden aus bestehenden Schemata aufgebaut. Die Rangierbahnhof-Metapher. Sequentielle Aspekte des Bewußtseins kann auch eine Darwin-Maschine hervorbringen. Es ist nicht ungefährlich, sich an alles zu erinnern. Laterale Hemmungsschaltungen für die Proklamierung »des Besten«: Entsteht so unsere »Einheit des Bewußtseins«? Ist das Unterbewußtsein aller Gleise mit Ausnahme des besten das, wessen man sich »bewußt« ist? Stückelung, weil der Puffer sieben Einheiten lang ist.

13.
Die Trilogie des *Homo seriatim*:
Sprache, Bewußtsein, Musik
281

Multiple Planungsgleise schaffen eine Darwin-Maschine, die dem Prinzip der Biologie – Variation plus Selektion – entspricht: Werden die Gleise unabhängig voneinander betrieben, kommt eine Darwin-Maschine heraus, mit der alle möglichen Zukunftsszenarien geplant werden können. Das Wertproblem: Wie kann die Maschine über »besser« und »am besten« urteilen? Bewertungsmaßstab ist die subjektive Nutzenfunktion der Ökonomen. Auf die Plätze, fertig, los: Der Zufallsgedanken-Modus der Darwin-Maschine. »Variationen über ein Thema«-Modus, wenn wir unsere Aufmerksamkeit konzentrieren. Chor-Modus von Beinahe-Klonen beim »fertig«. Satzbildung aus sensorischen und Bewegungsschemata (»Substantiven« und »Verben«) in einer Darwin-Maschine. Unter Sequenzierern bildet sich ein Konsens. Vielleicht ist Musik auch eine sekundäre Freizeitnutzung des neuralen Apparats, wenn er nicht fürs Werfen oder Reden gebraucht wird. Das Konzert der Woods Hole Cantata in der Messiaskirche in Woods Hole, Wissenschaftler *en famille*.

14.
Über das Denken nachdenken:
Dämmerung am Leuchtturm von Nobska
305

Nischenspezialisierung: Können die Kormorane und der Kanadareiher sich über die Nutzung der Ressourcen des Eel Pond einigen? Wie man mit einem kleinen Sprung in eine neue Funktion die Nischenfixierung überwindet und wie vorteilhaft die Entdeckung einer »leeren Nische« ist. »Tag der Arbeit« in Woods Hole und die Risiken von Amateur-Lastwagenfahrern. Der Sonnenuntergang am Leuchtturm von Nobska und die grünen Punkte, die von ihm ausgehen. Denkverknüpfungen und Willensfreiheit. Unterbewußtes Problemlösen und vorzeitiger Abbruch; fundamentalistische Gefahren der Systeme. Die Vorzüge des Rauschens. Und warum es logisch wäre, die Katze in »Darwin« umzutaufen.

15.
Simulationen der Realität:
Verbesserte Säuger und Roboter mit Bewußtsein

Eine Nacht am Strand; Sternbilder sind Schöpfungen des Menschen. Könnte ein künstliches Bewußtsein über den Himmel genauso denken wie wir? Der Besuch des Seehunds: Würden die Tiere uns dankbar sein, wenn wir ihre Fähigkeit zur Vorausschau verbessern würden, falls das mit Sorge und Leid verbunden wäre? Roboterkonzepte als ein Spiegel des sich selbst begreifenden Geistes. Wann dürfen wir einer Darwin-Maschine, die über Sprache und Voraussicht verfügt, *Bewußtsein* zuschreiben? Export von Intelligenz von der zerbrechlichen Erde an sichere Orte; die Gesellschaft weicht in der letzten Zeit häufig vor ihren Erkenntnissen zurück. Das Gehirn eines Menschen in einem entsprechend funktionierenden Computer abspeichern: die Chaostheorie warnt. Ausbildung einer Darwin-Maschine zum persönlichen Helfer, der schließlich so denkt wie sein Trainer. Ist eine Darwin-Maschine das minimalistische Modell des Geistes, oder gibt es etwas Einfacheres? Die vielen kostenlosen Beigaben unserer Darwin-Maschine: Sprache, Bewußtsein, Musik, Dichtung, Spiele. Welche über den Affen hinausgehenden menschlichen Merkmale können Darwin-Maschinen erklären und welche nicht? Das sich entwickelnde Universum in unseren Köpfen.

Nachwort

Anmerkungen

Verzeichnis der Abbildungen

Register